深渊

探索海洋最深处的奥秘

著 者
〔英〕艾伦·杰米逊

译 者
许云平
葛黄敏
刘如龙
王 丽
魏玉利

浙江科学技术出版社

图书在版编目（CIP）数据

深渊：探索海洋最深处的奥秘 /（英）艾伦·杰米逊著；许云平等译．— 杭州：浙江科学技术出版社，2016.11

ISBN 978-7-5341-7377-6

Ⅰ．①深… Ⅱ．①艾… ②许… Ⅲ．①海洋 - 普及读物 Ⅳ．① P7-49

中国版本图书馆 CIP 数据核字 (2016) 第 280388 号

著作权合同登记号 图字：11-2016-269 号
THE HADAL ZONE: LIFE IN THE DEEPEST OCEANS

书　　名	**深渊：探索海洋最深处的奥秘**
著　　者	〔英〕艾伦·杰米逊
译　　者	许云平　葛黄敏　刘如龙　王丽　魏玉利
出版发行	浙江科学技术出版社 网址：www.zkpress.com 地址：杭州市体育场路 347 号　邮政编码：310006 联系电话：0571-85170300-61305
排　　版	杭州兴邦电子印务有限公司
印　　刷	浙江新华数码印务有限公司

开　　本	787 × 1092　1/16	**印　张**	25.25
字　　数	450 000		
版　　次	2016 年 11 月第 1 版	**印　次**	2016 年 11 月第 1 次印刷
书　　号	ISBN 978-7-5341-7377- 6	**定　价**	125.00 元

责任编辑 卢晓梅　刘　燕　　**责任校对** 顾旻波
责任美编 金　晖　　**责任印务** 田　文

序言

Preface

2012年7月，以丁抗研究员为组长的“蛟龙”号载人潜水器7000m级海上试验现场验收专家组给科技部“863”海洋领域提出了如下建议：“对比目前国际上所有能携带科学家的载人潜水器，唯有‘蛟龙’号能够在属于所谓海斗深度（hadal depth）的6500~7000m深度进行科研作业，而这样的深度具有极为特殊的生物活动，但是我国科技界拥有的这个独一无二的深潜优势估计将在3~5年或者更短的时间内丧失；这次的海底作业表明，‘蛟龙’号7000m海试的下潜区域是一个具有重要科学研究意义的地点，它紧挨挑战者深渊，具有丰富和明显的生物与地质活动的多样性，并且能够得到所属国密克罗尼西亚政府的支持。建议相关部门设立相应的深渊科学研究项目和计划，在3年内组织科考航次，重返马里亚纳海沟，在这次7000m试验区进行科研下潜。以此开创我国尚未形成的深渊生态学、深渊生物学和深渊地质学，并在这一深海科学的最新前沿领域进行开创性的工作，以获得重要和最新的发现及成果。这是我国深海科学界领先前沿领域的一个千载难逢的机遇。”

根据这一建议指明的方向，我从2013年3月起在上海海洋大学领导的大力支持下，在国内高校中成立了首个深渊科学与技术研究中心，2014年11月获批“上海深渊科学工程技术研究中心（筹）”。我们组建了深渊技术团队，研制了包括3台万米级着陆器、1台AUV/ROV复合型的无人潜水器和1台3人作业型的载人潜水器以及1艘4800t级的专用科考母船组成的深渊科学技术流动实验室，同时还招聘了海洋科学家专攻深渊科学，期望攀登载人深潜技术的高峰，为填补我国的深渊科学空白做出积极的贡献。美国夏威夷太平洋大学方家松教授和国家“杰出青年基金”获得者陈多福研究员分别于2015年和2016年加盟深渊中心，承担深渊科学团队的组建工作。国家“千人计划”教授吴晓良也于2016年年初加盟深渊中心，承担深海测绘团队的组建工作。至此，上海深渊科学工程技术研究中心拥有了三大研究方向：深渊技术、深渊科学和深海测绘。我们还与上海彩虹鱼海洋科技股份有限公司紧密合作，采用“民间资金+国家支持”的新模式,将整个项目命名为“彩虹鱼挑战深渊极限”。

深渊科学在国际上尽管已有50多年的历史，但深渊科学家很少，只集中在美国、日本、英国等少数发达国家。由于深渊科学对深海装备的依赖，深渊海沟是人类海洋研究领域最为薄弱的环节，但现在已有越来越多的海洋科学家认为，深渊海沟是最有可能做出重大发现的研究区域。本书是深渊科学领域的第一本系统性研究专著，作者艾伦·杰米逊（Alan Jamieson）在这个领域采集到很多一手的样本资料，发表了许多高质量的论文，同时综述了国际上这个领域的最新研究成果。因此，这本译著在我国及时出版，对我国深渊科学的发展具有极其重要的价值。2014年，艾伦·杰米逊在审阅我的关于流动实验室的论文时与我建立通信联系，随后我们中心将潘彬彬博士派过去，在他的指导下联合设计了2台万米级着陆器，他本人也被聘为我们深渊中心的科学与技术顾问。当我们把翻译此书的想法与他沟通后，得到了他的积极回应。随后，浙江科学技术出版社愿意出版此书，我们中心便组织了以许云平研究员为首的一个翻译团队，他们利用2016年春节假期的时间，完成了各人承担的章节，我对于翻译出版团队的高效工作表示衷心的感谢。我希望本书对我国深渊科学的发展能起到一定的促进作用。

崔维成

上海海洋大学深渊科学与技术研究中心主任，“彩虹鱼挑战深渊极限”项目总设计师，原“蛟龙”号总体与集成项目负责人，第一副总设计师，中共中央、国务院授予的“载人深潜英雄”称号获得者

2016年5月18日

译者感言

经过近大半年的努力，第一本深渊科学的中文书终于要和读者见面了。作为本书的译者，我们首先要感谢上海海洋大学深渊科学与技术研究中心主任崔维成教授。可以说，这本书从最初的酝酿、中间的编译直到最后的出版，都离不开崔教授的鼓励和支持。

深渊区（hadal zone）是指水深超过6000m的海域，比如我们熟知的马里亚纳海沟就是深渊的典型代表。由于极限水深（6000~11000m）和超高静水压力（大于600个大气压），深渊区是地球上人类了解最少的区域。目前仅有几个发达国家开展了少量的研究，我国至2012年之前还未涉及这一区域。随着我国“建设海洋强国”战略方针的提出和“蛟龙”号的研制成功，中国海洋科学家走进深海大洋的步伐在明显加快。2014年，科技部启动了利用“蛟龙”号重返马里亚纳海沟的“973”重大基础研究项目，中国科学院成立了三亚深海科学与工程研究所，启动了深渊科学与技术的先导专项。译者相信“十三五”期间我国的深海技术与装备将会得到大幅度提升，进而促进深海（特别是深渊）科学的发展。一个突出的例子是2016年科技部启动了“深海关键技术与装备”的重点专项，“将重点突破全海深（最大深度11000m）潜水器研制，形成1000~7000m级潜水器作业应用能力……”

在这种形势下，尽快开展深渊研究工作，向公众普及深渊知识就显得非常迫切。由于我国还未开展实质性的深渊科学研究，自然也不会有相关的专业书籍，为此，在崔维成教授的建议下，上海海洋大学深渊科学与技术研究中心决定将世界知名深渊科学家、英国阿伯丁大学艾伦·杰米逊博士所著的“The Hadal Zone: Life in the Deepest Oceans”一书译成中文，以方便我国海洋工作者和对深渊有兴趣的读者了解深渊科学的历史及最新动态。

本书共分为四个部分，第一部分为历史、地质和技术，译者包括葛黄敏博士、刘如龙博士和许云平博士；第二部分为环境条件和生理适应，译者包括葛黄敏博士和许云平博士；第三部分为深渊生物群落，译者包括刘如龙博士、王丽博士和魏玉利博士；第四部分为格局和当前观点，译者为许云平博士。另外，付裕同学参与了第一部分和第四部分的翻译工作；崔维成教授在本书中加入了最新的深渊科学技术研究进展；许云平博士完成了汇总工作。

潘彬彬博士和姜哲博士在深渊技术专业词汇的翻译上提供了大量帮助；罗瑞龙博士对第三和第四部分进行了校正。英国剑桥出版社在版税方面给予了优惠。浙江科学技术出版社的张特编辑在本书的编排和出版方面给予了大力协助。在此，译者一并感谢。

最后，译者衷心感谢家人的长期支持！

由于水平有限，虽尽全力，错误仍然在所难免。望见谅。

译者

2016年3月17日

目录 Contents

第一部分

历史、地质和技术

History, geology and technology

第三部分

深渊生物群落

The hadal community

第四部分

格局和当前观点

Patterns and current perspectives

第一部分

历史、地质和技术

History, geology and technology

引言 Introduction

深渊科学的历史充满了科学家们追求真理过程中留下的宝贵财富，他们为了满足人类对自然界的好奇心而勇于探索未知世界，突破那些貌似不可能的极限。这段历史也同样充满着各种学术思想，这其中包括许多关于深海的真相，在当时那个年代被普遍认为不可能，如今却被科学证明了的基本事实。例如，深海生物学家不得不与爱德华·福布斯（Edward Forbes，1844）关于海平面600m以下无生命存在的说法进行争论。与此相似的是100多年后，彼得森（Pettersson，1948）也对深海6500m以下存在生命的观点提出了质疑，但具有讽刺意味的是，就在他提出质疑后不久，人类便在深海7900m处发现了生命（Nybelin，1951）。福布斯这类人的挑战促进了人类在600m水深以下寻找到生命，并最终在接近全海深11000m的地方发现了生命。在这一时期，水文学家们航行于海洋中，发现海洋远比之前想象得要深。那些很深的区域是极深的海沟，它们位于构造板块的边界（tectonic plate boundaries），如今统一被称为“深渊区”。然而，即使在1905年左右，构造板块和大陆漂移的理论仍然被很多学者忽视。1939年，对于构造板块和大陆漂移的话题，著名地质学家安德鲁·罗森（Andrew Lawson）说出了当时很流行的一种观点，他说：“我可能很容易上当受骗，但还不至于到达接受这种胡说的地步。”（Hsu，1992）

相对于其他深海栖息环境，深渊区的发现和探索相对缓慢，主要原因是包含海沟在内的海底区域与深海平原相比面积较小。因此，在标准测深调查过程中，发现海沟的可能性较小。除此之外，早期开展大洋深度测量时，还没有任何估算大洋真实深度的理论，更不用说很久之后才发展起来的板块构造理论了。因此，现今众所周知的关于海沟的存在和形成的事实，在当时是完全没有听到过的。

如今，我们不仅了解了构造地质学，也能第一手地感受到海沟的存在，在地质学的背景下，海沟之前从未在公众领域如此惹人注目。2010 年在智利发生的里氏 8.8 级的考克内斯地震（Cauquenes earthquake）和 2011 年在日本发生的里氏 9.0 级东北大地震（Tōhoku-Oki earthquake），都是由深渊海沟的地质活动导致的（分别为秘鲁－智利海沟和日本海沟）。另外，2011 年的日本地震和 2004 年的印度洋地震(里氏震级大于 9.0 级；由爪哇海沟引起）都因随后毁灭性海啸而被人们记住。

从生物学的角度看，深渊区的采样进展很缓慢，最初的限制来自深渊和海洋表层间的垂直距离带来的技术挑战。由于设备必须要下放到几千米深的水里，而全海洋的深度当时仍然是未知的，因此进一步加剧了挑战。在船载声学系统（声呐）还没有开始使用之前，确定海洋深度是一项十分艰难的任务。深渊区带来的另外一个技术挑战是超高的静水压力。采样设备为了抵抗内爆，每平方厘米必须能够承受超过 1t 的压力。

虽有这些挑战，我们现在还是弄清楚了海沟的确切位置，并且在理解地球最深部生命的生物学和生态学方面都取得了重要的进展，在这个过程中，开发了一些复杂的、创新的技术。这本书的第一部分包括三章：第 1 章介绍那些在探索海洋科学最前沿中做出铺垫的人、项目和航次；第 2 章介绍深渊区的形成和位置；第 3 章回顾全海深探测技术的挑战和创新。

第 1 章

深渊科学和深渊探测的历史

深渊科学和深渊探测的历史是一个奇特的故事，这很大程度上是由于在这种极端深度下进行采样所带来的挑战，一批又一批的科学家为此所做出了努力。在这段历史中，重要的事件就像海沟一样经常是不连续的。在 20 世纪初前后，早期的先驱开始对大洋越来越深的地方进行采样。人类的好奇心在经历了关于大洋的真实深度和生命存活极限的大爆发后，迎来了一段低潮期。在 20 世纪 60 年代，苏联一系列的“维塔兹”号（RV *Vitjaz*）考察和丹麦“环球加拉瑟”号（RV *Galathea*）考察开启了第一个重要的围绕深渊的采样运动。尽管“维塔兹”号考察在一段时间内是持续地、周期性地在大洋极深深度进行采样，但从总体上来说，研究行动仍然是偏少而且不频繁的。在公众的广泛关注下，载人潜水器于 1960 年第一次下潜到大洋最深处。然而，这是该深潜器第一次也是唯一一次冒险下潜到海沟的底部。

20 世纪末，日本海洋科学技术中心（Japan Agency for Marine-Earth Science and Technology，简称 JAMSTEC）研制了第一个全海深无人遥控潜水器，并将其命名为“海沟”号（Kaikō），引起了人们对海沟新的兴趣。“海沟”作为能够到达全海深的工具，被科学家广泛地应用在海沟研究中。除了日本海洋科学技术中心外，其他几个研究机构也加入海沟研究中，并一直持续到 2005 年前后。

与以前相比，我们正处于一个有更多国家参与海沟研究的时代，与全海深生物学相关的课题数不胜数。美国、英国、日本、新西兰和丹麦等国的科学家们正以积极的姿态，参与到深渊深度的采样工作中。与这些工作一致的是，科学家们高度支持“第一”的概念，比如“深海探险者”号（*Deepsea Challenger*）深潜器何时到达地球最深处。目前还不清楚是什么引起了这股深渊研究热潮，但与深海研究的大多数历史时期类似，这股热潮可能要归功于新科技的发展。这些对深海研究的兴趣在某些程度上也可能反映了人们对气候持续变化的普遍关注；人们变得更加有紧迫意识，即我们具有从整体上调查大洋的责任，包括从海气界面直到全海深。

1.1 海沟的深度探测

从亚里士多德时期开始，人类对陆地的海拔和海洋的深度就已经有了很强的好奇心。1773 年马尔格雷夫勋爵（Lord Mulgrave）对北冰洋进行考察，开启了第一次对海洋深度的探测。在这次考察中，记录的深度达 1249m。1817~1818 年，约翰·罗斯（John Ross）爵士将一根使用“深海蚌”（deep-sea clam）的绳子，投放到格陵兰岛东部的巴芬湾（Baffin Bay），不仅测得了 1920m 的深度，还收集到一个海底沉积物的样本。1839~1843 年，在名为厄瑞玻斯（*Erebus*）和泰若（*Terror*）的远航过程中，詹姆士·克拉克·罗斯（James Clark Ross）爵士使用了一根总长为 6584m 并且每隔 100 英寻（1 英寻 =1.8288m）标记一次的操纵绳。他们在操纵绳下放的过程中，记录相邻两个标记处的时间间隔，当这个时间间隔明显增长的时候，就标志着操纵绳已经到达了海底。后来，查理斯·威利·汤姆森（Charles Wyville-Thomson）带领皇家海军舰艇“挑战者”号，开展了环球考察，也采用了同样的测深技术（Thomson 和 Murray，1895）。在这次考察中，英国皇家海军舰艇“挑战者”号装备了一捆长 291km 的意大利绞索作为探测操作绳，意外地在太平洋西北部北纬 11° 24'，东经 143° 16' 的马里亚纳群岛西南部和北太平洋卡洛琳群岛的北部，探测出了 8230m 的深度。这次探测的结果标志着超深区域的存在，不久以后，人类就发现了马里亚纳海沟。作为第一次全球海洋考察行动，“挑战者”号的探测为未来海洋研究奠定了基础。

在“挑战者”号进行探测的同一时期，科学家也搭乘单桅战船“图斯卡罗拉”号（*Tuscarora*），应用相似的方法进行探测。他们使用钢琴丝，在太平洋西北的千岛－堪察加海沟（Kuril-Kamchatka Trench）测得了水深 8531m，这个地方最初被称为塔斯卡洛拉族人深渊（The Tuscarora Deep）。

约翰·莫里（John Murray）爵士（1841~1914）记录了海洋的深度分布，首次系统测量了海洋的平均深度，并以此计算出了海洋等深线（hypsometric curve），由此开始了绘制三维大洋地图的工作（Murray，1888）。依据当时的资料，他计算了大洋体积、在海平面以上的大陆面积，甚至还计算出了如果没有大陆存在，在海底水平情况下的均一大洋的深度。随着时间的推移，科研人员在莫里（Murray，1888）工作的基础上，获得了越来越多的探测数据。人类不仅绘制了有海洋地图的图表，例如科西纳（E. Kossinna，1921）和斯托克斯（T. Stocks，1938）（参考 Menard 和 Smith，1966），而且开展了许多与海底性质和海洋深度有关的研究（如

Murray 和 Hjort，1912；Menard，1958；Menard 和 Smith，1996）。

在 19 世纪末与 20 世纪初，英国皇家海军研制了许多新的探测设备，比较出名的是海掘杆（Hydra Rod；它是根据其设计者——皇家海军“海掘”号上的铁匠的名字命名的）和贝利杆（Baillie Rod；它是根据其设计者——皇家海军“挑战者”号的领航中尉的名字命名的）（Thomson 和 Murray，1895）。1895 年，在皇家海军“企鹅”号（HMS *Penguin*）的考察中，通过使用连接有钢琴丝的贝利杆，研究者第一次完成了深度超过 8869m 的探测。他们在位于新西兰北海岸西南太平洋的克马德克海沟（Kermadec Trench）记录了 9144m 的深度。之后不久，德国“行星”号（*Planet*）在菲律宾海沟（Philippine Trench）测量到了更深的深度。同样是在菲律宾海沟，荷兰人第一次使用声频频率探测的方法，在“威理博·斯涅尔”（*Willebord Snellius*）号记录了更深的深度（10319m）。美国斯克里普斯海洋研究所（Scripps Institution of Oceanography）的“拉马波”号（*Ramapo*）通过使用这种原始的、但具有开创性的记录回声的技术，在日本海沟［Japan Trench；现在被称为伊豆－小笠原海沟（Izu-Bonin Trench），位于西北太平洋的日本海沟南部］测量到了 9660m 的深度；斯克里普斯海洋研究所的“地平线”号（*Horizon*），在汤加海沟（Tonga Trench；东南太平洋）也记录到了 10633m 的深度，并将这个地点命名为地平线深渊（Horizon Deep；Fisher，1954）。在这些新发现之后，德国“埃登”号（*Emden*）再一次在菲律宾海沟开展测量，最深记录达到了 10400m。在第二次世界大战期间，美国军舰“约翰逊角”号（*Cape Johnson*）再一次打破了最深的测量记录，在菲律宾海沟的棉兰老岛附近区域记录了 10500m 的深度，此处在随后很多年都被认为是地球上最深的地方（Hess 和 Buell，1950）。通过发声并记录回声来测量深度的方法，即“回声探测”得到了快速发展，并很快取代了缆绳测量法。

新的回声测深仪的方法往往依赖于“炸弹探测”，通过从船上扔出一块半磅的三硝基甲苯（TNT）炸弹来制造声源，在船上通过放大接收器接收回声（Fisher，2009）。这种方法相对于今天的技术来说虽然原始，但可以精确区分轴向海床和海沟斜坡。这种方法被广泛用于测量中美海沟（Middle America）、汤加海沟、秘鲁－智利海沟（Peru-Chile）和日本海沟的最深深度（Fisher，2009）。通过该方法，人类最终发现了地球最深点：马里亚纳海沟的挑战者深渊（Challenger Deep，近 11000m；Carruthers 和 Lawford，1952；Gaskell 等，1953）。

利用舰载声学系统能够精准地测量大洋深度，这使得获取测量数据变得相对容易，并且与缆绳测量系统（wire deployed systems）相比，它具有更高的分辨率和重复性。这些精确的探测数据使得科研人员能够对深部海沟内部的地形学、地貌学和沉积学进行深度的报告，例如 Fisher（1954）、Kiilerich（1955）和 Zeigler 等（1957）。然而，关于海沟是如何形成这一问题仍然存在。图 1.1 显示了这些早期探测是如何被理解成三维地形的，而图 1.2 则显示了基于相同原理的现代测量方法获得的数据。

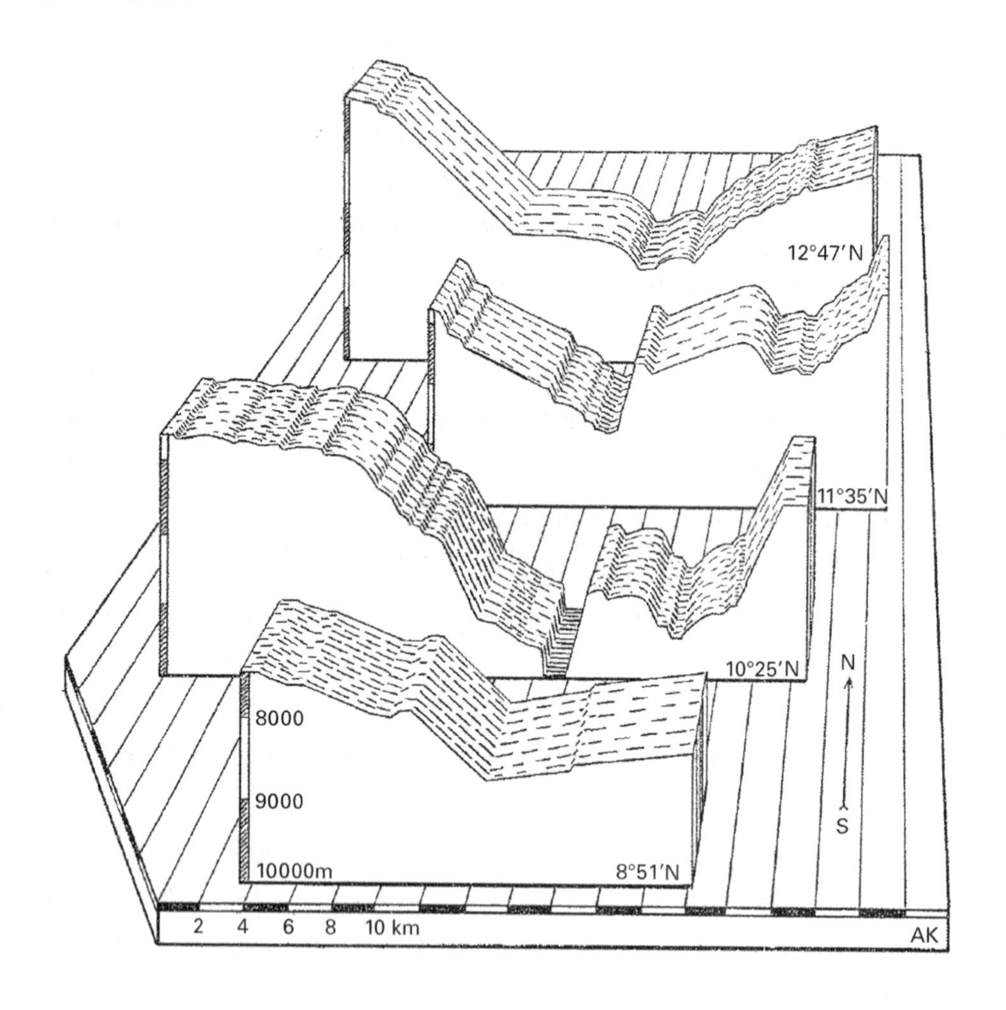

图 1.1　使用早期探测技术获取海沟地形：菲律宾海沟底部截面，来自基勒里希（Kiilerich，1955），经 *Galathea Reports* 允许绘制。

图 1.2 现代数字大面积水深测绘的例子，显示了马里亚纳海沟三维测绘的情况。上图和下图来自计算机制作的《贯穿飞行》（*fly-through*）电影的框架抓图；注意垂直方向有 100 倍的放大。图片由彼得·俄罗斯（Peter Sloss；NOAA/NGDC，已退休）友情提供。

1.2 板块构造学说的发展

海沟的发现远在任何关于海沟形成的理论发展之前。从大陆漂移（continental drift）的发现，到由它推动陆续发现的板块构造论（plate tectonics）和汇聚区

（convergence zones，海沟形成区域），这个过程持续了将近360年。亚伯拉罕·奥特里斯（Abraham Ortelius，1596）第一个注意到大陆看起来可以“拼凑成一个整体”，就好像它们曾经是一个大陆，尤其是非洲大陆和南美洲大陆；1700~1800年，其他人多次重申了这个现象（Ronan，1994）。在20世纪初，罗伯特·曼托瓦尼（Roberto Mantovani）假设曾经存在着一个超级大陆。德国气象学者阿尔弗雷德·魏格纳（Alfred Wegener）提出大陆板块漂移理论（Wegener，1912；Demhardt，2005），使该理论不再是一个“拼图游戏匹配”的简单观察。魏格纳提出假设，大陆在分裂并漂移到现在的位置之前，曾经形成过一个单一的大陆。泛大陆（Pangaea）的分裂曾经被认为是由火山运动引起的，这使得曼托瓦尼提出地球正在扩张的假说（Mantovani，1909）。但曼托瓦尼的说法并不是正确的，在接下来的几年里，魏格纳和其他科学家提出了许多猜想，包括月球重力引起漂移、伪离心力和天文旋进。然而，这些猜想没有一个能够对板块漂移做出有力的解释。由于缺乏对大陆板块漂移的推动力的解释，在很多年内，板块漂移理论一直没有被学术界普遍接受，反而引发了板块漂移理论支持者（drifters）和反对者（fixists）之间激烈的争论。

澳大利亚地质学家，塞缪尔·凯里（Samuel Carey）支持魏格纳的大陆漂移学说。凯里提供了一个机制来解释超级大陆的分裂和漂移导致深部洋脊产生新地壳的过程。然而，他的理论仍然支持地球不断扩张的观点。尽管学术界最终接受了板块扩张，但是地球扩张的理论仍被普遍认为是错误的。

20世纪50年代末和60年代初，深海测绘提供了海床沿着洋中脊扩张的证据，这进一步支持了大陆漂移学说（如Heezen，1960；Dietz，1961；Vine和Matthews，1963）。早期地震成像技术显示了在许多毗邻大陆边缘的深海海沟，洋壳是如何“消失”进入地幔，地震成像技术第一次提供了与地球扩张理论相反的证据［一个板块消失在另一个板块下方的情况被称为“俯冲”（Amstutz，1951）］。

磁性仪器（磁力计）的出现提供了多岩石圈板块存在的明确证据。磁力计由第二次世界大战空中和潜艇监测系统改制而来，可以确定磁异常和洋底的变化。它们探测含有强磁性矿物的火山岩（富铁玄武岩），这些强磁矿石赋予了玄武岩具有可测量的磁特性。此外，当新形成的岩石被冷却时，地球磁场同时也被记录下来。因此，磁性变化是具有可识别的模式的，而不是随机的。当海底的一个广泛区域被扫描时，一个斑马状（zebra-like）的条纹图案（磁条带）会出现。这些条纹图案反映了正反极性区域的交替。

磁条带的发现促进了理论的发展，即大洋中脊是结构上的脆弱区，大洋中脊的洋底正在沿着脊顶的纵向方向被撕裂，从地幔升起的岩浆将这个区域分成两部分。岩浆在这些薄弱区升起，产生新的洋壳，这一过程如今被我们称为“海底扩张”（sea floor spreading，SFS）。海底扩张假说代表了板块构造理论发展所取得的重大进展。

板块构造（最初称为“新全球构造”）正式被科学界接受是在1965年伦敦皇家学会的一次讨论会上。除了发现发散带的海底扩张和会合带的俯冲外，将转换断层的新概念加入普遍构造模式的做法，提供了解释板块移动的最后一块拼图（Wilson，1965）。2年后，在美国地球物理学会（AGU）的一次会议上，摩根（Morgan，1968）提出了地球表面由12个刚性板块组成，而且它们之间存在相对移动，紧接着又建立了一个基于6个主要板块和它们之间相互移动的完整模型（Le Pichon，1968）。

20世纪60年代到70年代早期，由于极端的水深和海沟陡峭的坡度带来的技术挑战，大大抑制了对俯冲过程的判断（von Huene and Shor，1969；Scholl等，1970），板块构造理论遇到了挫折。极端的水深使得传统靠挖掘进行的岩石和沉积物采样变得困难，同时陡峭的海沟斜坡降低了声学影像技术拍摄海底地下结构的精度。在那时，绝大多数研究人员只有这些技术（von Huene和Sholl，1991）。到20世纪70年代中期，海洋地震反射研究解决了其中一个重要的问题，例如沉积物消失和堆积（Karig和Sharman，1975；详细的讨论见第2章）。

20世纪80年代以来，随着海洋地质和地球物理技术和科技的进步，科研人员已经可以对汇聚边缘的深层地下结构进行远程探测（例如马里亚纳海沟；Fryer等，2002）。当前，测深系统可以对最复杂的地形（例如海沟）提供精准的平面图像，并能够提供令人难以置信的细节和清晰度（图1.2）。

1.3　全海深的建立

1951年，“挑战者II”号（*Challenger* II）再一次造访了位于西北太平洋的马里亚纳海沟，这一次母船装配了一个回声探测器（echo sounder）。在北纬11° 19'，东经142° 15'记录了10860m的深度（Carruthers和Law-ford，1952；Gaskell等，1953）。与回声探测一起，研究人员还布放了一个贝利杆，并且在第三次的布放中，在地球最深处取到了红色黏土（red clay）的样本，并将此处命名为挑战者深渊（Challenger Deep）。挑战者深渊至今仍然被认为是地球上最深的地方，尽管它的精确深度经常变化。例如，1957年，苏联母船“维塔兹”号记录的深度为11034m（并且命名为Mariana Hollow；Hanson等，1959），然而美国斯宾塞F.贝尔德号（*MV Spenser F. Baird*）在1962年记录的深度为10915m；1977年，斯克里普斯INDOPAC号考察记录的深度为10599m（Yayanos,2009）。安吉尔（Angel，1982）对这些记录做了总结，提出大洋最深处的深度为11022m，但他并没有给出这个深度数据的来源。为了建造全海深无人遥控潜水器，日本海洋科学技术中心考察挑战者深渊的次数超过了所有其他国家，他们搭载RV *Kairei*号母船，下放无人遥控潜水器“海沟”号（Mikagawa和Aoki，2001）。日本文献上声称挑战者深渊的深度为10890m（Taira等，2004），10897m（Takami等，1997），10898m（Kato等，1997，1998），10933m（Fujimoto等，1993）和10924m（Akimoto等，2001；Fujioka等，2002）。1995年3月24日，无人遥控潜水器“海沟”号下潜到10911m，并在此处放置了一个标有下潜名字和日期的牌子，以正式标记地球的最深点（图1.3）。

图1.3　视频图像抓拍日本全海深无人遥控潜水器“海沟”号在马里亚纳海沟放置的一面旗帜，标注地球最深处10911m。图像来自日本海洋科学技术中心。

表 1.1 回声和直接测量法测得的地球最深处（马里亚纳海沟的挑战者深渊）（根据 Nakanishi 和 Hashimoto，2011 修改）

回声测量法			
测深年份	科考船	深度（m）	参考文献
1875	HMS *Challenger*	8184	Thomas 和 Murray（1895）
1951	*Challenger* VIII	10863±35	Carruthers and Lawford（1952）
1957	*Vitjaz*	11034±50	Hanson 等（1959）
1959	*Stranger*	10850±20	Fisher 和 Hess（1963）
1962	*Spencer F. Baird*	10915±20	Fisher 和 Hess（1963）
1975	*Thomas Washington*	10915±10	R.L. Fisher（pers. comm. in Nakanishi and Hashimoto，2011）
1980	*Thomas Washington*	10915±10	R.L. Fisher（pers. comm. in Nakanishi and Hashimoto，2011）
1984	*Takuyo*	10924±10	Hydrographic Dept. Japan Marine Safety Agency（1984）
1992	*Hakuho-Maru*	10933	Fujimoto 等（1993）
1992	*Hakuho-Maru*	10989	Taira 等（2005）
1998	*Kairei*	10938±10	Fujioka 等（2002）
1998~1999	*Kairei*	10920±5	Nakanishi 和 Hashimoto（2011）

部分下潜			
年份	科考船	深度	参考文献
1960	*Bathyscaphe Trieste*	10913±5	Piccard 和 Dietz（1961）
1995	ROV *Kaikō*（测试）	10911	Takagawa 等（1997）
1996	ROV *Kaikō*（第 21 次下潜）	10898	Takagawa 等（1997）
1998	ROV *Kaikō*（第 71 次下潜）	10907	Hashimoto（1998）
2009	HROV *Nereus*	10903	Bowen 等（2009b）

2009 年，美国的“基洛莫纳”号（RV *Kilomoana*）利用现代化的深水多波束声呐系统，在挑战者深渊探测到了 10971m 的深度。该设备的准确度优于深度的 0.2%，意味着精度在 ±11m 内（10960~10982m）。挑战者深渊的区域，当然不可能是平坦的，这也解释了为什么深度测量具有波动（上述深度的平均值为 10908m±114 S.D.）。随着测量设备的准确度和精确性的提高，将 10971m 作为最新原位值是合理的。然而，最近的研究重点完全放在挑战者深渊的准确深度上，并得出结论它包括沿着海沟轴的三个雁列洼地，每一个都是 6~10km（约 2km 宽），每个深度都超过 10850m，其中东部凹陷最深，最大深度为 10920±5m（Nakanishi 和 Hashimoto，2011）。表 1.1 总结了通过探测和原位测量对深度的估算和测量。

不同的仪器具有不同的测量精度和数据解读，这无疑将在 10900m 附近产生更多的深度记录，但重要的一点是马里亚纳海沟具有“近 1.1 万米”的深度，此外还有四个其他海沟也有接近 11000m 的深度：菲律宾海沟（10540m）、千岛－堪察加海沟（10542m）、克马德克海沟（10177m）和汤加海沟（10800m）。

此外，在 2001 年，由夏威夷测绘研究组（HMRG）进行的一次声呐探测中，发现挑战者深渊以东 200km 处存在一个深达 10732m 的区域，接近或潜在地挑战了挑战者深渊或位于汤加海沟的水平深渊（第二最深的地方，约 10882m）。这个区域的发现，起初被称为 HMRG 深渊（现称塞丽娜深渊，Sirena Deep），表明在一个海沟内有多个点的深度超过 10500m（Fryer 等，2002 年）。

就生物学方面而言，海洋中有多个区域接近 11000m 的深度是重要的，单一最深点的确切深度并不是最重要的，而且最深处仅仅是一个完整海沟生态系统的一个参数值。因此，尽管“五大”最深的海沟就能代表所有海洋深度最深部的 45%，但深渊区仍然是由 46 个不同的生境组成的（见第 2 章）。

1.4　第一次海沟采样

19 世纪 60 年代，查理斯·威利·汤姆森通过皇家海军“豪猪”（HMS *Porcupine*）号，在东北太平洋 4000m 深处发现了深海生命的存在（Thomson，1873）。“豪猪”号的科考促进了 1873~1876 年皇家海军“挑战者”（HMS *Challenger*）号的环球考察。“挑战者”号的环球考察是首次对深渊区进行采样，在日本海沟 7220m 深处抓取了少量沉积物。通过对沉积物分析，发现沉积物中包括 14 种有孔虫的外壳，但是科学家不能肯定这些有孔虫的外壳是深渊物种还是浅水区物种沉降下来的残骸。1899 年，美国信天翁号（RV *Albatross*）在汤加海沟 7632m 深度开展了拖网捕捞，与“挑战者”号的取样结果一样，它也仅仅找到了一些硅质海绵碎片（Agassiz 和 Mayer，1902）。

1901 年，“爱丽丝公主”号（*Princess-Alice*）考察终于成功地通过拖网在北大西洋哲莱尼米兹海槽（Zeleniy Mys Trough）6035m 深处捕获了属于螠虫动物门（Echiuroidea）、海星纲（Asteroidea）、蛇尾纲（Ophiuroidea）和底层鱼类的物种（Koehler，1909；Sluiter，1912）。这些数据揭示多细胞生物能够生活在水深超过 6000m 的区域，这与当时的主流观念矛盾（Pettersson，1948）。

1948 年，一个瑞典科学家领导的航次利用信天翁号成功在波多黎各海沟 7625~7900m 深处捕获到大量的底栖物种（Nybelin，1951 年）。这些物种主要是海参（也包括一些多毛类动物和等足类动物），确凿地证明了 6000m 以下水深确实存在着生命（Eliason，1951；Madsen，1955）。

生命存在于这些极大深度的新证据激发了一段时间研究的热情。突如其来的对海沟及其动物群的研究热潮主要被两个科研阵营所引领：苏联“维塔兹”号考察（1949~1953，1954~1959）和丹麦“加拉瑟”号考察（1951~1952；图 1.4）。

1949 年，“维塔兹”号从千岛 – 堪察加海沟 8100m 深处用拖网捕获了 150 个底栖无脊椎动物，它们属于 20 个物种，10 个纲（Uschakov，1952）。3 年后，在

图 1.4　停泊在哥本哈根的丹麦科考船“加拉瑟”号。图片由动物学家托本·沃尔夫（Torben Wolff，丹麦自然历史博物馆）提供。

同一条海沟，6 个大型拖网完成了 6860~9500m 水深范围的捕捞。1954~1959 年，“维塔兹”号（第 19，20，22，24~27 和 29 次科考）在太平洋对深渊动物群进行了采样［主要在日本海沟、阿留申海沟、伊豆 – 小笠原海沟、沃尔卡诺海沟、琉球海沟、布干维尔海沟、维塔兹海沟、新赫布里底海沟、汤加海沟、克马德克海沟和马里亚纳海沟；见别利亚耶夫（Belyaev，1989 及其文献）］。1966 年，在千岛 – 堪察加海沟的第 39 次考察中，“维塔兹”号在 6000~9530m 的深度范围内完成了一次更详细的深渊动物群考察。这次考察开展了 3 次海底捕捞和 17 次拖网捕捞，其中拖网捕获的生物量非常丰富，即使在海沟的最大深度捕获量也是如此（Zenkevitch，1967）。“维塔兹”号的第 57 次科考（1975）成功地进行了 30 次拖网捕捞和 12 次抓斗采样，并在琉球海沟、菲律宾海沟、帕劳海沟、雅浦海沟、马里亚纳海沟、沃尔卡诺海沟、伊豆 – 小笠原海沟和班达海沟捕获到深渊动物。后来，“维塔兹”号在第 59 次科考期间，完成了在日本海沟 7500m 深处 5 次拖网捕获。在这次考察后，“维塔兹”号继续运行到 1979 年，之后它不再对深渊深度开展进一步的工作。

1949~1976 年，“维塔兹”号完成了 20 次考察，对位于太平洋和印度洋的 16 条海沟进行了采样。船上科学家们成功地收集了多种深渊动物，完成了 40 次海底底部抓斗采样和 106 次拖网捕捞，其中 18 次网捕的深度大于 9000m，5 次网捕深度超过 10000m。“维塔兹”号考察的贡献至今还未被其他科考船超越。“维塔兹”号在 1979 年完成了最后一次科学考察后返回加里宁格勒（Kaliningrad）港。如今它停泊在普列戈利亚河（Pregolya）河畔，履行着它作为一个海事博物馆的新角色。

丹麦“加拉瑟”号科考船在 6 条海沟（新不列颠海沟、爪哇海沟、班达海沟、布干维尔海沟、克马德克海沟和菲律宾海沟），通过网捕和沉积物抓斗成功完成了 6000m 以下深度的采样。最深的拖网捕捞在菲律宾海沟，深度达 10120m，捕获生物包括海参，这为生命可以存在于海洋任何地方，甚至包括海平面以下 10000m，提供了证据（ZoBell，1952；Wollf，1960）。

“加拉瑟”号和“维塔兹”号的科考完成了对几乎所有已知海沟的采样，从每一条海沟的每一个采样深度都获得了多细胞生物（例子见图 1.5）。第一个对这些科考的全面报道发布在《“加拉瑟”号报告》（*Galathea Reports*）中（可通过丹麦自然历史博物馆在线获得，www.zmuk.dk），并由沃尔夫（Wolff，1960）进行了首次总结，随后又分别被沃尔夫（Wolff，1970）、泽科维奇进行了扩充（Zenkevitch，1954；Zenkevitch 等，1955）。整个“加拉瑟”号和“维塔兹”号采集的样本在别利亚耶夫（Belyaev，1966）的工作中进行了整理和总结，别利亚耶夫（Belyaev，

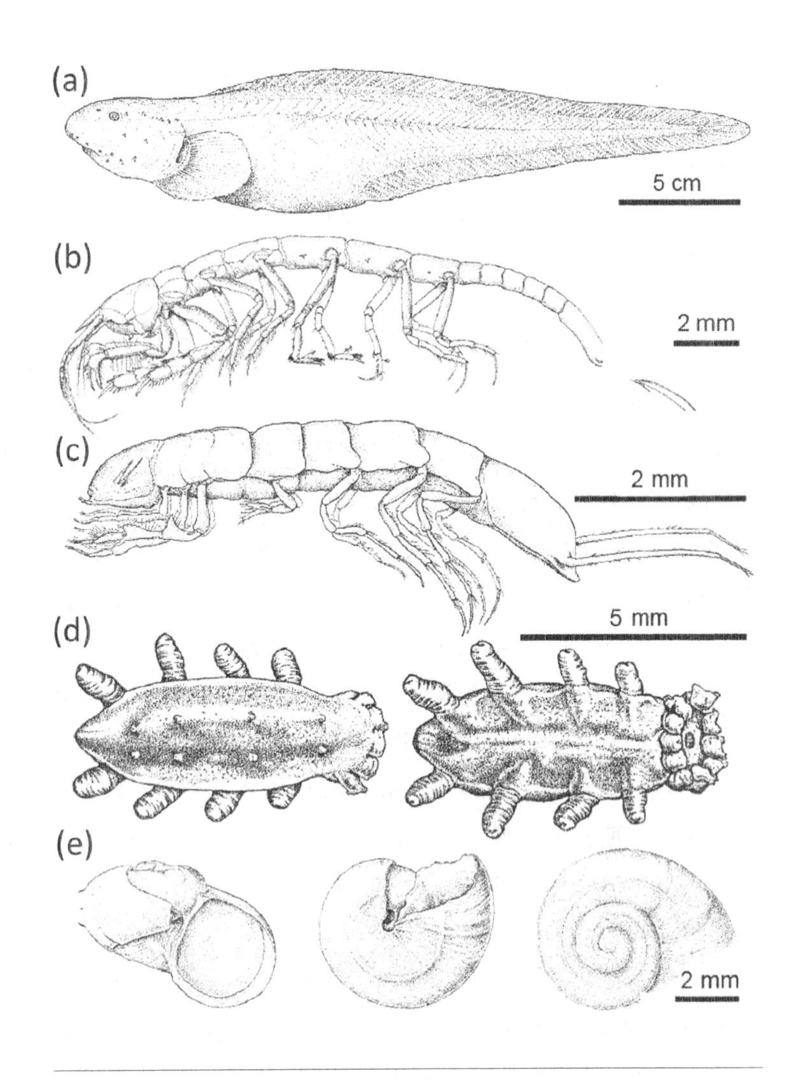

图 1.5　“加拉瑟”号科考航次采集的深渊动物样本。（a）鱼 *Notoliparis kerinadecensis*，（b）从克马德克海沟 6770m 捕获的 tanaid 类甲壳类生物 *Apseudes Galathea*，（c）从菲律宾海沟 9790m 捕获的等足类 *Macrostylis Galathea*，（d）从克马德克海沟 8300m 捕获的海参 *Elpidia glacialis*，（e）从克马德克海沟 6730m 捕捉的端足类生物 *Trenchia wollfi*。经 *Galathea Report* 允许后绘制。

1989）又将这些和 20 世纪 80 年代中期以前所有的深渊研究成果进行了汇总。

在“加拉瑟”号和“维塔兹”号考察之后，科学家又完成了几条海沟生物的采样，但每一次考察主要针对一条海沟。采集的样本数和科考次数虽然与浅海区相比较少，但仍然数不胜数。如美国“詹姆斯·M. 吉利斯”号（RV *James M. Gilliss*）科考船成功地在波多黎各海沟 7600m 和 8800m 深处完成了两次拖网，并分别从 8560m 和 8580m 深处采集了两个箱式岩芯（George 和 Higgins，1979）。1981 年美国海军舰艇“巴特利特”号（USNS *Bartlett*）和 1984 年“艾斯林”号（RV *Iselin*）的科考进一步完成了在波多黎各海沟的沉积物取样（7460~8380m；Tietjen 等，1989）。此外，一些国家偶尔在邻近海沟开展拖网采样（如 Anderson 等，1985；Horikoshi 等，1990）。但 20 世纪 80 年代早期以后，在深渊深度拖网的次数就很少了。

除了拖网和沉积物抓斗外，水下摄影在富有挑战性的深海调查中脱颖而出，它能够使科学家在原位观察标本和深海环境。虽然水下摄影已经存在了 100 多年（Boutan，1900），但直到 20 世纪 40 年代和 50 年代才被应用到生物学或地质学方面的海底调查中（Ewing 等，1946；Hahn，1950；Emery，1952；Pratt，1962；Emery 等，1965）。科学家第一次在位于大西洋的波多黎各和罗曼什海沟（Pratt，1962；Heezen 等，1964；Heezen 和 Hollister，1971）拍摄到具有科学意义的深渊图像。接着在南桑德韦奇海沟（Heezen 和 Johnson，1965）、新不列颠海沟和新赫布里底海沟（Heezen 和 Hollister，1971）拍摄到了更多的图像。上述所有图像均是通过操纵绳将单胶片或双胶片相机投放到 6000~8650m 的海底拍摄的。1962 年，美国“斯宾塞·傅乐顿·拜尔德”号（*Spencer F. Baird*）的 PROA 科考，在深度为 6758~8930m 的帕劳海沟、新不列颠海沟、南所罗门海沟及新赫布里底海沟 6758~8930m 的海底拍摄了 4000 张照片（Lemche 等，1976）。

随着时间的推移，在极端深度的采样方法由长缆绳携带照相机转向带诱饵的自由下落诱捕器和照相机。例如，1972 年美国在波多黎各海沟开展了名为 SOUTHTOW 的考察，在 84~7023m 深处共下放 17 次相机，这次考察第一次记录了活的深渊动物（Hessler 等，1978）。“托马斯·华盛顿”号科考船（*RV Thomas Washington*）在菲律宾海沟 9600~9800m 深处布放了同样带有捕获器的系统，发现了大量的食腐端足类动物。这些动物不仅很容易被拍照，而且很容易被捕获器里的诱饵吸引而捕获（Hessler 等，1972）。“托马斯·华盛顿”号科考船搭载相似的捕获器在 EURYDICE（1975），PAP-TUA（1986）以及 INDOPAC IX（1977）等考察航次中（France，1993），分别于菲律宾海沟（8467~9604m）、帕劳海沟（7997m）和马里亚纳海沟（7218~9144m）捕获到食腐动物。这些样品首次被用作检测不同海沟间物种基因的流动，随后在 1980 年开展了生理学实验。例如，亚亚诺斯（Yayanos，1977，2009）在海沟内尝试通过高压诱捕器捕获活的端足类动物，尽管效果不是很好，但该研究提供了海沟生物可能在大范围内垂直迁移的新见解（Yayanos，1981）。

1995年，日本建造了第一个完整的全海深无人遥控潜水器“海沟”号（Kyo等，1995；Mikagawa和Aoki，2001）。除了对地球最深处进行了仪式性的标记外，“海沟”号也在挑战者深渊处收集了沉积物岩芯样品，并布放了诱捕器。“海沟”号获得的样品（多数为沉积物）为一系列研究提供了样本，这些研究主要集中在嗜压细菌（piezophilic bacteria）（Kato等，1997，1998；Fang等，2000）、有孔虫类（Akimoto等，2001；Todo等，2005）和微生物菌群（Takami等，1997），并最终在日本海沟7326m处发现了最深的化能合成生物群落（Fujikura等，1999；Fujiwara等，2001）。“海沟”号共完成了295次下潜，其中超过20次是全海深作业，但不幸的是，在2003年5月它与母船失去了联系（Momma等，2004；Tashiro等，2004；Watanbe等，2004）。

“海沟”号无人潜水器丢失后的几年里，科学家们又进行了几次沉积物岩芯及诱捕器取样，包括在秘鲁－智利海沟的沉积物及端足类动物取样（Danovaro等，2002，2003；Perrone等，2002；Thurston等，2002）以及在克马德克海沟和汤加海沟进行的端足类研究（Blankenship等，2006；Blankenship和Levin，2007），并第一次对深渊食物网进行了研究。

在日本研究人员通过无人遥控潜水器“海沟”号越来越多地出现在深渊深度的同时，其他科学家也开始利用一些仪器来测量深渊环境参数，例如温度、盐度、压强和海流的速度及方向。科研人员使用定制的电导率、温度及深度探头，获得了马里亚纳海沟从表层水体到10800m深度（Mantyla和Reid，1978；Taira等，2005）以及伊豆－小笠原海沟从表层水到9209m深度的垂直环境参数分布（Taira，2006）。超深海流计被放置在10890m的深处长达14个月（Taira等，2004）。获得的数据显示，海沟深部海流速度缓慢，这与预期一致，并且显示出全海深的潮汐存在14~15天和28~32天的频谱周期。

1.5 探索性深海潜水器

1956年，雅克·库斯托（Jacques Cousteau）在罗曼什海沟（北大西洋；Cousteau，1958）8000m处拍下了第一张深渊区的照片。

瑞士科学家雅克·皮卡德（Jacques Piccard）和美国海军中尉唐·沃尔什（Don

Walsh）在 1960 年搭载名为“的里雅斯特”号（*Trieste*）的载人潜水器（HOV）（或称深海探测器，bathyscaphe），第一次下潜至挑战者深渊（Piccard 和 Dietz，1961）。尽管这次下潜代表了人类探险中的一个巨大成果，但是它并没有提供任何科学见解，也没有引领海沟探测时代的到来。此外，当时人类在海底看到动物的报道有些是让人半信半疑的，而且尽管这些报告在科学文献中迅速被质疑（Wolff，1961），但是错误的称呼如“扁平鱼”以及“白色并且大约一英寸长”的描述仍然保持到如今（Jamieson 和 Yancey，2012）。

不管怎样，“的里雅斯特”号的下潜确认了生命存在于整个海洋深度的事实，但是关于挑战者深渊鱼的夸张故事或许减少了人们对其他深渊探测报告的兴趣。例如，在 1962 年，法国深海探测器“阿基米德”号（*Archiméde*）在千岛－堪察加海沟、日本海沟和伊豆－小笠原海沟的交汇点一共完成了 8 次大于 7000m 的下潜（包括 3 次深度大于 9000m 的下潜）。1967 年，“阿基米德”号在日本又完成了 8 次下潜，深度范围 5500~9750m，观测到了众多的深海动物，并且用机械手臂收集了许多样本（Laubier，1985）。“阿基米德”号还在波多黎各海沟完成了 10 次下潜，其中两次 7300m 深度的下潜被用于生物学观察（Pérès，1965）。驾驶员观察深潜器并记录了许多底栖生物，其中包括海参类、等足类、十足类和鱼类，由于没有录像图片去证实这些个人记录，阻碍了精确鉴别这些物种和丰度的估算。在佩雷斯（Pérès，1965）的报告中，这些生物的描述和行为与最近在日本海沟和克马德克海沟相等深度拍摄的照片和录像有着惊人的相似（Jamieson 等，2009a，b，2010；Fuji 等，2010）。这些新证据表明，“阿基米德”号的报道应该具有很大的学术价值。然而，早期的“的里雅斯特”号尽管下潜得更深，但却存在着许多错误的结论，这导致了后人不愿意去充分挖掘“阿基米德”号科考的价值。

1.6 现代深渊研究

21 世纪初，深渊科学的研究兴趣又重新出现，尽管采样方式主要是随机取样（如 Blankenship 等，2006；Itoh 等，2011），但在过去十年间，仍然出现了一些重要的发展。

在“海沟”号无人遥控潜水器丢失以后，日本海洋科学技术中心又开发了“海沟 7000”，它是一个 7000m 级的潜水器（Murashima 等，2004；Nakajoh 等人，

2005），但不久便被自动海底检测及取样器 ABISMO 所替代（Yoshida 等，2009 年）。ABISMO 是一个更小的、结构紧凑、成本相对较低的潜水器，但它仅能取少量的水和沉积物样品。尽管如此，它分别在 2007 年和 2008 年被成功地下放到伊豆 – 小笠原海沟 9707m 深处和挑战者深渊 10257m 深处（Yoshida 等，2009）。

美国伍兹霍尔海洋研究所（Woods Hole Oceanographic Institute）曾开发了一种新的全海深遥控潜水器，它能够转化为自主式水下潜水器（AUV；Bowen 等，2008，2009a；Fletcher 等，2009）。这个新的“混合”型潜水器或 HROV，被命名为“海神”号（*Nereus*），它于 2009 年 5 月 31 日在挑战者深渊 10903m 处完成海试（Bowen 等，2009b），可以提供新的、前所未有的进入海沟环境的通道。“海神”号能够采集生物和沉积物样品，并具有测绘、观察和在原位分析定量深海生物群落分布的潜在能力。不幸的是，“海神”号于 2014 年 5 月 9 日在对克马德克海沟进行 6 英里下潜的过程中，与母船失去联系（Kostel，2014）。[①]

在这些技术的进步之际，2006 年东京大学（日本）和阿伯丁大学（苏格兰）着手进行一个为期 5 年的名为 HADEEP 项目的合作（Hadal Environments and Educational Program；Jamieson 等，2009c）。HADEEP 是第一个国际间的深渊活动，通过在多个海沟进行具有重复性、标准化的实验，来研究深度效应（如深渊）及单条海沟的特征（Jamieson 等，2010）。HADEEP 项目采用自由下落成像着陆器和诱捕器，已经开展了 7 个海沟航次的研究，涉及 6 条海沟（克马德克海沟、汤加海沟、秘鲁 – 智利海沟、马里亚纳海沟、伊豆 – 小笠原海沟和日本海沟），取样深度在 4000~10000m。这些科考获得了几小时的原位录像，几千个样本（见图 1.6），并在原位静止图像中，得到了关于物种分布、行为和生理的新数据。阿伯丁大学与新西兰国立水气研究所（NIWA）开展了进一步的合作，将这个计划称为 HADEEP2，延长至 2013 年甚至更后（HADEEP3 和 4），并一直到运行到 2015 年。这些项目目前仍在进行中，推出了一系列携带诱饵的着陆器和抓捕器，用于在克马德克海沟、新赫布里底海沟和马里亚纳海沟采集样本和记录画面。

第一期 HADEEP 项目的成果之一是“海沟连接”（Trench Connection）；第一次国际研讨会完全专注于深渊区的生物学、生态学、地质学和深渊技术（Jamieson 和 Fujii，2011）。这次研讨会于 2010 年 11 月在东京大学的大气和海洋研究所（AORI）举行，吸引了来自 6 个国家的 70 位科学家和工程师，与会期间，科学家

① 有关这一事件的报道，详见：《克马德克海沟探险队 2014 年：一个悲伤的日子》，2014 年 5 月 10 日 http://web.whoi.edu/hades/a-sad-day. 译者补充。

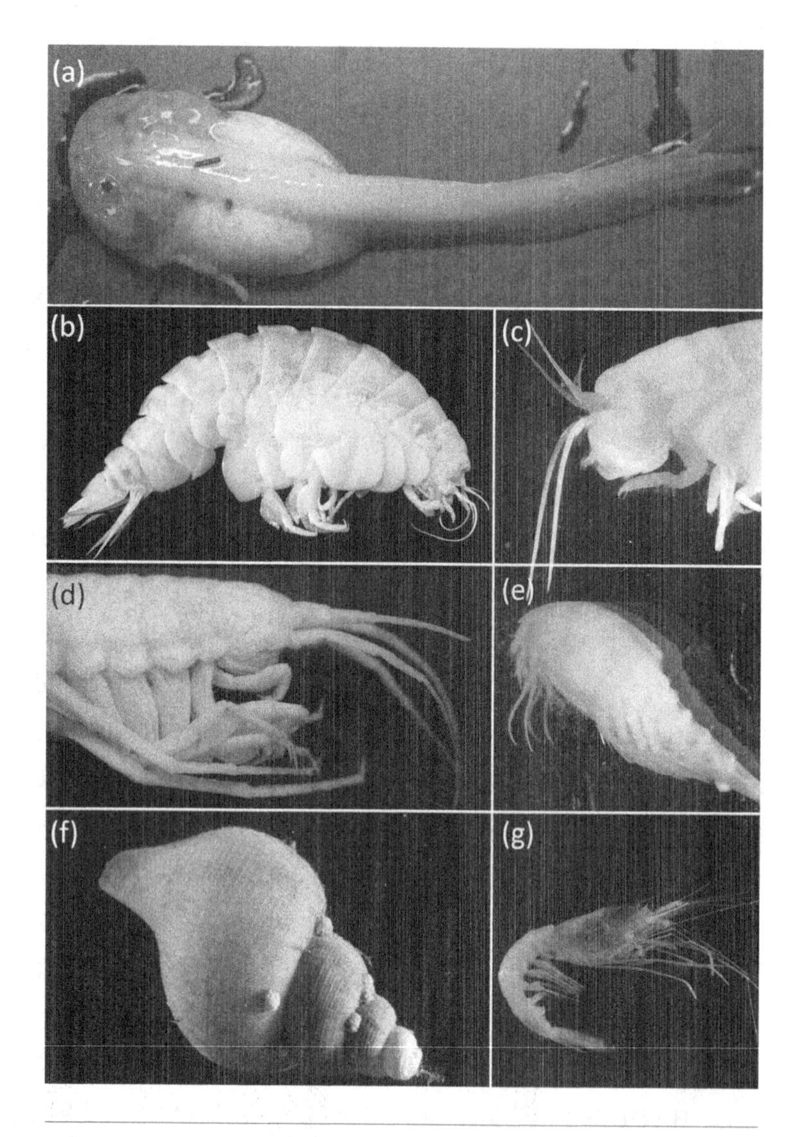

图 1.6 从日本海沟、克马德克海沟和秘鲁－智利海沟获得的生物样品。（a）狮子鱼 ***Notoliparis kermadecensis***，（b）端足类动物 ***Eurythenes gryllus***，（c）*E. gryllus* 的方法图，（d）端足类动物 ***Princaxelia jamiesoni***，（e）未确认的端足类动物 ***leptostracan***，（f）腹足动物 ***Tacita zenkevitchi***，（g）十足类动物 ***Hymenopenaeus nereus***。照片（b）由 Shane Ahyong（澳大利亚博物馆照片）提供；照片（a）和（d）由托米斯拉夫·卡拉诺维奇（Tomislav Karanovic）（韩国首尔大学）提供。其他照片由 HADEEP 项目提供。

和工程师们对地球最深环境的理解及探险进行了讨论。“海沟连接”组织委员会希望将不同领域的科学家们聚集在一起，从而增加深渊研究的机会。组织委员会的目标是把处于婴儿时期的深渊科学发展成为一个完善的研究领域，另一个这样的项目（如 HADES）正是从“海沟连接”讨论会上应运而生。

HADES 项目是美国、英国和新西兰多个机构之间的国际合作项目。该项目将汇集多个学科及一整套技术（诱捕器，照相机和无人遥控潜水器），于 2014 年在克马德克海沟和马里亚纳海沟实施全面的生物调查。该项目旨在确定海沟物种的组成和分布，以及压力、食物供给、生理学、深度和海床地貌对深海群落和生命演化的影响。

1.7　专业术语

根据“维塔兹”号在 1945~1953 年获得的数据，确认了 6000~7000m 深度为特有生物的过渡区，从而将深海区与“超深海带”区分开来（Zenkevitch 等，1955）。海沟被定义为两侧相对陡峭的狭长沟槽（Wiseman 和 Ovey，1953），并具有类似于“平坦基底”（Menzies 和 George，1967）、“地震高发区”（Ewing 和 Heezen，1955）以及“负重力异常”（Worzel 和 Ewing，1954）等特征。

几乎在同时，“加拉瑟”号科考队队长安东·布伦（Anton Bruun）根据生物带的分布规律也得出了相同的结论。布伦（1956a）提出了用术语“深渊”（Hadal）和“深渊动物”（Hadal fauna）来描述深度超过 6000m 的区域和生物（以及“深渊性”来描述在 6000m 以下的生物）。在那个时代，俄国文献有时仍然将“深渊区”（Hadal zone）等同于“超深海区”（Ultra-abyssal zone）（Zenkevitch，1954）。孟席斯和乔治（Menzies 和 George，1967）尝试将深渊动物重新命名为“海沟动物”（trench floor fauna），但遭到了沃尔夫（Wolff，1970）的反对，理由是不能反映出流体静水压力升高的影响（也曾被 Madsen，1961；Wolff，1962；Belyaev，1966 等指出）。另外，这个新名字仅体现了起源于海沟底部的生物而不包含两侧斜坡上的，这样使得海沟中的生物间产生了区别，但没有证明这种不同（Wolff，1970）。

术语“深渊”源于“哈迪斯”（Hades），代表着希腊神话中的冥界以及统治冥界的神（他是克罗诺斯和瑞亚的儿子，宙斯和波塞冬的哥哥）。根据神话，他们三兄弟战胜了泰坦，并分别确立了冥界、天空和海洋的统治秩序。这个术语也可以被简单翻译成“灵界”“阴间”或“地狱”。近代以来，它可能更多地和邪恶相关，但在神话中它的象征意义是积极的而非贬义的。有趣的是，尽管哈迪斯之前被塑造得更为无私，但他严格限制自己领域居民的离开，这跟深渊生物的特有现象非常类似：栖息在深渊区的物种通常被限制在一条或多条海沟内，而且很少能够离开。此外，哈迪斯很知名的一个特点是他对于任何想要离开的居民都会极端愤怒，这一点就像低压对于专性嗜压生物离开深渊区的作用一样。

深渊区和较浅区域［浅海区（littoral）深度小于200m，次深海区（bathyal）200~2000m，深海区（abyssal）2000~6000m；Gage和Tyler，1991］是不同的，因为深渊区并不是简单的深海环境的延续。事实上，从大陆架延伸至深海平原的环境连续性最终分裂出片段的甚至经常是彻底孤立的海沟群。因此，布伦（Bruun，1956a）提出用术语“深渊区”来代替“超深海区”，就是为了表明这不仅仅是深海区的延续，而是有所区别，但同时可以保持与浅海区、次深海区和深海区这些术语的一致性。

尽管深渊区的最大深度已被明确定义为最大的已知海洋深度，但深渊区的最小深度却引起了广泛的讨论。海沟的地理隔离被认为导致了高度的地方生态特有性（Wolff，1960，1970；Belyaev，1989）。这反过来也被用于表示深渊区最小深度的限制。沃尔夫（Wolff，1960）发表了第一份关于深渊区的研究总结，基于当时已知的海洋生物，他建议以6000m作为深渊区的最小深度。也有文献建议将6800~7000m作为最小深度，但6000m作为一个标志体现了58%（Wolff，1960）或56%（Belyaev，1989）的生态特性，因此被认定为深海区和深渊区的边界。尽管6000m深度以下的生态特性在不同的海沟间有37%~81%的区别（Belyaev，1989），但一般以6000~7000m作为“深海－深渊过渡区”（Jamieson等，2011a）。最近，可能为了方便以及进一步说明深海－深渊过渡区，6000m的边界被重新定为6500m（UNESCO，2009）。类似的建议也使得所有纵向分层区的深度范围得到了重新定义。

生态区的分类主要基于泽兹纳（Zezina，1997）、孟席斯等人（Menzies等，1973）、诺葛拉多娃（Vinogradova，1979）和别利亚耶夫（Belyaev，1989）关于地区（regions）和领域（provinces）的建议，这已被联合国教科文组织采纳（UNESCO，2009）。2007年1月22~24日在墨西哥城举办的联合国环境专项（UNEP）研讨会上，在关于“公海和非领海海床区的生物地理分类系统”的议题讨论中，专家组基于一些还未发表的观测、已有数据的重新分析以及近期数据的评估，重新定义了边界。因此，形成了由沃特林等人提出的深海生物地理分类的深度范围提议：半深海区上层（300~800m），半深海区下层（800~3500m），深海区（3500~6500m）以及深渊区（6500~11000m）（Watling 等，2013），计算出不同深度范围所占整个海洋面积的比例分别为 2.9%、23.0%、65.4% 和 0.21%。

半深海区上层包括陆基，一般属于大部分国家的专属经济区（EEZ，海岸线外 200 海里以内）；半深海区下层包含三类地形：低层陆基、海山和洋中脊；深海区是指绝大部分的深海海床；深渊区，如前面已经提到的，一般仅限于岩石圈板块俯冲发生区域的聚合性板块边缘。由于这些板块边缘形成了洲和大陆，大部分海沟属于国家领海范围。

第 2 章将详细描述深渊区的地理分布和地理形成。然而，作为专业术语，阐明深渊区明确的边界对本书是极为重要的。虽然我们知道海洋并不会为了方便人类而符合各个命名，而是会在不同区域间形成过渡区，从这里开始，深渊区就是指深海俯冲海沟，而深渊区生物是栖息深度超过 6000m 的生物。尽管别利亚耶夫（Belyaev，1989）、联合国教科文组织（UNESCO，2009）和沃特林等人（Watling 等，2013）建议将 6500m 作为最小深度界限，但目前并没有新的或综合性的数据出现，在这些数据被采用前，6000m 仍然会被使用。

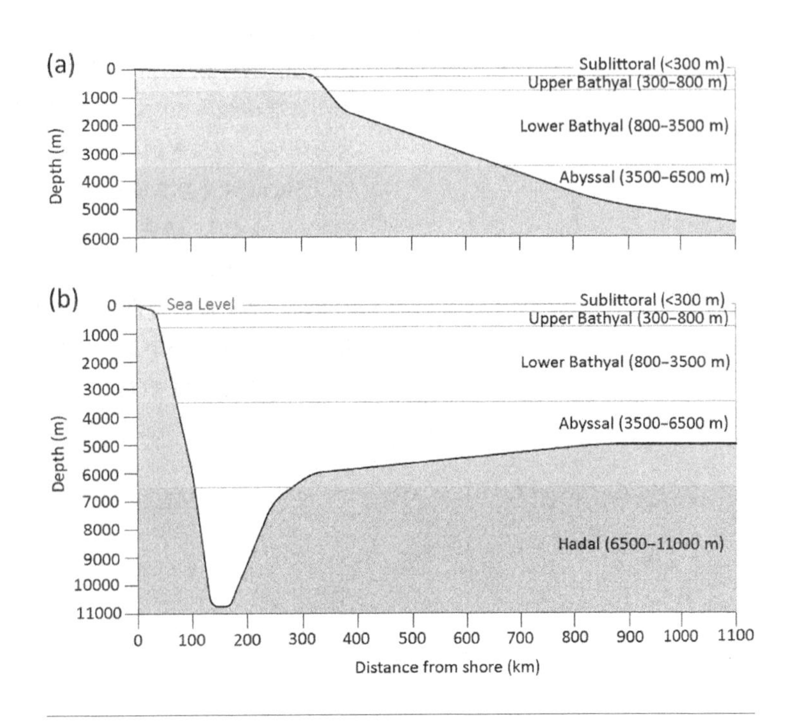

图 1.7 非地震区（a）和地震区（b）的海床和深度生物带轮廓。垂直放大倍数等于 50。

第2章

地理学与地质学

深渊区类似于海底峡谷和海山，具有比较独特的地理和地质特征，但不同于根据深度划分出的生物区，例如深海区和半深海区。这是因为深渊区是封闭的，具有不同的地质特征，且不同海沟之间常因上千千米的距离而完全隔断。所以说，深渊区不只是简单的“水深超过6000m的海域”。深渊区形成于巨大的地质驱动力，这种地质驱动作用一方面造成了深渊区独特的地质、生物和环境状况，另一方面又使得深渊区会发生更广为人知的具有毁灭性的地震和海啸。

为了写这本书，来自波兰弗罗茨瓦夫大学制图学院的托马斯·涅杰尔斯基（Tomasz Niedzielski）博士利用ArcMap 9.3.1（由ESRI提供的ArcInfo许可证），分析了全球海沟的位置和地形。他选择6000m等深线作为深海与深渊之间的分界线，对输入的海底深度数据进行识别和划分（以GEBCO发布的30 arcsec栅格为单位）。地图基准纬线为30°S，中央子午线为180°，空间分辨率为百米级，通过等面积圆柱投影方式生成。上述地形分析以500m深度为单位进一步细分，该方法可以提供生境的大小（km^2）、研究区面积（km^2）、平均坡度（°）和水体容量（km^3）。这些数据可用来提供海沟当前的位置和深度，并能同时提供海沟尺寸和水体容量等额外信息。考虑到海沟最深处可能存在未被检测出来的小凹陷，因此具体每条海沟的精确深度仅作为参考。

2.1 地理位置

目前已完成地球全部海洋的测图任务，我们已经知道包含深渊区在内的全部海底的区域位置。深渊区一般由深渊海沟和海槽组成，但是科学文献中记载的深渊区数量是经常变化的。例如，一些科研人员提出有 14 条海沟（Smith 和 Demopolous，2003），另一些则认为有 37 条海沟（Herring，2002），此外，杰米逊等人（2010）提出有 22 条海沟和 15 个海槽，安吉尔（Angel，1982）提出有 22 条海沟（其中有 1 条深度小于 6000m），诺葛拉多娃（Vinogradova 等，1993a）列出了 32 条海沟（其中有 2 条深度小于 6000m），而别利亚耶夫（Belyeav，1989）则认为有 55 条海沟和海槽。之所以得到上述不同的研究结论可能是因为他们考虑到了一些小型的非板块汇聚带而形成的区域，包括贯穿洋中脊的海槽和断层或裂缝带（例如罗曼什海槽），以及深海平原中小型的局部凹陷。为了使问题简单化，科研人员重新界定了海沟的深度，从 6000m 调整到 6500m（UNESCO，2009），从而自动忽略了一些较浅的区域。

为了解决这个问题，全球数字测深数据库（GEBCO）利用 GIS 软件（ArcGIS）提取出地球上深度超过 6500m 的所有区域。结果根据下述标准分类为海沟或者海槽：

海沟：形成于构造俯冲或断层，水深超过 6500m 的、独特的、孤立的狭长区域；

海槽：形成于海底平原的盆地而非汇聚型板块边缘，水深超过 6500m 的大面积或者盆地集中地。

利用上述标准，总共识别出 46 条海沟系统，包括 33 条海沟（27 条俯冲带海沟和 6 条海沟断层）和 13 条海槽。图 2.1 展示了海沟、海槽和海沟断层之间不同的地形特征，表 2.1 则列出了已知海沟和海槽所处的海区、最大水深及最深点对应的经纬度。这些参数在后面的图 2.2、图 2.3、图 2.4 和图 2.5 中也被诠释。

海沟（包括海沟断层）和海槽的平均深度分别为 8216m ± 1331 S.D. 和 7229m ± 665 S.D.，总的平均深度为 7938m ± 1257 S.D.（表 2.1，图 2.6）。最深的海沟为马里亚纳海沟（10920 ± 5m；Nakanishi 和 Hashimoto，2011），但是面积最大的海沟则为伊豆 – 小笠原海沟（99801km^2，最大水深 9701m）。最深而且最大的海槽是位于北太平洋中部的一个广阔的深海盆地集聚地，其中最大深度为 8565m，面积为 23670km^2。为了便于比较，可以对 22 条海沟进一步分类，即深、中等和浅海沟（图 2.6），中等深度的海沟有 11 条，深度在中值深度上下 1000m

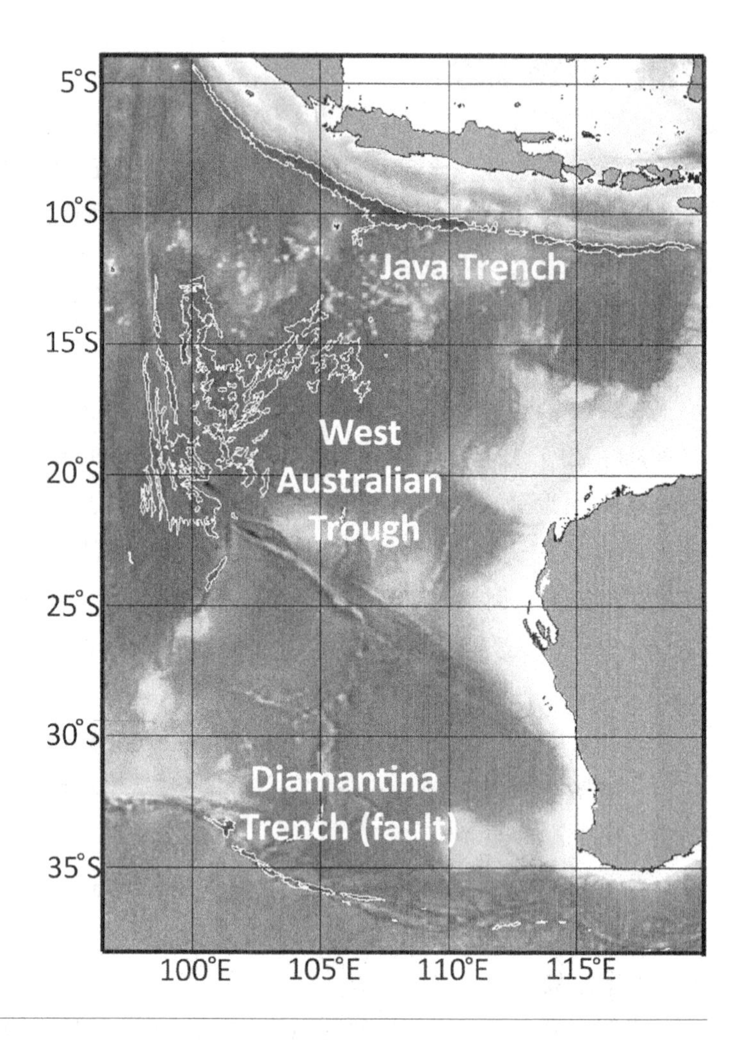

图 2.1　不同海沟和海槽的地形，示例包括爪哇海沟、西澳大利亚海槽和钻石海沟（Diamantine Trench）断层，它们分别位于印尼爪哇岛和西澳大利亚南部的印度洋海域。

范围内波动。超过 10000m 的深海沟有 5 条，剩下的为 6 条浅海沟。

海沟和海槽的总面积分别大约为 750000km^2 和 50500km^2，深渊区的总面积为 800500km^2，而海洋总面积为 335258000km^2，因此，水深超过 6500m 的海域占总海域的 0.24%，尽管从面积上来说，深渊区在整个海洋中显得微不足道，但是深渊区的水深范围为 6500~10982m（4482m），占了整个大洋总水深的 41%。

27 条俯冲带海沟各自独立，在深度和面积上没有任何联系。最长的为爪哇海沟（约 4500km）、阿塔卡马海沟（3700km）和阿留申海沟（3700km），其深度分别为 7450m、8074m 和 7822m。事实上，大多数较长的海沟并不是很深，最短的 5 条海沟则分别是火山海沟、雅浦海沟、班达海沟、金钟海沟（Admiralty Trench）和帕劳海沟，其中金钟海沟和帕劳海沟也是面积最小的 5 条海沟中的两条。

当然，海沟的长度只是地质形态大小的一个指标。对于 58% 的海沟来说，至少有 70% 的长度位于深渊深度以下（即水深超过 6500m）。相比而言，对于中亚美利加海沟和蒂阿曼蒂那海沟断层，只有不足 20% 的长度其水深超过 6500m；而对于新赫布里底海沟来说，只有 8% 的海沟长度位于 6500m 以下。这些海沟主要是海底平原海沟。可能正如预期的那样，水深大于 6500m 的长度越长，该海沟越可能是最深的海沟，例如马里亚纳海沟、千岛海沟、汤加海沟和克马德克海沟（全部超过 90%）。

表 2.1　地球上主要的俯冲带海沟对应的生物地理区及各自上覆表层海水的年平均初级生产力（数据来源于 Longhurst 等，1995）

	最大深度（m）	纬度	经度	所属海域
海沟				
金钟海沟	6887	0.5600 S	149.3800 E	太平洋
阿留申海沟	7669	50.8791 N	173.4588 W	太平洋
阿塔卡马海沟	7999	23.3679 S	71.3473 W	太平洋
班达海沟	7329	5.3852 S	130.9175 E	太平洋
布干维尔海沟	9103	6.4762 S	153.9323 E	太平洋
约尔特海沟	6727	58.4400 S	157.6800 E	太平洋
伊豆－小笠原海沟	9701	29.8038 N	142.6405 E	太平洋
千岛海沟	10542	44.0700 N	150.1800 E	太平洋
日本海沟	8412	36.0800 N	142.7500 E	太平洋

续表

	最大深度（m）	纬度	经度	所属海域
爪哇海沟	7204	11.1710 S	118.4669 E	太平洋
克马德克海沟	10177	31.9270 S	177.3126 W	太平洋
马里亚纳海沟	10920	11.3808 N	142.4249 E	太平洋
中美海沟	6547	13.9097 N	93.4728 W	太平洋
新不列颠海沟	8844	7.0225 S	149.1623 E	太平洋
新赫布里底海沟	7156	23.0733 S	172.1502 E	太平洋
帕劳海沟	8021	7.8045 N	134.9869 E	太平洋
菲律宾海沟	10540	10.2213 N	126.6864 E	太平洋
波多黎各海沟	8526	19.7734 N	66.9276 W	大西洋
琉球海沟	7531	24.5109 N	127.3602 E	太平洋
圣克里斯托瓦尔海沟	8641	11.2800 S	162.8200 E	太平洋
圣克鲁斯海沟	9174	12.1800 S	165.7700 E	太平洋
南奥克尼海沟	6820	60.8510 S	41.0442 W	南大洋
南桑德韦奇海沟	8125	56.2430 S	24.8326 W	南大洋
汤加海沟	10800	23.2500 S	174.7524 W	太平洋
威特亚兹海沟	6150	10.2142 S	170.1178 E	太平洋
火山海沟	8724	24.3326 N	143.6107 E	太平洋
雅浦海沟	8292	8.4073 N	137.9244 E	太平洋
海沟断层				
开曼海沟	8126	19.1700 N	79.8633 W	大西洋

续表

	最大深度（m）	纬度	经度	所属海域
帝王海沟	8103	45.1594 N	174.1444 E	太平洋
里拉海沟	6881	1.3800 N	150.6500 E	太平洋
玛索海沟	7208	1.4200 N	148.7400 E	太平洋
罗曼什海沟	7715	0.2226 S	18.5264 W	大西洋
维玛海沟	6492	8.9232 S	67.4983 E	印度洋
海槽				
阿古拉哈斯海槽	6787	53.8494 S	26.9643 E	大西洋
阿根廷海槽	6859	48.8498 S	50.6501 W	大西洋
加纳利群岛海槽	7268	24.1248 N	35.6662 W	太平洋
中央海槽	8211	1.1723 S	168.2845 W	太平洋
马达加斯加海槽	7113	31.3555 S	61.0106 E	印度洋
北美海槽	6922	26.1278 N	55.8783 W	大西洋
西北太平洋海槽	8565	39.8184 N	178.8757 W	太平洋
菲律宾海槽	7872	20.8711 N	136.7116 E	太平洋
东南大西洋海槽	6559	13.3632 S	1.8716 W	大西洋
南非海槽	6509	45.5201 S	14.4328 E	大西洋
南澳大利亚海槽	6826	45.0223 S	128.3304 E	印度洋
西澳大利亚海槽	7782	22.2517 S	102.3780 E	印度洋
哲莱尼米兹海槽	6708	14.5810 N	35.2081 W	大西洋

深度大于 6500m 的海区更能代表深渊生境的尺寸。最大的深渊生境发现于伊豆－小笠原海沟（99801km^2）、千岛海沟（91692km^2）、马里亚纳海沟（79956km^2）和汤加海沟（63036km^2），而最小的则位于金钟海沟（4050km^2）、新赫布里底海沟（2439km^2）、迪亚曼蒂纳海沟（2430km^2）、帕劳海沟（1692km^2）和中美海沟（36km^2）。

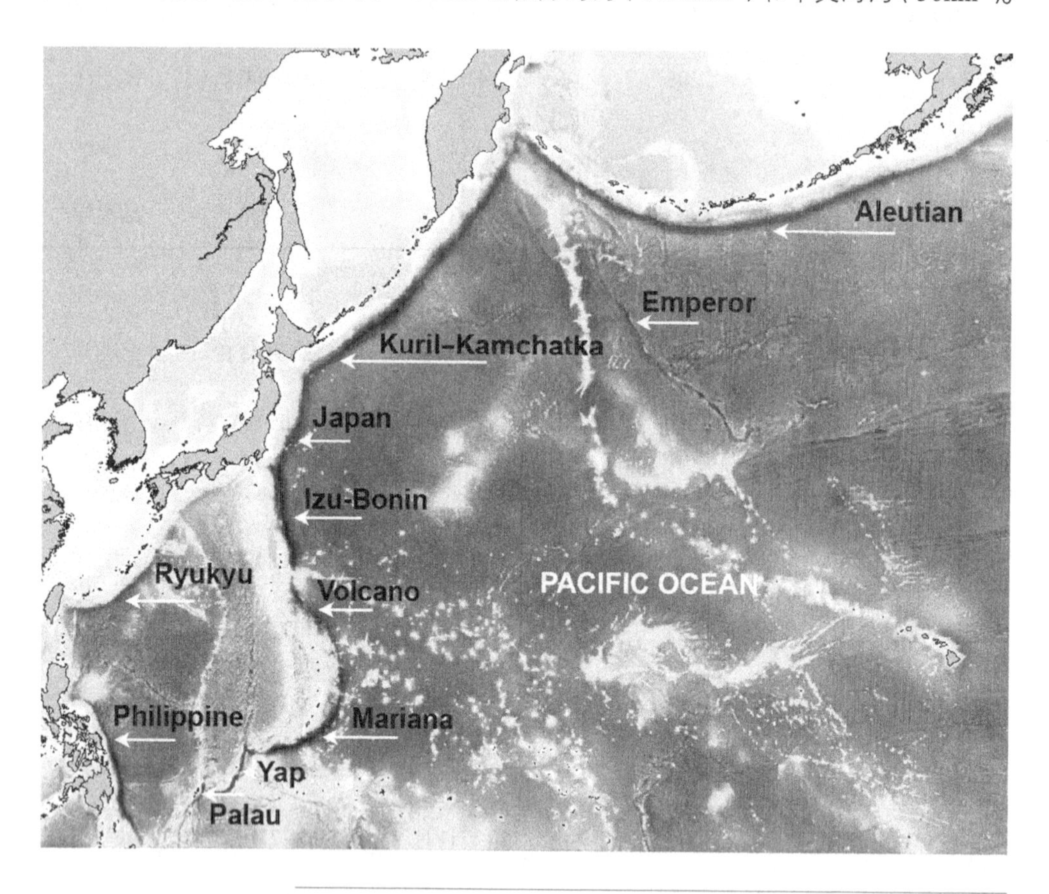

图 2.2　北太平洋深渊海沟的地理位置图。

在 33 条深渊海沟和海沟断层中，有 26 条位于太平洋（79%），3 条位于大西洋（9%），2 条位于印度洋（6%），2 条位于南大洋（6%）。在 13 条海槽中，6 条位于大西洋（46%），4 条位于太平洋（31%），3 条位于印度洋（23%）。这些数据是指各个海域中独立的海沟海槽。关于深渊生境的尺寸分布，84% 分布于太平洋（673855km^2），而只有 8% 分布于大西洋（64053km^2），印度洋和南大洋则均

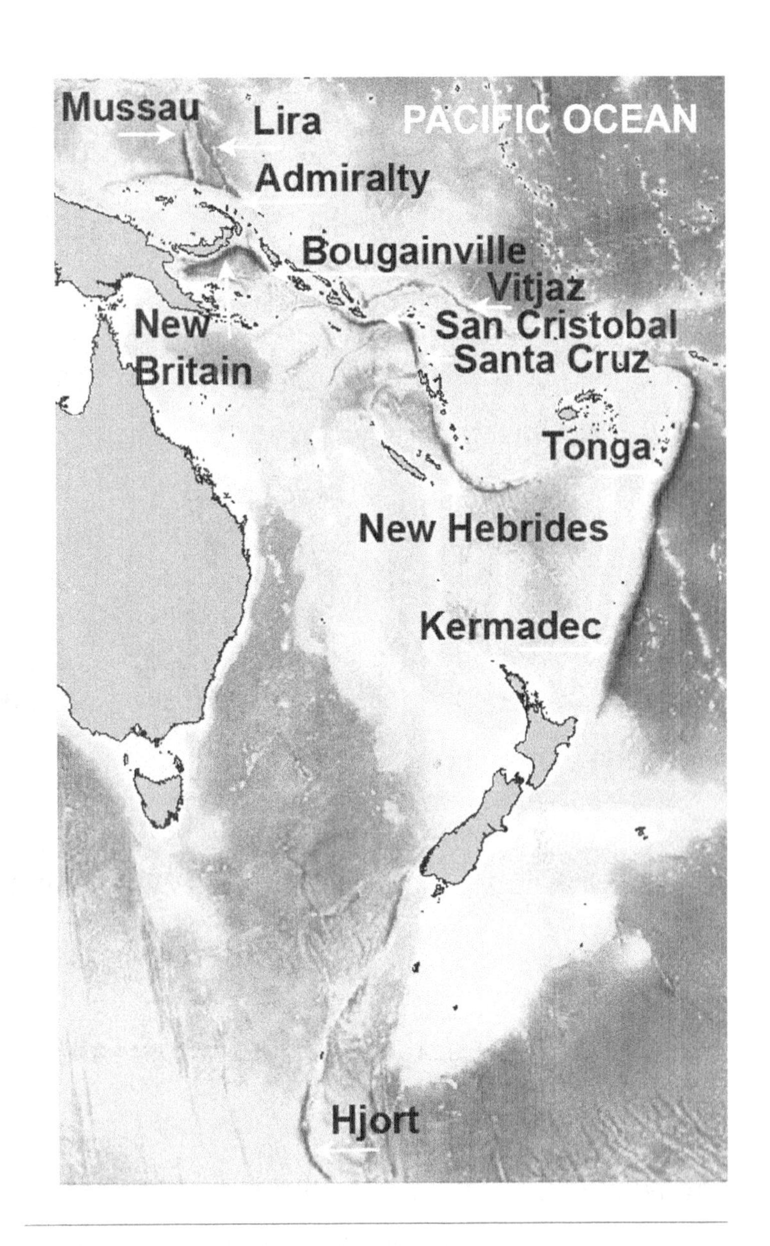

图 2.3 西南太平洋深渊海沟的地理位置图。

为 4%（面积分别为 $31293km^2$ 和 $31779km^2$）。

绝大多数深渊分布在太平洋周边，更准确点说，分布在太平洋板块与其他板块汇聚的边缘。深渊海沟基本上都是由于强烈的地质过程而形成的，尤其是因活

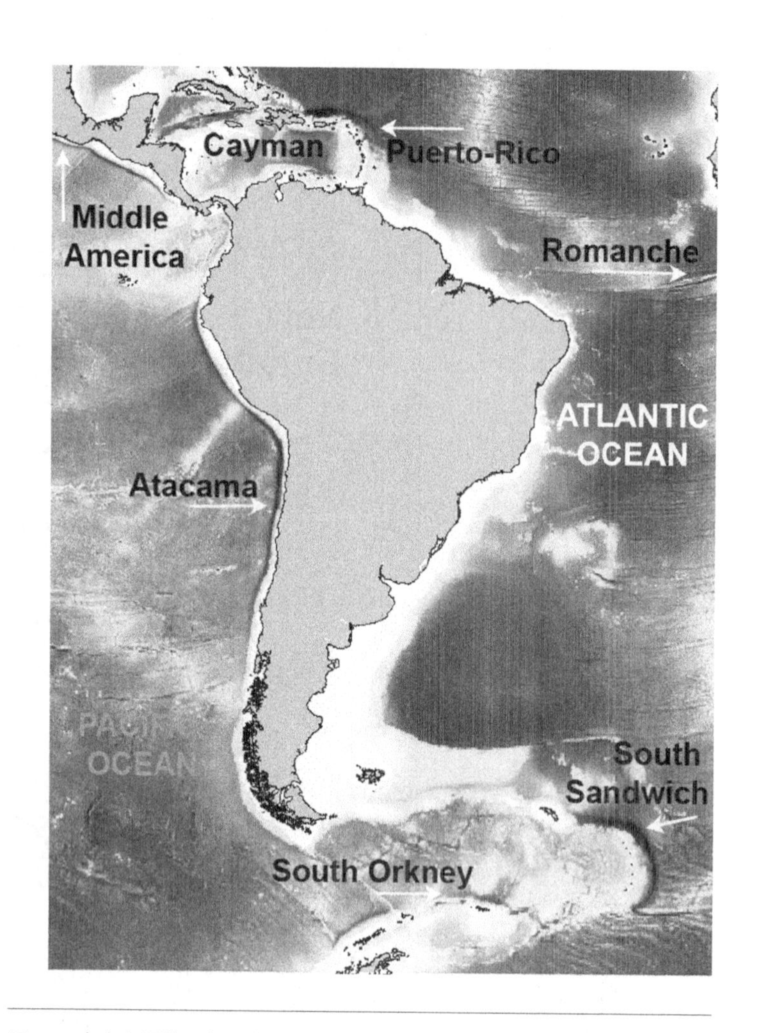

图 2.4 东南太平洋、大西洋和南大洋中深渊海沟的地理位置图。

动型板块汇聚而加剧的火山活动，因此这些边缘常被称为“火山链”。

当编译最终的海沟列表时，有许多其他的标准和问题需要考虑。例如，单条海沟或者深渊生境应该跟海沟系统区别开来。这种区别涉及临近海沟关于 6500m 以浅的地形划分。例如，汤加海沟和克马德克海沟属于同一地质特征的某个部分，然而，两者被深海隔断，即路易斯维尔海山岭，从而代表了两个独立的深渊生境。类似的划分也发生在秘鲁－智利海沟，纳兹卡洋脊在约 15° S 附近以 5000m 深为间隔把海沟分为南北两部分。秘鲁－智利海沟区别于汤加海沟和克马德克海沟在于它的北部（有时被认为是米尔内－爱德华斯海沟，如 Menzies 和 George，1967）

不属于深渊，而南部（有时被认为是阿塔卡马海沟，如达诺瓦罗等（Danovaro 等，2002）几乎达到了 8000m 水深。因此，当涉及深渊内容时，一般指的是南部阿塔卡马海沟。马里亚纳海沟的定义也存在争议，通常认为它是从北端雅浦海沟到南端伊豆－小笠原海沟的一个弧形结构，然而马里亚纳海沟北端是被小于 6000m 的隔断与火山海沟分开的。而且，从深渊的概念来说，火山海沟和马里亚纳海沟被认为是独立的深渊生境，因为它们之间的隔断与帕劳海沟、雅浦海沟、伊豆－小笠原海沟和马里亚纳海沟之间的隔断不同。

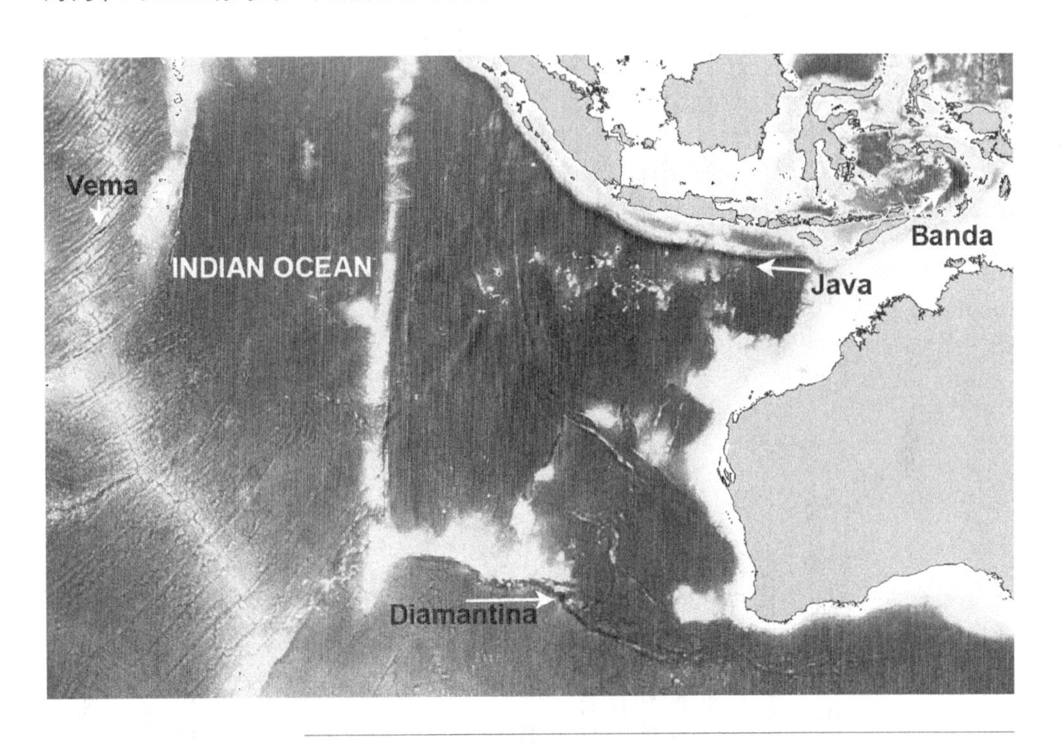

图 2.5　印度洋中深渊海沟的地理位置图。

很多海沟都不止一个名字，这取决于报道它们的国家。例如，在北太平洋，伊豆－小笠原海沟常被称为小笠原海沟，琉球海沟也被称为南西诸岛海沟，雅浦海沟也被称为西加罗林海沟。在南太平洋，圣克里斯托瓦尔海沟也被称为南索罗曼海沟（有时候也与圣克鲁斯海沟一起被归为一条海沟），爪哇海沟也被称为巽它海沟，班达海沟则被称为韦伯盆地，同样地，北美海槽也被称为内瑞兹深渊（Nares Deep）。

对于海沟的命名有一种倾向性，常把海沟内最深的地方称为“Deeps”（深渊），

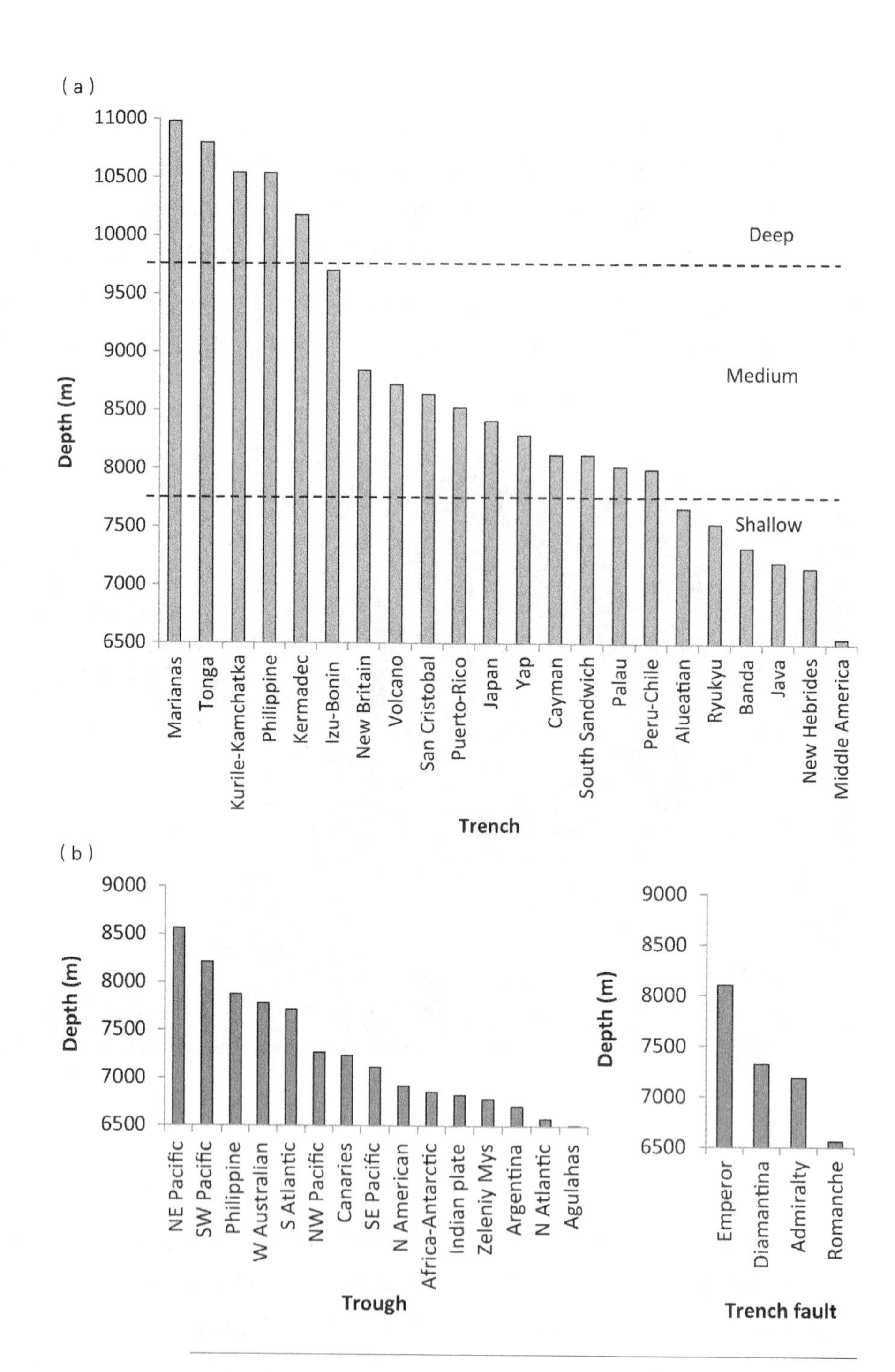

图 2.6 海沟（a）、海槽（b）和海沟断层（c）最大深度从深到浅（从左到右）的排列，以中部海沟为基准线（中位线深度），深部和浅部的定义分别是上下浮动 1000m。

这使得海沟命名更加混乱。例如，伊豆－小笠原海沟中有拉玛波深渊（Ramapo Deep；Fisher，1954），南桑德韦奇海沟中有流星深渊（Meteor Deep；Herdman等，1956），秘鲁－智利海沟中有米尔恩－爱德华兹深渊（Milne-Edwards Deep）、克鲁梅尔深渊（Krümmel Deep）、海克尔深渊（Haeckel Deep）和理查德深渊（Richard Deep；Zeigler等，1957），而在波多黎各海沟，则有吉利斯深渊（Gilliss Deep）、布朗逊深渊（Brownson Deep）和密尔沃基深渊（Milwaukee Deep；George和Higgins，1979）。在其他区域，例如汤加海沟和克马德克海沟，汤加海沟的最深点有个特别的名字，叫地平线深渊（Horizon Deep；Fisher，1954），而在克马德克海沟同样深度的位置则没有任何命名。这些深渊里面最著名的当然就是马里亚纳海沟的挑战者深渊（Challenger Deep），因为这是世界上最深的地方。然而，在同一海沟附近还有两个，分别是塞丽娜深渊（Sirena Deep）和尼禄深渊（Nero Deep；Fryer等，2002）。

把这些地方命名为“深渊”（Deep）只是单单从宣传新发现的角度给予了一个简单术语，而没有提供任何有用的科学意义（Wiseman和Ovey，1954）。事实上，在有不止一个Deep的地方，例如马里亚纳海沟，这种命名方式使得人们把大量的研究精力集中在最深的地方，而忽略了余下的大型深渊生态系统。

关于Deep的命名争论已久。根据国际认同的关于深海平原特征的定义，Deep是指深海平原中易于识别的最深的洼地，利用声呐探测时一般超过3000英寻（5486m）（Wiseman和Ovey，1953）。然而，这个报道发布后不久，英国国家海底特征委员会（British National Committee on Ocean Bottom Features）就提出，尽管水下发现的主要特征都应该获得地理名词，但由于Deep仅从形态上描述了海底特征，没有什么重要的意义，因此，新发现的深海洼地应该保持无名状态（Wiseman和Ovey，1954）。他们进一步建议将Deep这一术语搁置，接着英国国家海底特征委员会删除了之前在海底探测中发现且命名的Deep。60年过去了，现在来看Deep确实可以相对有效地表达出深渊特有的海底地形特征（Fryer等，2002），且作为一个独特的生境，它以缺乏大型动物、高浓度的微生物细胞和极软沉积物聚集为特征（Danovaro等，2003；Glud等，2013）。对于Deep和临近海沟生境的生物群落结构的不同，仍然需要更多研究来了解。

当然，还有一系列海沟接近于深渊深度，但未达到6500m的深渊界限。这其中包括南大洋的南赛特兰海沟、普约尔（Puyseger）海沟和亨利海沟，印度洋的阿米兰特海沟和查戈斯海沟。尽管它们不属于深渊生境，且现阶段缺乏研究数据，海沟地形和孤立性表明它们可能跟海沟有着类似的特征，可能提供了一个测试海沟地形对深海物种分布影响的理想区域。

联合国教科文组织（UNESCO，2009）的底栖生物地理划分方法将深渊海沟归类到亚区和区域，主要依据的数据来自 Belyeav（1989）。在区域内，海沟主要分组到具有类似水文特征或者生产力的毗邻或者临近的海沟聚类中，表 2.2 列出了深渊区域。

表 2.2 联合国教科文组织（UNESCO，2009）划分的深渊亚区和区域

深渊亚区	区域	海沟
太平洋	阿留申 – 日本	阿留申海沟，帝王海沟，千岛海沟，日本海沟，伊豆 – 小笠原海沟（帝王海沟）
	菲律宾	菲律宾海沟，琉球海沟
	马里亚纳	火山海沟，马里亚纳海沟，雅浦海沟，帕劳海沟
	新布甘维尔	新不列颠海沟，布干维尔海沟，圣克里斯托瓦尔海沟，新赫布里底海沟（金钟海沟，班达海沟，里拉海沟，玛索海沟，圣克鲁斯海沟，维特亚兹海沟）
	汤加 – 克马德克	克马德克海沟，汤加海沟
	秘鲁 – 智利	秘鲁 – 智利海沟，阿塔卡马海沟
北印度洋	亚万（Yavan）	爪哇海沟，班达海沟（维玛海沟）
大西洋	波多黎各	波多黎各海沟
	罗曼什	罗曼什海沟
南极洲 – 大西洋	南列斯群岛	南桑德韦奇海沟（南奥克尼海沟）

注：括号中是没被联合国教科文组织（UNESCO，2009）直接提出的海沟。中美海沟和开曼海沟不具有明显的深渊区域特征。

2.2 海沟的形成

地球最外层的地壳和上地幔作为单一的机械层（Mechanical layer），被称为岩石圈层。岩石圈由 14 个大的构造板块和 38 个小的板块组成，都在密度相对较小的软流层上面持续性地相互移动。板块之间相互的动态位移造成三种板块边界类型：离散型、聚敛型和剪切 / 转换型，汇聚型（图 2.7）。离散型板块边缘对应着两个相互分离的板块，中间则通过海底扩张生出新的洋壳（例如洋中脊）。转换型板块边缘对应着相邻两个板块的剪切错动，既无板块的增生，又无板块的消亡（例如圣安德烈亚斯断层）。而汇聚型板块边缘则对应着两个相邻板块的相向运动，其中大洋板块发生俯冲消减，沉积物、洋壳和上地幔岩石圈进入地幔层，使得物质和能量混合实现再平衡（Amstutz，1951；White 等，1970；Stern，2002；图 2.8）。

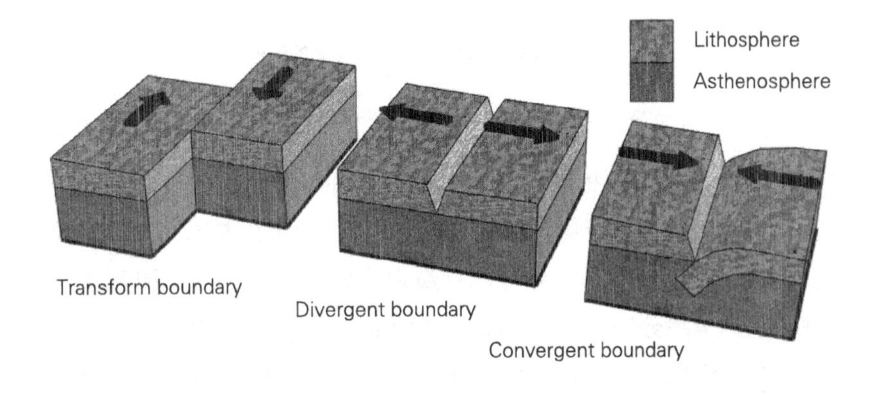

图 2.7 岩石圈板块边缘的三种类型：转换型边缘，相邻板块平行反向运动；离散型边缘，两个板块相互分离；汇聚型边缘，两个板块碰撞，其中较重的板块俯冲到较轻的板块之下，进入软流层。

离散型板块边缘以加剧的火山活动为特征，转换型板块边缘会形成构造上的不整合面，导致大范围的地震活动。然而，汇聚型板块边缘及下部的俯冲带是活动型板块边缘，具有丰富的火山和地震活动，代表性地貌特征是深海海沟，因此，大部分的深渊区都位于汇聚型板块边缘。

尽管有人相信海沟可能已经存在至少 1×10^7 年了，但现阶段大多数的深渊海沟，尤其是太平洋周边的海沟，被认为是在 6.55 亿年之前形成的，即新生代之前，

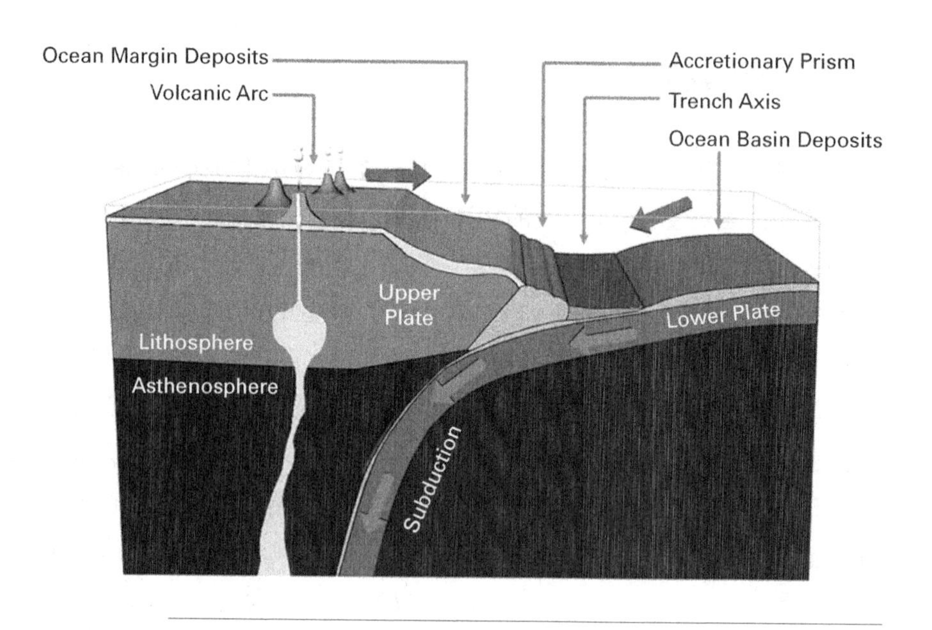

图 2.8 汇聚型板块边缘主要的沉积体和地形组成。

在那个时期，大陆板块已经移动到现在的位置（Menard，1996；Belyaev，1989及文中引用的俄罗斯参考文献）。海底板块的年龄要比海沟年龄更老。例如，马里亚纳海沟、汤加海沟、克马德克海沟、堪察加半岛海沟和阿塔卡马海沟所在的海底板块的年龄分别是 150，120，70 和小于 40 Ma（Stern，2002）。

全球汇聚型板块边缘累计超过 55000km（Lallemand，1999），基本等同于洋中脊的长度（60000km；Keary 和 Vine，1990），被认为是地球上最重要的构造特征（Stern，2002）。总的来说，汇聚型板块边缘由 37 个不同的区域组成，长度从 300km（吕宋岛东部）到 2700km（阿留申－阿拉斯加；von Huene 和 Scholl，1991；图 2.9a）。

俯冲过程主要指密度较大的海洋板块跟密度较轻的板块发生碰撞，并通过俯冲消减进入大陆板块之下（图 2.8），下部板块的俯冲角度有高（大于等于 30°）有低（大于 30°）（Li 等，2011）。板块相交处常形成弧形或线性的喷发带，被称为“火山弧”。此外，在接近大洋和大陆板块发生汇聚的地方，一般都有山脉的存在，例如秘鲁－智利海沟和安第斯山脉，日本海沟和日本海岸山脉。当汇聚带发生在海洋板块之间时，会产生火山弧，这是因为相对较轻的板块向地幔沉降；地幔的软流层被其吸引，沉降板块中的水和其他元素会发生化学作用，使得地幔发生部分熔化。这种熔化通过地幔垂直上升，在火山弧的地方喷发出来（Stern，2002）。关于火山弧的例子很容易举出，北有阿留申海沟和库里尔岛，西有千岛海沟。虽然火山弧代表了板块汇聚带的重要地质特征，但从深渊生物学角度来说，俯冲过程才是最终形成深渊生境的主要原因。下部板块消减的速度随着海沟所在的位置和年龄具有很大差异（Stern，2002）。板块汇聚带的速度也从 10km/Ma（例如马尼拉）上升至 170km/Ma（汤加海沟；von Huene 和 Scholl，1991）。

地球是唯一一个有俯冲带和板块构造活动的类地行星。水星和月球从构造角度和岩浆作用角度来说都是死星球。火星看起来已经停止了构造活动，现在是个孤立星球（Connerney 等，1999）。金星则是一个有着厚厚的岩石圈和地幔柱的星球（Phillips 和 Hansen，1998）。在地球上，俯冲带可以形成大陆地壳，从海洋中凸显出来，已有的猜想认为如果没有俯冲带，地球的固体表面将浸入海洋，陆地上的一切生命形式，包括人类，都将不复存在（Stern，2002）。

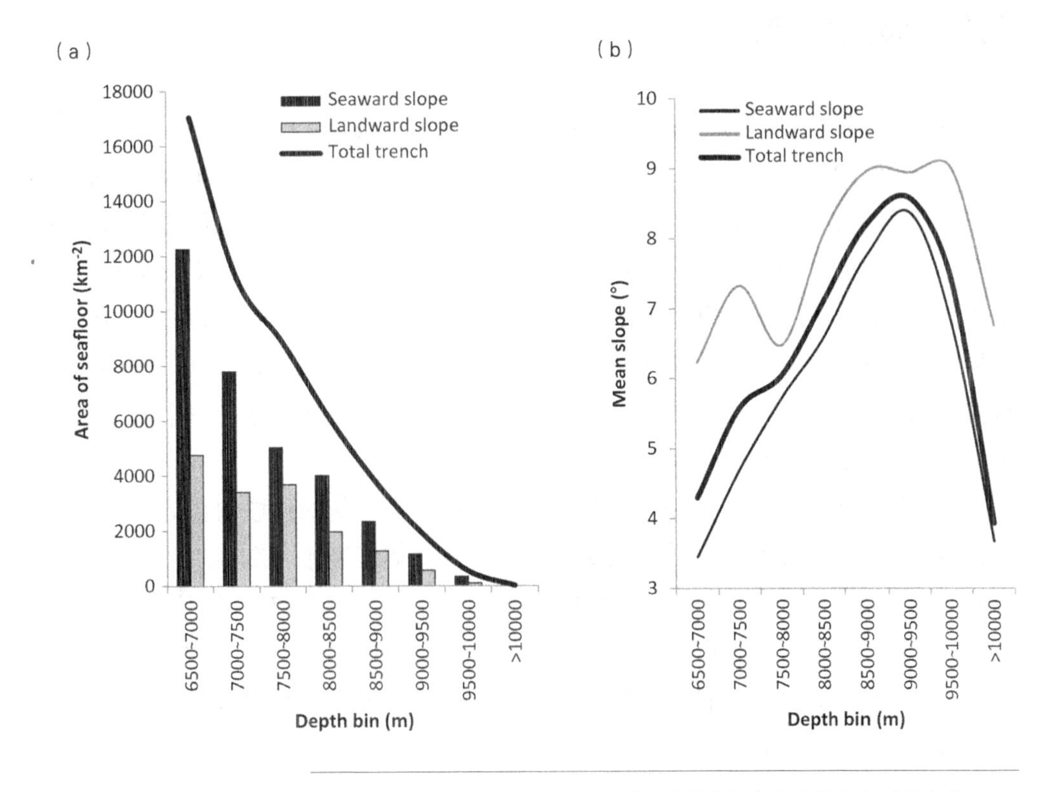

图 2.9　以克马德克海沟为例，西坡、东坡和整条海沟的海底面积（a）和平均坡度（b）。

从生物学角度来说，俯冲过程以多种方式影响着海沟生物群落。汇聚带使得海洋板块俯冲到代表大多数地球表面的海底平原以下几千米的深度。此外，俯冲作用造成了V形的海沟地貌特征，使得沉积物从汇聚的岩石板块的两坡向海沟底部堆积（Thornburg 和 Kulm，1987）。每个汇聚带中沉积物的厚度从0.4km到6km，平均为1.4km（von Huene 和 Scholl，1991；图 2.9）。撇开海沟在地理上的孤立性和极限深度，动态板块边缘随着构造活动对陆地上流域盆地的改造作用，也经历着持续性的变形，给沉积物从大陆边缘散发沉降到深渊海沟提供了途径。从长时间尺度来说，沉积作用、沉积物消减作用和沉积物堆积以独特的方式改造着海沟底部，这是在其他深海生境不存在的（例如深海平原）。此外，频繁的不同强度的地震活动，会导致额外的或不可预测的事件发生，包括海底浊流和灾难性的沉积物滑坡（Itou 等，2000；Fujiwara 等，2011；Oguri 等，2013）。

2.3 海沟的地形

海沟地形独特，且深渊海沟的地形独特性明显大于浅海域的海沟（例如地中海；Faccenna 等，2001；Masson，2001；Tselepides 和 Lampadariou，2004）。海沟地形跟海底峡谷和海底渠道有着类似的地形特征，常发生沉积物的堆积现象（Vetter 和 Dayton，1998；Tyler 等，2009；De Leo 等，2010）。深渊虽然具有较大的深度梯度、陡峭的斜坡和沉积速率，但是没有出口供沉积物分散到周边广阔的深海平原中（Canals 等，2006；Arzola 等，2008）。海沟跟其他具有坡度的区域也不同，例如大陆坡和大陆脊，海沟面积随着深度增加而减少，最终汇聚到一个点上，即海沟最深的位置，而没有随深度稳定持续变化的坡面。

海沟具有不对称性，俯冲作用对向陆一侧和向海一侧的斜坡的影响不同。其中向海一侧（在下部板块）坡度较缓，从深海平原逐渐过渡到海沟底部轴线，而向陆一侧（在上部板块）因为海洋板块的挤压作用，呈现相对陡峭和复杂的地形。因此，向陆一侧坡面上的可沉积面积要低于向海一侧的坡面。

以西南太平洋的克马德克海沟为例，海沟形状相较于平坦的深海平原（大于6500m）来说呈线性下降（$y=-2336.9x+16733$；$R^2=0.9352$）[图 2.9（a）]。例如，深度在6500~7000m海域的面积为17057.9km^2（占海沟总面积的34.3%），而深度超过10000m的海域面积为15.5km^2，仅占海沟总面积的0.03%。事实上，海沟浅部 50% 的深度（6500~8500m）代表了底栖环境的 87.3%（43425km²）。

总的海沟面积可以分为东坡（海向，32998.5km²）和西坡（陆向，15832.9km²），这些区域的面积分别占深度超过 6500m 海沟的 66.5% 和 33.5%，意味着从底栖环境的面积来说，海向斜坡几乎是陆向斜坡的两倍。整条海沟的平均坡度是 6.4° ±1.7 S.D.，但有些地方可以达到 48°。东坡和西坡的平均坡度则分别是 5.9° ±1.8 S.D. 和 7.7° ±1.2 S.D. [图 2.9（b）]。

海沟平均坡度的分析明显划分出海底平原（深度为 4000~6500m，平均坡度为 3.2° ±0.4 S.D.）和海沟斜坡（平均坡度为 6.7° ±1.7 S.D.）的分界线。海沟坡度随着深度逐渐增加，表现在从 6500m 到 9500m，其坡度从 4.3° 增加到 8.5°。超过 9500m 之后，海沟坡度又开始变缓，代表着沿海沟轴线的相对平坦的区域（平均坡度为 5.7° ±2.5 S.D.），其中超过 10000m 的海沟，其平均坡度为 3.9°。

上述面积的线性变化在所有海沟中都比较常见，不管是深海沟（超过 10000m）还是中等深度的海沟，如图 2.10 所示。在 6 条最深的海沟中，上部

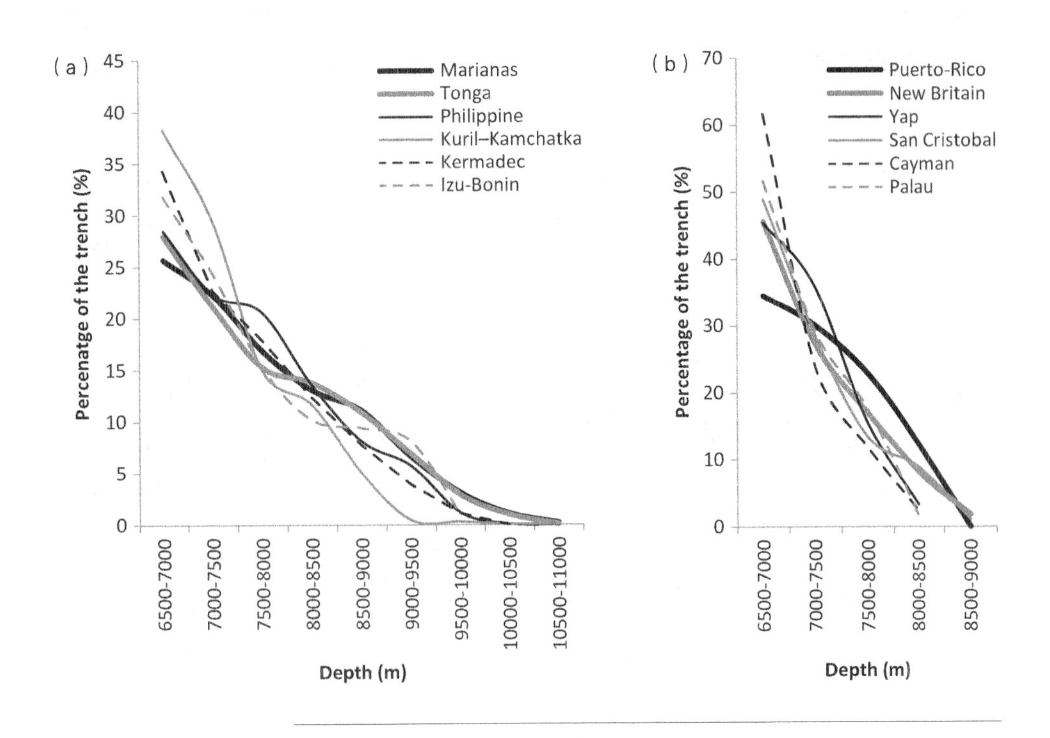

图 2.10　随深度增加而减小的生境面积，其中（a）展示了 6 条最深的海沟中以 500m 为单位的相对量变化，（b）展示了随机选取的六条中等深度海沟中以 500m 为单位的相对量变化。

1000m（6500~7500m）占整条海沟的 55% ± 7.3 S.D.，而下部 1000m 则占整条海沟的 0.97% ± 0.4 S.D.。在 6 条随机选取的中等深度的海沟中，上部 1000m 占整条海沟的 77% ± 7.5 S.D.，而下部 1000m 则占整条海沟的 14% ± 4.1 S.D.。类似地，平均坡度也遵循这种变化规律，不管是深海沟还是中等深度的海沟，最陡峭的梯度都发生在斜坡中部，如图 2.11 所示。平均来说，大部分海沟中部最大陆坡梯度大约是 6500m 处的 3 倍，而在海沟底部轴线位置的坡度则很平缓，这跟深海平原一致。

这些参数描述的都是平均水平，事实上，不管是跟海沟轴线平行还是垂直，从深海平原到海沟底部轴线位置都很少有平滑过渡的坡度变化。大多数海沟都属于夹杂复杂内部地形特征的大型地质构造。根据沿海沟轴线的剖面或者垂直于海沟轴线的横切面提取出的海底地形都显示了深渊海沟地形的不均一性（图 2.12）。在海沟内部，尤其是向陆一侧的剖面上，具有陡峭的坡度变化，以及大型土墩、陡坡、台地和洼地。这些特征在向海一侧也存在，不过明显少于向陆一侧。这些复杂地形特征的存在无疑会造成基底类似的异质性，包括粒度较细的软泥倾向于沉降在局部洼地内，而陡峭的岩石露头则难以保留住沉积物。图 2.12 中菲律宾海

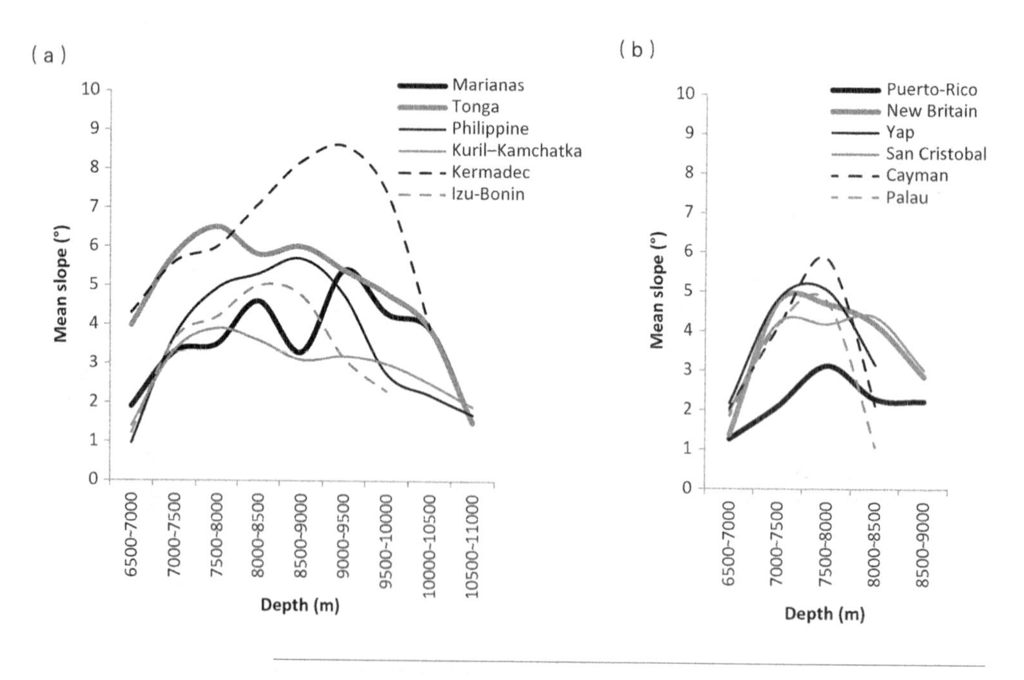

图 2.11 6 条最深海沟（a）和 6 条随机选取的中等深度海沟（b）随深度增加而发生的坡度变化。

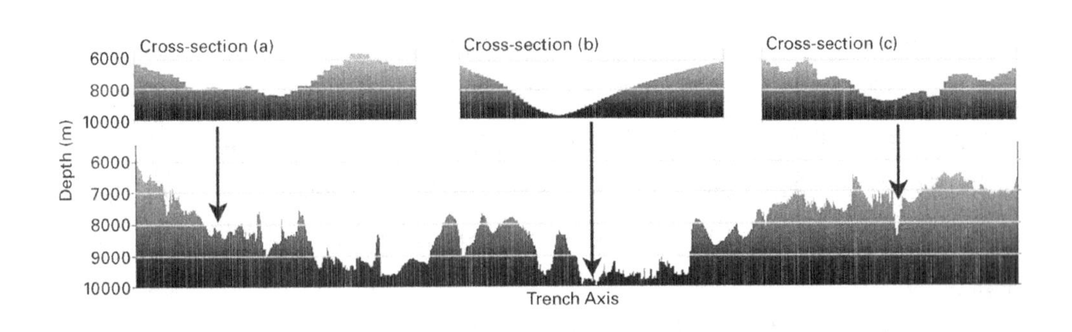

图 2.12 以西北太平洋的菲律宾海沟为例，沿海沟轴线的横切断面显示出海底台地（a）、平滑梯度（b）、复杂的海脊和海谷（c）。其中，横切面与海沟轴线间的垂直放大倍数分别为 60 和 120。

沟的横切面显示出三种不同的地形特征：横切面（a）代表大型台地，横切面（b）展示了典型的海沟特征，横切面（c）则展示了高度变化的海底地形结构。

2.4 沉积作用和地震活动

深海沉积物主要由黏土矿物、大陆架剥蚀作用带来的陆源物质、海洋浮游和底栖生物带来的硅质和钙质物质、金属氧化物和火山灰等组成（Howell 和 Murray，1986；Hay 等，1988）。

沉积速率在不同海沟之间、海沟两翼和底部轴线之间均有所不同，主要取决于海沟所在的地理位置及海沟斜坡的特性。远离大陆架或者临近贫瘠大陆的沉积区厚度一般只有 200~600m。颗粒物的大小和供应速率随着远离陆地而减小（Thistle，2003），因此，对于靠近有丰富陆源物质供应的海沟，其沉积物类型以较粗的陆源砂和粉砂为主。这些沉积层的厚度一般超过 500m，甚至达到 5~6km（图 2.13）。此外，来自表层或浊流带来的持续性颗粒有机物（POM）沉降在海沟底部轴线，可以达到至少十几千米（von Huene 和 Scholl，1991）。

海沟内部复杂的地形特征造成了高度可变的泥质沉积形态，例如海沟扇形沉积体，沿轴线的渠道，成片的盆地，类似池塘的洼地以及沿轴线的沉积叶瓣（例如秘鲁 – 智利海沟；Thornburg 和 Kulm，1987）。另外，这些空间上不同的沉积形态随着时间也发生变化，形成沉积物持续性的俯冲和堆积。沉积过程不止发生在斜坡的阴影里，也会发生在大量岩石露头上（Belyaev，1989）。海沟中常见的地震活动会引起类似泥石流的流体活动，使得岩石碎片从海沟两翼滑落并堆积到海沟底部。因此，海沟也被认为是沉积速率较高的区域（Belyaev，1989）。例如，千岛海沟的沉积速率每 100 年从 5~10mm 到 50~1000mm，明显高于临近的深海平原。

俯冲过程中形成的 V 形海沟，类似烟囱或者深海沉积物收集器，有助于沉积物最终都堆积到海沟轴线位置，这在深海平原是不可能发生的（Nozaki 和 Ohta，1993；Danovaro 等，2003；Glud 等，2013）。鉴于每条海沟的封闭环境，海沟沉积物会一直停留在海沟系统中，在重力作用下，逐渐下移，最终聚集到海沟最深处（Oguri 等，2013）。

大洋板块沉积物在上部板块边缘的棱镜状固结沉积物和岩石的阻力作用下会发生俯冲。大多数沉积物来源会直接或者间接地跟大陆架剥蚀作用相关。这种作用可以划分为两种类型：第一类边缘有截然不同的增生棱柱体发生，第二类边缘则只有小型增生作用发生。

在第一类边缘中，沉积物俯冲作用发生在核心岩石框架前面聚集的活跃固结增生楔的向海一面。在小型到中型的棱柱体中，约 20% 的海沟平原被剥离，而剩下的 80% 则俯冲到底下。而在大型棱柱体中，约 70% 的海沟平原将参与到俯冲作用中。据估算，在板块汇聚边缘的固态沉积物的俯冲速率大约为 1.5km^3/y（von Huene 和 Scholl，1991）。在第二类边缘中，几乎所有的沉积物都俯冲到向陆一侧的海沟坡面下面，造成比第一类边缘更薄的沉积物堆积。其中第一类边缘在所有汇聚型板块边缘中占的比重约为 56.5%，第二类则为 43.5%。

科研人员通过重力采样和活塞采样方式获取了伊豆 – 小笠原海沟 9750m 的柱状岩芯样品（Nozaki 和 Ohta，1993）。他们发现底部沉积物主要由陆源物质组成，而上层物质则主要来源于海洋环境。他们还发现，伊豆 – 小笠原海沟上部的沉积物组成与临近西北太平洋发现的其他沉积物类似，且沉积速率比临近 8800m 的日本海沟高一个数量级。它的沉积物来源主要是日本岛或者临近的亚洲大陆，通过海沟西侧海底峡谷形成的浊流来实现沉积物的搬运作用。这反过来可能影响浊源强度或深海环流模式的变化，而且这可能已经发生了很长时间，以至现在能观察到海底流体活动的区别。

靠近伊豆 – 小笠原海沟的太平洋板块的洋壳年龄大约为 1.2 亿年（Heezen 和

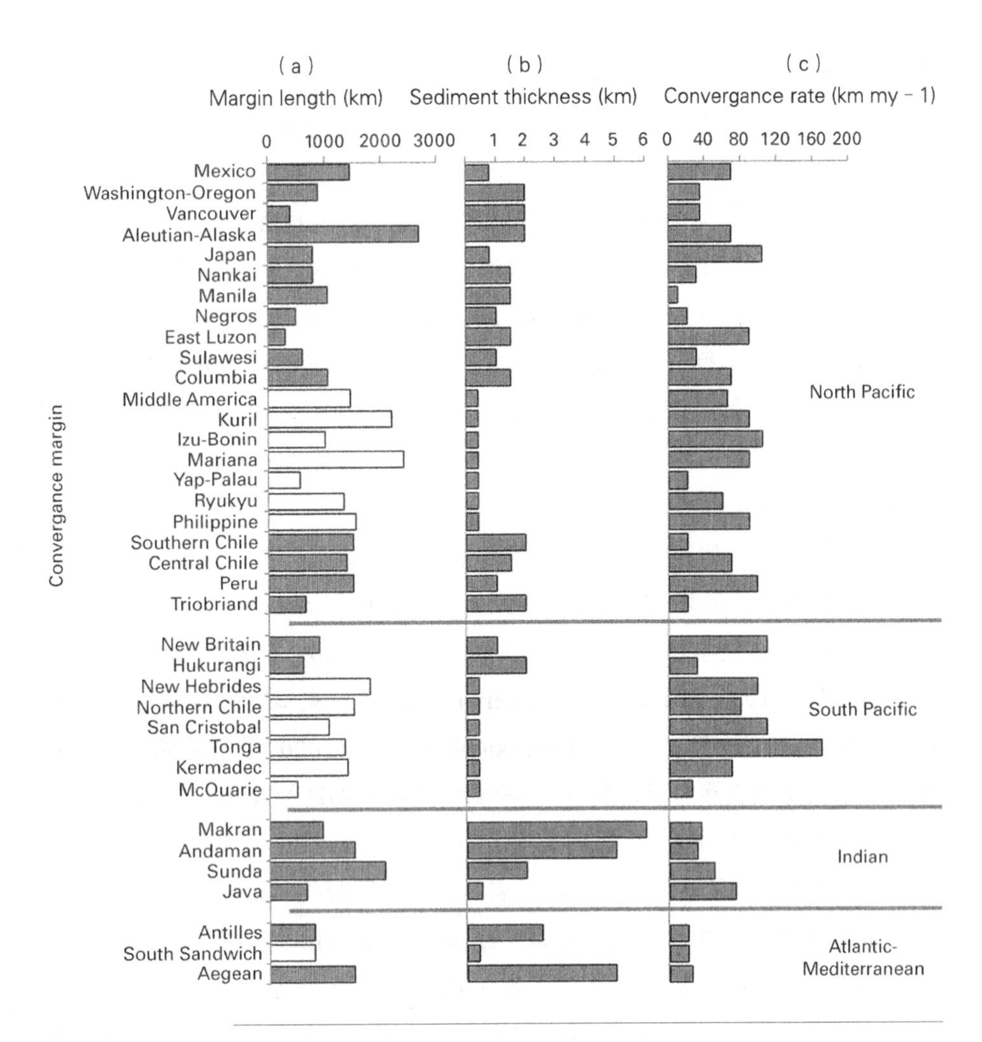

图 2.13 37 条海沟汇聚边缘区的特征：（a）边缘区的长度（km；其中灰色条是类型一边缘；黑色条是类型二边缘；（b）沉积厚度（km）；（c）汇聚速率（km/Ma）。数据来自 Huene 和 Scholl（1991）。

McGregor，1973）。因此，假设北太平洋的平均沉积速率是每万年 0.5cm，那么靠近海沟的地壳之上的沉积物大概有 600m 厚（Nozaki 和 Ohta，1993）。假设构造活动带来的每年约 10cm 的沉积物都以 5km 的宽度重新分布在深渊海沟的底部，那么沉积物的堆积速率大约是每年 1.2cm，这比实际观察到的速率快好几倍。这强烈表明汇聚型海洋板块边缘经历大幅度的俯冲作用，但仍然以附着在板块上为主，只有少量沉积物进入俯冲带。因此，海沟 V 形地貌特征主要是通过俯冲作用带来的持续性沉积物迁移形成的。

板块汇聚边缘的俯冲作用不仅起到搬运物质的作用，也会造成新生地壳的生长和岩层堆积。俯冲作用要么通过火山弧作用建立新的大陆壳，要么通过沉积物的堆积和下部板块剥离的厚地壳碎片来建立新的地壳（von Huene 和 Scholl，1991）。堆积物质的主要来源是下伏海洋板块提供的火成岩和海底平原带来的沉积物（Hay 等，1988）。在板块汇聚过程中能持续性的产生新的火成岩地壳，因为俯冲的海洋板块中有一些火成岩、沉积物和厚的地壳碎片会黏在上覆大陆板块的边缘，成为其中的一部分（Howell，1989）。岛弧岩浆作用同样能给大陆圈提供地幔来源的火成岩，这是维持地球上陆源物质存储量的重要途径之一（Reymer 和 Schubert，1984）。

有趣的是，据估算，在地球历史的后半部分通过俯冲作用进入地幔的物质总量等于大陆岩石圈新增加火山岩的量（von Huene 和 Scholl，1991）。

在生物地球化学循环中，源于大陆架的沉积颗粒物通过横向搬运进入海沟（Monaco 等，1990；Biscaye 和 Anderson，1994）是非常重要的（Honda 等，1997；Ramaswany 等，1997；Otosaka 和 Noriki，2000）。日本海沟 9200m 垂向布放的沉积物捕获器的记录显示，越深的地方颗粒物通量越高，表明在更大的深度，平行输送是物质增加的一个重要来源（Lerche 和 Nozaki，1998）。

除了常规的物质输入途径，由地震活动引起颗粒物从边缘海向深海的横向搬运活动也时有发生，并形成沉积扰动（Heezen 和 Ewing，1952；Garfield 等，1994；Thunell 等，1999）。这种情况在海沟中也能找到直接或者间接的证据（Itou 等，2000；Fujioka 等，1993）。沉积物的横向搬运和向下搬运会发生于坡度平缓（2°）的地方，造成大量沉积物的迁移，可达几百米厚和几千米长。更慢速度的碎屑搬运则会发生在更平缓的地方（0.5°）（Gage 和 Tyler，1991）。由于海沟斜坡的坡度比这个要陡峭得多，因此由地震活动引起的沉积物扰动幅度也会大幅加剧。

总的来说，地震一般发生于地壳最上部 20km，然而在俯冲带，地震发生的深度明显加深。沿着俯冲带发生的地震板块阵列深达 660km，位于地幔中层圈的边缘。地震学家用地震矩震级（MMS），即根据地震释放的能量，来测量地震震级（M_w）。震级取决于地球释放的能量大小，等于地球的刚性度乘于地震中断层滑动的平均规模和尺寸。例如，马里亚纳海沟和伊豆－小笠原海沟 M_w 为 7.2，汤加海沟和克马德克海沟 M_w 为 8.3，最高值位于日本海沟和千岛－堪察加半岛海沟，M_w 为 8.3~9.0，以及智利南部阿塔卡马海沟，M_w 约为 9.5（Stern，2002）。这些跟深渊海沟相关的地震活动高发区近年来都得到证实，包括2010年智利阿塔卡马海沟附近的考克内斯地震（M_w=8.8），2011年新西兰的克赖斯特彻奇地震（M_w=6.3），以及2011年日本海沟附近的东北大地震（M_w=9.0）。

鉴于地震的不可预测性，我们很难直接观察到由地震引起的浊流活动（例如Prior等，1987；Porebski等，1991；Thunell等，1999），虽然有历史研究报道了具有类似地形特征的浊流沉积。在1994年12月28日日本东北（Sanriku-Oki）地震（震级7.7级）和随后的余震期间，科研人员（Itou等，2000）恰好在日本海不同深度布放了长期的沉积物捕获器（距海底分别为6150m、2950m和350m，海底深度为7150m，因此三个捕获器放置的水深分别为1000m、4200m和6800m）。地震之后的记录显示，在4200m和6800m有典型的非生源物质堆积现象（图2.14）。虽然这些捕获器中的颗粒物具有不同的组成（Mn或Al），暗示着不同的物质来源地，但他们的结论仍然是这些物质来源于表层沉积物，通过东面向陆一侧的斜坡搬运到海沟中。

关于2011年3月11日在日本东北海域发生的里氏9级大地震，藤原等人（Fujiwara等，2011）发表了第一篇科学报道，描述了地震及由此引发的海啸发生的位置和机制，并记录了这对日本海沟地形的影响。他们认为这个大地震是由日本海沟俯冲带上层的断层破裂引起的。通过对比一个新的地震多波速测量和1999年开展的类似调查，他们发现这个断层破裂已经扩展到海沟轴线。此外，他们还发现日本海沟向陆一侧的整个坡面上升了7~10m，而在轴线位置因为海底滑坡作用海拔变化达到±50m。他们还估算了整条海沟往东南方向东移动了约56m。这些结果均表明，海沟隐藏着巨大的能量和不稳定性，甚至能持续性地改变深渊生境的形状。大地震发生4个月之后，海沟中仍然存在30~50m厚的雾状层，而且海沟轴线上部31cm的沉积物反映了近期的三个沉积事件，它们以升高的^{137}Cs含量水平（源于福岛核灾难）和沉积密度的变化为特征（Oguri等，2013）。

日本所处的地理位置决定了它会经历频繁的地震活动，日本对这些事件的实时观测的范围可能超过任何其他国家，因此，通过日本学者对临近水域的研究，有助于彻底理解地震活动和海沟之间的相互作用。

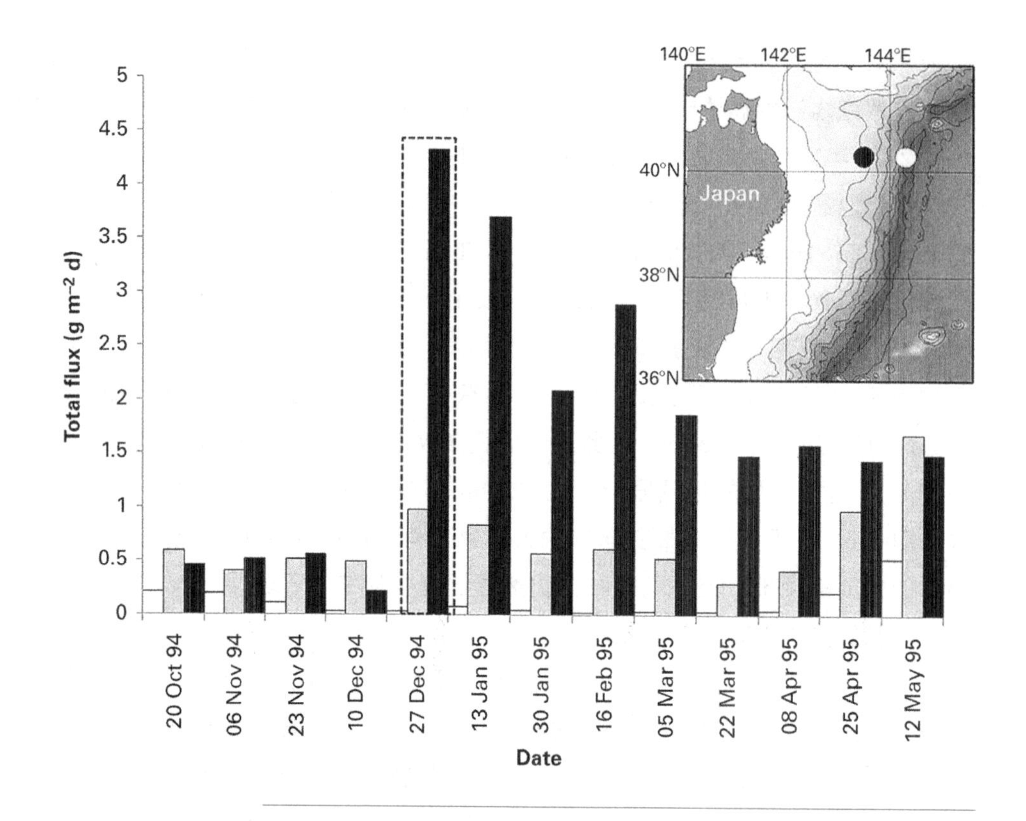

图 2.14　沉积物捕获器（地图上的白点）于 1994 年 12 月 27 日东北（Sanriku-Oki）地震（地图上的黑点）前后，在日本海沟不同深度收集到的颗粒有机物通量（$gm^{-2}\ d^{-1}$），包括 1000m（6150mab；白色条带），4200m（2950mab；灰色条带）和 6800m（350mab；黑色条带）。数据来源于 Itou 等（2000）。

2.5　深渊水体区

海沟地形的封闭性意味着水体也将被封闭在其中，形成深渊水体区。底栖环境面积随着深度增加而减少，三维深海生境也是如此。在全球最深的 5 条海沟中，水体体积相对于深海水体而言，在 6000~6500m 水深处只占了 30%，而到 9000m 水深以下其水体体积则少于 5%。事实上，大多数最深的区域（超过 10000m）只提供了不到 1% 的底栖环境（图 2.15）。尽管深渊区的水文信息和环境特征已得到很好的采样研究（Johnson，1998；Kawabe 等，2003；Taira 等，2004，

2005），但对于深渊区动物群落的研究还有很多是未知的，这主要是由于深渊区中层水深拖网技术方面的挑战所致。在20世纪50年代和60年代，科研人员在深渊区曾布放了一些垂向分布的浮游生物拖网，获取了一些数据（Vinogradov，1962）。近年来，科研人员在波多黎各海沟6000m的位置开展了一些微生物群落的研究（Eloe等，2010，2011）。据别利亚耶夫（Belyaev，1989）预计，深渊水体中地方特有性动物（Endemism）占41%，低于底栖动物的56%。但是这些结果只是基于非常少量的样品，并不能代表整个深渊水体区的情况。

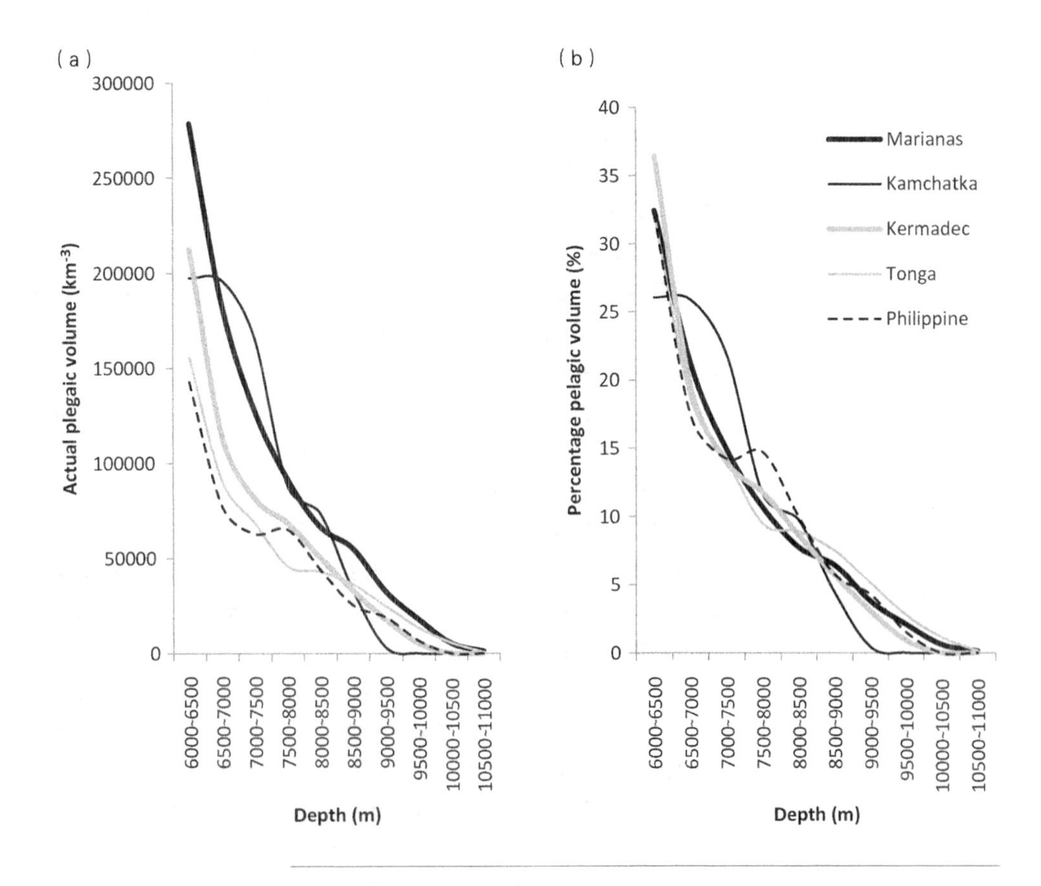

图2.15　地球上最深的5条海沟中深渊区的体积（km^3）衰退曲线（a）和比例上的相对减少（b）。

第3章

全海深技术

对地球生态系统的研究，无论是陆地生态系统还是海洋生态系统，都主要经历三个阶段：探索、观察和实验验证（Tyler，2003）。无论是偶然开展的还是从海洋科学产生初期就一直在开展的对海洋生态系统的发现和后续探索，都为进一步深入的研究奠定了基础。正如第1章所介绍的，对海洋的这些探索对于描绘全球海洋的整体轮廓起着重要作用。对浅海和近岸海域的研究早在1个世纪前就已经进入了观察和实验验证的阶段，这些海区的研究比较成熟的主要原因是到达这些区域相比深海环境来说要容易得多。在浅水生态系统中，生物群和相关的环境因素无论是在原位或者是实验室研究中都容易获得，而这一点在深海的相关研究中是很难实现的。深海的固有特性使得研究人员无法通过常规的实验技术和手段对其进行研究，同时深海的极限深度以及离陆地较远的距离也极大地限制了相关工作的开展。由于这些原因，深海的样品采集和调查远远落后于近海区域。不过，由于人类越来越清晰地认识到海洋的重要性，深海采样的努力一直未曾间断，这使得过去的1个世纪特别是过去50年来，对深海环境的认识已经大大地增加。

近年来有一种说法称如果科学存在“年龄”，那么深海生物群落的研究正处于观察阶段的后期（Tyler，2003）。这种说法对于一般的深海环境来说是正确的，然而对深渊环境来说，目前的研究更确切地说是处于观察阶段的初期。在深渊区调查、观测以及实验中面临的技术挑战要比半深海和深海区域更加突出。调查技术是决定这些深海环境研究进展的基础，因为如果没有扎实可靠的技术支撑，我们将无法回答最基础的科学问题。

为了满足数百个不同的研究领域及应用的需求，深海研究的技术和方法是多种多样的。研究深渊生物的相关方法大多是源自调查其他深海区域的系统和技术，通过对其进行改进延伸到深渊深度。虽然有些样品采集和分析手段等技术已经有了显著的提高，但是其余的技术在过去几十年里变化不大。这些技术的许多基本的操作原则在浅海和深海环境中是相通的，即使在深渊区的应用也只存在较少的改动。目前深海科学界已经拥有了大量的适用于深海调查的设备、方法和技术，在这里无法一一介绍，不过此前已经有了一些关于这些方法和技术的全面综述（例如Eleftheriou和McIntyre，2005；Humphris，2010）。以下的内容将主要介绍在深渊调查里常用的设备和方法。

3.1　缆绳方面的挑战

无论是半深海还是深海和深渊区的采样均依赖科考船将相应的研究设备布放到深海。深度是深渊采样的第一大挑战，或者更准确地说“到表层的距离”。不管深海的环境条件如何，用缆绳将采样设备布放到全海深的海底过程中将产生偏移，这使得“深度”的挑战显得更加明显。

在没有任何可见参照的情况下，在几千米长的缆绳上牵引和布放设备或采样装置需要专业的调查船并配置充足的缆绳以便能到达海底。同时，调查船必须能够承受如此长缆绳本身的重量、拖动设备过程中产生的额外力量、缆绳在水下的拉力以及缆绳末端设备的重量。目前能够通过缆绳采集6500m以深海区样品的调查船还比较少。

在深渊调查中，缆绳布放设备所需要的时间也是一个重要的限制因素。为了对海底某一区域进行充分调查，有时候需要进行大量的重复采样，而这往往是难以实现的，这主要受限于每次布放和回收过程所需要的时间。例如，如果以相对较快的速度（50m/min）计算，仅布放设备到全海深海底和回收的过程就需要7h，此外还要加上在海底采样的时间。如果采用相对稳妥的速度（30m/min），单次采样仅布放和回收就耗时12h。以上时间的计算仅仅是基于简单地将缆绳垂直下放和回收所需要的时间。如果采样设备需要拖动，那么所需的缆绳长度将大大增加。假设一条全长粗细一致的缆绳被拖动着经过水体而不触及海底，缆绳将会在水中呈一条直线，它与船的夹角取决于船速、缆绳重量以及缆绳上的拉力（有时可以部分抵消缆绳的重量）。当船速增加时，缆绳方向将会更加趋于水平，这使得缆绳离海底的距离变得更大。如果沿海底拖动拖网，靠近拖网的缆绳必须保持与海底平行，这就意味着所需的缆绳从全长来看不可能是直线。因此，采样过程所需的缆绳必须通过理论计算，并留出形成弧形所需的足够长度。基于以往的经验，在深海拖网过程中依据不同拖网类型，所需的缆绳长度通常约为目标深度的2~3倍。

以典型桁拖网（beam trawling）为例，假定速度为2节，要使拖网在船后保持沿海底前进，所需要的缆绳长度大约为目标水深的2倍。这就意味着，如果要在全海深进行拖网需要长达22000m的缆绳。如此长的缆绳需要约15h来进行布放和回收，外加2~4h在海底的采样时间，这样仅一次拖网就需要17h。所以，每天能从深海区采集的样品数量远远少于浅海区。由于深海缆绳布放所需的时间如此之长，所用设备的可靠性就显得尤为重要。此外，由于深海生物的密度低、体型小、多样性高及稀有种类的存在等原因，在一定时间内采集到深海样品的可重复性偏低，而且该现象随着水深增加变得越发严重。从科学的可靠性角度来说，在出现以上这些因素的环境中，必须采集比浅海区更多的样品，这样才能有效且可信地描述其生物群落。

不过，上述提到的缆绳长度、拖网速度以及所需时间等都是基于深海拖网估计的。由于20世纪50年代后，一直未再进行大规模的深渊拖网调查，因此目前关于如何在这样的深度进行拖网仅有一个经验性的描述，它是库伦伯格（Kullenberg，1956）基于“加拉瑟”号深渊调查的经验而给出的。

库伦伯格（Kullenberg，1956）详细描述了采用不同直径缆绳所需缆绳长度的计算经验。在5000m的深度拖网，若缆绳的直径为9mm、12mm和16mm，那么所需缆绳的长度分别为9600m、7900m和6700m（与目标深度的比例分别为1.9：1，1.6：1和1.3：1）。这说明在拖网中使用较重的缆绳比较合适，因为缆绳本身的重量有利于沉降。不过，在大多数深海拖网中，缆绳使用从来都没有统一的直径，而是逐渐变化的，最前端较细，向后逐渐增粗。这样做可以有效地防止

表3.1 “加拉瑟”号考察过程中使用的12000m拖网缆绳的特征，来自库伦伯格（Kullenberg，1956）

缆绳直径（mm）	长度（m）	累积长度（m）	水中重量（kg/m）	累积重量（kg）	最大承重（kg）
9.3	3600	3600	0.26	936.0	7140
11.6	1750	5350	0.41	1653.5	11100
13.2	770	6120	0.53	2061.6	12600
14.7	1330	7450	0.66	2939.4	15600
17.1	1730	9180	0.89	4479.1	21000
19.6	1080	10260	1.18	5753.5	25000
20.2	980	11240	1.25	6978.5	29200
21.8	760	12000	1.45	8080.5	33900

缆绳由于自重和布放过程中产生的拉力而断裂。“加拉瑟”号调查船携带了长达12000m 的该种缆绳，各部分直径以及其他的性质见表 3.1。另外，在苏联调查船上使用的拖网缆是钢缆，直径从 15.5~16mm 到末端的 6.85~7.2mm。

库伦伯格计算缆绳长度的数学方法是成功的（图 3.1），这帮助“加拉瑟”号深渊调查采集到了大量的深渊样品。该计算是基于缆绳与船的夹角、深度以及船速等参数组成的数据矩阵。这些计算正确与否是极为重要的，因为线缆太短就意味着拖网无法到达海底。相反，缆绳过长则会产生绞缠、打结而导致断缆。库伦伯格的计算结果显示，12000m 长的缆绳可以满足以 1 节的速度在大约 11000m 的深度进行拖网（缆绳与船的夹角约 70°，几乎为垂向）。但如果船速增加到 2 节，12000m 长的缆绳则只能进行 8000m 深度的拖网，而缆绳与船的夹角大约为 50°。

即使理论上忽略缆绳太长易断的问题，深渊拖网调查布放这么长的缆绳所需的时间也比传统的深海调查时间长得多，因而每次拖网会消耗更多的船时（图 3.2）。

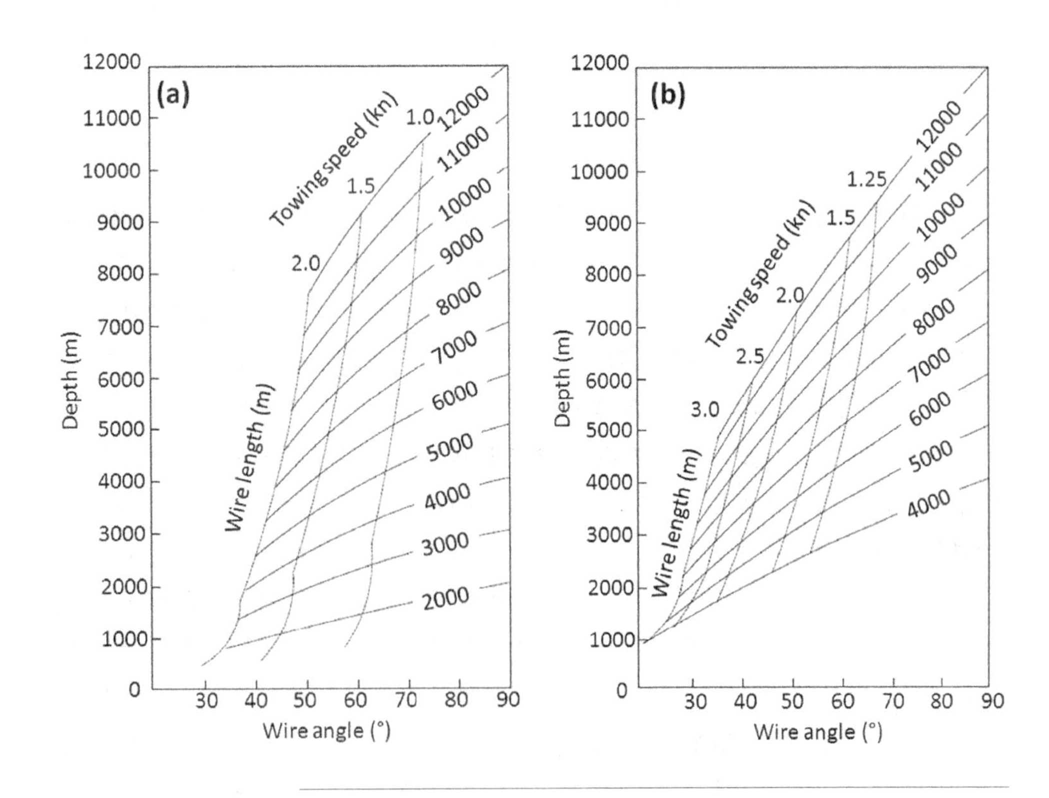

图 3.1　“加拉瑟”号调查中用于计算在极端深度拖网所需的缆绳长度所采用的理论计算图，（a）网板拖网（otter trawl），（b）撬网（sledge trawl）。数据来自库伦伯格（1956）。

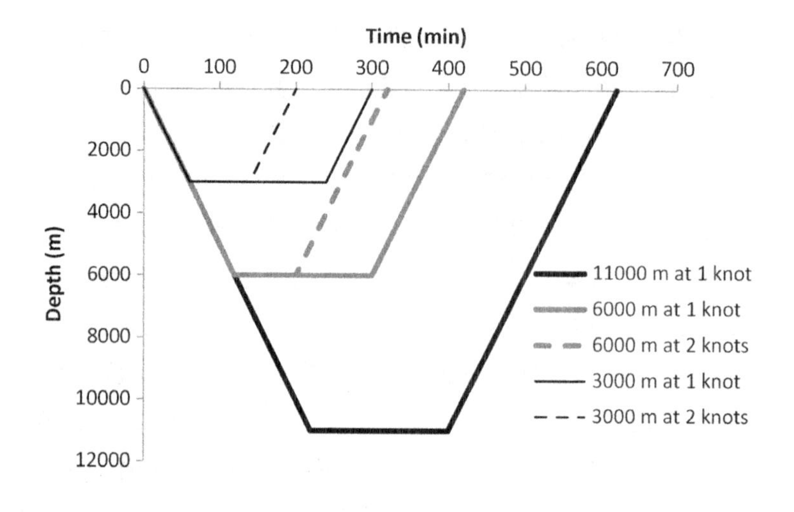

图 3.2　以 50m/min 的速度释放缆绳，并且以拖动速度 1 节（实线）分别在 11000m、6000m 和 3000m 海底拖网 3h 所需时间的差异。其他条件相似，但是以 2 节的速度拖网所用时间以虚线表示（该速度下不可能在 11000m 拖网）。

尽管“加拉瑟”号深渊拖网取得了一定成功，但是苏联科学家基于“维塔兹”号和“库尔恰托夫院士”号（*Akademik Kurchatov*）考察的经验提出，通常来说实际布放的缆绳长度并不一定与理论计算的结果一致，这是由于海流的速度和方向在不同深度均会发生变化。苏联科学家采用了一个相对简单的方法计算所需的缆绳长度，该方法是基于勾股定理的原理。在这个方法中深度是一个直角三角形的垂直边，缆绳长度是其弦（斜边）。该方法同样需要测量缆绳与船尾的夹角。他们根据经验发现，当近船范围的缆绳倾角达 30~40° 时，最佳的缆绳长度应该是在计算长度的基础上再增加 20%~30%。增加的长度主要是考虑到缆绳会发生弯曲。

为了克服以上所提到在缆绳长度、布放时间以及科考母船可靠性等方面的挑战，科研人员研发出了多种无缆自由落体式采样设备。这些设备主要依赖两个主要组成部分：一个基本的布放系统和一个科学设备载体。布放系统由可调节重量的用于使整个设备下沉的压舱物、计时装置、可以在制定时间释放压舱物的声学回收设备以及可以将设备带回表面的水下浮力装置组成（Tengberg 等，1995；Bagley 等，2005）。因此，相对较小的研究设备或采样装置可以通过这种方法从船上下放到海底，并执行预定的任务，然后可以通过预先设定返回海面的时间或以直接从船上发布命令的方式回收设备。由于这种自由落体的技术是与船分离的，所以这些设备仅需要相对较小的母船即可完成全海深作业，甚至一条母船可以同时布放多个类似的系统在海底进行作业。这种方法也使得样品采集可以在远远超过航次本身的时间尺度上进行（例如长达 12 个月的样品采集）。此外，由于这种方法所用的设备不与船体连接，所以船体的移动并不影响其作业，从而保证了海底测量数据的准确性。

这种自由落体方法在深渊调查和采样中使用非常普遍，科研人员已经在深渊深度布放诱饵陷阱（Hessler 等，1978；Blankenship 等，2006；Yayanos，2009；Kobayashi 等，2012）、带诱饵的摄像机及照相机（Jamieson 等，2009a，b，c，d，2011a，b；Fujii 等，2010）等。

3.2　高压的挑战

深海研究所面临的第二大挑战是如何应对极高的静水压力。拖网以及沉积物采样均不太受压力的影响，因为这类采样装置中没有在高压环境下易被压缩的空气孔隙。然而，当设计一些电学及光学设施的设备时，必须考虑高压的影响。在最深海（11000m），高达 1.1t/cm^2 的压力会对任何有压力差的设备产生破坏性的损伤，包括含有空气孔隙的设备如摄像机、灯、电池以及数据记录器等。这些组件必须放入能够承受足够压力的腔体中，以对抗高压的影响。通常，这些组件是放入防水的可耐工作深度水压的金属容器中。对于不含有空气孔隙的设备（比如铅酸电池），可以通过将其放入充满液体的容器来平衡压力，这些液体通常是某种可以维持电子流通的油。另外，一张防水且变形性较高的膜对压力增加导致的任何微小变化都可以起到较好的平衡。

设计可全海深作业且随深度变化的压力容器是比较基础的技能，可以借鉴浅海作业的相关设备的设计经验。增加耐压容器的作业深度通常是通过增加器壁的厚度和整体重量实现的，这就导致深海研究中所用的自由下放设备需要比浅海设备要具有更大的浮力，这个因素也导致了成本的增加。这个问题可以通过选择合适的材料，如具有完美强度 / 重量比的钛合金来解决，尽管采用这种材料价格稍高，但是其制造的压力容器比不锈钢材质的小且轻。

利用金属容器来对抗压力只是解决了最基本的问题，但是对于光学设备如摄像机或灯来说，它们需要在耐压容器上具有透明的窗口，这给耐压容器的设计制造带来了新的挑战。观察窗的种类主要有三种：普通圆盘状，有斜面的圆盘状，以及半球形。观察窗的设计需要用能够耐高压的透明材料。在较浅海区的应用中，这些部件的材质通常是采用丙烯酸塑料（或聚甲基丙烯酸甲酯；PMMA）、硼硅酸盐玻璃，或者刚玉（sapphire），当然每一种材料都有自己的优缺点。丙烯酸塑料在材料工艺及加工方面的成本较低，并且对加工工艺要求不高。但是，它的缺点是在高压下存在明显的塑性蠕变，即压塑性塑料特性（baroplastic characteristics）（Gonzalaez-Leon 等，2003）。Gilchrist 和 MacDonald（1980）对丙烯酸塑料观察窗进行了大量的检验，发现当压力超过 83MPa（约 8300m）时，丙烯酸塑料就开始发生永久性变形，当压力达到 140MPa（约 14000m）时，丙烯酸塑料会产生严重破损，这说明丙烯酸塑料并不是深渊调查中的理想材料［图 3.3（a）］。硼硅酸盐玻璃不同于丙烯酸塑料的地方在于它非常易碎，它通常在突然断裂前没有任何征兆。此外，玻璃类材料为了能够耐高压通常需要极厚的厚度，这导致部件过于笨重。尽管刚玉具有价格较高、加工困难以及可选形状较少（通常只有普通圆盘状）的缺陷，但是它具有完美的机械和光学特性，并且可以大大减小观察窗的体积。对于较大型的深潜设备来说空间不是问题，因而可以采用丙烯酸塑料或硼硅酸盐玻璃的观察窗，但是对于小型应用摄像设备如摄像机，刚玉是制作观察窗比较合适的材料（例如 HADEEP 的深渊着陆器系列；Jamieson 等，2009c，d）。

深海自由下放设备和较浅海区的相关设备采用的浮力材料是相似的。通常来说，浮力材料主要有两种：玻璃浮球（材料为硼硅酸盐玻璃）（Pausch 等，2009）和复合泡沫塑料（Gupta 等，2001）。复合泡沫塑料是由环氧树脂基包裹的微型玻璃球组成。这种材料浮力效果良好，突发的破裂影响较小，并且便于安装到复杂形状的结构中，因而普遍应用于深潜设备中（例如混合型无人潜水器“海神”号，Bowen 等，2009a；无人潜水器“海沟”号，Mikagawa 和 Aoiki，2001；ABISOM，Yoshida 等，2009），不过这种复合泡沫塑料单位体积的浮力却远小于玻璃浮球。玻璃浮球主要由两个放置在塑料外壳内的中空半球拼装而成的，通常直径为 43cm。这种材料被广泛应用在小型的着陆器（例如 HADEEP 的深渊着陆器系列；Jamieson 等，2009c，d），而且其成本低于复合泡沫塑料。玻璃浮球的球形是对抗压力的理想形状，但是如果这些浮球没有经过多种压力环境下的小心操作和检测就很容易发生内爆。其他一些材料（如钛合金球）理论上可以消除内爆的危险，但是如果要达到深渊深度的作业要求，这类材料所需要的用量将非常巨大，抵消了其浮力作用［图 3.3（b）］。在一些更小型的设备如单个诱捕笼（如 PRATS；Yayanos，2009），采用的是基于石蜡油的液体（如 Isopar-M™）作为浮力材料（Yayanos，1976）。不过类似于其他材料，这种包含石蜡油的液体浮力材料要达到所需的浮力同样也需要极大的体积，这些体积和重量问题限制了该种材料在小型设备上的应用。

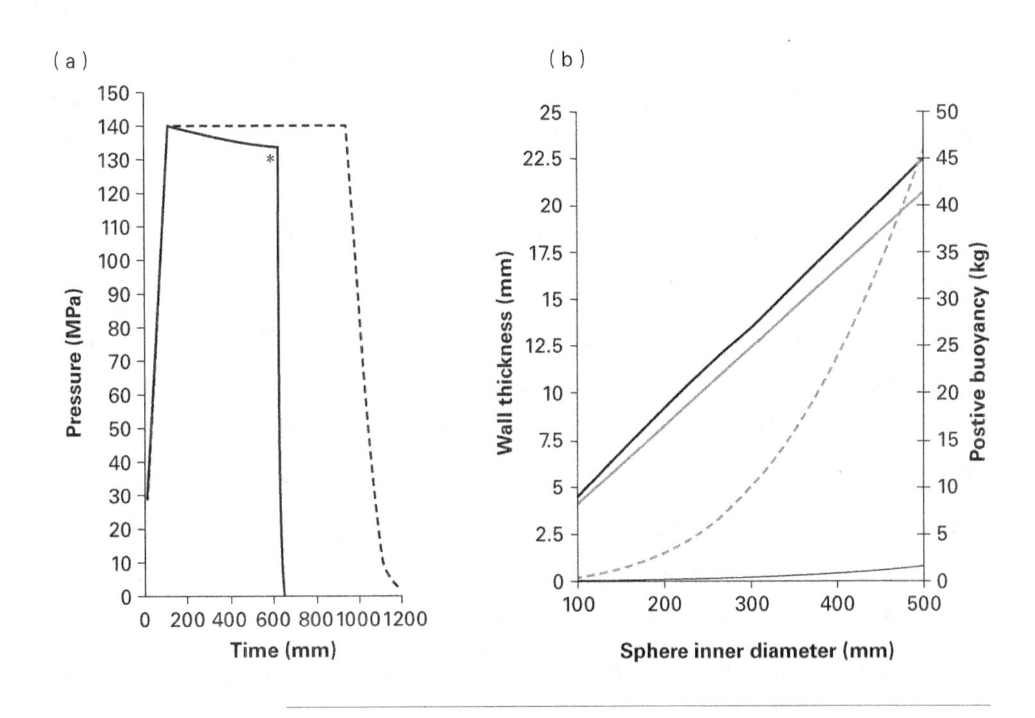

图 3.3　在极端压力中面临的工程技术挑战。（a）对丙烯酸塑料（实线）和刚玉材料（虚线）观察窗的压力测试。在相当于全海深的压力条件下，丙烯酸塑料先发生了变形（压力下降），随后断裂（*），这种现象在刚玉材料中没有发生，而是直接断裂。（b）在 11000m 条件下操作时，不同直径的浮力球在采用钛合金（黑线）和硼硅酸盐玻璃（灰色线）时各自所需的壁厚。硼硅酸盐玻璃所提供的正向浮力（虚线）随着体积的增大而增加，但是钛合金材料的浮力球正向浮力在各种体积下均小于 3kg。

3.3 拖网及沉积物采样

沉积物采集，特别是拖网作业，需要事先对海底有足够的了解，这一点在深渊环境的探索中尤为重要。海沟通常具有陡坡，地形复杂，空间差异较大，这些因素都会影响仪器的调查效率，甚至对仪器造成危险和损坏。因此，研究人员一般先利用回声探测器对海沟的地形特征进行描述，然后选择利于开展拖网的平坦地形，同时在整个拖网过程中持续进行回声探测以便监视深度和地形的变化。相似地，在沉积物采集中也利用回声探测来确定平坦海底作为合适的采样站位。

目前在深渊调查中用到的底部拖网主要有两种基本形式：桁拖网（beam trawl）和网板拖网（otter trawl）。桁拖网主要用于采集底栖动物群的样品，而网板拖网则更适合于收集底栖 – 浮游类的动物群。

在深渊深度的采样中，应用最普遍的桁拖网是阿加西（Agassiz）拖网，也被称为布雷克（Blake）或西格斯比（Sigsbee）拖网，苏联科学家称之为西格斯比 – 戈尔布诺夫（Sigsby-Gorbunov 桁拖网）。这种拖网有两个 D 形导引杆（runner）通过 2.5~3m 长的框架连接起来，构成面积 1.5~2.1m^2 的拖网入口。在较好的条件下（如海底地形平坦且沉积物松软），“加拉瑟”号和“维塔兹”号调查船均偶尔使用了 6m 宽的拖网，实际上就是两个桁拖网并在一起，来增加拖网面积。这些拖网通常的网孔直径为 20mm，并且在末端有一个网孔大小为 10mm 的网囊。

桁拖网的优点在于其固定的网口设计，这使得它比较易于布放。不同于其他类型的拖网，桁拖网受网内陷及缠结的影响较小，因而非常适合于在一些地形复杂或不熟悉的环境（如海沟）进行拖网。固定的网口使得这种拖网可以以几乎垂直于船体的方式进行布放，并拖动其在海底缓慢移动。这种能在海底缓慢拖动的能力随着深度的增加显得更为重要，正如库伦伯格计算缆绳长度的研究中所揭示的那样（图 3.1）。通常，这类拖网的设计中也考虑了多种安全措施，以应对可能发生的缠结或者拖网被海底物体挂住的现象。另外，拖网上也会设计弱连接（weak links），它在一定情况下可以使拖网倾斜，将拖网中的捕获物转入末端的网囊中。

桁拖网主要用于采集底栖动物群，但是它在抓捕较大且活动的动物（如鱼类）方面效果较差。抓捕鱼类所用的拖网是网板拖网，例如在“加拉瑟”号调查中就有类似的应用。网板拖网的网孔比桁拖网大，它的网口不是固定的，在拖动过程中网口主要通过连接于主缆绳上的两块铁板将其撑开。网板拖网应用在深海调查中的优点是它能在单位时间内覆盖较大体积的水体（Stein，1985）。不过，网板拖网受网内陷的影响较大。虽然网板拖网在深渊调查中的使用不如桁拖网多，但是的确已经有成功使用的例子。如在波多黎各海沟 8580m 使用过一个长 40 英尺（1 英尺 =0.3048m），具有 500 μm 孔径末端网囊的网板拖网（George 和 Higgins，1979）。他们以 1.5 节的速度拖网 4h，覆盖了海底 7~11km 的距离。

网板拖网通常靠一个重量超过 100kg 的压载物来保持拖网与海底的接触。拖网或者沉积物采集器确切的着底时间是比较难确定的。与缆绳的重量相比，末端拖网或其他采用装置的重量是非常轻的，因此着底时拉力的突然下降是很难在绞车部位被发现的。因此多年来，科研人员主要是通过“出缆长度”的计算来确定着底时间的。随后，科研人员发明了一种相对更加准确的计算方法，它通过声学信号设备（声波发射器）在着底时向船上发射信号来确定着底时间。在美国考察船托马斯·华盛顿号科考船对菲律宾海沟 9600m 的调查中首次使用了这种方法。最新型的深海拖网采用声波发生器或者更加精密的“拖网监测器”来持续监测深度、接触、角度和路径。监测是否与海底接触的方法后来进一步得到提高，即在拖网中增加了可自由转动的、被称为拖网路径记录器（trawl graph）的轮子，这种轮可以记录拖网在海底经过路径的长度。这种方法提供了充足的数据，允许科研人员来计算拖网覆盖的面积和单位面积内的生物量和丰度，不过该方法仅限于环境条件较好的状况（Zenkevitch 等，1955）。在这个研究中，为了应对一些更加复杂的宏观或微观海底地形，以及任何较大的深度变化，在拖网的网口部位还尝试同时加设了 2 或 3 个拖网路径记录器。但是这样产生的数据非常混乱，因而该方法在后续的海沟拖网中被逐渐放弃了。

在 20 世纪 60 年代和 70 年代，科研人员使用的简单声波发射器不如现代拖网中采用的拖网监测系统有效。如今，这种监测系统包括多种探测倾斜的探头，利用一系列延时脉冲将角度、高点、扭曲以及深度等数据直接发送到船上。新型的底部拖网倾斜探头可以监测设备着底时角度的突然变化，并且指示拖网突然抬离海底的现象。不过，由于近几十年来并未开展大量的深渊调查，现代拖网监测系统还未应用在这些深度。

在“加拉瑟”号和“维塔兹”号调查之后，科研人员也进行过一些深渊拖网（例如 Horikoshi 等，1990），但是其中的实际操作细节并不为人所知。

除了底部拖网，苏联科研人员在他们的调查中还采用了深渊浮游“垂直”拖网（或 Bogorov-Rass 封闭网）。垂直拖网首先被布放到目标深度，接着打开网口并垂直向上拖动到指定的结束深度，然后将网口封闭。这种技术被用来研究千岛 –

堪察加海沟、马里亚纳海沟、布干维尔海沟以及克马德克海沟浮游生物从表层到8000m深度的定量分布规律（Vinogradov，1962）。

除了各种类型的拖网外，深海调查中还需用到许多其他的设备，包括用于收集沉积物中的动物和其他物质的专用设备。柱状沉积物采样器和抓斗采样器是一类通过缆绳布放到海底的机械性设备，它们一旦到达海底即通过触发方式来收集沉积物样品。最早用于海沟探索的是一些小型、单个的柱状样采样器，例如海掘杆（Hydra-rod）或贝利杆（Baillie rod）（Thomson和Murray，1895）。尽管这些设备最早是被设计用来确认是否着底的，但是后来逐渐发展成为从海底收集沉积物和生物的柱状样采集器（Thorson，1957）。

相对浅海环境来说，目前在深海应用最普遍的抓斗类型是Peterson，Van Veen和Day。在深渊调查中，“加拉瑟”号使用的是$0.2m^2$的Petersen底部抓斗（Bruun，1956a），而苏联科学调查使用了$0.25m^2$的底部抓斗“Okean-50”（Belyaev，1989），这些抓斗成功地从菲律宾海沟9340m以及马里亚纳海沟9540m获得了样品。尽管每一种抓斗在设计上都有所不同（主要是表面积和采样体积的不同），但是这些抓斗基本的机械原理是类似的，均是依靠一种触发机制来闭合与海底接触的两个抓斗部件，这最早是源自Peterson抓斗。

尽管这些抓斗在近岸的应用效率较高，但是在深海应用时，它们仍然面临着一些挑战，这与前面提到的依赖缆绳布放的设备存在着同样的问题。相对于获得的样品量来说，这些抓斗布放所消耗的时间太长。在从海底回收到海面的过程中，由于距离过长，抓斗中的样品会受到海水的冲洗而损失严重。此外，几十年来，研究人员对抓斗获得的样品开展了生物群落的定量描述，但这种方式的效率和有效性一直受到质疑。海水涡流能够轻易地从抓斗样品中冲走较轻的生物或表层生物（Wigley，1967）。另外，抓斗能够深入沉积物的深度取决于沉积物的底质特征，因此，在抓斗取样深度以下的生物无法被收集到（Smith和Howard，1972）。由于以上的原因，抓斗采样器逐步被其他类型的采样器所取代，首先是箱式采样器，然后是柱状采样器。

目前，在深海研究中抓斗使用地相对较少。不过它们被频繁地用在无人潜水器上，可以精确并且近乎无扰动地采集底栖生物。经过稍作改动的抓斗能够对目标生物进行精确定位，特别是对一些大型或者脆弱的表层生物，或者对海底特定区域进行定位采样（例如Ekman型抓斗，Rowe和Clifford，1973）。利用无人潜水器布放和操作抓斗，消除了涡流、沉积物扰动以及其他全海深缆绳相关的问题。

抓斗或者多个抓斗通常是安装在无人潜水器的工具区。无人潜水器释放抓斗并缓慢放置在目标生物或海底区域上部，然后抓斗被轻缓地插入海底，包含了目标动物以及下面的沉积物，还包括了上面覆盖的水体。其后，抓斗被闭合并安全地收回到无人潜水器的工具区，直到返回海面。

到了20世纪70年代，沉积物抓斗采样器逐渐被平铲取样器（spade corer）所取代，现在普遍称之为“箱式采样器”（box corer）。这种采样器逐渐演变为定量化深海沉积物采样的标准方法（Hessler和Jumars，1974）。尽管箱式采样器也存在与抓斗同样水平的扰动，但是它可以收集的沉积物样品数量更大、深度更深并且扰动影响较少。

箱式采样器包含一个铅质的重型中央柱，安装于一个外部框架内。在中央柱的末端是一个可拆卸的方形无底的金属箱。在操作以前，一个金属平铲被弹簧螺栓固定，呈水平状态。当外部框架着底后，重型内部中心柱在重量驱动下将金属箱压入沉积物中。然后弹簧螺栓的固定阀打开释放出一段较短的缆绳，金属平铲被摆动90°通过海底到达金属箱底部，从而将扰动相对较小的沉积物样品封闭在金属箱内。当采样器被回收到船上时，含有沉积物样品的方形金属箱被取下，样品随后被进一步处理。

20世纪80年代，箱式采样器被广泛用于波多黎各海沟的调查，深度范围为7460~8380m（Tietjen，1989）和8371~8386m（Richardson等，1995），分别用于调查线虫类及大型和小型底栖生物的群落组成。箱式采样器还被用于阿留申海沟7298m（Jumars和Hessler，1976）和菲律宾海沟9600m（Tendal和Hessler，1977；Hessler等，1978）的沉积物采样。

从箱式采样器发明以来，尽管已经出现了多种样式，但都遵循相似的设计原则（例如Jumars，1975；Gerdes，1990）。通常来说，箱式采样器在采集样品的状态和体积方面优于抓斗采样器。但是，箱式采样器在操作过程中仍然会受到波动影响，表层沉积物和一些脆弱的生物容易被冲走，同时这些波动也导致了沉积物覆盖水体的污染（Bett等，1994；Shirayama和Fukushima，1995），因此箱式采样器逐步被多管采样器所取代。

20世纪90年代，科研人员对平铲型采样器设计原则进行了一些修改，形成了一种小型的、程序化控制的“自动采样器”，它通常是安装在船缆（mooring line）末端进行布放的。自动采样器被设置为延时性激发模式，通常在到达海底7h后以较慢的速度激发，从而减小对沉积物的扰动（Danovara等，2002，2003）。尽管这种方法成功地从阿塔卡马海沟 7800m 处取得了 6cm 直径的沉积物样品，但作为一种用途专一的设计，它在深渊调查中并不常用。

箱式采样器对表层沉积物的扰动问题导致了多管沉积物采样器的发明，后者也被称为“多管”（multicorers；Barnett 等，1984）或“巨型管”“（megacorers；Gage 和 Bett，2005）。多管沉积物采样器由多达 12 根通常面积为 25.1cm^2 的采样柱组成。采样柱附着于一个中央轴上面，整体上由一个外部框架包围，到达海底时利用与箱式采样器类似的原理将采样柱插入沉积物，不过多管采样器的采样柱是采用液压的方式来驱动以减小沉积物的扰动。在采样柱从海底拔出前，其顶端和末端均被密封。

多管采样器（或箱式采样器）在水柱中通过连接缆绳的（或安装于采样器本体的）声波发射器进行监测。通常它们的布放速度为 50~60m/min，而在接近海底进行采样前速度降到 10~15m/min。这些采样器在到达海底后会被放置一段时间以进行缓慢的插入和回收操作。到达船上后，这些采样柱被逐个从采样器上取下，柱中的样品或者被完整地保存，或者按照设定的深度间隔进行分割后处理或保存。目前存在着多种不同类型的多管采样器，它们的基本设计原理是类似的，只是在采样柱的大小和数量上有所差别。

深渊调查需要极长的缆绳，这限制了那些依赖缆绳布放的取样系统在海沟中的大量使用，其中一个主要的原因是缺乏合适的母船。在深渊调查中，利用多管采样器的例子较少，其中一个是伊藤等人（Itoh 等，2011），他们利用两套多管采样器成功地从千岛 – 堪察加海沟约 7000m 处收集了一些样品。另外，日本海洋科学技术中心也研制出了一个可用于 11000m 作业的自由落体式沉积物采样器，称为“ASHURA”（Murashima 等，2009）。该设备安装了三个液压驱动的采样柱和用于拍摄沉积物表面的高清摄像机（Glud 等，2013）。

不过，更多的深渊柱状沉积物样品是利用无人潜水器装备的按压式柱状采样器（push cores）获得的（如 Kato 等，1997；Takami 等，1997）。按压式柱状采样器比多管采样器的采样柱小，通常为直径 58mm、长度 300mm 的圆柱，在其顶端有一个止回阀（non-return）或者手动驱动的阀门，并且具有一个“T”形把手，以方便无人潜水器的操作。大多数无人深潜器每次下潜时能在其工具盘里携带数十个按压式柱状采样器。无人潜水器能够将每一个采样柱缓慢地按入沉积物，因此扰动非常小，同时沉积物上覆水通过顶端的阀门被逐步排出。顶端阀门随后通过手动或者采用翼形阀（flutter valve）关闭，然后采样管可以被简单地拉出，该过程的吸力可以有效地关闭阀门。随后沉积物岩芯被收回并放置于指定样品篮中的特定容器中，等待回收到表层。

科研人员利用无人潜水器操作的按压式柱状采样器，可以准确地采集小尺度范围内的目标沉积物（例如冷泉细菌席；Van Dover 和 Fry，1994），同时可以开展几十米到几百米尺度的断面调查。这种采样方法已经被用于挑战者深渊采集有孔虫（Akimoto 等，2001；Todo 等，2005）、微生物（Takami 等，1997）以及细菌（Kato 等，1998；Fang 等，2000）等样品。

3.4　照相机和诱捕器

在缺乏拖网的情况下，诱捕器是一种简单有效的从深渊获取动物的方法。从某个角度上看，诱捕器只能抓捕朝着诱饵运动的动物，这是该装置的一个缺陷，然而，诱捕器能够抓捕大量的食腐甲壳类动物，无论在数量还是多样性方面都超过了拖网或者沉积物取样器。诱捕器最大的优势在于它能以自由落体的方式下放，因此它可以使用小型船只进行回收，从而比其他方法要经济很多。此外，诱捕器能够与其他的科学装备（例如带诱饵照相机的着陆器）结合在一起，或者作为无人潜水器的可选配工具。由于诱捕器体积相对较小，它们也能制作成多个装配紧密的部件，快速投放到一个区域，从而增加采集样品的数量和重复性。

和其他物理采样方法一样，诱捕器获得的样品可以用于多个方面的下游研究，例如基础分类、种群遗传、生理学测量、胃含物分析（摄食）、化学成分分析以及长度－重量（生物量）关系等。诱捕器也有助于增加诱饵照相机方法的准确性，这是因为在某些情况下，相片拍摄到的物种太小，单靠相片是不能完全确定物种类别的。基于这些原因，诱捕器是当前最受欢迎的深渊采样方法，在深渊捕获的生物中，有不成比例的大量样品是食腐动物或者易受诱饵吸引出现的动物，特别是端足类甲壳动物。

许多年以来，自由下放诱捕器一直被广泛用于捕获深海和半深海的活体食腐动物（Paul，1973；Shulenberger 和 Hessler，1974；Isaacs 和 Schwartzlose，1975；Thurston，1979；Stockton，1982），后来在深渊深度的应用也逐渐增加（Hessler 等，1978；France，1993；Thurston 等，2002；Blankenship 等，2006；Jamieson 等，2011a；Eustace 等，2013）。

诱捕器的设计能够在尺寸、体积、陷阱数量或者操作特点（如可关闭的）等方面变化，但是大多数都是基于一个简单的漏斗陷阱原理［图 3.4（a）］。最普通的诱捕器是一个小型的无脊椎动物陷阱，它的设计是用于抓捕小型食腐甲壳动物。这些圆柱形诱捕器的一端或者两端装有带网眼的漏斗，圆柱筒内放置诱饵。诱饵释放的臭味会被食腐动物闻到，随后它们会顺着味道进入陷阱。这些动物通过一个大口进入漏斗，随后穿过小的入口，进入圆柱筒内，在那儿它可以吃诱饵。漏斗的出口从内部是不容易找到的，因为它们与圆柱筒的内部结构接触，因此，尽管有些捕获物可能会逃逸或者在提升到水面的过程中丢失，但大多数进入者都会被捕获。这种方法对于抓捕充分数量的深渊样品是非常有效的［图 3.4（b）］。为了减少系统上升和回收过程中可能的损失，一些诱捕器已经使用 Niskin 瓶封闭水样的装置来改进诱捕器，以形成一个封闭的圆筒（如 Blankenship 等，2006）。

这些简单的漏斗捕获器可以依附在更大的深潜系统上进行下放（如着陆器；Fujii 等，2010；Jamieson 等，2011a），或者使用无人潜水器直接下沉到海底，也能够设计成为 Blankenship 等（2006）用过的自由下沉系统或者 HADEEP 项目（Jiamieson 等，2013；图 3.4c 和 d）用过的 *Latis* 系统。

诱捕器已经进一步发展成为更加成熟的“高压诱捕器”（Hyperbaric trap）。高压诱捕器采用和传统诱捕器相同的方式吸引动物进入，但是它的捕获器建造得像一个开放压力的房子。一旦离开海底，内部腔体就会通过一个活塞（如 Yayanos，1977; 图 3.5）或者一个悬臂机制（MacDonald 和 Gilchrist，1980）关闭，从而将动物关在里面，实现在原始环境压力下捕获动物的目的。科研人员利用这种技术，最先（也是仅有的一次）捕获的深渊生物活体是马里亚纳海沟 10900m 水深的甲壳类生物 *Lysianassoid amphipod*（Yayanos，1981，2009）。保持压力是一项困难的工作，这是因为诱捕器在上升过程中，通过更温暖的表层水会导致体积的改变。为此，科研人员可在诱捕器外围安装绝热材料抵消这种效应。虽然在那样的深度下给生物减压并没有使它们在大气压下存活，但是科研人员可以利用这个过程，观测生物垂直迁移的压力承受度和潜力（如 MacDonald，1978；Yayanos，1981）。

科研人员将这种小型的无脊椎动物漏斗捕获器进一步发展成为自由下沉的 *Latis* 捕获器（Jamieson 等，2013）。*Latis* 系统含有 1 个由四个传统的无脊椎动物捕获器组成的阵列，但它的主要部分是两个大的带诱饵的捕鱼器和一个确定捕捉深度的压力传感器。其中两个捕鱼陷阱（40cm×40cm×100cm 的长方体）有一个

图 3.4 小型无脊椎动物漏斗捕集器。(a)漏斗捕集器的基本原理，例如一个端足类被诱惑通过漏斗进入有诱饵的陷阱，在那儿不能找到出口。(b)一个小型捕集器有效捕获大量深渊端足类生物(*Hirondellea Gigas*)的例子，时间仅为 12h，深度 9316m(伊豆－小笠原海沟；Eustace 等，2013)。(c)全海深诱捕器的例子(Blankenship 等，2006)。(d)Latis 系统包括一个大的捕鱼器和漏斗捕集器(Jamieson 等，2013)。图(b)和(d)由 HADEEP 项目提供，阿伯丁大学。图(c)由斯克里普斯海洋研究所的拉文(L. Levin)提供。

正方形的漏斗出口(14cm×14cm)，向内凹 25cm 后进入陷阱。这些陷阱布满了 1cm 孔径的网眼，并且在每一个陷阱里面放了大约 1kg 的竹荚鱼诱饵。这种陷阱经过特殊设计，创造了一个相对较宽广且容易进入的开口，这个开口完全朝向海底，专门用于捕捉深渊狮子鱼。在每一个陷阱中，放置了一个更小的带诱饵的无脊椎动物陷阱（12cm 直径 ×30cm 长），用于抓捕更小的生物，因为它们可能会在诱捕器回收时从大的陷阱中滑落出去。

2011 年和 2012 年，*Latis* 诱捕器在克马德克海沟水深 6097~9908m 范围内先后投放了 12 次，成功收集到了大量的食腐端足类样品。此外，大型捕鱼器还成功捕获了 9 条深渊狮子鱼（*Notoliparis kermadecensis*）（这是 59 年里获得的第一个样品）。更大的捕获器在 6295~7000m 深度捕获了 9 条超级大的端足类动物 *Alicella gigantean*（这是在南半球深渊深度捕获的第一个样品），另外还有一些其他的无脊椎样本（Jamieson 等，2013）。

最早用于拍摄深渊深度海底和底表动物的影像系统是由黑白或者彩色胶片照相机组成的，它们通过绳子下放到距海底几米的位置（如 Pratt，1962；Heezen 等，1964；Heezen 和 Johnson，1965；Heezen 和 Hollister，1971）。当接触到海底时，这些系统可通过机械触发进行拍照。这种照相系统后来演化成具有双重功能的立体照相机，它通过一个收发器控制高度，能够被拖拽沿着海底运动。PROA 考察搭乘“史宾塞·傅乐顿·拜尔德”号，在西太平洋的多条海沟（水深 6758~8930m）运用了这个照相系统（Lemche 等，1976）。照相机被拖着在海底上部 1~2m 的高度运动，以 10~15s 间隔拍照。随着高度的变化，拍摄视野可在 0.5~10m^2 变化。与早先只能获得一张照片的系统相比，这个系统有了长足的进步，能够测绘的海底面积可达几百到 2000m^2。

在 20 世纪 70 年代之前，获取足够长的缆绳具有一定的困难，这或多或少阻碍了水下照相系统在深渊中的应用，尽管这种系统今天仍然被用在深海和半深海深度（如 Rice 等，1979；Barker 等，1999；Ruhl，2007；Johes 等，2009）。此后，科研人员使用自由下落方法和熟知的着陆器或“Free-vehicles”方法来投放照相系统。20 世纪 60 年代，带摄像的着陆器作为先锋（Isaacs 和 Schick，1960；Isaacs 和 Schwartzlose，1975），主要不是用于拍摄海底以及较远距离的地表生物，而是利用诱饵吸引运动的动物，观察它们在一定时间内（通常是 12h）的活动情况。一个很好的例子是来自赫斯勒等人（Hessler 等，1978）和杰米逊等人（Jamieson 等，2011a）的工作，他们将定时照相机（time-lapse camera）和诱捕器结合在一起，用于捕获食腐动物，并观测它们争夺和消费诱饵的过程。这种照相机一般是垂直固定，从上向下俯视海底，诱饵正好位于拍摄视野的中央。照片拍摄的时间间隔是固定的（例如 1min）。这种方法获得的照片能够提供丰富的信息，用于补充拖网和移动相机的研究。例如，活体动物随时间的观测能够提供数据，用于计算缓慢移动的大型动物的运动速度，物种的相互作用和存在，而这些物种是很难利用其他采样方法获取的（例如十足类；Jamieson 等，2009b），或者很难获得很大的数量，从而低估了它们在生物类群中的重要性（例如端足类；Hessler 等，1978）。

随着具有定时功能（类似静态照相机）录像机系统的使用，使用带录像功能的着陆器得到了进一步的提升（如 1min 开，4min 关；Jamieson 等，2009a，b）。录像是对其他采样方法的进一步补充，因为它通过记录活体动物的运动图像，能够用于行为学分析和一些生理学研究，例如十足类捕食行为（Jamieson 等，2009b），鱼尾摆动频率（Jamieson 等，2009a；Fujii 等，2010），总体运动和突然逃逸反应，正如深渊着陆器所证明的那样（Jamieson 等，2011b；2012a，b；Aguzzi 等，2012；表 3.2；图 3.6）。

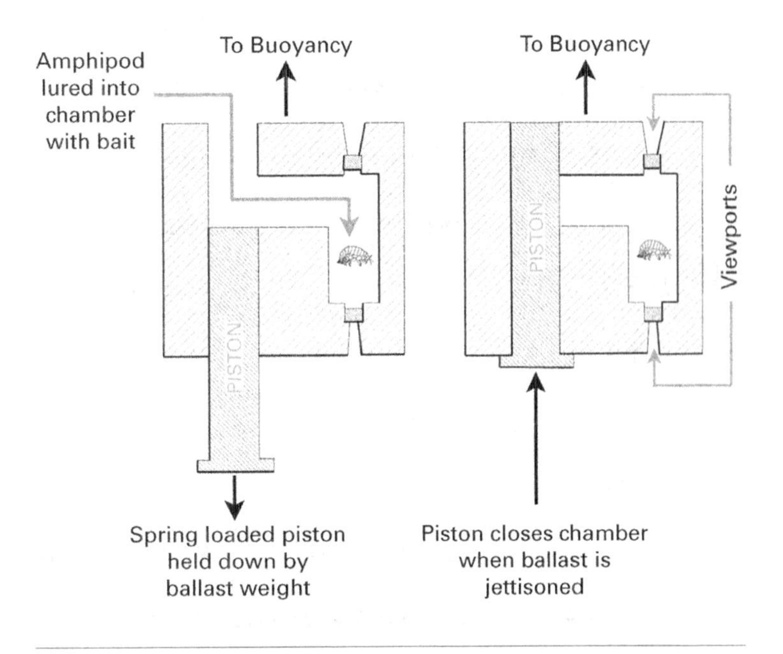

图 3.5　保压端足类生物诱捕器的简单框架图。端足类生物受诱饵吸引进入腔体，一旦抛弃压载物，腔体将被活塞密封，从而保持腔体内压力处于原始环境的压力。这种设计配有两个观测口，用于观测腔体内活的生物（详细描述见 Yaynos，1977）。

表 3.2 HADEEP 项目研发的深渊着陆器的规格参数

着陆器	深渊着陆器 A	深渊着陆器 B	深渊着陆器 C
类型	诱饵摄像机；CTD	诱饵照相机；CTD	诱饵摄像机
建造年代	2007	2007	2012
传输系统			
声学释放	Oceano 2500-Ti UD（×2）	Oceano 2500-Ti UD（×2）	Oceano 2500-Ti UD（×2）
浮力系统	17' 玻璃浮球（×13）	17' 玻璃浮球（×9）	17' 玻璃浮球（×X）
总的正浮力	247kg	171kg	190kg
抛载物（湿）	135kg（45×3）	135kg（45×3）	120kg（120×1）
着陆器重量(水中)	180kg	110kg	120kg
总重量（下降）	68kg - ve	74kg - ve	60kg - ve
总重量（上升）	67kg + ve	61kg + ve	70kg + ve
下降速率	46m/min	34m/min	36m/min
上升速率	54m/min	34m/min	35m/min
科研负载			
照相机	Hadal-Cam 12000	Kongsberg OE14-208	Hadal-Cam 12000mk2
相机分辨率 / 图片格式	704×506 像素 /MPEG2	500 万像素 /JPEG	704×506 像素 /MPEG4
相机拍照间隔	每拍照 5min 停 1min	1min	每拍照 5min 停 1min
相机拍照数量	120	2000	＞ 350
电池	12V 铅酸电池	24V 铅酸电池	12V 铅酸电池
相机拍照视角	68cm×51cm（0.35m^2）	63cm×47cm（0.29m^2）	倾斜；沿中心 1m

续表

着陆器	深渊着陆器 A	深渊着陆器 B	深渊着陆器 C
照相机方位	垂直（1m）	垂直（1m）	倾斜（1.5m）
CTD	SBE19 *plus* V2	SBE19 *plus* V2	SBE39 PT only
CTD 精度（S，T，P）	0.4ppm；1×10^{-4}℃，0.002%	0.4ppm；1×10^{-4}℃，0.002%	n/a
CTD 测样间隔	10s	10s	n/a
采水瓶	12L Niskin 瓶	12L Niskin 瓶	12L Niskin 瓶
水流计	n/a	Aanderaa Zpulse TDD 266	n/a
漏斗捕集器	ø30cm×40cm（×3）ø10cm×30cm（×1）	无	ø18.5cm×50cm（×2）
诱饵	约 1kg 马鲛鱼 / 吞拿鱼	约 1kg 马鲛鱼 / 吞拿鱼	约 1kg 马鲛鱼 / 吞拿鱼

第一期 HADEEP 项目于 2007 年设计并建造了两台深渊着陆器（Jamieson 等，2009c），这两台着陆器完成了 34 次下放，涵盖了 5 条海沟和太平洋中部深海平原。深渊着陆器 A 配有彩色录像机，而深渊着陆器 B 配有 500 万像素的静态照相机。两个着陆器都配有温盐深（CTD）传感器。两套系统的照相机都放置在离海底垂直距离 1m 的高度，分别具有 $0.35m^2$ 和 $0.29m^2$ 的视野。诱饵（通常是马鲛鱼或者吞拿鱼）放置在一个比例尺上，位于视野的中心位置。着陆器在三个负浮力钢制压载体的帮助下，以约 40m/min 的速度下沉到海底。在布放完成后（12~24h），随着水面声学命令抛弃压舱物，着陆器在 17 英寸玻璃浮球（绑在 100m 的长缆线上）的帮助下，上浮至水面。这两个系统都是程序化和自动化的，科研人员回收着陆器后，能够下载数据。

不幸的是，着陆器 A 在 11 次成功布放后，2009 年在克马德克海沟由于错误的布放，在海中丢失。然而正是这个着陆器，在日本海沟 7703m 水深处拍摄到了迄今为止最深处的鱼（Fujii 等，2010）。3 年后，着陆器 B 在克马德克海沟 9500m，可能是由于玻璃浮球内爆也丢失了。不管怎样，着陆器 B 成功完成了 23 次下潜，向世界揭示了很多的新发现，例如南半球最深处的鱼（Jamieson

等，2011a）和超大端足类 *Alicella gigantea* 的原位图像（Jamieson 等，2013）。尽管这两个着陆器都有不幸的结局，但它们获取的数据在 5 年内发表了 14 篇科学论文。研究人员已经设计并建造了一个新的深渊着陆器，用在了克马德克海沟 1000~6000m 的深度，并计划在 2014 年 HADES 项目中用于更大深度的研究。

图 3.6　HADEEP 项目使用的深渊着陆器。（a）正在汤加海沟 10000m 深度投放的深渊着陆器 A；以及（b）新的深渊着陆器 C。照片分别由英国布里斯托大学的 J. C. Patridge 和 HADEEP 项目提供。

着陆器的原理采纳了美国斯克里普斯海洋研究所的全海深作业理念。根据该研究机构 20 世纪 60 至 70 年代创新性的“Free-vehicle”新产品，科研人员依靠全海深视觉（DOVE）实验仪器平台，设计了一系列的低成本、紧凑型的着陆器（Hardy 等，2002；图 3.7）。这一系列的着陆器包括：

- DOV *Mary Carol*（2001）：2002 年升级至 10000m，完成了波多黎各海沟

（8400m）和阿留申海沟（7200m）的下潜。

- DOV *Bobby Ray*（2006）：成功从波多黎各海沟（8400m；Eloe 等，2010）采集到水样。
- DOV *Patty*（2011）：成功在马里亚纳海沟塞丽娜深渊（10800m）布放，后来在 Typhoon Muifa 丢失。
- DOV *Karen*（2011）：含有一个单岩芯管，从菲律宾海沟（5400m）采集了沉积物样品。
- DOV *Michelle*（2011）：含有双沉积物岩芯管，运行级别为 11000m，在菲律宾海 5400m 下潜时丢失。
- DOV *Mike*（*Alpha*）着陆器（2012）：用于深海挑战（*Deepsea Challenge*）考察中，另外在新不列颠海沟以及马里亚纳海沟的挑战者深渊和塞丽娜深渊被成功使用。

2008 年，类似的着陆器设计在装配了声学流量计后，被用于波多黎各海沟的调查研究中（Schmidt 和 Siegel，2011）。然而，尽管该着陆器记录了整个 8350m 垂直剖面的三维流速、温度和压力，但是这个仪器在海底仅仅维持了 75min 后就进水了。

2011 年，HADEEP 项目也使用了类似的设计，来补充利用大型着陆器和诱捕器捕获小型无脊椎动物的样品数量。这个系统同样包含了 17 英寸玻璃球，并且含有两个带诱饵的漏斗陷阱，并使用一个计时燃烧电线的释放机制，按预先设定的时间丢弃充满碎石的沙包。科研人员共设计了 5 套系统，称之为 *Obulus* I-V，先后在克马德克海沟 6968m、6999m、7014m 和 8148m 四个深度进行布放。尽管其中 4 个系统在捕获深渊端足类动物方面非常成功，但仍有 1 个系统丢失，并且 2 个系统进水，因此，*Obulus* 系列由于在深海的不可靠性而被暂时弃用了。

最近美国 Promare 公司（图 3.7；Søreide，2012）开发了另外一个低成本的具有摄像功能的着陆器，命名为“11k”，这个基本的深潜器包括 1 个德国不莱梅 Nautilus Marine Service GmbH 公司生产的玻璃球，里面含有该公司的专利软件和硬件，以及一些商业现成品，比如一个高清摄像机和来自 OceanServer Technology Inc.（Fall River，马萨诸塞）公司的锂离子电池包。另外，这个系统还包括由挪威奥尔森 Presens AS 公司定制的高精度、全海深压力传感系统，以及由 Promare 公司发展的全海深 LED 灯和落锤系统（drop-weight system）。11k 仅重 60kg，尺寸为 50cm×50cm×75cm。这个着陆器已经被用在波多黎各海沟

图 3.7　低成本、紧凑型的全海深着陆器。(a) DOVE 设计者 Kevin Hardy 演示紧凑型设计的尺寸和重量优势；(b) DOV *Bobby Ray*（采水器）；(c) DOV *Mike*（*Alpha* 着陆器）；(d) *Obulus* I-V（诱捕器）；(e) Promare’s 11k（照相机）。图片分别由斯克里普斯海洋研究所 K. Hardy（a-c），HADEEP 项目（d）和美国 F. Søreide，Promare，美国（e）提供。

约 8000m 处（Søreide 和 Jamieson，2013），并且获取了录像片段和深渊端足类样品（比较出名的是 *Scopelocheirus schellenbergi*；Lacey 等，2013）。11k 也计划用在自主式水下航行器（AUV）或者无人遥控潜水器（ROV）上（Søreide，2012）。

文献还报道了其他一些影像系统，尽管它们没有前面几种描述的清楚，例如，Kobayashi 等（2012），Glud 等（2013）和 Oguri 等（2013）。这些研究使用 11000m 等级的照相机系统，命名为“ASHURA”（Murashima 等，2009）。这套系统被应用于马里亚纳海沟 10897m 处，获得了端足类生物短脚双眼钩虾（*Hirondellea gigas*）样本和沉积物样品（Kobayashi 等，2012）。在格鲁德等（Glud 等，2013）和小栗等（Oguri 等，2013）的研究中，他们使用了高清晰摄像机、卤素灯、1 个温盐深仪以及 3 个沉积物岩芯取样器，但是详细的参数还未发表。

随着现代电子器件和数据储存能力的持续提升，静态照片和影像片段不仅能够非常轻易地获取，而且数量也在增加，这使得我们获得了更多的深渊影像。此外，使用高分辨率的数字静态照片和高清晰影像成为了现代探潜器的关键组成部分（见下面的讨论）。

3.5 生物地球化学仪器

着陆器和无人遥控潜水器搭载了一些用于生物地球化学研究的仪器，它们被广泛用于深海研究（Tengberg 等，1995，2005）。然而，目前仅有 1 个系统是深渊级别的（图 3.8）。格鲁德等（Glud 等，2013）改进了一个深海微型剖面着陆器（transecting deep-sea micro-profiler lander）（Glud 等，2009），它能够原位测量全海深的氧气（O_2）变化（图 3.8）。这个着陆器在挑战者深渊接近 11000m 处，两次测量了沉积物 – 水界面中氧气的分布，分辨率可达 0.5~1mm。该着陆器采用 8 个 Clark– 型的氧气微电极和 1 个电阻探头来确定沉积物 – 水界面。

图 3.8 微电极着陆器，该着陆器被用于测量马里亚纳海沟接近 11000m 水深处沉积物中的氧气变化（Glud 等，2013）。（a）着陆器整体；（b）微电极组的近距离照片。图像由 R. N. Glud（南丹麦大学提供）。

3.6 无人遥控潜水器

直到今天，能够在全海深探测和采样的无人遥控潜水器屈指可数。第一个全海深无人潜水器是"海沟"号，在 1993 年由日本海洋科学技术中心建造（Kyo 等，1995）。"海沟"号在进行了 20 多次的全海深下潜后，在 2003 年丢失。之后的 5 年里，一直没有可作业的全海深无人遥控潜水器，直到美国伍兹霍尔海洋研究所（Woods Hole Oceanographic Institute，简称 WHOI）联合约翰霍普金斯大学和美国海军位于圣迭戈的美国海战系统中心（US Navy Space and Naval Warfare System Center），合作建造了混合型无人潜水器"海神"号（HROV *Nereus*）（图 3.9a；Bowen 等，2008）。此外，只有两个系统曾经被用于全海深：一个是较浅级别的"海沟 7000 II 号"（图 3.9b；Murashima 等，2004），另一个是紧凑型全海深级别履带式机器人

图 3.9　全海深无人遥控潜水器。（a）美国伍兹霍尔海洋研究所（WHOI）的混合型潜水器“海神”号（HROV Nereus），（b）日本海洋科学技术中心的无人潜水器海沟 7000 II，（c）日本海洋科学技术中心的无人遥控潜水器带运转装置的履带式机器人系统。图像所有权分别属于美国伍兹霍尔海洋研究所（a）和日本海洋科学技术中心（b，c）。

ABISMO 号（图 3.9c；Yoshida 等，2009）。

“海沟”号属于全海深级别的无人遥控潜水器，建造于 1995 年，主要用于科学研究（Kyo 等，1995；Mikagawa 和 Aoki，2001）。它是一个双体（Two-body）系统，在下潜过程中，实际的无人遥控潜水器是与一个中继站系统（Launcher system）连在一起。随着它从主缆绳（直径 4.5cm）上下放，负浮力装置使整个系统快速下沉。中继站系统自身具有有限的海底作业能力，但是也能通过一个装有声学监控的拖曳系统独立使用（Barry 和 Hashimoto，2009）。“海沟”号通过一个 250m 长的绳子（直径 3cm）与中继站连接，从而允许它能够在离中继站较短距离不受限制地作业。一旦脱离中继站，无人遥控潜水器能够在母船（RV *Kairei*）的完全控制下，开展探索和采集海底样品（Mikagawa 和 Aoki，2001）。该深潜器的科研荷载包括 7 个电荷耦合设备（CCD）和广角摄像和静态照相机，多个高强度灯以及其他的传感器，例如扫描声呐、高度计、指南针和压力传感器。同时，它还有两个高度灵巧的操作手（有 6 轴和 7 轴的运动自由度），用于收集生物或地质样品或前置样品篮中的其他设备。作为唯一的全海深潜水器，“海沟”号成功地工作了 8 年，共下潜 295 次（其中 20 次到了全海深）。2003 年 5 月，受台风灿鸿（Chan-Hom）的影响，潜水器需要紧急上浮，结果在上升过程中，下潜器（不是作业平台 / 中继站）意外丢失了（Momma 等，2004；Tashiro 等，2004；Watanbe 等，2004）。日本海洋科学技术中心利用已有的中继站，于 2004 年又建造了一台 7000m 级的“海沟”号（由已有的 *UROV7K* 改装而成的 *Kaikō* 7000 II）（Murashima 等，2004；Barry 和 Hashimoto，2009）。“海沟 7000 II”号完成了好几次约 7000m 的下潜，但作为一个临时替代品，它很快被 ABISMO 替代（Yoshida 等，2009）。ABISMO 具有和“海沟”号相似的深潜器和中继站系统，但是深潜器的尺寸要小得多，同时它的采样能力也差很多。ABISMO 是经过专门设计，用于采集小的沉积物样品，并通过一个平底盘和摄像机来进行海底考察。它利用装在中继站上的 Niskin 瓶组采集水样。ABISMO 具有传统无人遥控潜水器模式和履带式机器人两种模式，并且这两种模式可以互相切换。作为履带机器人，它能够驱动履带在海底上行走，这与使用垂直推进器自由漂浮是相反的。2007 年，ABISMO 在伊豆 – 小笠原海沟下潜到 9760m 深度；2008 年，它在马里亚纳海沟 10257m 处采集了小的沉积物和水样（Itoh 等，2008；Yoshida 等，2009）。

混合型无人潜水器“海神”号（HROV *Nereus*）是一种新型的深海潜水器，它是为了开展科学调查和全海深采样而设计的（Bowen 等，2008，2009a，b；图 3.8）。“海神”号有两种不同的作业模式：（1）作为无缆自动水下潜水器（AUV），它能够利用声呐和照相技术，在海底广阔区域开展探索和考察；（2）它能够很容易地转化成有缆绳无人遥控潜水器，从而开展近距离摄像和采样。这种 AUV 和无人遥控潜水器的混合就是 HROV 的基础。无人遥控潜水器的外形特点是通过一根新的而且质量较轻的光纤缆绳与水面船只相连，能够进行高带宽实时录像和数据传导。这使得母船上的驾驶员能够高质量地远程控制水下无人遥控潜水器。钢缆的局限性在于它只能支撑约 7000m 的深度，而其他替代物如凯夫拉（Kevlar）在水动力很差的形势下和大的电缆处理系统中会出现出一些问题。这些因素推动了轻质量光纤缆绳的发展。超细脐带缆（直径 0.8mm）唯一一次成功是用在自身供电的水下潜水器上，这意味着动力是靠潜水器自带的电池组提供的，因此不需要通过脐带缆输电。这种自带动力的唯一不足是需要在作业深度和灵活性方面与其他一些问题（如有限的动力和两次下潜之间的充电时间）之间进行取舍。混合型无人潜水器还配备了一系列的传感器以及生物和地质采样所需的装置，主要的静态和影像拍照系统（包括输出可变的 LED 照明系统）、插管沉积物取样器、带原位温度传感器的取水器、1 个样品箱（储存操作手取得的生物和岩石样品）、1 个磁力计、1 个温度 – 盐度 – 压力传感器和高精度声学测深仪，它也能负载 25kg 装置。

2007年11月，混合型无人潜水器“海神”号在浅水中成功进行了第一次海试（Bowen等，2008）。随后，也就是2009年5月，“海神”号成功下潜到马里亚纳海沟10000m的深度（最大深度10903m）（Bowen等，2009b；Fletcher等，2009）。作为HADES项目的一部分，HROV曾计划2014年在马里亚纳海沟4000~11000m范围内进行多达30次的下潜。但不幸的是，“海神”号于2014年5月9日在克马德克海沟下潜过程中，与母船失去联系（Kostel，2014）。

3.7　载人潜水器

迄今为止，只有两台载人潜水器（以前称之为深海潜水器，经常以HOVs被提及）曾经到过全海深，即“的里雅斯特”号和“深海探险者”号（*Deepsea Challenger*），它们分别在1960年和2012年抵达过马里亚纳海沟的挑战者深渊。另外一个潜水器“阿基米德”号（Archimède）在20世纪60年代曾用于3条海沟的考察。中国的“蛟龙”号（*Jiaolong*）是7000m级的潜水器，可载3人（Liu等，2010），而日本的“深海”号（*Shinkai* 6500）是一个3人潜水器，可下潜至6500m深度（Nanba等，1990）。

几乎没有一种技术像载人潜水器那样，一直在创造纪录，从这个角度上看，深渊载人潜水器的历史是非常有趣的。众所周知，“的里雅斯特”号是最早完成全海深下潜的载人潜水器，52年之后，深海探险者号作为“第一次单人全海深下潜”而受到赞扬。类似的，日本“深海6500”在网站上宣布，它能够“下潜到比当今任何科研型载人潜水器更深的地方”。实际上，这个记录近年来已经被中国的“蛟龙”号打破，据说“蛟龙”号是“具有当今世界最大下潜深度的科研型载人潜水器”。然而，撇开技术上取得的成就外，所有这些载人潜水器还未从它们宣称的最大深度产生任何综合性的科学发现。因此，希望载人潜水器深海探险者号和中国的“蛟龙”号在超越了目前的展示阶段后，能够从地球最深处获得令人兴奋的新数据。

“的里雅斯特”号是由瑞士科学家奥古斯特·皮卡德（Auguste Piccard）设计，在意大利建造的，它的依据是先前由皮卡德设计的FNRS-2号。由于它的主要部件都是在意大利北部亚得里亚海的港口城市的里雅斯特（Trieste）建造的，因此被命名为“的里雅斯特”号。它最早由法国海军负责运行，1958年后改为由美国海军负责运行。

“的里雅斯特”号潜水器由一个15m长的浮力罐和一个分离的直径2.16m的耐压球组成。浮力罐装有85000升的汽油，水压舱和9t可抛弃的磁铁球压载物，耐压球可容两个潜水员在里面进行操作。耐压球后来经改造后，为了承受深渊深度的静水压力，厚度增加到12.7cm。新的耐压球在空气中重13t，在水中重8t。“的里雅斯特”号的潜水员可以通过一个锥形塑料观察口看到耐压球的外面。照明由石英弧光灯提供，它可以不经过任何改装就能承受深渊的压力。这种设计允许潜水器自由下沉，而不是像先前的深海潜水球（Bathysphere）那样必须通过缆绳才能下放。

抛载铁用于控制潜水器的下沉速度，一旦它们通过电磁信号后，抛载铁被完全抛弃，潜水器将开始上浮，直到水面。电磁抛载技术使得潜水器在出现电力故障时能够紧急上浮。

1953年8月，“的里雅斯特”号潜水器在卡普里附近的第勒尼安海开始第一次运行。随后，它在太平洋开展了一系列的深水试验，作为Nekton项目的一部分，1960年1月23日，“的里雅斯特”号从美国海军“*Wandank*”号（ATA-204）下放，成功下潜至马里亚纳海沟挑战者深渊10916m处，它的声望也随之达到了顶峰。该次下潜的两个潜水员包括奥古斯特·皮卡德的儿子雅克·皮卡德和美国海军中尉唐·沃尔什，这标志着人类首次参观了地球的最深处。

“的里雅斯特”号下潜到挑战者深渊共花了4h48min，下潜速度为0.9m/s，这个过程中并不是一帆风顺的。当潜水器下潜至9000m左右的深度时，一个观察窗出现了破裂，引起了整个潜水器的晃动，两个潜水员只在海底呆了20min，在这期间他们以巧克力为食。由于沉积物被扰动，潜水员在海底几乎什么都看不清。尽管如此，他们还是记录到了海底的一些动物，包括错误描述到的一条平鱼（flatfish）（Jamieson和Yancey，2012）。“的里雅斯特”号上浮到水面花了3h15min。

遗憾的是，这个潜水器再也没有应用到深渊深度，也没有从它的下潜中获得任何有科学价值的数据。1963年，“的里雅斯特”号被送到大西洋搜寻丢失的美国军舰“长尾鲨”号（*Thresher*），最终在新英格兰海岸外2560m的深度发现了舰艇的残片。“的里雅斯特”号经过深度改造，随后在1966年退役，并在1980年陈列于华盛顿海军工厂（Navy Yard）的美国海军国家博物馆。

载人潜水器“阿基米德”号由皮埃尔·维尔姆（Pierre Willm）和乔治斯·奥特（Georges Houot）设计，法国海军负责运行。它于1961年7月27日在位于法国土伦的海军基地正式起航。和“的里雅斯特”号一样，“阿基米德”号使用160000升的汽油作为浮力，重量达 61t。1961 年，它完成了第一次 1500m 水深的无人试潜。不久，“阿基米德”号在地中海 2400m 水深下潜，成功达到了 3 节（1 节 =1853m/n）的速度，随后又在日本海域下潜到 4799m 的深度。“阿基米德”号成为第一个到达大西洋最深处的载人潜水器：波多黎各海沟的 8390m 深处。而载人潜水器在深渊深度获得的第一个可靠的科学记录是来自佩雷斯（J. M. Pérès）的报告，他在 20 世纪 60 年代中期，乘坐“阿基米德”号下潜到波多黎各海沟 7300m 深处（Pérès，1965）。尽管佩雷斯未在潜水器上携带任何影像设备，但他对深渊动物做了非常详尽的视觉描述，包括等足类、十足类和鱼。

图 3.10　詹姆斯·卡梅隆驾驶的“深海探险者”号潜水器于 2012 年下潜马里亚纳海沟。图片由查利·阿内森（Charlie Arneson）提供。

1962 年，“阿基米德”号在东北太平洋的千岛 – 堪察加海沟下潜至 9560m 深度，随后又在伊豆 – 小笠原海沟的日本深渊（Japan Deep）下潜到 9300m 深度。该潜水器一直运行到 20 世纪 70 年代。

最近的载人潜水器“深海探险者”号（DCV 1；图 3.10）长 7.3m，是由加拿大电影导演詹姆斯·卡梅隆（James Cameron）建造。在上一个载人潜水器“的里雅斯特”号造访挑战者深渊 52 年后，詹姆斯·卡梅隆操作深海探险者号又一次造访了地球的最深处。“深海探险者”号是詹姆斯·卡梅隆与国家地理协会和其他商业资助方合作，在澳大利亚建造的。这个潜水器的发展预示着新材料的出现，例如，特别结构的声学泡沫浮力材料可以在全海深产生正浮力。这种新材料的结构整体性非常好，以至能够将推进器马达直接安装在它里面，而不需要借助于任何金属结构。像“的里雅斯特”号一样，“深海探险者”号也有一个耐压球，直径为 1.1m，厚度 64mm，只能容纳一名驾驶员。这个球连在一个重量超过 10t 的潜水器的下部。一旦进入水下，深海探险者号会以垂直姿势下潜，它携带的 500kg 可抛载压载物帮助其下潜，一旦抛弃这些压载物，将会使潜水器上浮，直到浮出水面。

“深海探险者”号经过几次浅水下潜后，卡梅隆驾驶它成功下潜到新不列颠海沟（西南太平洋）7260m 和 8221m 处。有报告称卡梅隆看到了海葵和水母，这与其他人在这条海沟的发现是一致的（Lemche 等，1976）。

2012 年 3 月 26 日，“深海探险者”号在离开水面母船 2h37min 后，成功到达了深度为 10898.4m 的挑战者深渊，并在海底停留了 3h 后，成功地返回水面。

与深海探险者号同时开始研制的探险型单人全海深载人潜水器还有 *Deepflight Challenge*，它的外形有点像飞机，如图 3.11 所示。美国潜水器专家格拉哈姆·霍克斯（Graham Hawkes）在 20 世纪 90 年代就提出了“飞行式”全海深载人潜水器的设计理念（Hawkes 和 Ballou，1990），2005 年获得了美国富豪探险家史蒂夫·福赛特（Steve Fossets）的资金支持，让霍克斯海洋技术公司（Hawkes Ocean Technologies；简称 HOT）正式为他研制“飞行式”单人全海深载人潜水器（*DeepFlight Challenger*）。但遗憾的是，史蒂夫·福赛特在 2007 年的一次探险过程中，因飞机失事而去世，导致该项目中断。HOT 公司继续寻找资助，由英国维珍航空公司老板理查德·布兰森（Richard Brandson）和另外一位探险家克里斯·韦尔什（Chris Welsh）继续支持研制，终于在 2011 年完成总装，开始海上试验。他们计划在 2011 年就去冲击马里亚纳海沟，但遗憾的是载人舱在海面被波浪打坏，不得不重新加工新的载人舱。由于单人下潜的记录已被卡梅隆抢走，理查德·布

图 3.11 理查德·布兰森爵士（Sir Richard Brandson）和全海深载人潜水器 *Deepflight challenge* 的驾驶员克里斯·韦尔什。

兰森不再对这个项目给予资金的支持，因此，到目前为止，新的载人舱还未加工完成，是否能下到或何时下到马里亚纳海沟需要人们继续关注（Cui，2013）。

2008 年，美国国家自然科学基金委员会向很多海洋科学家征求需要什么样的深海科考装备时，有许多科学家提出了希望把 4500m 级的 DSV"阿尔文"号（*Alvin*）升级到 6500m 级，也正式通过了升级的立项。但刚立项后遇上物价上涨，只能把升级工作分成两个阶段，第一阶段的经费刚够制造一个新的 6500m 级的载人舱，目前已经安装到潜水器上并投入使用，但何时能获得第二阶段的经费，把其他系统也升级到 6500m 还是未知。

对于全海深的作业型潜水器，美国 Triton 公司给出了 Triton 36000/3 的设计方案，并在 2014 年 2 月宣布聘请了卡梅隆设计团队的技术专家罗·阿拉姆（Ron Allum），作为该公司有史以来最重大的决策予以启动。DOER Marine 公司也提出了"Deepsearch"的设计概念（Taylor 和 Lawson，2009）。日本在 2014 年年初报道了启动"SHINKAI12000"的新闻，但目前进展如何未知。对于载人潜水器与无人潜水器优劣的争论，格拉哈姆·霍克斯认为可以休矣（Hawkes，2009）。

此外，另外 2 个载人潜水器也能够下潜到大于 6000m 的深度，但这只是刚刚抵达深渊区的上边界。1991 年，日本海洋科学技术中心开始使用"深海"号 6500

潜水器（Takagawa，1995）。尽管“深海”号6500只能下潜到深渊深度的最上部，但它已经是下潜最深的学术研究型载人潜水器了。截至2012年，“深海”号6500已经完成了1300次下潜的任务，最近日本海洋科学技术中心还对它进行了一次主体升级。

2010年，中国使用了一个新的3人潜水器，即“蛟龙”号，级别为7000m（Liu等，2010）。截至2010年7月，“蛟龙”号在南海（最大深度3759m）和东北太平洋（最大深度4027m）完成了多次浅水下潜。2012年，“蛟龙”号下潜到6965m的深度，很快它又在西太平洋马里亚纳海沟完成了7062m的下潜。

其他唯一具有深渊探测潜力的载人潜水器是新的DSV“阿尔文”号（*Alvin*），正在由美国伍兹霍尔海洋研究所建造，但还未进入运行阶段。像“深海”号6500一样，新的“阿尔文”号最终级别为6500m（Monastersky，2012），因此可以预计它将来的作业范围是深渊区上部。

2013年，上海海洋大学成立了专门的深渊科学技术研究中心，该中心以研制深渊科学技术流动实验室为抓手，旨在研制出国际上首台作业型的全海深载人潜水器“彩虹鱼”号，为填补中国的深渊科学空白做出积极的贡献。该流动实验室的规模很大，包含3台全海深着陆器，1台AUV/ROV复合型全海深无人潜水器，1台全海深载人潜水器和1台4800t级的专用科考母船“张謇”号（Cui等，2014）。他们在中国首次引入“民间资金＋国家支持”的新模式，目前已经取得了良好的进展。首台着陆器和无人潜水器在2015年10月已经完成了4000m级海上试验，“张謇”号科考母船也已于2016年3月24日下水，深渊科学技术研究中心还计划于2016年12月前往马里亚纳海沟开展无人潜水器和着陆器的海上试验，并于2019年开始载人潜水器的海上试验。

第二部分

环境条件和生理适应

Environmental conditions and physiological adaptations

引言 Introduction

深渊海沟是地理位置上不相连的深海生态系统。许多海沟都具有独特的地理环境，常常表现出各自独特的环境状态。因此，如果将所有海沟考虑成单一生态环境（例如简单化为深渊）的话，很可能会对环境驱动力做出令人困惑的解释。许多环境参数适用于所有的深渊环境（如静水压力随深度增加），而另外一些参数却只适用于单条海沟。某些环境参数表现出明显的海沟间差异，这可能是由于局部的水文地理条件（例如温度、盐度和含氧量）、海沟地貌、地震活动、地层和静水压力共同作用的结果。然而，目前还缺乏这些参数在多条海沟的实测数据，即使有，也只是一些零星的、不正确的或者无法比较的数据。除了地形和地震活动外，深渊与周围深海在缺乏光照、低温、盐度和含氧量等方面具有相似的特征。

应付或者更确切地说是适应超高静水压力是生物能够在深渊区生存的先决条件之一。尽管对高压（和低温）具有适应性是所有深海生物都具备的特征，但如果单纯考虑压力的话，恐怕没有任何生物能够比得上那些生活在海沟中的生物了。此外，在碳酸盐补偿深度（CCD；大于4000~5000m）以下，骨化过程（即形成硬质壳体）将无法进行。这个因素，加上其他的环境压力，进一步促进了生物采用更柔软、更有机化的生理结构去抵消外部高压（如 Todo 等，2005）。

除了需要适应深渊环境外，食物供给也是对深渊生物的一个挑战。绝大多数深渊动物都是直接或者间接地依靠来源于表层水体的食物。极限深度也能表示为离表层海水的极限距离，这意味着来自表层水体的有机质到达深渊深度所需的时间将大大增长，这使得深渊区食物的数量和质量都大大地减少。尽管深渊具有看上去非常极端的环境条件，但海洋中大多数生物类别都能在深渊区找到（Wolff，1960），而且这些生物类别几乎包含所有的觅食方式：如滤食动物（如 Oji 等，1999）、食碎屑动物（如 Hansen，1957）、食腐动物（如 Blankenship 等，2006）、食植物和木屑动物（如 Kobayashi 等，2012）、化能合成生物（如 Fujikura 等，1999）和掠食动物（如 Jamieson 等，2009b）。这些本身就证明了深海生物群落经过了良好的演化，适应了以上提到的极端环境条件的挑战。

这一部分将分为 3 章：第 4 章将通过一些例子来讨论生物对海沟环境的适应性，第 5 章将强调高静水压力及其影响，第 6 章将概述海沟的食物供给。

第4章

深渊环境

孟席斯（Menzies，1965）最早对深海环境条件进行了系统讨论。尽管这在那个年代是具有里程碑意义的，但该综述的主要依据是数量十分有限的点源观测。后人根据更完整的全球性研究，对这方面进行了更新和修正（如Tyler，1995；Thistle，2003）。泰勒（Tyler，1995）突出强调了深海在不同尺度上的空间异质性和时间变化，这与前人的观点（即深海是一个物理上恒定的环境）有明显区别（Sanders，1968）。本章将在孟席斯（Menzies，1965）和泰勒（Tyler，1995）研究的基础上，详细论述目前已知的海沟生物及其存在所需的环境条件。

4.1 深层水团和底流

在深海，有两种力可以驱动深层水流，即温盐和潮汐（Tyler，1995）。在1987年出版的自然历史（*Natural History*）一书中，大洋传送带（Great Ocean Conveyer Belt）图诠释了深海水团的流动（见Broecker，1991；Rahmstorf，2006）。尽管这幅图已经变得非常有名，但它仅仅是面向外行人简单描述了大洋环流。不过，作为理解全球海沟水团环流的第一步，该图毫无疑问是一个非常理想的出发点。目前科研人员已经深入研究了深层水团及其与上层水团和下层地形的相互作用，但在全球尺度上，大洋传送带图仍能说明深层水团的主要特征：冷的表层水团在南极海域下沉，形成深层水团并流向西太平洋，在该过程中流经世界多数海沟。随着该水团向北流动，海水逐渐被加热，并导致其在北太平洋海域上升到表层，然后向西流向印度洋。这种被加热的表层水随后流向大西洋，再一次被冷却并下沉至底部，然后以底层水的形式向南回流。因此，“温盐传送带”使得热量从南部输送到北部（Berger和Wefer，1996）。

然而，实际上，深层水团环流远比上面的描述要复杂（如Kawbe等，2013；图4.1）。底层水团在温盐的驱动下，沿着最深的地形特征，缓慢地向低纬度流动，同时地球的自转力使得海流离开洋盆或者海沟的西边界。因此，在大西洋，南极底层水向北流动，通过位于南美东部斜坡和大西洋中脊的深海平原（Broecker 等，1980）。它一旦到达赤道就分成两支，一支流入西北大西洋，其余的则流过大西洋中脊（通过罗曼什海沟断层）；向北的和部分向南的底流进入东大西洋的深海平原（Angel，1982）。当水团流过南大西洋和北大西洋时，由于挥发作用，海水盐度升高（Schmitz，1995）。当到达北半球的高纬地区时，该水团变冷并通过垂直对流下沉形成东北大西洋深层水（NEADW）。该水团在东北大西洋海盆，一旦与来自拉布拉多海的低盐海水混合，就形成北大西洋深层水（NADW）。该深层水随后流入南大西洋，并最终通过绕极海流回到太平洋（Worthington，1976）。

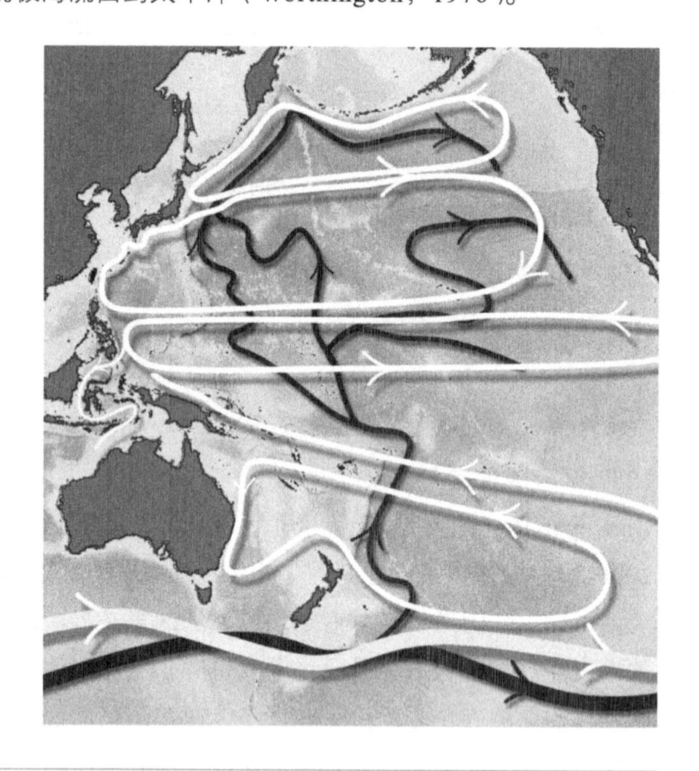

图 4.1　太平洋表层（白色）和深层（黑色）水团。表层水团和深层水团的差异是由于深层水团流经海沟、洋脊和海盆时，海底地形对深层水团的影响。本图是由英国阿伯丁大学艾米·斯科特－莫里（Amy Scott-Murry）根据前人报道绘制（Kawabe 和 Fujio，2010）。

由于在北太平洋没有深层水的形成（Stommel，1958；Warren 和 Owens，1985），因此环绕太平洋的海流也主要是受温盐环流驱动（Broecker，1991；

Rahmstorf，2006）。在太平洋3000m以深的区域，发现了寒冷（0.5~1.5℃）并且相对高盐的南极底层水。这些底层水主要是在南半球海冰生成的冬季形成的（Tomczak和Godfrey，1994）。它们沿着南大洋环航，一直流到南太平洋的西部边界，同时也向东缓慢传输进入太平洋深海。在太平洋深海存在着两个主要的水团，即下层绕极深层水（Lower Circumpolar Deep Water；LCDW）和北太平洋深层水（North Pacific Deep Water；NPDW）（Siedler等，2014）。LCDW（Warren和Owens，1985，1988；Owens和Warren，2001；Kawabe，1993）从南部进入太平洋，然后向北顺时针流动，并通过位于西南太平洋的海沟（克马德克海沟和汤加海沟；Warren，1991；Johnson，1998）。因此，这些最南端的海沟由于寒冷的深层南极水侵入，成为太平洋最冷的区域。该水团经过萨摩亚深海水道（Samoan Passage），向西北流动并从东部进入马里亚纳海盆，然后分成向北和向西的支流。向北支流经伊豆－小笠原海沟和千岛－堪察加海沟，然后向南绕过皇帝海山（Emperor Seamount），最后向东绕过阿留申海沟。北太平洋深层水是离其源头南极深层水最远的水团，它自从表层获得氧气后，至少又经历了1000年。这个水团随后向西返回，回到阿留申海沟和千岛－堪察加海沟，然后向南经过日本和伊豆－小笠原海沟。

总的来说，来自海沟底部的流量数据是很少的，但还是有好几个研究报道了西太平洋主要海沟附近和上层水团的流速：如克马德克海沟（Whitworth等，1999）、马里亚纳海沟（Taira等，2004）、伊豆－小笠原海沟（Fujio等，2000）、日本海沟（Hallock和Teague，1996）和阿留申海沟（Warren和Owens，1985，1988）。约翰逊（Johnson，1998）曾对这些报道进行了总结。

科研人员曾将由20个锚系的海流计阵列布放在克马德克海沟的断面上，时间超过22个月，该断面位于南纬32.5°西边界深层流的位置。海流计放置的深度分别为2500m、4000m和6000m。结果显示，在克马德克海沟存在着一个深部类气旋环流，叠加在向北的西部边界流之上。在最深的站位（大于4000m），海流在克马德克海沟西边界更强（可达9cm/s），流向朝北，而在海沟东边界流速较慢（约为2cm/s），方向朝南。

科研人员在马里亚纳海沟西南端（东经142.6°）布放了装有海流计的3套锚系，时间长达424天，投放深度为6095~9860m（Taira等，2004）。流速数据又一次表明，海流沿着马里亚纳海沟轴线是类气旋式的（也就是说在马里亚纳海沟，运行方向大致是从东向西的）。在马里亚纳海沟的北侧（6960m），水团以大约

1.3cm/s 的速度向西流动，然而在海沟中部（10286m），流速仅为 0.1cm/s，在海沟南侧（6520m），水团以约 0.5cm/s 的速度向东流动。

藤夫等人（Fujio 等，2000）在伊豆－小笠原海沟的研究也报道了类似的发现。该研究将 30 个海流计放置在该海沟北纬 34° 的断面上，平均时间为 401 天，投放深度为 3830~8961m。海流的平均方向与海底等深线密切相关，沿着海沟主轴表现为气旋式环流。在海沟西侧，海流计记录显示在 4500m、6000m 和 9000m 存在向南海流，流速分别为 3.6cm/s、4.6cm/s 和 2.4cm/s；在海沟中心存在向南的海流，流速约为 0.8cm/s；然而在东侧，水深 9000m 和 6000m 存在向北的海流，流速分别为 3.0cm/s 和 12.8cm/s。

哈洛克和提格（Hallock 和 Teague，1996）报道了在北纬 36° 日本海沟深部海流计的结果。该研究也观测到气旋式的深部环流。数据显示在水深 3300m 和 4600m 的海沟西侧，海流方向朝南，流速较低，为 1.3~1.6cm/s。与克马德克海沟、马里亚纳海沟和伊豆－小笠原海沟类似，日本海沟的水团平均流向也与海底等深线一致。在海沟东侧 6400m 深处，海流以 5.2cm/s 速度向北流动，RAFOS 浮标数据记录了在西侧具有较强的北向海流，而在东侧具有较弱的南向海流（Johnson，1998）。

在阿留申海沟，垂直剖面的平均海流方向朝西，速度中等（约 3cm/s），也与海底等深线一致，并紧贴着阿留申岛弧（Aleutian Island Arc）（Warren 和 Owens，1988）。通过海沟后和在海沟南侧，海流略微减弱（约 2cm/s），流向朝东。

这些来自西太平洋海沟的长期流速测量数据与气旋涡基本一致，误差不超过几个 cm/s 的量级。

深海的近底海流速度要低于那些浅海环境的（Thistle，2003）。在半深海和深海深度，近底海流的流速尽管在短时间尺度上有轻微变化，但一般约为 10cm/s 和 4cm/s（Eckman 和 Thistle，1991）。考虑到在这些区域，海流的剪应力（shear stresses）不足以移动大多数类型的沉积物，海流应该是以很低的速度通过海沟周边广袤的太平洋深海平原的（Smith 和 Demopolous，2003）。但是，某些情形下，也可能产生高能量的海流，例如涡流（Hollister 和 McCave，1984），海底峡谷冲刷（Vetter 和 Dayton，1998），或者穿过海峡及越过海山（Genin 等，1986）。然而高速海流的现象绝大多数只会发生在水深远浅于海沟的区域。

对深渊海沟内部水流的直接测量是非常有限的，目前已有的测量数据主要是来自对海沟上部水体的长时间记录，例如克马德克海沟（Whitworth 等，1999）、马里亚纳海沟（Taira，2004）、伊豆－小笠原海沟（Fujio 等，2000）、日本海沟

表 4.1　克马德克海沟（南纬 32°）近底海流流速汇总

深度（m）	日期（年－月）	高度（离地距离；mat）	水下工作时间（hh:mm）	流速（cm/s ± S.D.）
6116	2012-2	2	15:52	4.1 ± 3.0
6475	2012-2	2	14:42	3.6 ± 2.9
6980	2011-11	1	25:00	1.6 ± 0.9
7501	2011-11	1	09:09	1.7 ± 3.0
8631	2012-2	2	14:16	3.9 ± 2.8
9281	2011-11	1	09:59	0.4 ± 0.3

（Hallock 和 Teague，1996）和阿留申海沟（Warren 和 Owens，1985）。尽管如此，目前短时间、高分辨率的测量仍然是缺乏的，而正是这种监测才能够提供海沟底部生物通常经历的海流信息。

由于海底沉积物的孔隙水并没有发生移动，因此在沉积物－海水界面的水流速度必定是接近于 0cm/s（Vogel，1981）。这意味着紧贴海底的海流速度应该大大低于当前记录的海底之上的海流流速，包括底部以上 1m 内的海流流速。这种海流速度在沉积物－海水界面的明显降低有利于阻止对表层沉积物的侵蚀和对底栖生物的扰动（Thistle，2003）。

有充分的证据表明，处于深渊深度的近底流是非常缓慢的。泰拉等人（Taira 等，2004）利用投放在海底 100m 上方的传感器，报道了地球的最深处即挑战者深渊的海流速度。尽管海流在长周期上由于速度太低无法记录（37.5% 的时间），传感器在某些时段测到的海流速度却达到了 8.1cm/s。进一步的测量发现，在 7009m 和 6615m 处，平均流速分别为 0.7cm/s 和 0.5cm/s。

施密特和西格尔报道了波多黎各海沟水深 8350m 处，在更靠近海底的区域（2m 内），海流速度为 1~5cm/s（Schmidt 和 Siegel，2011）。赫斯勒等人报道了菲律宾海沟在 9605m 和 9806m 处的最大海流速度分别为 11.8cm/s 和 31.7cm/s（Hessler 等，1978）。最近，HADEEP 项目（未发表数据）利用两个航次（之间相距4个月），将一个新的声学流速计先后6次放置在克马德克海沟的不同深度（南纬32°）。结果又一次显示在水深6000~9000m的区域内，平均海流速度为1~5cm/s。相关数据见表4.1，同时图4.2展示了如何获取数据的一个例子。

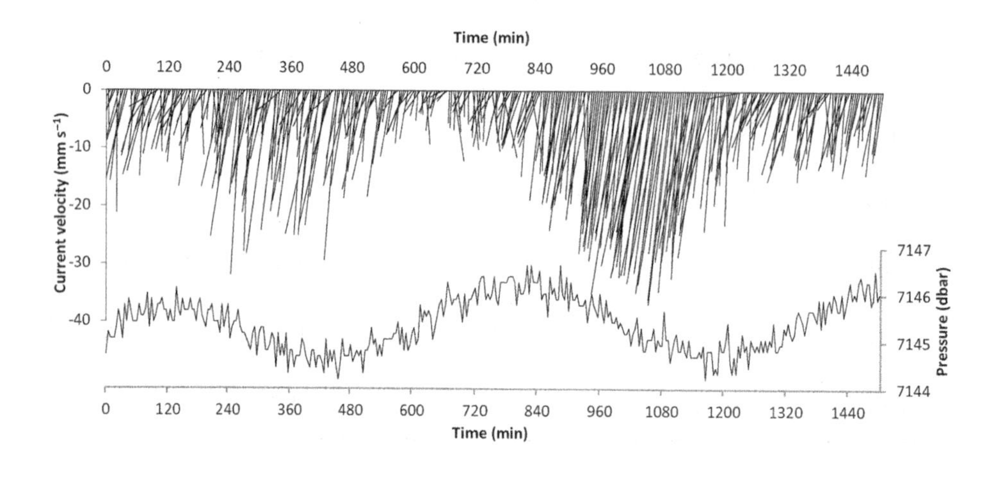

图4.2 近底海流速度和方向数据的示例（晶须图，长度指示强度，角度指示方向）以及压力数据。根据杰米逊等人的数据修改（Jamieson等，2013）。

海流受温盐驱动的同时，也受到潮汐波动的影响。目前对于半深海和深海区的潮汐周期性已经有很好的描述（Gould和McKee，1973；Magaard和McKee，1973；Elliott和Thorpe，1983）。马里亚纳海沟的长期水流数据（Taira等，2004）和克马德克海沟的压力和水流测量数据（HADEEP，未发表数据）都呈现出月运周期和半月运周期。许多海洋生物都拥有时钟机制，能记录潮汐周期的波动（Guennegan和Rannou，1979；Naylor，1985；Palmer和Williams，1986；Wagner等，2007）。此外，一些海洋物种甚至展现出与潮汐周期一致的周期性行为（Blaxter，1978，1980；MacDonald和Fraser，1999；Pavlov等，2000）。正如昼夜时钟主要是由光/暗周期调控，潮汐时钟（Tidal clock）则是受包括水流和静水压力在内的一系列与潮汐有关的周期性变化所调控（Reid和Naylor，1990）。潮汐同步性意味着海洋生物具有检测静水压力经常出现细微变化的能力（Fraser，2006）。据报道，十足甲壳类动物（Fraser和MacDonald，1994；MacDonald和Fraser，1999；Fraser，2001；Fraser等，2001）和鱼类（Fraser和Shelmerdine，2002；Fraser等，2003）都能够轻易检测到静水压力细微且缓慢的周期。

潮汐周期（约 12.4h；图 4.2）、半月周期（约 15d）和月周期（约 28d；Taira 等，2004）的存在以及可能的公历日（约 24h）和农历日（约 24.8h）周期都暗示着深渊区生物钟很可能是存在的，尽管这一点目前还未被证实。

4.2　温度、盐度和氧气

温度本身并不是导致物种不同地理分布的原动力，但毫无疑问，它是其中一个最重要的非生物因素（Danovaro 等，2004；Carney，2005）。微小的温度变化能够影响物种的垂向或水平（纬度）分布（Peck 等，2004；Brown 和 Thatie，2011）。与压力不同的是，温度与深度并不是一个线性关系，而且温度在不同海沟之间和海沟内部都有变化。在大洋表层以下，温度总的来说是随着深度增加而降低，但这也和纬度与区域有关（Mantyla 和 Reid，1983）。在表层，由于海洋表面风和其他扰动的摩擦作用，通常都能形成混合层。混合层以下紧跟着温跃层，在温跃层内，温度随着深度快速下降，直到深海（大于 1000m）。在半深海（1000~3000m）和深海（3000~6000m）区，温度变化速率大大降低，这使得 75% 的深层海水温度都低于 4℃（Knauss，1997）。与表层水相比，深渊海沟的底层水温度被认为是极其稳定的（Belyaev，1989）。

温度随深度的变化在不同海沟之间存在着差异，其中开曼海沟是最温暖的海沟，温度在 4.46~4.49℃（6200~6900m），而南桑德韦奇海沟是最冷的海沟，温度在 −0.27~0.09℃（6047~7390m）。绝大多数海沟的底部温度都在 1~4℃，南桑德韦奇海沟是世界唯一一个温度低于零摄氏度的海沟，而班达海沟和开曼海沟的温度明显高于其他海沟。

静水压力的影响使得压力每增加 100bar（约 1000m），温度上升约 0.16℃，这就是俗称的绝热温度梯度。水分子尽管未从周围环境获得额外的热量，但在极大的压力下温度将上升，因此绝缘加热是水分子可压缩效应的结果。由于温跃层的温度随水深增加而降低，这往往掩盖了绝热增温效应。总的来说，考虑水团和分层因素，温度随着深度下降的速率在深海是减小的。在深层水中，当温度随着压力下降变得与绝热温度增加相等时，就会出现一个最低的现场温度（in situ temperature）。因此，最低现场温度不会出现在全海深深度（即 11000m），而是出现在深海区［（图 4.3a）］。

在西南太平洋，现场温度的最低值分别出现在：克马德克海沟压力约为 488.1 bar 处，温度约为 1.05℃；汤加海沟压力约为 474.6bar 处，温度约为 1.07℃。在中太平洋的马里亚纳海沟，温度最低值为 1.47℃，出现在 482bar 处。在西北太平洋，日本海沟和伊豆 – 小笠原海沟的最低温度分别为 1.49℃和 1.44℃，分别出现在 417bar 和 401.7bar 处。

在最低现场温度以下，深海的绝热增加大于水团分层引起的温度降低，这使得现场温度随深度而增加。因此，在海沟内部，尽管实际温度变化的范围非常小（1~2℃），海沟最底层事实上还是要比深渊 – 深海界面的水温高。在水深超过 10000m 的 5 条海沟里，6000~10000m 的整个温度变化范围大约为 0.85℃，即每千米上升 0.16℃（表 4.2）。这种向着海沟最深处的增温效应使得全海洋的现场温度与半深海区相当，而最冷环境出现在深海区［Jamieson 等，2010；图 4.3（b）］。与表层水团的季节性温度变化相比，从半深海到深渊区的温度变化是很小的（Sanders，1968）。虽然底部温度随深度的上升速率理论上是恒定的（每 100bar 上升 0.16℃），但实际的现场温度还依赖于海沟的位置和水文区域。例如，尽管绝热增温的趋势是相等的，但秘鲁 – 智利海沟的现场底层水温却略高于日本海沟和伊豆 – 小笠原海沟，而后者又略高于克马德克海沟和汤加海沟。三者的位温（potential temperature）也显示出类似的趋势［图 4.3（c）］。

表 4.2 5 个最深海沟的最低和最高海底温度（包括温度范围和每千米温度升幅）

海沟	上部海沟温度（℃）/深度（m）	下部海沟温度（℃）/深度（m）	整体温度（℃）	上升温度（℃/km）
马里亚纳	1.57/6000[a]	2.4/10910[a]	0.83	0.169
汤加	1.18/6252[b]	1.91/10787[b]	0.73	0.161
菲律宾	1.85/6000[a]	2.56/9864[a]	0.71	0.184
千岛 – 堪察加	1.65/6000[a]	2.15/9000[a]	0.50	0.167
克马德克	1.17/6000[c]	1.80/9856[b]	0.63	0.163

注：数据来源：a. Belyaev，1989；b. Blankenship 和 Levin，2006；c. Jamieson 等，2011a。

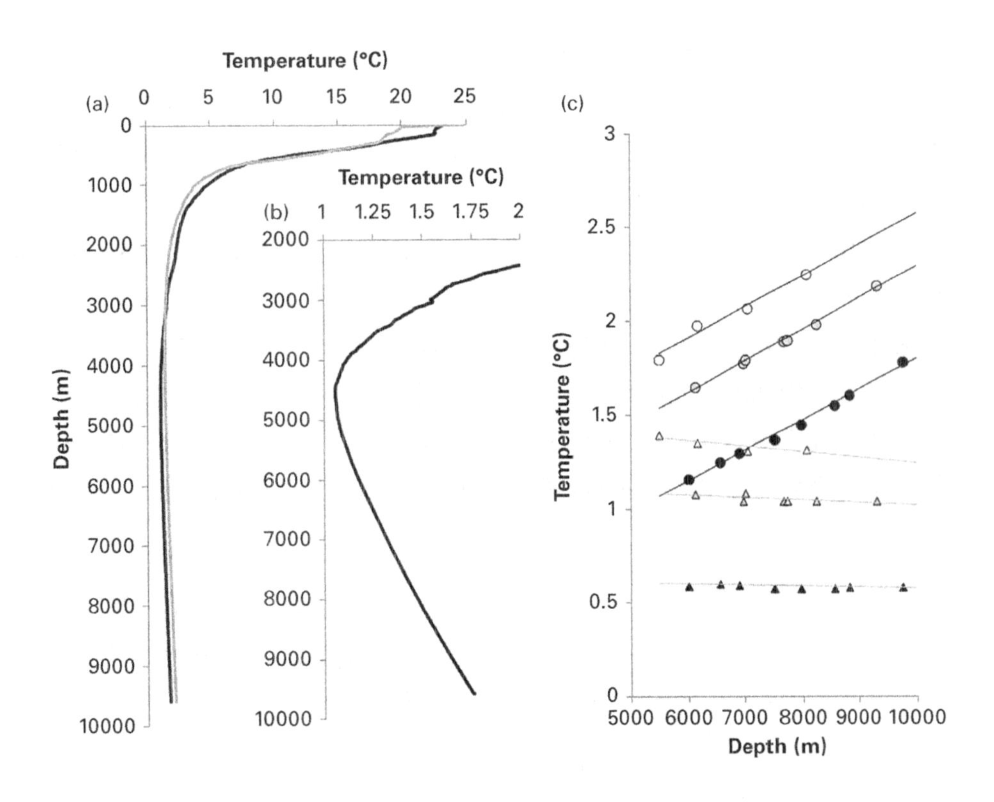

图 4.3　（a）西南太平洋汤加海沟（黑线）和西北太平洋伊豆－小笠原海沟（灰线）表层到海底温度剖面；（b）汤加海沟下部 1~2℃温度特写图，清晰显示了深海区的温度最低值以及在此之下随深度的绝热增温；（c）原位底层温度（圆圈）和位温（三角）随深度的变化，黑色代表西南太平洋的克马德克海沟和汤加海沟，灰色代表西北太平洋的日本/伊豆－小笠原海沟，无阴影代表东南太平洋的秘鲁－智利海沟。注意各海沟基线是不一样的，但是绝热加热速率是相同的。数据来源于 HADEEP 项目。

绝热增温效应理论上能够通过原位温度向“位温”的转化去除（表示为 θ），位温决定了海水的真实特性，因此能够利用温度信号来跟踪和比较大型水团。在非常深的区域，例如深渊海沟，水团基本是单一来源，在海沟顶部具有恒定的温度和盐度，因此，尽管海沟的现场温度随着压力沿着绝热梯度逐渐上升，但其位温却保持恒定，从而反映了来源水的真实温度。由于静水压力随深度增加，因此在深渊海沟（6000m 到约 11000m），现场温度和位温的差异是不容忽视的。布赖登（Bryden，1973）提出了计算位温的多项式演算法。为了得到最小可能的积分误差，福福诺夫（Fofonoff，1977）进一步发展了四级龙格 – 库塔（Runge-Katta）综合演算法计算位温。对于Δp=10000 分巴（dbar）的情况下，该种积分误差小于 0.1×10^{-3}℃（Fofonoff 和 Millard，1983）。

总的来说，位温在水柱里逐渐降低，直到达到一个等热值（即$\Delta\theta$=0），这导致了一个很厚的等位温层的出现。在克马德克海沟和汤加海沟，等位温层厚度分别为 1178 和 1811dbar。在位置更北的日本和伊豆 – 小笠原海沟，等位温层厚度分别能够达到 436dbar 和 514dbar。等位温层的厚度随着深度增加而增加，在西北太平洋海沟深度每增加 1000dbar，等位温层厚度增加 80dbar，而在东南太平洋海沟，深度每增加 1000dbar，等位温层厚度增加 500dbar。然而，这些如此厚

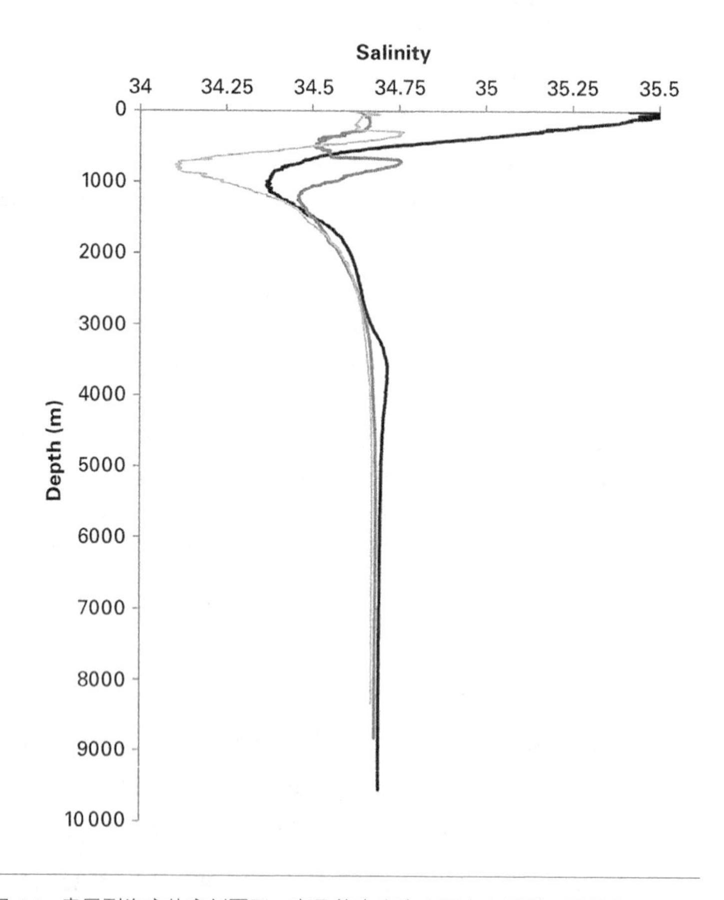

图 4.4　表层到海底盐度剖面图：克马德克海沟（西南太平洋；黑线），秘鲁 – 智利海沟（东南太平洋；深灰线）和伊豆 – 小笠原海沟（西北太平洋；浅灰线）。注意盐度在约 3000m 变得恒定。数据来自 HADEEP 项目。

的等位温层迄今为止还未实际观测过，这是因为它们都出现在海沟里，超过了传统深海采样的深度，几乎没有等位温层能够在低于6500m的深度被观测到。在等位温层的地方，压力也会随着深度增加。应用线性回归方法，北太平洋海沟和南太平洋海沟开始出现等位温层的压力分别以约900dbar/1000dbar深度和约600dbar/1000dbar深度的速率增加。

总之，海沟存在两种温度梯度：沟内绝热增温（静水压力影响）和由南向北的温盐环流引起的上部加热。

在深渊深度，由于静水压力和海水可压缩性的影响，现场温度逐渐上升。位温随着深度逐渐下降，最终到达一个厚厚的等位温层，并且有均匀的水团层流经海沟。基于这些数据以及前人的研究（Kawabe等，2003；Fujio和Yanagimoto，2005），位温到达等温线的深度一般都超过6500 dbar。

在浅水环境特别是近海，盐度是一个重要的生理参数（Thistle，2003）。然而在深海，盐度都稳定在35‰左右，这事实上是深海底部最重要的稳定态之一（Tyler，1995）。不过在红海、地中海和墨西哥湾的某些区域则存在例外。海沟内的盐度与深海平原的盐度值类似（34.7‰），这个值不受压力的影响。在太平洋，盐度从表层的约35.6‰降低到约1000m的34.4‰，然后直到3000~4000m都稳定在约34.7‰（Knauss，1997；图4.4）。世界上的深渊海沟主要分布在太平洋，它们的盐度除了偶尔波动外，通常都是34.7‰。班达海沟的盐度最低，为34.58‰~34.67‰（Balyaev，1989），而最高盐度出现在热带大西洋：罗曼什海沟（34.67‰~34.96‰）、波多黎各海沟（34.80‰~34.89‰）和开曼海沟（34.99‰~35.00‰）。科研人员已经获得了日本海沟（Fujio和Yanagimoto，2005）、汤加海沟（Taft等，1991）、马里亚纳海沟（Taira，2006）和秘鲁－智利海沟（HADEEP，未发表数据）的盐度数据。这些数据显示在整个深渊深度，盐度均为恒定的34.7‰。总的来说，盐度变化范围不超过0.2‰，即使在后面将提到的一些高盐度和低盐度的例子中，变化范围也不会超过0.42‰。因此，盐度被认为对深海生物不会有任何生态学的影响，甚至不会影响最狭盐物种的分布（Belyaev，1989；Tyler，1995）。

深海中绝大多数底层水团都是含氧的（Tyler，1995）。氧气的浓度取决于海水在海洋表面的时间和之后微生物与底栖动物对氧气的消耗。因此，具有最低次表层年龄（subsurface age）的北大西洋和南极深层水团含有最高的氧浓度，一般为6~7ml/L。在那些具有更长次表层年龄的海域，例如北太平洋，氧气浓度会低一些，一般低于 3.6ml/L（Mantyla 和 Reid，1983）。

在深渊深度，海水含氧量的最高值出现在南桑德韦奇海沟、开曼海沟和波多黎各海沟，为 4.9~6.9ml/L（65%~70% 的饱和度，Belyaev，1989）。在南太平洋和印度洋的海沟（克马德克海沟、汤加海沟及爪哇海沟），氧气浓度略低，为 4.0~4.7ml/L（55%~63% 的饱和度）。报道显示班达海沟具有最低的氧气浓度，2.03~2.38ml/L（27%~32% 的饱和度）。所有其他海沟的氧气浓度都在这些值之间，然而近十年很少有海沟氧气含量的测量，因此绝大多数值都来自于 20 世纪 50 年代到 60 年代的样品。

别利亚耶夫（Belyaev，1989）总结了相关数据，发现随着空间（海沟内部的不同区域或者海沟之间）、季节和地形的变化，氧气浓度也出现波动。例如，在菲律宾海沟，45 个测量值显示的氧浓度变化范围为 2.26~3.60ml/L（30%~47% 的饱和度）（Beylyaev，1989）。其他测量值分别为：千岛 – 堪察加海沟（2.36~4.32ml/L），阿留申海沟（2.99~3.92ml/L）和马里亚纳海沟（3.07~4.42ml/L）。在帕劳海沟，“维塔兹”号科考船 1957 年的航次记录显示，氧气浓度为 3.66~3.71ml/L，但仅 5 年后，“史宾塞 · 傅乐顿 · 拜尔德”号科考船所测的氧气含量仅为 0.92~1.35ml/L。别利亚耶夫（Belyaev，1989）认为在这两次航次之间，氧气测量浓度严重下降只是一个偶然事件。不管怎样，即使这么低的氧气浓度也没有影响海沟的生物群落，许多海底照片仍然显示出大量且多样的底栖动物（Lemche 等，1976）。同样的情形也出现在班达海沟，尽管它的氧气浓度在所有海沟中是最低的。

关于氧气的一个重要发现是没有一条海沟或者海沟内区域是受到氧气限制的。相似的，对于太平洋深海水团流动的模拟研究显示，底层水不是停滞不动的，而是明显循环的，从而使得海沟能够“通风”（Ventilate）（Johnson，1998）。寒冷的、来源于表层的底层水是富氧的，并且其通风速率能够充分保证深渊生物不会经历任何显著的低氧压力（Angel，1982）。野崎等人（Nozaki 等，1998）也推测海沟水体存在通风，因为他们发现海沟水团能够相对自由地与西北太平洋深海平原的底层水进行等密度混合。

不过，在深海的某些区域，确实存在着低氧区，它们的氧气浓度是如此之低（低于 0.2ml/L）以至影响了生物的生存。这样的区域通常出现在 1500m 以浅的氧气最小带（Sanders，1969；Wisnler，1990）或紧靠海底热液喷口的局部敏感带（Tyler，1995），但截至目前，还未有深渊深度的低氧区报道。

4.3 低温适应性

静水压力决定了物种的垂直分布，而温度则长期以来被认为是物种纬度分布的最重要因素（见 Pörtner 综述，2002）。不过，温度是一个随其他环境因素共同变化的主要因子，因此对物种垂直分布格局也有重要的贡献。虽然深渊区和深海区上部或半深海区下部的水温并没有太大的差异，但是对冷水团（通常低于 4℃；Thistle，2003）的适应仍然是深渊动物生存的基本先决条件。必须承认，即使在最理想的状态下，我们也很难完全分辨压力和温度与生物过程作用的相互关系，但仍有一些研究提供了温度效应与生物趋势的新信息。

随着温度降低，化学反应速度也会降低，一般为温度每变化 10℃，反应速度变化 2~3 倍（Carney，2005）。为了成功适应低温和高压的栖息环境，生物会采取增加酶的浓度，使用更高效率的酶，以及合成化合物来调节酶的反应等措施（Somron，1992；Samerotte 等，2007）。低温也加重了压力对浅水软体动物的影响（例如 Young 等，1997；Villalobos 等，2006；Oliphant 等，2011），但考虑沿着深渊深度温度只有微小的变化，这种效应尽管目前仍然不清楚，但很可能不是那么重要。

布朗和泰特杰（Brown 和 Thatje，2011）研究了水深 1500m 下端足类动物（*Stephonyx biscayensis*）对喂食和饥饿的生理承受能力。他们通过改变温度和压力，测量了氧气消耗速率，发现该生物对大气压或饥饿的适应与温度和 / 或压力无明显的相互作用。有意思的是，研究显示静水压力对呼吸速率的影响依赖于温度：在 1℃和 3℃下，生物能够承受 200atm 的压力；在 5.5℃下，生物能够承受约 250atm 的压力；而在 10℃下，生物能够承受约 300atm 的压力。这种耐压度的变化与该物种的自然分布范围是一致的。因此，生物耐压性并不是单纯的静水压力自身的效应，而是在很大程度上受到周围温度的影响：温度越高，生物能够承受的压力越高（Brown 和 Thatjie，2011）。

为了进一步理解调控深渊动物分布和丰度的机制，必须要考虑个体和种群对能量的需求。对一个生态系统来说，能量和物质的流动能够根据新陈代谢速度进行模拟，而新陈代谢的速度又在很大程度上取决于生物扮演的生态角色和周围的环境变量（Childress 和 Thuesen，1992；Smith，1992；Christiansen 等，2001；Smith 等，2001）。通常认为，深海动物对能量的需求能够通过浅海相似生物的数据进行推算（例如 Mahaut 等，1995），或者通过测量一些代表性的生物物种进行推测（例如 Smith，1992；Smith 等，2001）。在深海区的一些海洋动物如鱼、甲壳类动物和软体动物，其代谢速度要比在浅海区的同类低一个数量级（Drazen 和 Seibel，2007；Seibel 和 Drazen，2007）。然而，如果考虑温度和体型的影响，它们的代谢速度并没有明显不同（例如某些鱼、端足类动物和螃蟹；Seibel 和 Drazen，2007；Drazen 等，2011）。由于那些适应高压的酶在低压环境可能是无效的，进而导致更低的代谢速度，因此静水压力不大可能解释这些结果。

根据报道(Childress 和 Somero，1979；Sullivan 和 Somero，1980；Siebenaller 等，1982)，鱼脑和心脏的酶活性始终处于恒定的水平，这证明生物具有适应能力，即不管深度如何，始终保持恒定的水准（Hochachka 和 Somero，2002）。

某些鱼和甲壳类动物在不同压力之下，并不会改变代谢速度（Meek 和 Childress，1973；Childress，1977；Belman 和 Gordon，1979），这意味着那些具有更低日常代谢速度的动物已经通过进化适应了数量较低的食物供给（Childress，1971；Smith 和 Hessler，1974；Collins 等，1999；Treude 等，2002）。某些深海动物在食物资源较少的情况下，还能抑制自身的日常代谢（Sullivan 和 Smith，1982；Christiansen 和 Diel-Christiansen，1993）。深海端足类动物具有低的代谢速度，这可能是对低量食物供给的一个适应（Treude 等，2002）。

有趣的是，在 7000m 的克马德克海沟，由于食物供给要高于深海平原，现场观测到鱼（如 *Notoliparis Kermadecensis*，Liparidae）的游动要快于同类的浅水鱼（Jamieson 等，2009a）。同样的，在水深超过 8000m 的秘鲁 – 智利海沟，科研人员发现深渊海参 *Elpidia atakama*（Elpidiidae）的移动速度等于甚至略快于那些 4000m 的深海海参（Jamieson 等，2011b）。其他在深渊深度开展的动物活动测量包括：在水深 6945m 和 7703m 处，等足目动物 *Rectisura* cf.*herculea*（Munnopsidae），分别为 7966m 和 8798m 水深的汤加海沟和克马德克海沟以及分别为 7703m 和 9316m 水深的日本海沟和伊豆 – 小笠原海沟的两种端足类生物（*Princaxelia abyssalis* 和 *P.jamiesoni*；Pardaliscidae）（Jamieson 等，2012a）。尽管来自浅水深度的对比数据非常缺乏，但在极端高压下并没有观测到生物活动的降低。

另外一种解释是视觉相互作用假设（VIH；Childress，1995；Seibel 和 Drazen，2007）。在表层水中，由于发光环境，动物能够发现远距离的食物和捕食者。在那样明亮的环境中，较高的代谢速度和移动能力对于捕捉食物和逃避抓捕都是至关重要的。然而在深海，由于阳光无法穿透（Warrant 和 Locket，2004），捕食者和猎物之间不会远距离或高频率相互接触，降低了对高移动能力的要求，进而降低了动物新陈代谢的速度。塞贝尔和德拉赞（Seibel 和 Drazen，2007）支持 VIH 假说，依据是有视觉的动物的代谢速度随深度增加而降低，无视力动物（例如海参）则没有这种趋势。根据 VIH 假说预测，无视力动物将与它们生活在浅海的亲缘生物（在相同温度下）具有相似的代谢速度，而依赖视力的深渊动物的代谢速度将比它们在真光层的类似生物低，而与同样生活在黑暗环境的深海生物类似。

代谢水平上的适应性并不是深渊环境或者高压区域独有的，事实上，这是在真光层以外的深海内部一种简单的生存机制。正如深渊生态具有许多方面一样，目前区分食物供给、温度、光照、压力和氧气等因素的共变影响是非常困难的。在海沟，食物供给与深度成反比关系（朝着轴向增加），而光照、温度和氧气变化不大，静水压力则向着水体最深处连续增加至 45%，因此海沟生态系统提供了一个无可替代的机遇来研究生物的适应性。

4.4 光

在透明海洋水体，深度每增加约 75m，光照将减少 1 个数量级，直到约 1000m 水深彻底无法检测到光为止（Denton，1990）。因此，在水深超过 1000m 的区域，唯一存在的光源是生物来源，即生物光。生物光源包括发光细菌、胶体发光生物或更大型的软体动物，以及带有发光器官或者喷射发光物质的鱼（见 Herring 综述，2002；Haddock 等，2010）。海洋生物发光出现在深海 – 中上层深度（Priede 等，2006a；Gillibrand 等，2002a），另外，深海底栖生物群落也能在有食物沉降的海底附近展现出艳丽的生物光（Gillibrand 等，2007b）。

目前还未在深渊深度发现生物发光现象。然而，大多数海洋浮游生物可以产生光（Herring，2002）。研究人员在 4 个主要海沟的中上层到至少 8000m 的区域都发现了少量的浮游生物（布干维尔海沟、克马德克海沟、千岛 – 堪察加海沟和马里亚纳海沟；Vinogradov，1962）。生物发光通常是通过人为刺激如诱饵（Priede 等，2006a；Gillibrand 等，2007b）或者机械刺激（Craig 等，2009；2011a）激发的，不过它也能以某种频率自然出现。克雷格等人的结果显示，深海视觉环境在物理层上是异质性的（Craig 等，2011b）。在近底海水中，当浮游生物与硬质结构（如岩石）或者附着生物（如有茎海百合）发生天然碰撞后，就会产生光。所有这些要素都能存在于深渊海沟中：岩石露头（rocky outcrops）特别容易出现在海沟前弧（Lemche 等，1976），而浮游生物至少能在 8000m 的深度生存（Vinogradov，1962），有茎海百合至少能在 9000m 的深度存在（Oji 等，2009）。因此，尽管目前没有直接的观测数据，但生物发光很可能出现在全海深范围，从而形成一个潜在的、非一致性的视觉环境（Craig 等，2011b）。

4.5 底层

海底底层性质对底栖生物群落组成具有深远的影响（Thistle，2003），表层居住生物和挖洞生物分别在硬质底和泥质底占有统治地位。

深海中的硬质底通常都出现在斜坡、海山和洋中脊，由于构造俯冲带的特性，斜坡特别是弧前区域是非常陡的（通常超过 45°）。这些斜坡代表着大面积的硬质的、陡峭的区域，表现为众多的基岩露头（例如 Oji 等，2009），以及凌乱散布着的、丰富的基岩碎片及其下部的石头（Bruun，1956a；Belyaev，1989）。像这样的地质碎片在海沟底部是很普通的，由于地震引起的岩石滑坡和浊流，沉积物和岩石的搬运和再沉积是海沟的一个典型现象（Wolff，1960；Itou，2000；Otosaka 和 Noriki，2000；Rathburn 等，2009）。

典型的深海海底是软泥。总的来说，粒径随着水深增加逐渐减小，但这种趋势是否能够延伸到深渊深度还不清楚。在碳酸盐补偿深度（Carbonate Compensation Depth；CCD）以下，碳酸盐将溶解，这使得大于 4000~5000m 的海底是硅质软泥，而在 CCD 之上，沉积物基本上是碳酸盐软泥（Tyler，1995）。位于大多数海沟之上的太平洋陆架边缘主要由陆地来源的软泥组成（Smith 和 Demopoulous，2003）。这些沉积物包含陆源的矿物颗粒，各种浮游生物类群（如硅藻、有孔虫壳体），以及许多其他粉尘和颗粒形态（Berger，1974；Angel，1982）。这些沉积物最终向着海沟大陆一侧沉积，很可能继续向海沟深部输送，并由于弧前陡峭的，且经常裸露岩石的斜坡以及偶尔的地震活动而加速向更深海域搬运。

在高生产力海水下部的深海深度，由硅藻和放射虫组成的硅质软泥是典型的底质，它们的有机碳含量在 0.25% ~ 0.5%（Smith 和 Demopoulous，2003）。与之相反，在南太平洋和北太平洋的中部环流下，沉积物主要由来自大陆的细颗粒黏土组成，它们通过风力和火山喷发搬运（Berer，1974）。由于洋壳俯冲形成洋坡，那些围绕在深海平原的沉积物最终将沉降至海沟。

由于地形和内部地貌特点的差异以及距大陆和地震活动的远近不同，软泥在海沟之间和海沟内部的分布存在差异。应用钍离子方法，西北太平洋海沟的沉积速率为 0.5~6.3mm/1000y，但有些估算则高达 5~10mm/100y 甚至 50~1000mm/100y（如千岛 – 堪察加海沟；Belyaev，1989）。这些估算值明显大于周边深海平原的沉积速率（Jumars 和 Hessler，1976）。

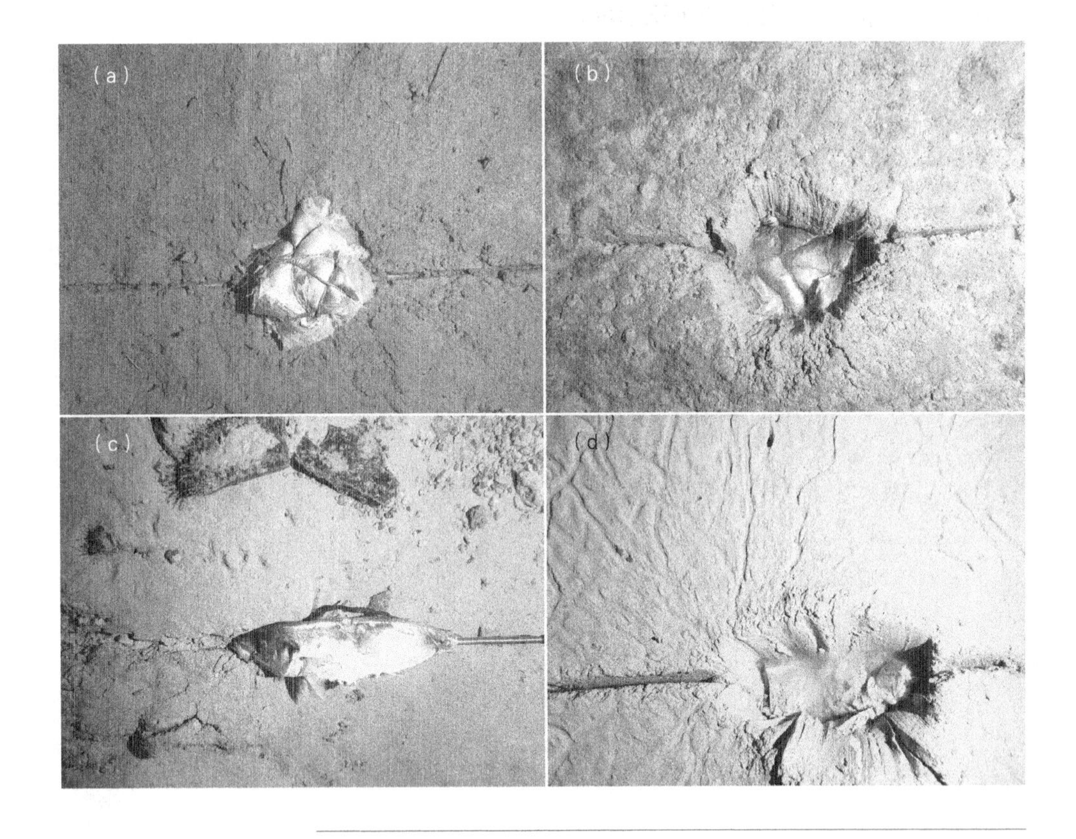

图 4.5 深渊深度的各种海底底质示例，照片来自深渊着陆器，每张照片代表的实际尺寸为 62cm×46.5cm（$0.29m^2$）。绑有诱饵的金属棍横贯图像中间位置，以指示海底底质硬度。（a）水深 6173m，显示出几乎没有进入到典型深海软泥中；（b）水深 7050m，显示有些进入黏土质沉积物中，并被金属扰动；（c）水深 7561m 的海沟主轴，显示硬质沉积物表面，中部有岩石平板，右上部有石头和卵石；（d）水深 9281m，显示极度松软的底部，并伴随有动物痕迹，推测是来自海参。（a）和（b）来自秘鲁 – 智利海沟；（c）和（d）来自克马德克海沟。照片是由深渊着陆器 B 拍摄，由 HADEEP 项目提供。

一般认为，软底质的分布主要是受海沟的物理地形所驱动。陡峭的斜坡营造了一个向下的输送，随后使得软泥沿着海沟轴线堆积（Danovaro 等，2003；Romankevich 等，2009），进而导致了海沟内部软泥分布的不均一性，这与周围平坦的深海平原明显不同。因此，海沟被认为是一个巨大的沉积池，汇聚了来自表层和周边深海平原的物质（Jamieson 等，2010）。与平原、海山和海底峡谷等相比，海沟的地形特征使得搬运进入海沟内的物质被物理束缚在这些极深的区域，这使得海沟内部环境具有较高的沉积速率。

复杂的地形和随后单一海沟内部沉积速率的变化，以及多样性的底物（从细颗粒粉砂到岩石露头）创造了海沟多样化的小生境，从而有助于生物群落的多样性。图 4.5 展示了不同底物的例子。

第5章

静水压力

地球上的每种生命形式都承受一定程度的压力，但是没有任何一种会超过深渊生物。在深海，压力是一个关键的物理参数，它影响着微生物和宏生物的进化和分布（Bartlett，2002）。压力代表了一个绝对的、从海洋表面到地球最深处（即马里亚纳海沟；约11000m）的连续梯度，它也是与深度保持线性关系的参数之一。适应高静水压力是生物能够在深渊深度生存的先决条件，这个深度区间代表了整个海洋最底部45%的深度范围（Jamieson等，2010）。水深每增加10m，静水压力就增加一个大气压（atm）。压力经常表示成兆帕（MPa）或者巴（bar），所有这些单位之间都可以很容易地换算：1atm=1bar=0.1MPa ≈ 10m深度。深渊深度的压力范围为约600到1100atm（即6000~11000m）。

关于静水压力影响与深海生存已经有了好几个综述（如Somero，1992；MacDonald，1997；Pradillon和Gaill，2007）。因此，本章并不试图讨论高压及其适应性的所有方面，因为这样将足够写成一本完整的书，相反，本章只是强调那些与深渊生物相关的适应性。

5.1 嗜压性

人类早在1个多世纪前就发现了微生物的嗜压性（高压适应性）（Simonnato等，2006）。有证据表明，生物嗜压的发现来自“加拉瑟”号考察采集的深渊样品，其中尤其著名的人员包括克劳德·E. 佐贝尔（Claude E. ZoBell）以及和他同时代的苏联科研人员如阿纳托利·伊维斯维奇·克里斯（Anatolii Evseevich Kriss）（Bartlett，2009）。佐贝尔通过研究水深超过10000m的菲律宾海沟，首次获得了生理学上适应海沟内静水压力的证据，建立了高压微生物学科（ZoBell和Johnson，1994；ZoBell，1952）。这些具有开创性的实验利用实验室钢制保压容器，迅速将最近采集的海沟沉积物样品增压到它原来的压力，这种原理即使到现在也没有改变过（Bartlett，2009）。尽管这些早期实验奠定了高压生物学研究的基础，提供了嗜压生命的证据，但直到 1979 年，科研人员才首次培养出一株嗜压菌（Yayanos 等，1982）。很快，科研人员又从马里亚纳海沟的端足类生物中发现了嗜压细菌。该菌不能在大气压条件下培养，因此属于“专性嗜压细菌”（Yayanos 等，1982），科研人员为了研究这些极端微生物，将其划分到一个相对新的研究领域（MacElroy，1974）。

极端生物的定义是能够在极端环境下生存的生物。在这种定义下，极端生物主要是单细胞的原核生物，尽管不是所有的极端生物都是单细胞，但绝大多数极端生物都是微生物（Horikoshi 和 Bull，2011）。古菌、细菌和单细胞真核生物的最佳生长温度上限分别是 113℃、95℃和 62℃，而多细胞真核生物很少能生活在 50℃以上的。

那些特别适合在高静水压力下生存的极端生物最早被定义为“Barophiles”（*sensu* ZoBell 和 Johnson，1949），然而在 1995 年，它被一个更为合适的术语所取代，即“piezophiles”（Yayanos，1995；Kato，2011）；“baro”是一个希腊单词，意思是“重量”，而“piezo”意思是压力。在这个领域的术语包括：压力敏感性 piezosensitive（不能忍受高压）、压力耐受性 piezotolerant（在大气压下生存和生长，但是能够容忍一定程度的高压）、嗜压性 piezophilic（生存和生长的最优条件是高压环境）和专性嗜压性 obligatory piezophilic（生存和生长必须在高压条件下）。其他研究使用的定义包括嗜压性 piezophilic，表示最佳生长压力大于 40MPa，中度嗜压性 moderately piezophilic，表示最佳生长压力大于 1 个大气压但是小于 40MPa（Kato 和 Bartlett，1997）。表 5.1 显示了最佳生长条件和捕捉深度之间的压力耐受性关系。

许多嗜压细菌都能在深渊深度找到（见 Eloe 等，2011 综述；Kato，2011）。第一个分离出的纯培养嗜压菌株是 CNPT-3，结果显示该菌株在 50MPa 的压力下迅速生长，而在大气压下即使长时间培养也不形成菌落（Yayanos 等，1979）。现在科研人员已经很清楚，许多深海异养细菌在实验室的最佳生长压力和温度都接近于它们在天然生境的条件（Yayanos 等，1979）。因此，嗜压细菌随着它们来源深度增加而变得更加嗜压（Yayanos 等，1982）。后者结果表明，在 2℃下，细菌达到最大繁殖速度的压力值总是小于它们捕获深度的压力值。许多嗜压菌株同时也是嗜冷细菌（psychropiezophilic），即同时适应低温和高压（Eloe 等，2011），它们不能在 20℃以上的条件培养（Kato 和 Qureshi，1999）。压力和温度对细胞

表 5.1　各种嗜压（piezophilic）、中度嗜压（moderately piezophilic）和耐压（piezotolerant）菌株的最佳生长压力和温度（数据修改自 Kato 和 Bartlett，1997）

细菌菌株	最佳生长压力［温度］	抓捕深度	参考文献
嗜压细菌			
DB5501	50MPa［10℃］	2185m	Kata 等，1995a
DB6101	50MPa［10℃］	5110m	Kata 等，1995a
DB6705	50MPa［10℃］	6356m	Kata 等，1995a
DB6906	50MPa［10℃］	6269m	Kata 等，1995a
DB172F	70MPa［10℃］	6499m	Kata 等，1995b
PT99	69MPa［10℃］	8600m	Delong 和 Yayanos，1986
中度嗜压细菌			
DSS12	30MPa［8℃］	5110m	Kata 等，1995a
S. Benthica	30MPa［4℃］	4575m	MacDonell 和 Colwell，1985
SC2A	20MPa［20℃］	1957m	Yayanos 等，1982
SS9	20MPa［18℃］	2551m	Delong，1986
DSJ4	10MPa［10℃］	5110m	Kato 等，1995a
耐压细菌			
DSK1	0.1MPa［10℃］	6356m	Kata 等，1995a
DSK25	0.1MPa［35℃］	6500m	Kata 等，1995c
S. hanedai	0.1MPa［14℃］	—	MacDonell 和 Colwell，1985

成长的影响是相似的，因为对于所有的菌株，在更高的温度下都会变得更加嗜压（Kata 等，1995a）。这意味着，当温度高于已分离的嗜压菌株在常压下能够正常生长的温度时，这些细菌都是专性嗜压细菌。因此，高压能够延伸至生长温度的上限。同样的，在更低的温度下（约 2℃），当压力小于捕捉深度时，嗜压细菌繁殖更快（Kato 和 Qureshi，1999）。所以，在 2℃下达到最大繁殖速率的压力值被认为是分离菌株真正的栖息深度（Yayanos 等，1982）。

5.2 压力和深度

在海洋中，压力改变的速率和深度是线性相关的，但压力随深度变化的相对速率在浅海区要更高一些。例如，一个生物从 500m 下沉到 1000m 所经历的压力变化为 101.2%，但是该生物从 9500m 到 10000m 所经历的压力变化仅为 5.3%，尽管两者的绝对压力变化都是约 500dbar/500m［图 5.1（a）］。温度和盐度与深度之间的关系也呈现出相同的趋势［图 5.1（b），（c）］。例如，从 500m 到 1000m 水深温度将下降 45%，然而在深渊深度任何 500m 的变化，温度只相当于减少 5% 或者更少；同样的，尽管不是像温度变化那样明显，水深从 500m 到 1000m，盐度将变化 9%，然而水深超过 4000m 后，这样的迁移将不会导致任何盐度的改变。

这些沿着压力梯度迁移的变化数据，代表了当生物沿着水柱垂直向上和向下迁移时理论上的增压和降压。然而，当前大多数对深渊生物的研究都集中在底栖动物，即附着在海底的生物。因此，垂直迁移未必能解释深渊底栖生物所经历的任何压力变化。深渊动物可能是沿着海沟底部游动，经常会穿过极端地形，而另外一些物种则会出现在深海 – 深渊的过渡带，后者代表了地形从平坦到陡峭的过渡。因此，在自然时间尺度上，深渊动物所经历静水压力的空间变化到底是怎样的?

如果一个生物平行于海沟轴线（也就是沿着等深线）穿行海底，那么压力将没有明显的变化。同样的，如果一个生物沿着平坦广袤的深海平原穿行，压力的变化也是很小的。然而，如果一个生物在海沟内沿着轴线任何一个方向游动，那么当它朝着轴线运动时将经历增压过程，而当它背向轴线运动时，将经历降压过程。

静水压力的变化能够计算成沿着垂直海沟轴线方向，每公里地面距离压力的改变量，这里使用克马德克海沟地形作为一个例子［图 5.2（a）］。通过深海平原（4000~6000m），压力变化为 30~60dbar/km。这种变化随着深度下降持续增加，

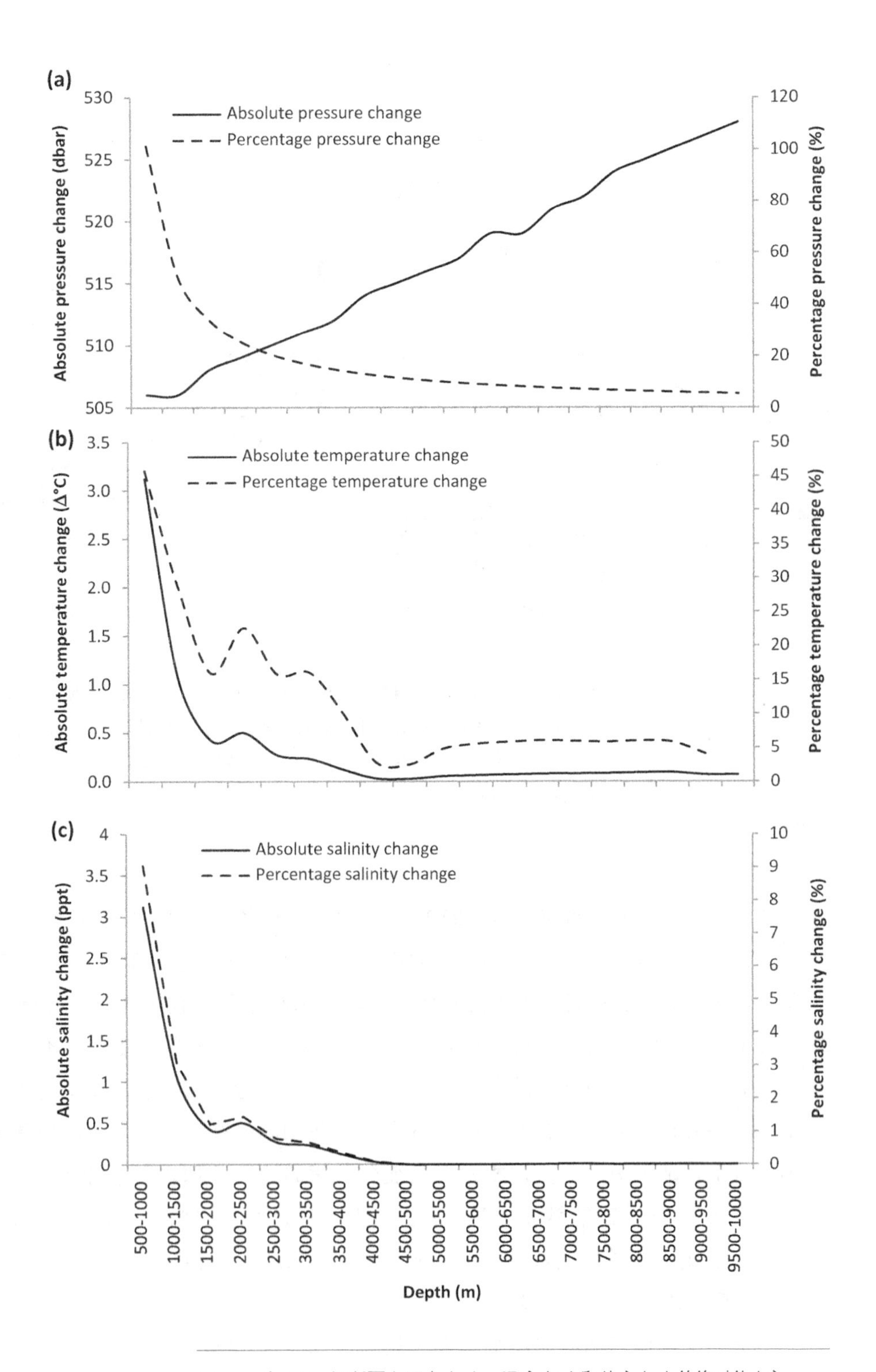

图 5.1　在 500m 深断面上压力（a）、温度（b）和盐度（c）的绝对值（实线）和相对值（虚线）改变。数据来自克马德克海沟。

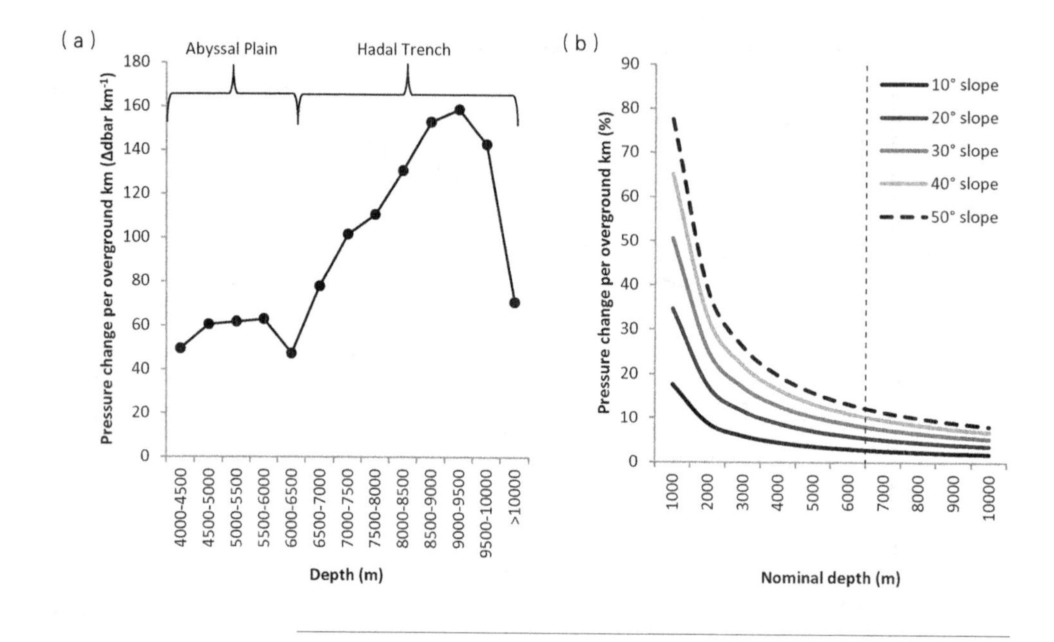

图 5.2 （a）理论上沿着垂直于海沟主轴的海底穿过 1000m，静水压力的变化。注意在海沟斜坡的压力变化相对于深海平原增加。（b）如果在不同深度，沿着不同坡度（10° ~50° ）的斜坡上下穿过 1000m，静水压力的变化（%）。

到 9000~9500m 的海沟斜坡将达到约 158dbar/km（几乎是深海平原的 4 倍）。

事实上，海沟内存在不同坡度的斜坡，假定生物一定会穿行那些陡峭的梯度。为了演示这种穿行陡峭斜坡的压力变化效应，图 5.2b 展现了向上（下）穿行 10°、20°、30°、40° 及 50° 斜坡时，每 1000m 间隔绝对和相对压力的变化。不管深度如何，对于任何一个确定的梯度，通过 1km 的距离将导致同样的深度变化（分别为 174m、342m、500m、643m 和 766m）和大致相同的绝对压力变化。但是在给定的深度上，随着坡度增大，相对压力变化显著减小。例如，在水深 1000m 处，沿着坡度为 10° 和 50° 的斜坡向下 1km，压力变化分别为 18% 和 80%，而当水深超过 6500m 时，不管坡度如何，相对压力的变化总是小于 14%。

不管穿行地面的深度和距离如何变化，周围静水压力总是随着海水表面的上升和下降而受到潮汐周期的影响。来自克马德克海沟 4329~8547m 深处的压力数据显示，2007 年和 2009 年的平均潮汐周期是 12.42h ± 0.64 S.D.（图 5.3），这意

味着存在着 M_2 的内部潮汐周期。这种 M_2 潮期是新西兰地区占主导地位的半日潮之一，它总是绕着新西兰做逆时针转动（Chiswell 和 Moore，1999）。它在半深海和深海环境中也是非常典型的潮汐类型（Wagner 等，2007）。这些压力循环的平均振幅（峰到谷）是 1.26dbar ± 0.19S.D.，大约等于 1m 的“凸起”。这些潮汐周期甚至出现在 9000m 深的克马德克海沟以及 HADEEP 研究的所有其他站位（克马德克海沟、汤加海沟、千岛－小笠原海沟、日本海沟以及秘鲁－智利海沟）。在北太平洋海沟，同样显著的潮汐周期也出现在 7000m 深处。因此，深渊生物很可能有能力检测到微小的潮汐性压力变化。

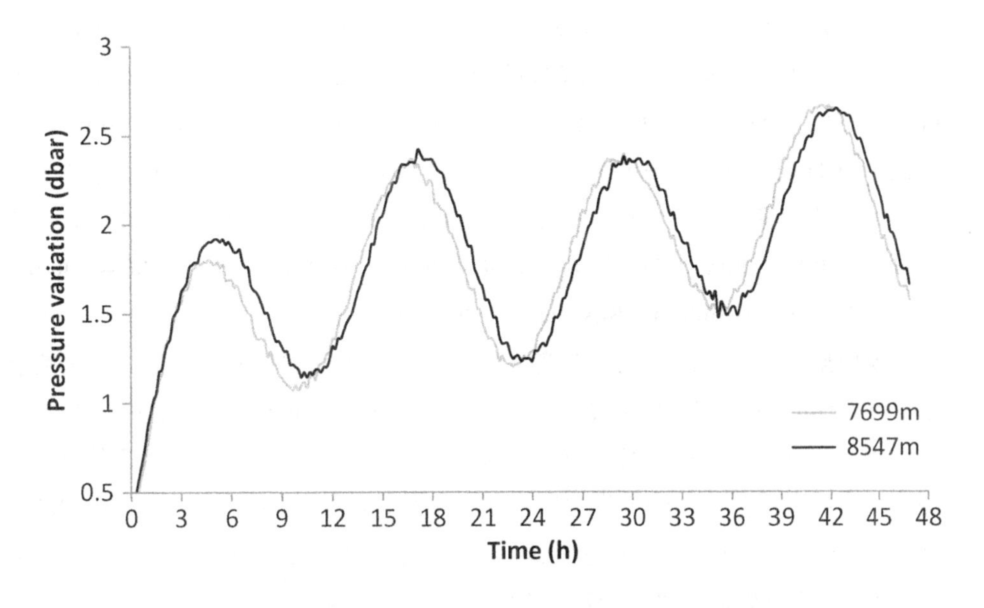

图 5.3 克马德克海沟水深 7699m（灰色）和 8547m（黑色）处，48h 的压力数据，显示出 M_2 的潮汐成分。

5.3 碳酸盐补偿深度

高的静水压力效应不仅直接影响生物的压力适应性和耐受性，也会对海水化学（特别是极大的深度情况下）产生影响。海洋通过沉降、埋藏和溶解碳酸盐沉积物（Archer，1996），在调控和储藏二氧化碳方面扮演着一个重要的角色（如 Toggweiler 等，2006）。

过去 1 个世纪，海洋吸收大气 CO_2 导致了表层海洋平均 pH 的下降（Caldeira 和 Wickett，2003）以及碳酸根浓度的下降，从而导致碳酸钙变得不饱和。在低温和高压力下，碳酸钙变得更易溶解，而这种现象正好发生在深海（Bostock 等，2011）。

碳酸盐补偿深度（CCD）是指一个深度，或者更确切地说，是一个过渡区间，在这里碳酸盐（方解石和长石）的供给与其溶解速度相等，因此没有固体碳酸钙能够积累（Pytkowicz，1970；Takahashi 和 Broecker，1977）。由于 CCD 不是一个很明确的界面，它通常定义成一个深度，在此深度由于溶解作用，沉积碳酸钙的质量含量低于 20%（Broecker 和 Peng，1982）。由于温度、环流以及深海碳酸钙和有机碳通量的变化，CCD 的精确深度随海域的变化而变化（Broecker 和 Peng，1982；Archer，1996；Feely 等，2004；Ridgwell 和 Zeebe，2005）。总的来说，CCD 出现在深海 3000~5000m 的深度。因此，它不是深渊独有的特性，而是更广阔的深海所有的共性。CCD 的深度：在北大西洋为 5100~5200m，在南大西洋为 4300~4400m，在印度洋为 4500~4700m，在中太平洋为 4500~4600m，在南太平洋为 4000~4600m（Bostock 等，2011）。

碳酸盐补偿深度的存在给深海生物群落设置了生理障碍，推进了一些生物的适应性，因此 CCD 对于深海动物是十分有意义的（Angel，1982）。有孔虫、珊瑚、甲壳类生物和贝壳类生物普遍使用碳酸钙作为其结构组成。随着水深的增加，碳酸钙溶解能力增加，生物的骨化过程变得困难直到最终不可能完成（McClain 等，2004）。这可能解释了为什么随着深度增加，骨化类生物（如海蛇尾纲动物、海胆类动物）趋于被软体生物（如海参、软体或者有机壳体的有孔虫）所取代（Sabbatini 等，2002；Gooday 等，2004；Todo 等，2005）。

5.4 高压适应性

许多深海动物都有物种特定的水深范围（Vinogradova，1997）。虽然随深度持续增加的压力与其他环境因素（如食物供给、隔离状态、水文和生命历史）之间的关系很可能是极为复杂的，但不管怎样，深渊区的静水压力代表了海洋中最重要环境参数的极限。

许多海洋生物从低级的真核生物（Simonato 等，2006）、无脊椎动物和鱼（Kelly

和 Yancey，1999），到深海哺乳动物（Castellini 等，2001）都表现出对高压的适应性。

压力与温度是两个最基本的非生物因素（Danovaro 等，2004；Carney，2005），由于它们的反相关性，温度和压力对生物的生理影响是非常复杂的（Pradillon 和 Gaill，2007）。在恒温下，压力升高导致压缩，使得分子更有序，但分子的有序性将随着温度上升而降低（Brehan 等，1992）。温度和压力作用也略有差异，压力仅仅会影响体积，而温度对体积和能量都有影响。另外，压力增加与海水深度之间是线性关系，而温度随海水深度变化没有一致性，它还与地理位置有关。在极地地区，许多浅海物种栖息的深度与深海生物区具有相似的低温，然而低温适应性不能使这些生物提前适应高压（Somero，1992）。在高压环境下，绝大多数深海物种的生理系统都得到了提升，使得它们成为嗜压生物，甚至变得只能在高压下生存，从而成为专性嗜压生物（Yayanos，1986）。

一种生物能够存活的深度上限和下限随着物种不同而变化，可以从 10m 到数千米（Pradillon 和 Gaill，2007）。另外，物种生存的最大和最小深度也与地理位置、发育阶段（Tyler 和 Young，1998）以及其他的环境因素（如食物的可利用性、氧气和温度）有关（Tyler，1995）。海洋生物的水深分布可以部分解释为物种间耐压性的差异。高压限制了浅水生物能够达到的最大深度，相反它也能限制嗜压生物能够抵达的最小深度（Somero，1992）。

静水压力对生物结构也有多方面影响，这些过程遵循勒夏特列原理（Le Chatelier's Principle），即在平衡状态下，系统总是试图减弱外部扰动因素的影响（Pradillon 和 Gaill，2007）。这从根本上意味着当压力增加时系统的体积会减小，反之亦然。因此，压力对于生物系统的基本影响是改变体积，以及相关的增压和减压过程（Somero，1992）。例如，当一个生物过程要求体积增加时，它会被压力所抑制，反之，当需要减小体积时，压力会增强这个过程。

压力会在很多方面影响生物进化过程，在深海中，生物演化出许多适应机制以对抗这些影响。例如，深海软体动物（Campenot，1975）和鱼（Harper 等，1987）的神经功能具有明显的压力适应性。研究显示，将浅水鱼承受的压力升至 409atm，将导致其交感神经的复合动作电位（c.a.p.）峰值振幅下降 50%，而这种影响并没有在 4000~4200m 水深的深水鱼（*Coryphaenoides armatus* 和 *Bathysaurusmollis*；Harper 等，1987）中检测到。浅水鱼和深水鱼之间类似的差异也体现在去极化速率上（Harper 等，1987），前者去极化速率相关的活化体积明显高于后者。另外，一些深水鱼的神经系统能够在重新增压至物种所在的外部压力后恢复明显正常的功能（Harper 等，1987）。同样，如果压力恢复到物种生存环境的外部压力时，深海鱼的心脏功能也能够得到部分恢复（Pennec 等，1988）。在微生物水平上，研究发现高压会影响细菌的生长和生存能力。当前这方面的研究主要聚焦于分离抗高压突变种，高压对基因表达的调节，细胞膜脂和蛋白在决定高压下生长能力方面所扮演的角色，高压对 DNA 复制、拓扑结构和细胞分裂的影响以及高压下酶活性的调节（见 Bartlett，2002 和 Simonato 等，2006 综述）。

5.4.1 压力的影响和耐受

海洋物种的垂直（沿海深）分布带意味着每一种物种都能适应特定的压力范围，它们通过进化和适应能够在这些压力下更有效地活动。为了完全了解静水压力对生物的扰动效应，科研人员已经通过一些简单的实验，来揭示将生物暴露于正常环境之外的压力下（即高于或者低于正常值）所产生的效应。尽管浅水物种对高压的脆弱性早在 1870 年就已有论证，但确认高压和低压对深海生物影响的实验直到 1970 年才开展（MacDonald，1997）。

麦克唐纳（MacDonald，1997）详细描述了浅水动物暴露在不断增加的压力下发生的变化。他认为，生物对于这种干扰的反应是主要表现为一系列的动作行为。在最初增压至几个大气压的条件下，生物首先是增加日常活动，随后表现出受损调节期或者正常行为。但当压力进一步增大时，生物出现痉挛和抽搐，并且在 100atm 达到顶点。十足类动物则在增压的早期就表现出摆尾逃逸的反应，当压力进一步增大时呈现出剧烈的抽搐反应。对于端足类生物，高压会引起它们背部肌肉相对缓慢的纵向痉挛。在更高的压力下，端足类生物将逐渐停止运动，这种情形最初是可逆的，但最终将导致生物死亡。然而，一些深水物种，即使暴露在高于它们捕捉深度以上的压力下，也不会表现出超兴奋行为（hyperexcitability；MacDonald，1997）。麦克唐纳和吉尔克里斯特（MacDonald 和 Gilchrist，1982）通过保压装置在 394~442atm 水深处捕获了多个端足类生物，然后将它们加压至 700atm。他们发现尽管端足类生物确实表现出超兴奋行为，但没有出现痉挛现象。高压未出现痉挛现象意味着这些来自水深 4000m 的物种在压力耐受性上完全不同于那些从2700m以浅水区捕获的生物。这说明，对于某些端足类动物来说，它们日常活动的范围越深，对高压的耐受性越强。

反之，降压对深海生物的影响不是很明确。端足类生物由于很容易被保压诱捕器抓获，因此是最常被用于这类实验的物种（如Yayanos，1978，1981；MacDonald和Gilchrist，1980，1982）。在降压过程中，端足类动物被认为"在这方面是相对坚强的"，不过深海端足类生物能在多大程度上承受降压是物种专属的（MacDonald，1997）。一些端足类生物能够从适度的深度复原，而且没有任何运动行为的损伤（Brown和Thatje，2001）。在一些例子中，端足类生物在压力的逐级变化中未表现出过度兴奋的行为。许多甲壳类生物从深海抓捕上来之后，看上去似乎死亡，但是如果将压力恢复到它们生活环境的压力水平，它们又会重新活动起来，尽管这种复活可能需要几分钟到几个小时（MacDonald，1997）。同样的，如果把深海生物保持在它们原始环境的低温下，在海洋表面的压力条件下观测到它们活动的机会将会增加（Truede等，2002）。许多端足类，例如来自水深4000m和5900m的*Eurythenes gryllus*和*Paralicella Caperesca*，经历降压麻痹后重新加压都比较容易复活（MacDonald和Gilchrist，1980；Yayanos，1981）。来自水深5900m且温度为2℃的*P. Caperesca*最初是在其生活环境的压力（600atm）下捕获的，随后它被降压至大气压的条件；在215atm的压力下，*P. Caperesca*丧失了运动能力，但是加压后又会重新获得运动能力，这意味着该物种能够垂直迁移到3000m的水深范围（Yayanos，1981）。

特鲁依德等人利用绝热诱捕器保持低温，从水深约4400m捕获了数百个端足类样品。来自水深4400m的*Abyssorchemene abyssorum*和*Paralicella*属的样品只能在压力大于300atm的环境下存活，因此被认为是狭深性生物（Truede等，2002）。然而，该研究也显示*Abyssorchemene distinctus*和*Eurythenes gryllus*展现出很高的降压耐受性，这两种生物从深海抓捕到表层收集的过程中未见任何损伤。它们随后被定义成为广深性生物。这种结果并不令人惊讶，因为*E. gryllus*具有明显的垂向迁移行为（Ingram和Hessler，1987；Christiansen等，1990），并且能够容忍1~526atm的压力变化（George，1979）。类似的，*A. distinctus*也具有很高的降压耐受能力，这可能与其大范围的垂直迁移能力有关，因为该物种曾好几次被放置在海床上部2500m的中层水体拖网捕获（Thurston，1990）。

亚亚诺斯利用保压捕捉器，获取了马里亚纳海沟和菲律宾海沟（约10000m）的端足类生物，并利用这些生物开展实验，发现它们能够垂向迁移（也就是降压）至水深 3800m 的深度（Yayanos，2009）。这个降压耐受性甚至超过了生活在 5800m 深度的物种。尽管这些实验展示出端足类生物具有令人吃惊的降压容忍能力，但所有其他的深渊样品在压力降至大气压时就已经死亡，即使恢复压力后也观测不到任何的活动，这进一步确认了它们的死亡（Yayanos，2009）。表 5.2 显示了压力耐受性数据。

表 5.2 深海端足类生物在增压和降压过程中的压力耐受性

物种	捕获深度（m）	绝对压力耐受性（atm）	耐受性范围（atm）	参考文献
增压				
Paralicella Caperesca, *Orchomene* sp. Plus others	4000	400~700	300[a]	MacDonald 和 Gilchrist，1982
降压				
Abyssorchemene abyssorum. Paralicella spp.	3950~4420	442~140[b]	302	Truede 等，2002
Paralicella Caperesca, *Eurythenes gryllus*	4000~4300	400[c]	400	MacDonald 和 Gilchrist，1980
Abyssorchemene distinctus, *Eurythenes gryllus*	3950~4420	442~0[b]	442	Truede 等，2002
Eurythenes gryllus	5260	526~1	525	George，1979
Paralicella caperesca	5900	601~0（215[d]）	601（386）	Yayanos，1981
Cf. *Hirondellea* sp.	10000	1000~380	620	Yayanos，2009

注：a. 压力增至 200atm 出现连续的抑制，但不一定死亡。
b. 在绝热捕集器的帮助下，成功抓捕活体。
c. 当压力恢复到 400atm 时，155 个个体中的 50% 能够恢复。
d. 当压力为 215atm 时丧失运动行为，但重新加压后个体能够恢复。

端足类生物的压力耐受性可以通过分析每一个物种的水深分布范围，并与全海深生物（双壳类、腹足类、多毛类、海参类和等足类）比较来得到阐明。排除那些分布在深度小于100m的物种以及那些单个和极少样本的样品，海沟端足类的平均水深范围是1562m，而其他种类生物的分布范围是730~852m，这说明端足类生物的分布范围几乎是其他全海深类群的两倍（图5.4）。另外，这些高值与物种分布一致，那些占更大比例的物种具有的水深范围可达2000m甚至更高（表5.3）。

科研人员研究了细菌的压力耐受性，在这些实验中，死亡率是通过菌落形成能力（Colony Forming Ability；CFA；Yayanos等，1983）的丧失来确定的。这些研究显示，当压力从103.5MPa降至0.101MPa（大气压）时，从马里亚纳海沟水深10476m处采集的降压敏感性（专性嗜压）细菌（MT-41菌株），在150h后丧失CFA（Chastain和Yayanos，1991）。他们发现对这种嗜冷嗜压细菌降压时，它们不会立即出现死亡，但其细胞形状会发生严重的变形，直到最终死亡。这个结果是非常有意思的，因为太平洋深海细菌（5900m）并未出现降压死亡的现象（Yayanos等，1982）。这些深海细菌是嗜压细菌，但不是专性嗜压细菌，因此不需要采用保压装置采样，可以在实验室重新加压后生长5个月之久（Yayanos等，1979）。

与降压相反，将嗜温细菌（如大肠杆菌）暴露在高压下，可诱导55种蛋白的表达，包括11种热激蛋白和4种冷激蛋白（Welch等，1993）。压力看上去是目前所知的唯一能够同时诱导热激蛋白和冷激蛋白的因子，因为如果没有压力作用，这两种蛋白本来是被相反的热力学状况所诱导的（Bartlett，2002）。嗜压生物（例如细菌 *Thermoccus barophilus*）在降压过程中也能诱发热激蛋白或类似压力蛋白（Marteinsson等，1999）的表达。高压和低温对蛋白合成和膜结构能施加相似的影响，因此，尝试同时模拟诱导热激蛋白和冷激蛋白，可以抵消高压扰动效应对膜完整性、转录过程和大分子稳定性的干扰（Bartlett，2002）。

生物适应深海高压的明显例子包括：（1）为了维持细胞的流动性和功能，在细胞膜磷脂脂肪酸里增加使用不饱和脂肪酸（Hazel和Williams，1990）；（2）在细胞内使用稳定蛋白的渗透压调节物，比如氧化三甲胺（TMAO；Samerotte等，2007），增加细胞体积以抵抗压力的不利影响，进而保持酶的功能。

表 5.3 6 种全海深居住生物的水深分布范围，表示为每 1000m 间隔内物种所占总数的百分比（%）（只有分布范围大于 100m 的物种数据被采用，并忽略了单个或罕见生物）

		端足类	等足类	双壳类	腹足类	海参类	多毛类
物种总数		69	76	75	42	76	99
每一个水深范围（m），物种所占总数的比例	0~1000	43	72	72	74	72	67
	1000~2000	23	20	15	14	18	25
	2000~3000	19	7	8	7	5	4
	3000~4000	10	1	4	2	1	1
	4000~5000	4	0	0	0	1	0
	5000~6000	0	0	0	0	1	0

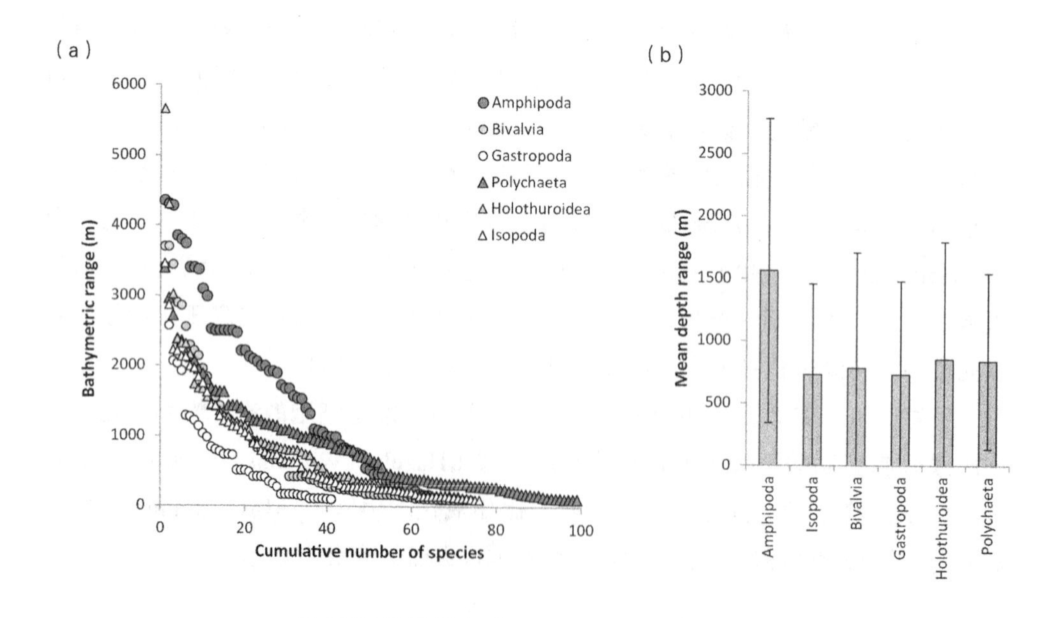

图 5.4 6 种全海深生物类群的水深范围，显示出：（a）端足类总是比其他类群的水深分布范围大；（b）平均值几乎是其他的两倍。

5.4.2 脂类

海洋生物的另外一个高压适应机制是以脂类物质的形式储藏代谢能量(Lee 等，2006)，这主要包括四类：甘油三酯、蜡酯、磷脂和甘油二醚。所有的这些都含有长链脂肪酸，但脂肪酸的链接形式有所不同。在一个生物体内可能会发现所有类别的化合物，但是不同类别的生物之间化合物的组成会有变化，例如，蜡酯是很多深海冷水甲壳类生物的主要脂类化合物(Bühring 和 Christiansen，2001；Lee 等，2006)。

脂类可以帮助解决深海生物的好几个问题，其中一个是在高压下调节细胞膜的流动性。脂类对于高静水压力特别敏感 (Bartlett，2002)，它的平均可压缩性比蛋白高出一个数量级 (Weber 和 Drickamer，1999)。

静水压力和温度对生物膜组成的演化也具有一定的影响，通过增加脂链的致密度可以降低膜的流动性 (Simonato 等，2006)。健康的细胞膜功能在于维持其液晶态，以允许酶和膜间蛋白适度的运动。在温度 – 压力的相图中，许多细胞膜从凝胶到液晶的转化所经历的梯度温度，在压力小于 100MPa 时，每 100MPa 梯度温度增加 20℃。因此，温度和压力对于全海深 (100MPa，2℃) 深海生物膜相态 (phase state) 的综合影响是与处于大气压下，温度为 –18℃的生物膜相似的 (MacDonald，1984a；Cossins 和 MacDonald，1989；Bartlett，2002)。

基于细胞膜的过程可能是对外部压力扰动最为脆弱的，导致浅水生物的细胞膜对压力极为敏感，因此生物膜的磷脂双分子层结构是许多压力效应研究关注的热点 (如 Wann 和 MacDonald，1980；Somero，1992；MacDonald，1997)。降低温度和增加压力将降低浅水生物的细胞膜流动性 (Brehen 等，1992)。调整细胞膜蛋白或者磷脂双分子层 (或两者) 能够促进细胞膜过程的压力适应性。由于压力和温度对脂类性质具有很强的共同作用，脂类双分子层的流动性给深海生物提供了一种潜在的适应性调节机制，这种适应主要是通过压力和温度对脂类性质强烈的协同作用而导致的。深海生物的细胞膜可以通过增加不饱和脂肪酸 (UFAs) 的比例来改变脂类物组成的特性。这些 UFA 有助于在压力下保持细胞膜的流动性 (使黏度保持在一个狭窄的范围内)，这个过程有时候被称为恒黏适应性 (Homeoviscous Adaptation；Cossins 和 MacDonald，1984；Delong 和 Yayanos，1985；Fang 等，2000)。该原理可以通过黄油做形象的演示：高温到低温的变化将导致黄油由软变硬，但是如果不饱和脂肪酸的含量增加，黄油在低温下仍然可以保持柔软的状态（如涂抹型黄油；Herring，2002）。

对于处于环境温度2~4℃，水深4000m的深海生物来说，磷脂双分子层的有效温度为−3~−6℃，而对于处在2℃的马里亚纳海沟生物来说，膜的有效温度为−11~−19℃（MacDonald和Cossins，1985），这意味着深海生物的磷脂双分子层不同于那些浅海生物。深海物种本身就具有更高的流动性，这样在高静水压力和低温条件下，细胞膜的流动性能够保持在适宜的范围内。因此，恒黏适应性可能是适应高压必备的要素（MacDonald和Cossins，1985；Cossins和MacDonald，1989）。像这样的压力适应性对于水深分布范围大、有着垂直发育结构的生物也是至关重要的（如深渊端足类）（Yayanos，1978，2009；MacDonald和Gilchrist，1980）。

研究发现，嗜压细菌的脂肪酸组成随着压力的变化而变化（Kato，2011）。总的来说，随着压力升高，细菌为了生长会合成更多的多不饱和脂肪酸（PUFAs）。对嗜压菌株（CNPT3，可能属于*Vibrio*属）在2℃和1atm、172atm、345atm、517atm和690atm压力下培养，发现总不饱和脂肪酸（TUFAs）与总饱和脂肪酸（TSFAs）的比值随着压力升高而增加（Delong和Yayanos，1985），这个趋势在其他的嗜压细菌中也有发现（Delong和Yayanos，1986）。这些研究证明深海生物对高压的生理适应性是可能的，不过恒黏适应性并没有在所有的压力适应性研究中发现。例如，麦克唐纳研究了不同压力下的*Tetrahymena*细胞，与恒黏理论的预期相反，实验未检测到恒黏适应性，脂肪酸的变化与那些预期结果正好相反（MacDonald，1984b）。这意味着在浅水物种中，随着温度变化，由酶和基因调控细胞膜流动性的机制可能并不适用对压力增加的反应（Somero，1992）。

通常认为，嗜低温和嗜压细菌会产生二十碳五烯酸（EPA）和二十二碳六烯酸（DHA）两种长链PUFAs的一种，但这种现象也不是严格意义上的（Kato，2011）。来自深渊深度的细菌中，嗜压菌株Shewanella产生EPA（Nogi等，1998b），Moritellaz菌株产生DHA（Nogi等，1998a；Nogi和Kato，1999），Psychromonas Kaikoae则同时产生EPA和DHA（Nogi，2002）。雅诺等人调查了嗜压细菌的脂类组成，发现它们含有DHAs，而且对生长压力具有适应性（Yano等，1998）。他们也就此得出结论，从饱和到不饱和脂肪酸的转化大体上是针对静水压力升高的一种适应性机制，这意味着DHA可能在高压环境下，对维持膜脂适宜的流动性方面扮演着重要的角色。

5.4.3 嗜压化合物

高静水压力对于生物分子具有很大的扰动影响。科研人员早就知道，膜和蛋白具有结构适应机制，有助于抵抗高压（Hochachka 和 Somero，1984）。近年来又提出了另外一种涉及嗜压化合物（Piezolytes）的适应机制（Martin 等，2002）；最先发现了小分子有机溶解物可作为有机渗透压调节物。绝大多数海洋生物会积累溶解物，通过渗透压调节作用来适应周围环境状况，进而阻止细胞的渗透收缩（渗透压大约为 1000mOsm）。在海洋生物的所有类似物质中，一种主要的渗透压调节物是在深海鱼中发现的氧化三甲基胺（Trimethylamine oxide；TMAO，可能是三甲基胺的来源）。绝大多数海洋硬骨鱼是渗透压的调节能手，这意味着它们能够保持相对高的内部渗透压（300~400mOsm），而浅水硬骨鱼的内部渗透压只有 40~50mOsm。

生物之所以优先选择有机溶解物如 TMAO 而不是无机溶解物作为其渗透物，是因为后者会干扰大分子，而前者不会；也就是说这些有机化合物不仅与细胞功能是相容的（Brown 和 Simpson，1972），而且能够稳定大分子化合物和抵抗像静水压力这样的干扰（Yancey，2005）。实验室的研究显示，TMAO 能够抵消静水压力对酶动力学和蛋白质稳定性和组装的干扰效应（Yancey 和 Siebenaller，1999；Yancey 等，2002；Yancey，2005）。

对深海有骨鱼、板鳃亚纲（鲨鱼和魔鬼鱼）和十足类生物（虾和蟹）的实验室分析显示，TMAO 随着深度增加而增加（Kelly 和 Yancey，1999；Samerotte 等，2007）。在有骨鱼（硬骨鱼）中，由于 TMAO 含量的增加，生物内部渗透压随着深度增加而上升。另一方面，在变渗动物中，TMAO 随着静水压力的增加而增多，但其他渗透压物质反而减少，如板鳃亚纲类的尿素和十足类动物的甘氨酸（Kelly 和 Yancey，1999）。

目前除了 *Notoliparis kermadecensis*（Lipardiae；Nielson，1964）这种鱼以外，还没有任何其他主要深渊动物 TMAO 含量的数据。对深海（最深 4900m）其他鱼的分析显示，TMAO 含量与深度线性相关（Gillett 等，1997；Kelly 和 Yancey，1999；Samerotte 等，2007）。对这些数据进行外推显示，鱼在水深 8000~8500m 处与海水等渗透压，这与观测或抓捕到鱼的最大深度相当（Nielsen，1977；Jamieson 等，2009a；Fujii 等，2010）。为了验证这种假设，科研人员在克马德克海沟利用 *Latis* 捕鱼器，从水深 7000m 的地方捕获了 *Notoliparis kermadecensis*，采集

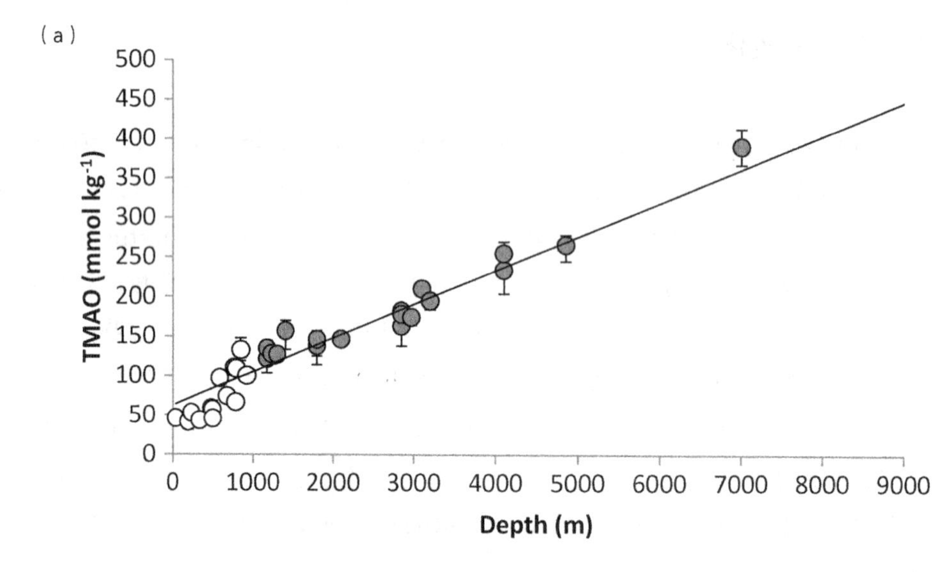

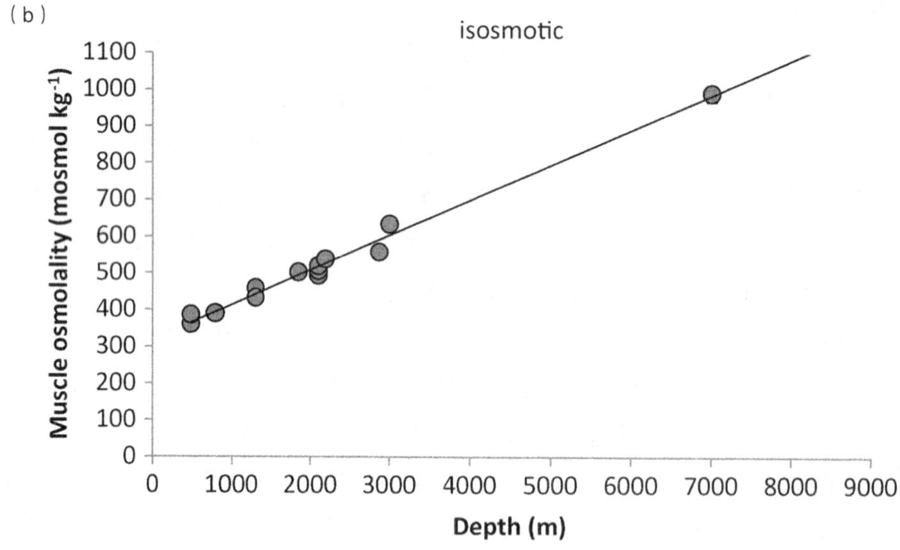

图 5.5 （a）硬骨鱼肌肉 TMAO 含量（mmol/kg 湿重）与深度；空心圈代表浅水鱼，而实心点代表深海鱼，满足线性拟合（TMAO=62.1+0.429×depth，$p < 0.001$）。（b）硬骨鱼肌液渗透摩尔浓度（mOsmol/kg）与深度。线性拟合外推到约 8200m（mOsmol/kg=320+0.0953×depth，$p < 0.001$）。根据扬西等人的结果修改（Yancey 等，2014）。

了肌肉、血浆、凝胶组织（Yancey 等，2014）。结果显示，狮子鱼的 TMAO 含量为 386±18mmol/kg，这与基于浅水数据外推结果一致（硬骨鱼在水深 0m 处为 40mmol/kg，在水深 4850m 处为 261mmol/kg）。另外，深渊样品的渗透摩尔浓度为 991±22mOsmol/kg，这又一次非常接近在水深 8200m 处的外推值（1100mOsmol/kg）（图 5.5）。因此，扬西等人的研究支持"TMAO 积累确定硬骨鱼深度极限"的假说，并首次研究证明了静水压力能够从生物化学上限制整个多样和复杂的硬骨鱼生物类别（Yancey 等，2014）。

类似地，根据全球鱼的数据记录库进行线性回归预测，软骨鱼（鲨鱼、魔鬼鱼和银鲛）仅限于半深海（Priede 等，2006）。该研究认为由于软骨鱼对能量的高需求，它们被排除在深海和深渊深度外。软骨鱼这种高能量需求的一个表现是它们需要富含油脂的肝脏来保证其在海中漂浮，而这种需求无法在极度寡营养的环境中得到供给。拉克森等人（Laxson 等，2011）研究了 13 种软骨鱼的主要渗透物，这些鱼来自 50~2850m 的水深。尽管它们的尿素浓度随着深度下降，TMAO 的浓度却从最浅组的 85~168mmol/kg 上升至更深组的 250~289mmol/kg，并在极大深度达到一个平台，这意味着在最深处的软骨鱼可能无法积累充足的 TMAO 来抵消深海上部（3000~4000m）静水压力的干扰（Laxson 等，2011）。在软骨鱼不能存在于深渊深度的同时，这些发现还进一步支持了 TMAO 假说，即鱼在生理学上被限制在 8000~8500m 水深所对应的压力范围内。

随着进一步在深渊深度采集样品，许多生物未能出现在深渊海沟的现象也可以通过 TMAO 或其他渗透物的浓度来解释。这方面的例子包括十足类生物。根据浅水鱼 TMAO 浓度数据的外推（Kelly 和 Yancey，1999）以及观测数据（Jamieson 等，2009a，2011a；Fujii 等，2010），都显示十足类生物与鱼有相似的水深分布，即深度小于 8000~8500m。

尽管嗜压物质的作用（如 TMAO）可以解释硬骨鱼的深度限制，但许多其他的生物并未展现出这样的深度限制，事实上，它们可以活跃在任何深度（如双壳类、腹足类、海参类），某些可以保持在特别广的水深范围（如端足类）。关于这些动物如何在高压下生存的精确原因仍然不很清楚，通过检查压力梯度上限，例如海沟生物，进一步开展深部分布带和压力适应性的研究将会提供更多的线索。

第6章

海沟中的食物供应

除了水文和地质条件外，海洋中食物供应对种群的组成和丰度也有着时间和空间上的双重影响（Gage，2003）。深海，包括深渊，属于异养环境，其中可利用的食物主要源自海洋表层的沉降作用（Tyler，1995）。这些来源于上层水体的食物（他源性）从尺寸上来说差异很大，从颗粒有机物（POM）到软体动物的尸体，再到死去的鱼类甚至鲸（例如 Britton 和 Morton，1994；Beaulieu，2002；Smith 和 Baco，2003；Robison 等，2005），以及陆源的植被和木质碎屑（Turner，1973；Wolff，1976）。除此之外，在深海热液和冷泉系统中也存在原位自生的能量来源（Childress 和 Fisher，1992）。

尽管深渊环境中发现的食物来源和种类跟一般的深海类似，“深渊食物”还是有其独特的地方，比如源于表层的营养物质经过长距离的搬运到达深海，在质量和数量上都经历了显著的降低。此外，深渊特殊的 V 形地貌特征，也使得深渊食物堆积不同于临近的深海平原，而伴随着地震活动引起的间歇性的沉积物滑坡现象，食物更容易聚集在海沟底部，这为深海生物在这一区域的聚集提供了必要条件。关于海沟食物的供给，还有一点值得说明的是，由于各个海沟都是孤立的，相互之间没有相似的生物地理分布特征，因此不同海沟的食物类型和数量也可能是大不一样的，难以存在海沟间能源的阶梯状分布现象。

6.1 颗粒有机物

颗粒有机物（POM）的种类和大小多种多样，包括浮游碎屑（Rice 等，1986）、胶质聚集体（Martin 和 Miquel，2010）、动物幼体的外腔（Robison 等，2005）以及粪便颗粒（Turner，2002）。在靠近大陆架边缘的地方（绝大多数海沟位于此地），大量颗粒态和溶解态的浮游碎屑来源于陆地和边缘海（Gage，

2003）。POM 沉降是深海底栖生物群落的主要能量来源，而表层生产力的大小则主要取决于所处的地理位置（Romankevich 等，2009），准确来说是取决于所处的生物地球化学区域（Biogeochemical province）（Longhurst 等，1995）。由于各个海沟或海沟系统上覆的海洋水体是从富营养到寡营养不等的表层生产力区，因此造成了不同海沟间的 POM 供应具有明显的差异。撇开地理位置因素，POM 从表层水体沉降到深海，经历了强烈的降解，最终能到达海底的不足 1%（Tyler，1995），这些降解的发生与异养型的细菌、浮游动物的溶解和矿化作用密切相关（De La Rocha 和 Passow，2007；Buesseler 和 Boyd，2009）。因此，海沟生物群落被认为是对能量和有机碳需求有限的类型（Smith 等，2009）。尽管海沟中的 POM 数量有限，但它们所包含的色素、蛋白质及必需脂肪酸（EFAs）仍然对深渊的生命活动起着重要作用（Danovaro 等，2002，2003；Wigham 等，2003）。在 POM 的沉降过程中，浮游生物会选择性地降解这些极不稳定的化合物，使得向海底沉降的 POM 的质量和数量均随着深度增加而下降（Wakeham 等，1984；1997）。

基于 POM 浓度随水深增加而减少的趋势，深海一般被认为是营养匮乏的。然而，在很多海域，大量新鲜的浮游碎屑会阶段性地输送至深海（Deuser 和 Ross，1980；Billett 等，1983；Lampitt，1985），这可能归功于海洋表层生物季节性的剧增及由此增加的有机碳和营养物质供应（Fabiano 等，2001；Beaulieu 等，2002；De La Rocha 和 Passow，2007）。这些季节性的勃发会得到底栖生物的显著反馈，尤其会刺激食碎屑生物，使它们的生物量出现季节性的大量繁殖（Starr 等，1994；Bett 等，2001；Billett 等，2010）。然而，POM 的输送途径和季节性的增加强度都跟气候变化密切相关，呈现出多样性和不确定性（Billett 等，2010；Ruhl 和 Smith，2004；Smith 等，2006；Vardaro 等，2009）。

据推测，到达深渊深度的 POM 量应该是很充分的。已有的研究表明，POM 能大量输送到深海平原，包括季节性的大量输入。这些沉降在深海平原的 POM 很可能会持续沉降至邻近的深渊海沟中。目前还不知道异养型细菌和浮游动物在深渊环境中对 POM 的溶解 / 矿化作用的速率，而这一速率相对于深海平原环境中的类似生物作用是快还是慢也不清楚。未来需要测定海底沉积物中的 POM 和 POC 通量，以探讨海洋表层输入的有机质类型、数量和时空分布特征等。通过模拟来获取更多的相关信息也有助于解决这一科学问题。

基于 1979~1986 年的月平均海洋表层叶绿素浓度的观测数据，朗赫斯特等人（Longhurst 等，1995）估算了 57 个海域的年平均表层生产力，这些海域具有不同的生物地球化学特征，根据区域性的海洋学特征和实测的叶绿素浓度分布可划分为不同的区域。年净初级生产力（$gCm^{-2}y^{-1}$）可用于指示每条海沟在特定生物地球化学区域背景下，相对的食物供应量（具体数值见表 6.1）。生产力最丰富的巽阿拉弗拉海岸带（SUND）对应的是班达海沟和爪哇海沟，而最寡营养的北太平洋热带环流（NPTG）对应的是马里亚纳海沟和火山带。通过对比发现，SUND 对应海区的年平均初级生产力是 NPTG 对应海区的约 5.5 倍，由此可以粗略估算两个生物地球化学区域对应的海沟所获得的食物供应量。POC 通量的计算模型可以根据海沟的大小，来提供更为准确的 POC 通量和总 POC 输入量的估算。

表 6.1 地球上主要的俯冲带海沟对应的生物地球化学区域及各自上覆表层海水的年平均初级生产力（数据来源于 Longhurst 等，1995）

海沟	生物地球化学区域	初级生产力（$gCm^{-2}y^{-1}$）	平均 POC 通量（$gCm^{-2}y^{-1}$ ± S.D.）	海沟 POC 总通量（$gC\ y^{-1}$）
班达	巽阿拉弗拉海岸带（SUND）	328	1.60 ± 0.44	160.46
爪哇	巽阿拉弗拉海岸带（SUND）	328	1.06 ± 0.62	252.45
秘鲁 – 智利	智利 – 秘鲁海岸带洋流（CHIL）	269	3.17 ± 1.43	997.24
千岛	亚太平洋环流（PSAG）	264	2.26 ± 0.77	3118.86
阿留申	亚太平洋环流（PSAG）	232*	1.76 ± 0.87	1827.27
菲律宾	黑潮（KURO）	193	0.69 ± 0.21	395.12
琉球	黑潮（KURO）	193	0.90 ± 0.54	145.05
日本	黑潮（KURO）	193	3.05 ± 0.91	909.87
开曼	加勒比海区（CARB）	190	0.77 ± 0.46	40.65
南桑德韦奇	南极洲（ANTA）	165	0.66 ± 0.28	384.57

续表

海沟	生物地球化学区域	初级生产力（$gCm^{-2}y^{-1}$）	平均 POC 通量（$gCm^{-2}y^{-1}\pm S.D.$）	海沟 POC 总通量（$gC\ y^{-1}$）
伊豆 – 小笠原	北太平洋亚热带环流（NPST）	110	1.69 ± 0.54	1595.41
波多黎各	北大西洋热带环流（NATR）	106	0.85 ± 0.33	505.09
新不列颠	西太平洋群岛深海盆（ARCH）	100	1.07 ± 0.55	110.29
圣克里斯托瓦尔	西太平洋群岛深海盆（ARCH）	100	0.82 ± 0.47	37.15
新赫布里底	西太平洋群岛深海盆（ARCH）	100	0.86 ± 0.75	18.15
汤加	南太平洋亚热带环流（SPSG）	87	0.99 ± 0.30	711.16
克马德克	南太平洋亚热带环流（SPSG）	87	1.64 ± 0.45	1270.33
雅浦	西太平洋暖池（WARM）	82	0.56 ± 0.29	67.99
帕劳	西太平洋暖池（WARM）	82	0.61 ± 0.36	11.51
马里亚纳	北太平洋热带环流（NPTG）	59	0.55 ± 0.20	606.59

* 指示东西 PSAG 的平均速率，每个单元的平均 POC 通量和各个海沟总的 POC 通量数据来源于鲁特兹等人（Lutz 等，2007）据 M.C. Ichino（NOCS，英国）的模拟。

利用 GIS 软件和鲁特兹等人（Lutz 等，2007）的 POC 通量计算模型，各个海沟平均每年每平方米的 POC 通量都可以用含碳量（g）来表示［图 6.1（a）］。由图可见，日本海沟、千岛 – 堪察加海沟和秘鲁 – 智利海沟相对于其他海沟而言，接收了更多的 POC 输入，将这些数据转化为海沟所接受的总 POC（通过海沟总面积来计算）后可以发现，那些面积大并且上覆海水表层初级生产力较高的海沟具有显著的高 POC 输入通量（图 6.1b）。在这两种情况下，海沟对应的上覆海水表层初级生产力如果较低，则海沟也处于寡营养状态，这一点可以通过表 6.1 的生物地球化学区域数值得到证实。然而，生物地球化学区域与海沟 POC 输入通量的正相关性并没有得到模型的证实（譬如班达海沟和爪哇海沟）（Lutz 等，2007）。有趣的是，具有最高 POC 通量的秘鲁－智利海沟同时也被描述为有机物的沉积中心（Danovaro 等，2003）。

POM 在海沟和临近深海平原的搬运过程明显不同，这主要是由于海沟中沉积物颗粒的分布与地形息息相关。海沟两翼倾斜的剖面产生重力（俯冲）作用，使得物质沿剖面向下搬运，由此导致 POM 集中堆积在海沟的轴线上（Otosaka 和 Noriki，2000；Danovaro 等，2003；Romankevich 等，2009），偶尔发生的地震活动进一步加速了沉积物向海沟轴线的大规模搬运（Itou，2000；Rathburn 等，2009），上述这些作用在深海平原是不可能发生的。这种由地形驱动的食物资源堆积现象在大陆架海底峡谷表现得很明显（Duinevald 等，2001），增加了食碎屑生物的数量（例如海参类动物，Belyaev，1989）。上述驱动作用使得食物的可利用量沿着海沟轴线增加，这种现象被称为“海沟资源汇集深度”（Trend Resource Accumulation Depth，简称 TRAD，Jamieson 等，2010）。TRAD 造成了食物的可利用性在海沟两翼低于深海平原，而在海沟轴线高于深海平原（图 6.2）。TRAD 线上的食物贫瘠区类似于生物学屏障，阻碍了上层生物对更深海域食物的利用。陡峭的俯冲翼，通常是光秃秃的岩石露头，相较于下伏的海洋板块，更难以固定住 POM。在深渊海沟最深的轴线位置观测到的高丰度的食碎屑动物和兼氧性的食腐动物（Belyaev，1989；Blankenship 和 Levin，2007），以及滤食性动物的聚集（Oji 等，2009），都验证了 TRAD 的假说。

不幸的是，在深渊深度，暂时还没有研究利用常规的采样方式（譬如沉积物捕获器）来定量分析从海表输送而来的有机物 / 食物，也没有全面的海沟调查来证实 TRAD 是否真实存在。目前针对同一海沟不同深度的沉积物研究很少，而对不同海沟沉积物研究得到的结果又有很大差别。譬如，理查森等人（Richardson 等，1995）发现波多黎各海沟虽然紧挨大陆架，但其中的沉积物主要来源于海洋，且营养值偏低。有机碳（OC）含量所占比例低，C：N 比值高，表明这些有机物主要来源于附近海底平原中年龄偏老的惰性有机物。相对来说，来源于表层海水的有机物极不稳定，有机碳含量比重高，且具有较低的 C：N 比值。理查森等人据此认为波多黎各岛对波多黎各海沟的贡献量有限，而海沟的沉积物主要来源于营养值偏低的陆源黏土矿物（Richardson 等，1995）。他们在波多黎各海沟也发现了

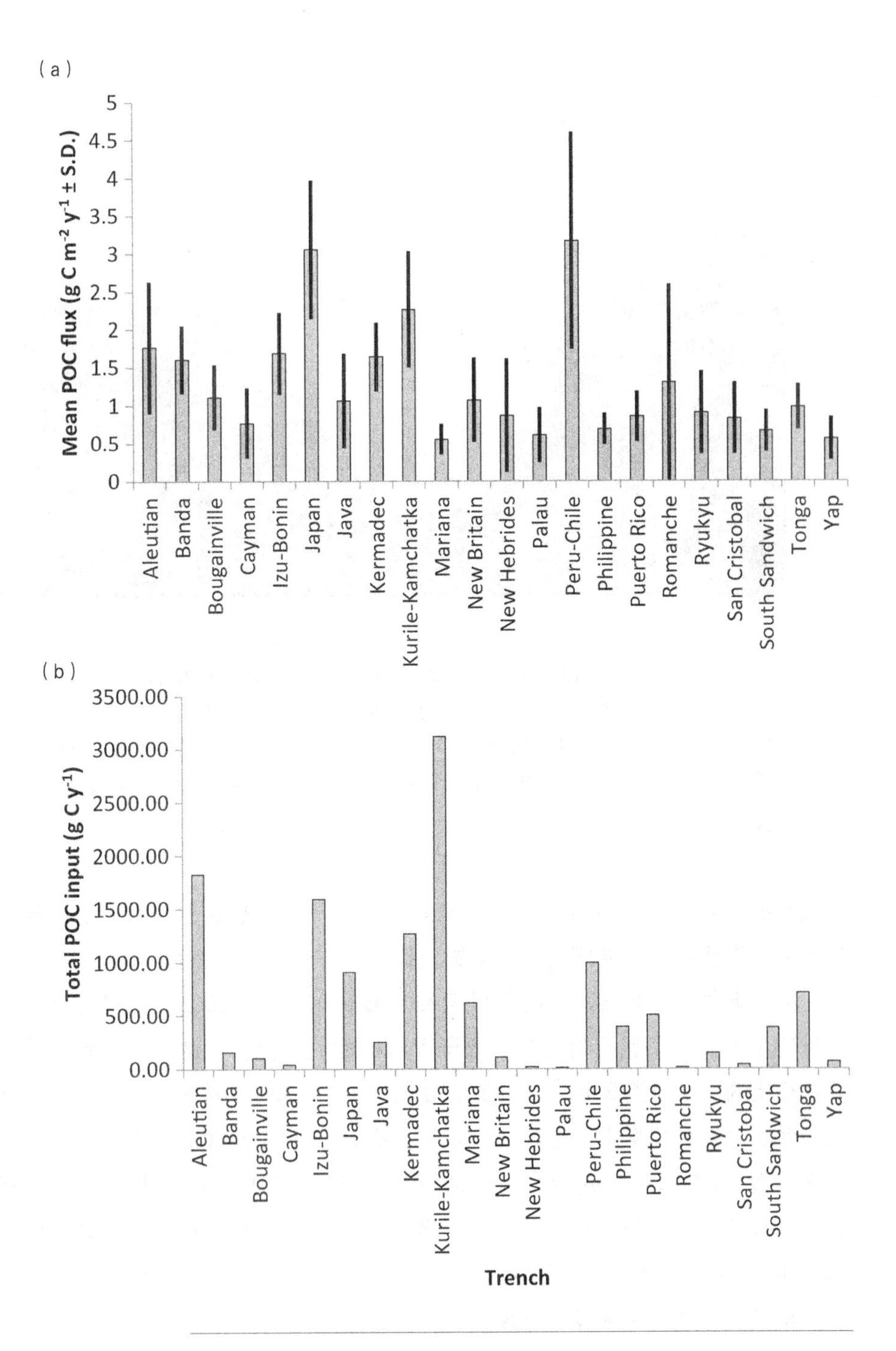

图 6.1　深渊海沟中源于表层 POC 的通量，其中（a）为平均 POC 通量（$gCm^{-2}\ y^{-1}$），（b）为据海沟面积计算而得的总 POC 通量（$gC\ y^{-1}$）。POC 通量数据来源于 Lutz 等（2007）据 M.C. Ichino（NOCS，英国）的模拟（未发表）。

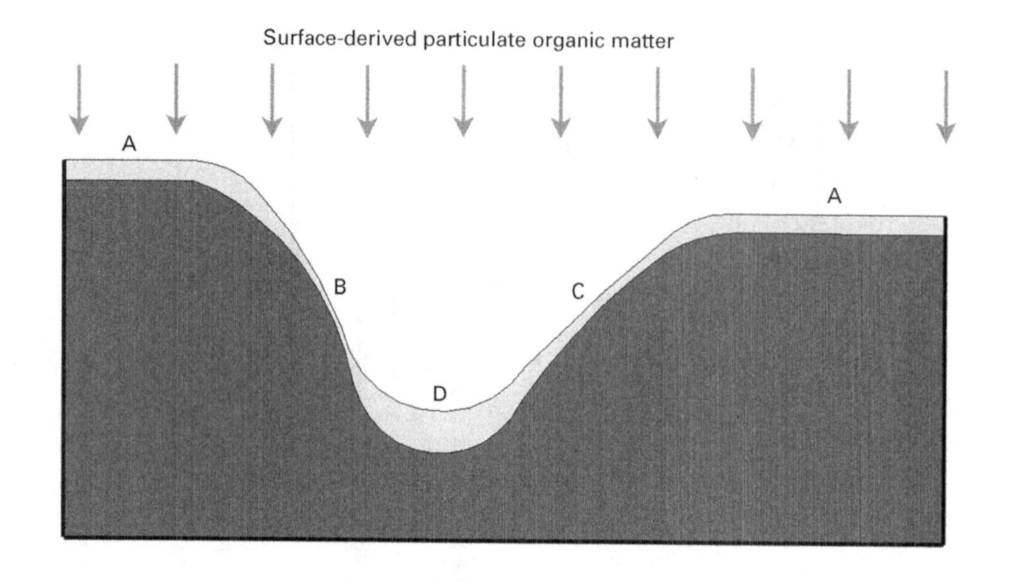

图 6.2　海沟横切面表征的海沟资源堆积深度（TRAD），其中由表层沉降而来的颗粒有机物较多堆积于广阔平坦的海底平原（A），在陡峭的海沟两翼，POM 的堆积量理论上应该很低（C），在海沟陡峭的前弧也是较低的（B），因为更多的物质都沉积在海沟轴线位置（D）。

一些有机质丰富的浊流沉积，但都被后来的寡营养沉积物所覆盖，由此导致了波多黎各海沟底栖生物群落活动贫瘠的现状。

尽管研究样品有限，达诺瓦罗等人（Danovaro 等，2003）在秘鲁 – 智利海沟沉积物中发现了大量不稳定的、源于浮游植物的化合物，这与波多黎各海沟的结果是相反的。该研究表明，新鲜的 POM 流输入海沟是偶然发生的，至少在部分海沟如此。对智利阿塔卡马区的研究发现，在深渊海沟 7800m 的表层沉积物中，叶绿素含量（$18.0 \pm 0.10mg/m^2$）、浮游碎屑含量（$322.2mg/m^2$）及不稳定的有机碳含量（$16.9 \pm 4.3gC/m^2$）都较高，与高生产力的浅海陆架区类似（Danovaro 等，2003）。达诺瓦罗等人由此认为，尽管属于极端环境，海沟却类似于深海中有机物的收集器，形成了深渊富营养区。

最近一个关于马里亚纳海沟的研究（Glud 等，2013）表明，在位于 11000m 的深渊海沟，沉积物中的微生物细胞浓度要高于临近的 6000m 海底平原的沉积物，这可能是归功于更强的有机物堆积作用。此外，在 11000m 海沟中发现的有机物也比 6000m 深海平原的有机物要更年轻、更有活性、更富营养，这表明深海平原站位经历了更长时间的沉积过程，而深渊站位则可能得益于不规律的海底地震活动引起的沉积物向下搬运过程。2011 年日本东北发生大地震 4 个月后，研究人员在日本海沟沉积物中发现了含 ^{134}Cs 的颗粒物（Oguri 等，2013）。科研人员认为这些放射性的颗粒物是从海洋表层通过快速沉降抵达海沟的，并认为这个输送过程是跟地震两周后日本海浮游植物的春季勃发息息相关。浮游碎屑在日本海沟的沉降和聚集也得到了海底成像作用（5800m）的证实。上述研究认为被 ^{134}Cs 污染的浮游碎屑从海表传输到海沟的速率是 78~64m/d。

在深渊海沟生态系统中，能量主要来自表层输送的有机质和海底化能合成作用，但是这两方面能量供给的孰重孰轻暂时还不清楚。因为我们对海底化学能源的数量、大小、程度等均不清楚，而深渊海沟轴线有利于 POM 堆积的推测也只是依据现有的在较浅海沟开展的少量研究，即水深分别为约 7800m 的秘鲁 – 智利海沟（Danovaro 等，2003）和约 7550m 的日本海沟（Oguri 等，2013）。这两个研究站点都位于表层生产力比较高的区域（Watling 等，2013），且靠近陆源输入地。相对快速的颗粒有机物沉降可用于解释秘鲁 – 智利海沟及日本海沟沿轴线位置发现的新鲜沉积物的堆积现象。然而，马里亚纳海沟的情况不同于以上几个海沟，因为它位于太平洋中间位置，远离大陆架的物质供应，且上覆表层水为寡营养海水。尽管如此，格鲁德等人（Glud 等，2013）还是在较深的马里亚纳海沟底部发现了比海沟附近 6000m 深度更多的新鲜有机物。

海洋表层初级生产力可能是影响深海乃至海沟沉积物供应多寡的主要因素，但是沉积物通过海水输送至海底的过程中，应该还会受控于其他因素。特耐维斯奇等人（Turnewitsch 等，2014）根据沉积物在海沟底部轴线位置多于两翼这一发现推断，除了表层海水沉降作用的物质输送外，侧向搬运作用也在海沟物质沉积过程中起到重要作用。偶尔大规模的滑坡事件常常通过浊流搬运（Jumars 和 Hessler，1976；Nozaki 和 Ohta，1993；Fryer 等，2002）或者地震引起的侧向搬运（Itou 等，2000；Oguri 等，2013）实现，但是这类事件发生的时间尺度一般在数十年甚至更久（Nozaki 和 Ohta，1993），而发生频率可能不足以支撑深渊异养型生物群落活动对食物持续性供应的需求。

针对上述问题，特耐维斯奇等人从理论上推断，认为内潮在搬运来自表层水体的 POM 过程中，也起着重要作用（Turnewitsch 等，2014）。他们通过测定西北太平洋海沟（日本海沟、伊豆 – 小笠原海沟和马里亚纳海沟）沿轴线沉积物中颗粒物的天然放射性示踪元素 $^{210}Pb_{xs}$，得出实测的沉积物堆积量（基于海沟沉积物）和理论推断的沉积物堆积量的比值。他们发现的证据显示，堆积量比值和 POC 通量之间存在正相关性，尽管这种相关性不是特别显著。根据这些工作得到结论，持续性的表层食物供应不仅跟表层水体的初级生产力相关，也受水体和海底频发的流体活动（潮汐及惯性波）影响，而内潮的传播很可能起着主导作用（Turnewitsch 等，2014）。一些发现已经证实了上述推断的概念性机制，譬如粒径更大的、聚合的和相对快速沉降的颗粒物转为悬浮颗粒物（非常慢的沉降）之后，就会减少深海沉积物向海沟轴线沉积物的轴向堆积。特耐维斯奇等人（Turnewitsch 等，2014）还推测这类转换主要沿着内波路径发生，尤其是内波到海底被反射回来的位置以及水体中不同内波相互作用的位置。未来还需要更多的工作来验证上述假说。

6.2 腐肉沉降

POM 到达海沟深度所需的时间分布和空间多样性受腐肉沉降输入的影响，这些腐肉包括鱼和鸟的死尸（中型腐肉，约 1kg）、海豹和海豚的死尸（大型腐肉，约 100kg）以及最大的鲸类动物（巨型腐肉，超过 100000kg）（Stockton 和 De Laca，1982；Britton 和 Morton，1994；Bailey 等，2007）。

腐肉的沉降理论上来说跟深度无关，因为沉降速率相对较高，基本没有什么深海过程会阻碍这种沉降。在深渊深度，从浅水区输入的营养型颗粒物的平均粒径应该明显大于半深海和深海，这是因为颗粒物在沉降过程中一直经历降解作用，因此沉降时间或距离越长，颗粒物的营养价值就越低。例如，小粒径的颗粒物沉降速度较慢，很可能在沉降到海沟之前就已经通过降解作用被分解或利用完毕，因此，如果沉降到深渊深度的食物以分散于海底的大粒径颗粒物为主，那就表明移动性的食腐动物在海沟生物群落中占据着重要角色。

由于远洋鱼类富含必需脂肪酸（Litzov 等，2006），因此中型腐肉是深渊海沟生物群落重要的高营养食物选择。然而，目前对通过自然沉降作用到达深海的腐肉的数量和质量的评估具有很大的不确定性和复杂性（Stockton 和 DeLaca，1982），关于这种沉降作用的现场观测记录也很少（Klages 等，2001；Soltwedel 等，2003；Yamamato 等，2009；Aguzzi 等，2012）。腐肉沉降在深渊的重要性可以通过携带诱饵的深海照相机和捕获器记录的信息得到证实。在半深海和深海，诱饵一般被合腮鳗鱼、somniosid 鲨鱼或者 macrourid 鱼吃掉（Priede 等，1991，2003；Jamieson 等，2011c），而在深渊区，一般都是食腐端足类动物消耗诱饵。端足类动物拦截和消耗食物的能力很强，且在越深的地方它们的摄食速度就越快（Blankenship 等，2006；Jamieson 等，2009a）。因此，食腐端足类动物在散播有机物方面起着重要作用，直接影响到深渊海沟有机质的分布，并通过两种方式为深渊动物群落提供营养：（1）在水深浅于 8000m 的海域没有发现食腐生物，但大型食肉动物譬如深海芒虾（Benthesicymid）和狮子鱼（Liparid fish）会有效地拦截但不消耗从表层沉降的动物尸体，由此引发端足类的快速聚集；（2）在水深超过 8000m 的海域，没有明显的食肉动物，端足类动物逐渐死亡，散落于整个海底，它们自己的尸体则成为深渊动物群落的食物来源。在水深小于 8000m 的区域，动物对食物的拦截作用明显但消耗有限，而水深超过 8000m 以后，诱饵照相机吸引的动物是清一色的端足类，即使是很大的诱饵，也会在 24h 内被消耗殆尽（Hessler 等，1978；Angel 等，1982；Jamieson 等，2009a；图 6.3）。端足类动物对表层沉降下来的动植物尸体的快速拦截和消耗作用，使得这种沉降作用并没有对深渊海沟的食物来源做出明显贡献，因为食物在抵达海沟之前就已被消耗。在水深超过 8000m 的海域，原位观测表明这种作用对海底食物网的贡献显著，然而，对深渊海沟食腐端足类动物的肠道进行分析发现，食腐并不是它们摄入能量的最主要方式，摄食碎屑类有机物才是。因此，在 8000m 以下的深度，腐肉沉降对深渊 POM 的供应可能只是起到补充而不是主导作用。腐肉沉降对浅层海沟（8000m 以上）的食物供应作用可能更为显著。腐肉沉降尽管消耗速率低且只吸引了为数不多的端足类动物，但它本身还是吸引了大型食肉动物，带诱饵的摄像机以及诱捕器曾观测到过十足类（Benthesicmydae）、狮子鱼（Liparidae）和鼬鳚类动物（Ophidiidae），不过它们都没有直接摄食诱饵，而是更喜欢捕食食腐端足类动物（Jamieson 等，2009a，b，2011a；Fujii 等，2010）。这些大型动物一般通过底流靠近诱饵，说明它们是通过嗅觉感知诱饵的，遵循气味寻找到在诱饵附近临时出现的高密度猎物。因此，腐肉沉降在深渊区提供能量的方式不同于半深海和深海区。在深渊区，能量直接被端足类动物消耗，然后它们又成为上层大型食肉动物的捕食对象，这不同于大型食腐鱼直接消耗腐肉的方式。

有证据表明，更大的宏观甚至巨型生物尸体（譬如鲸）也能沉降到深海（Smith 等，1989；Smith 和 Baco，2003；Dahlgren 等，2004；Kemp 等，2006）。这些食物到达营养贫瘠的深海，会在短时间内引起生物多样性的上升，并为深海提供硬质

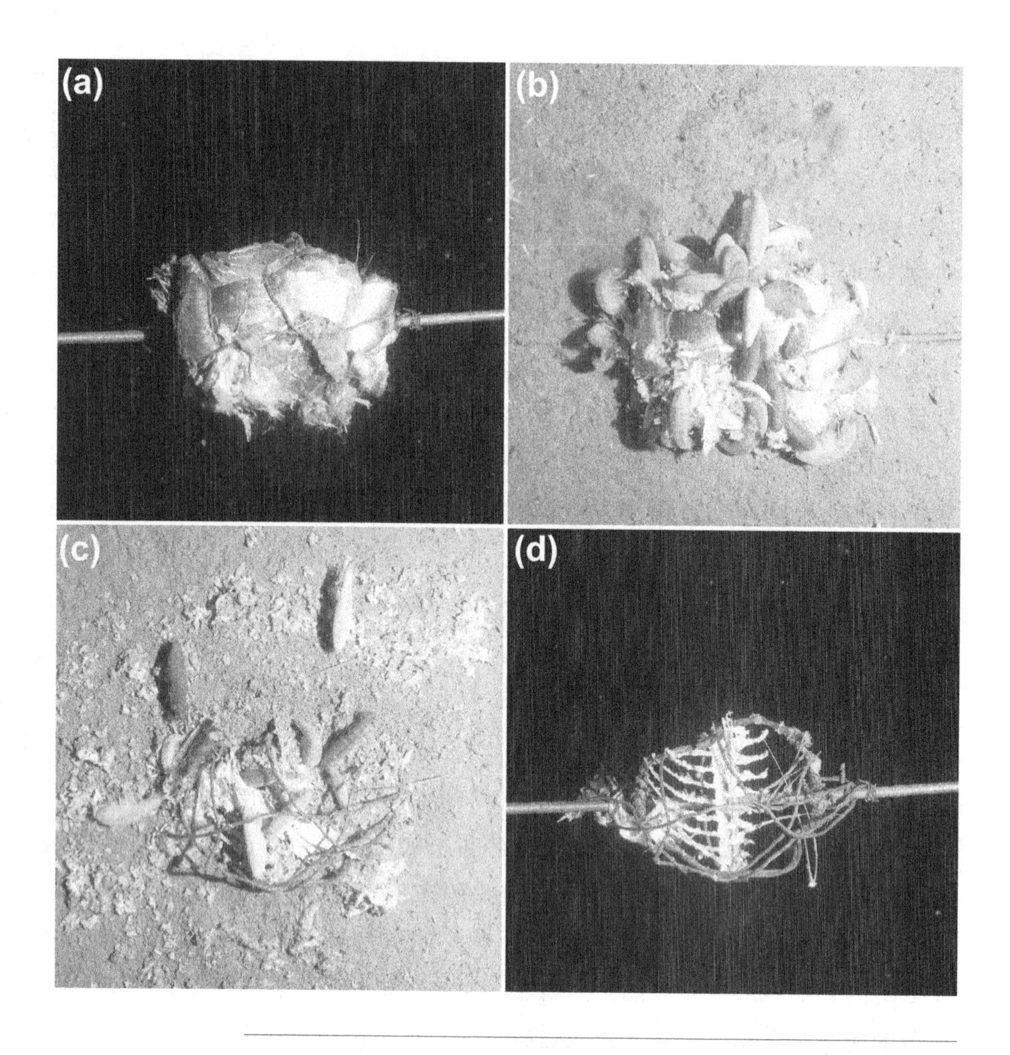

图 6.3　腐肉在秘鲁 – 智利海沟 8074m 深度被快速消耗的过程，其中（a）抵达海底之前的约 1kg 的吞拿鱼；（b）2h 后食腐端足类动物（Eurythese gryllus）开始聚集在诱饵周围；（c）诱饵在海底停留 18h 之后的残余部分；（d）从海底回收时剩下的骨架。

底物和富集有机质。鉴于这些外来有机物可能会输入到不同深度的海底，因此也可能发生在深渊海沟，只不过到目前为止还没有实测数据的支持。深渊海沟出现鲸类生物尸体或者残余物的必要条件是这些海沟靠近大陆架，上层水体中有这些生物群体存在。这类腐肉的短期存在更倾向于发生在深渊海沟，尤其是水深 8000m 的水域，因为这个深度缺乏大型食腐鱼和软骨鱼（elasmobranchs）来消耗整个尸体组织。

胶质浮游动物尸体向深海的输入是一个新出现的现象，英文称为 jelly-falls（Billett 等，2006）。由于观测上的时空挑战性（Spatiotemporal challenge of observation），科研人员最近才意识到这种沉降的存在和重要性（Lebrato 等，2012）。在表层水体，水母勃发具有和传统表层水华相似的季节性格局，尤其是在温带或亚极地有上升流的海区。随着水华现象的消逝，胶质尸体大量沉积于海底，一般密度不高（Sweetman 和 Chapman，2011），或者形成大面积的较厚的胶质湖（jelly-lakes）（Billett 等，2006；Lebratoh 和 Jones，2009），主要由腔肠动物（钵水母纲）和樽海鞘纲（磷海樽目、桶海鞘目、纽鳃樽目）组成（Lebrato 等，2012）。尽管研究人员认为水母沉降（jelly-falls）能向深海输入可观的有机物和无机物，但至今仍不明确这类物质是否能够到达深渊海沟，以及它们输送到深渊海沟的数量和状况如何。借助无人遥控潜水器探测技术，人类会开展更多的海沟探索，希望有一天能够回答这些问题。

6.3 植物和木质碎屑

除了前面叙述的几类深海食物来源外，陆源物质和边缘海植物碎屑也出现在一些深渊海沟中。普拉特在波多黎各海沟 7860m 的位置发现了边缘海泰莱草（*Thalassic testudinum*）的叶片（Pratt，1962）。随后，乔治和希金斯用拖网在水深 8000m 处获取了泰莱草、大叶藻和红藻（George 和 Higgins，1979）。沃尔夫在泰莱草的叶片和根茎上发现明显被消耗的证据，并且在这些样品中发现了大量的无脊椎动物（譬如腹足类、原足类和等足类等）（Wolff，1976）。最近，弗罗莱和德拉赞在着陆器上放了一些海草，在马尾藻海下沉至约 5000m 的深度，发现了不同于鱼类诱饵的场景，这些海草吸引的主要是无脊椎食腐动物（Fluery 和 Drazen，2013）。这些样品采自加勒比海附近的马尾藻海、开曼海沟和波多黎各海沟，而这些海域正好分布着大片的海草，且飓风频发。有研究提出，因飓风作用导致的海草输入深海的总量，不亚于从近岸通过水流搬运作用输入深海的总量（Moore，1963）。

上述海草输入深渊海沟的情况不止发生于加勒比海周边。在太平洋中部的帕劳海沟，以及印度太平洋的新不列颠海沟、新赫布里底海沟也发现了类似的情况（Lemche 等，1976）。通过照片可知，在帕劳海沟 8021~8042m 最常出现的是海草的叶片，平均密度约每 30m² 一片（Lemche 等，1976）。莱姆切等还报道了大量木质碎片（细枝、枝条、树杈、树干碎片等）甚至椰子壳的存在。而在新不列颠海沟及新赫布里底海沟，未知植物的碎片（可能也是海草）的密度大概为每 100m² 一片（Lemche 等，1976）。鉴于硬质底物的庇护及食物功能，海草在这些深度呈现富集状态（Wolff，1976）。植物和木质碎屑沉降到深海后，还可能为喜爱这类环境的物种提供生境，譬如在开曼海沟中普遍存在的卵形贝帽，数量和多样性都具有代表性（Leal 和 Harasewych，1999；Strong 和 Harasewych，1999）。最近小林等人（Kobayashi 等，2012）的研究有惊人的发现，在马里亚纳海沟 10897m 的深处，端足类动物 *Hirondellea gigas*（一种短脚双眼钩虾）可以分泌一种特殊的消化酶，用于消化沉降至深渊海沟的木质碎屑。这表明即使在地球最深处，来自陆地的植物和木质碎屑也是大量存在的，而且能被海底生物所利用。

表 6.2 拖网在超过 6000m 海沟中发现植物碎屑物的详细情况（数据来自“加拉瑟”号考察记录）［HOT=Herring Otter 拖网，ST200、ST300 和 ST600 是分别 2m、3m 和 6m 宽的 sledge 拖网（Bruun，1957）］

站位	位置	深度（m）	抓手	覆盖面积（km^{-2}）	植物碎屑体积（ccm）	植物碎屑总量（g）
466	爪哇海沟	7160	HOT	0.178	240	82
497	班达海沟	6490~6650	HOT	0.178	312	194
494	班达海沟	7280	ST300	0.017	62	37
661	克马德克海沟	5230~5340	ST600	0.039	75	135
649	克马德克海沟	8210~8300	ST600	0.033	32	21
521	新不列颠海沟	8830~8780	ST200	0.013	3	2
517	新不列颠海沟	8940	ST300	0.017	121	55
418	菲律宾海沟	10150~10190	ST300	0.008	25	20
419	菲律宾海沟	10150~10210	ST300	0.011	75	40

最近关于海草席的研究还发现，海草、红树林和海相湿地具有显著的固碳能力（Duarte 等，2015），单位立方的固碳能力可能是热带森林的 50 倍（Kennedy 等，2010）。因此，海草席是天然的固碳热点区域，尽管其生物量只占近海总量的 0.1%，但有机碳的埋藏量却占整个海洋碳的 10%~18%（Kennedy 等，2010）。海草也很可能是将碳从真光层快速输送到深渊海沟的载体，这些碳最终要么被海底生物群落重复利用，要么被埋藏并最终俯冲进入地幔。

每个海沟中所含植被和木质碎屑的数量跟它们距离大陆架的远近及陆源输入物质的总量直接相关。此外，如果遇到偶发的物质输入（譬如由飓风引起的大规模海草输入），那么海沟中生物群落的反馈也将变成季节性或者年际间变化。关于深渊海沟中植被碎屑的定量研究还很有限，但是“加拉瑟”号根据拖网数据给出了详细的描述（Bruun，1957），如表 6.2 所示。

6.4　化能合成作用

化能自养的能量来源于自生或共生细菌的化能合成作用（Childress 和 Fisher，1992）。海沟中发生的地震活动会引起浊流和大规模的陆坡不稳定性，所以如若在海沟坡面发现甲烷释放或者硫化沉积物的露头，也实属正常（Blankenship-Williams 和 Levin，2009）。在这些位置，甲烷渗漏会伴随着共生的高丰度蛤类生物，因为这些蛤类生物的能量来源是自生化能合成作用，而不是表层沉降（外源性）的有机物。阿留申海沟的渗漏点已发现代谢方式为化能自生的生物群落，主要是大型 vesicomyid 蛤类，不过这种化能自生群落暂时只在深海深度有发现，尚未到深渊深度（Rathburm 等，2009）。化能自养型的细菌群落，譬如冷泉区，已在日本海沟 6437m 和 7326m 深度发现。它们为栖息于此的生物提供了区域性的资源，尤其是蚌类的大量聚集，类似现象广泛分布于各个渗漏点，具有典型的区域性特征（Boulègue 等，1987；Fujikura 等，1999；Fujiwara 等，2001）。尽管到目前为止，很少在深渊深度发现类似的化能合成作用区域，但是对与其特征相关性极高的俯冲带及其他地质特征的研究（Suess 等，1998；Rathburn 等，2009）均表明，随着采样能力的提升，今后会在深渊深度发现越来越多的化能自养区域。事实上，布兰肯希普－威廉姆斯和莱文根据太平洋边缘海区广泛分布的冷泉渗漏点推测，这类渗漏点在地质构造活跃的深渊海沟区也很可能广泛分布，且可能生活着新物种（Blankenship-Williams 和 Levin，2009；Levin，2005）。

一般认为，在全球有机碳的可利用量中，只有极少一部分是来自深海化能合成作用的贡献（Tyler，1995），但是这种代谢方式在深渊中的重要性还有待考证。各个深度的冷泉环境具有非常明显的区域性，且呈斑块状分布，因此它们是很难被发现的，除非首先通过无人潜水器（AUV）检测到甲烷羽状流，然后利用无人遥控潜水器（ROV）开展海底调查并确认甲烷释放的位置（譬如，Newman 等，2008）。

6.5 异质性

在描述深海平原的第一篇综述（Menzies,1965）及后来的一篇综述中（Tyler，1995），科研人员均提出生存环境异质性概念。在每条海沟中，温度和水压（有潮汐循环的除外）随水深变化，而盐度则无变化。这也表明氧气具有时间和空间上的多样性特征，但该现象目前还只是一个推测（Belyaev，1989）。海流在海沟两侧略微不同，随时间和潮汐大小有所变化。栖息海底基质的一个主要特征是呈现出强烈的不均一性，甚至可能在海沟内部不同位置的异质性都高于周围的深海海底平原。底质的不均一性可以在大尺度上做出划分，更陡峭的凸起，岩石露头，在靠近大陆架的一侧（前弧）的碎屑堆积，靠近大洋板块更平缓软质的沉积物堆积，以及深部沿着海沟轴线的软泥沉积。从小尺度来说，海底平原的异质性与大多数海床一致，平坦的软泥沉积被陡峰或者岩石出露点划分成不同块，沉积情况则取决于下伏的地形。

由于各个海沟大小不一，目前还没有比较全面的关于海沟底部空间异质性的综述。撇开与海底平原类似的空间多样性，海沟下伏常常是陡峭的大陆架陡坡和隆起，穿插着海底峡谷和海山，海沟还暴露在一种特殊环境中，即由地震活动引起的陆坡滑动和浊流。这类偶发的灾难性地质事件均会在短时间内，大面积地重塑海底地形和沉积模式（Itou 等，2000；Fujiwara 等，2011）。

POM 向海沟的输送跟生物地球化学区域及上升流息息相关。此外，季节性的海表生物勃发也会提供大量的 POM 堆积，这个情况在深海平原也时有发生。腐肉沉降的情况几乎发生于所有海沟，但是其频率和幅度则主要取决于地理位置。中等大小的腐肉沉降一般代表的是频发的短期食物来源，而大型和超大型腐肉沉降则具有更长的发生周期。植被和木质碎屑既可被深渊生物用作食物，也可充当底质或庇护所，它们的输入也可能是具有海沟特有性的。海沟还存在着一些特殊的情况，譬如海草的沉积伴随着的是各种有害的气候事件，如飓风或台风，由此显示了极具海沟特征的时空和季节上的多样性。

综上所述，深渊海沟的环境特征并没有明显不同于深海平原，譬如温度、盐度、溶解氧、缺乏光照、潮汐循环、洋流速度、食物供应以及可能的季节性特征。但是海沟复杂的地形及地震活动是其独有的特征。这些海沟的环境特征从本质上抑制了海底动物群落活动在不同海沟间的交流，事实情况是许多种属适应了这类环境，并很好地生存了下来。

6.6　食物匮乏的策略

海洋生物为了在食物匮乏的环境中存活更久，对能量的存储效率变得至关重要。海洋生物的脂类化合物是分布最广的长期能量存储策略（Lehtonen，1996）。更进一步来说，海洋生物摄取的部分脂肪酸能直接保存到自身的脂类储库中，从而指示它们的食物组成（Dalsgaard 等，2003；Stowasser 等，2009）。某些积累的脂肪酸种类可以用作生物标志物，来指示营养等级和摄食方式，譬如食草类的、杂食类的以及食肉类的（Graeve 等，1994，1997；Kirsch 等，2000）。

深海底栖生物，譬如端足类动物，发育有剪切状的下颌骨和大容量的胃，这使得它们能充分利用偶发的或者少量的食物沉降（Dahl，1979；Sainte-Marine，1992）。此外，它们适应了爆发性的进食活动，再进行长周期的消化吸收和接下来的禁食。科研人员在端足类动物的软体组织中发现了蜡酯，证实了这种生活方式（Bühring 和 Christiansen，2001），这种化合物可以在食物长期缺乏过程中提供能量来源（Lee 等，2006）。

目前还几乎没有关于深渊动物中脂类浓度分布的数据，然而，佩龙等人（Perrone 等，2003）分析了来自秘鲁－智利海沟水深 7800m 的端足类动物 *Eurythenes gryllus*，发现脂类占生物干重（D.W.）的 7%~18%，远远低于波罗的海食底质沉积物的端足类动物（脂类占干重的 15%~45%；Lehtonen，1996）以及南大洋的 *E. gryllus*（脂类大于 40%；Reinhardt 和 Van-Vleet，1985），但与在菲律宾海沟 9800m 深处发现的另一类端足类动物 *Hirondellea gigas* 类似（干重的

26.1%；Yayanos 和 Nevenzel，1978）。

在上述不同的海沟中，端足类动物脂类含量的差异不太可能与温度相关，因为这些海沟的温度大约都是 2℃。*E. gryllus* 中脂类含量还随着动物体型的增大而显著下降。也有研究发现，*E. gryllus* 的脂类含量随着性成熟度而有所增加，这可能是为了应付繁殖的需要（Ingram 和 Hessler，1987），因此深渊海沟中发现的低脂类含量可能暗示这些端足类动物都是未成熟的雌性生物（Perrone 等，2003）。

深渊端足类动物的脂类组成以单一不饱和脂肪酸为主，另有少量的多糖类不饱和脂肪酸。相反的，在巴伦支海浅水区（150~250m），端足类动物（*Anonyx nugax* 和 *Stegocephalus inflatus*）含有更高含量的多糖类不饱和脂肪酸（Graeve 等，1997）。佩龙等人（Perrone 等，2003）报道了 *E. gryllus* 含有较低的多不饱和脂肪酸含量，表明深渊端足类动物相较于浅水区的端足类动物更加依靠脂类的储存，这是典型的食腐生活方式，其间穿插着长时间的饥饿期（Perrone 等，2003）。

第三部分

深渊生物群落

The hadal community

引言 Introduction

本部分将具体介绍深渊区当前发现的不同形态的生物。在理想状态下，利用现有的方法和技术，生物很容易被划分到种和属的水平。但是，深渊生物群落不像其他的生态环境那样为人熟知，很多深渊物种的信息都非常匮乏。因此，接下来的四章将分别介绍运用不同采样方法发现的生物类型：第 7 章，微生物、原生生物和蠕虫，包括在沉积物柱状样中发现的各种生物；第 8 章，海绵动物、软体动物和棘皮动物，包括用拖网和抓斗获得的各种无脊椎底表动物；第 9 章，甲壳类，主要是用带诱饵的捕获器捕获的端足类生物，但也包括其他甲壳类；第 10 章，具体介绍了刺胞动物和鱼类的最新知识，它们主要来自带诱饵照相机的观测和浮游生物拖网的捕捞。为了使本书各章节内容更趋完整，刺胞动物这一章也包括无柄珊瑚，它们通常是利用拖网和抓斗捕获的样本，或者是利用无人遥控潜水器拍照获得的影像资料。

大部分海洋生物的代表类群都能在深渊深度找到，基本每一个纲都有对应的深渊类群。例如，最多样化的、比较常见的类群是多毛类（Annelidea，约 164 种）、双壳类（Mollusca，约 101 种）、腹足类（Mollusca，约 85 种）和海参类（Echinodermata，约 59 种）。所有这些类群都能在全海深发现，且多数情况下都是大量聚集的，尤其是海参类动物。其他类群如双壳类（Bivalvia）则不同，它们在海沟内的分布并不均匀，但是能在化能合成环境中大量聚集（Fujikura 等，1999；Fujiwara 等，2001）。还有一些类群，如海百合，能聚集形成“海百合席（Crinoid meadow）”，深度可达 9700m（Oji 等，2009），非常引人瞩目，虽然目前还不能将它们鉴定到种的水平。有些物种如星虫（Sipunculid）和海胆（Echinoidea），我们仍然知之甚少，它们似乎只生活在深渊区的上层水体。同样地，海星似乎也仅生活在深渊深度的浅层区域，尽管有报道称在更深处发现了一两个种。人类对其他类群如水螅类生物（Byrozoa）知道得更少，一些还缺少物种鉴定信息，部分原因是捕获的样品质量往往非常糟糕。一些微生物，如细菌和有孔虫，在任何深度都能发现，并已在许多具体的研究中专门报道过（如 Kato，2011；Gooday 等，2008），如其耐高压适应性（Bartlett，2002；在第 5 章中已有讨论）以及与浅水层之间的联系（Eloe 等，2010）。尽管生物栖息的具体深度在研究中通常都有记录，但相关信息对应的样品却极少。相比之下，由于很容易被带诱饵的捕获器抓获，端足类成为近几十年捕获最多的深渊动物门之一。由于可以捕获到充足的量和多样性，它们也成为少数几个可以开展有意义的统计分析的深渊类群之一。某些已经鉴定的十足目深渊类群的具体内容将会在本书中得到体现。奇怪的是，许多文献在提及深渊区时常会引述："十足类不会出现在深渊区。"（如 Herring，2002）但恰恰相反，十足类不仅在深渊区出现了，而且过去几年还频繁出现于许多海沟中（Jamieson 等，2009b）。原先关于十足类在深渊中不存在的报道是一个使用错误工具的例子，它突出强调了一个事实，即在较大深度中仅依靠拖网来捕获有快速游动能力的虾的方法并不可行。

第 7 章

微生物、原生生物和蠕虫

7.1 细菌

科学家们已经提出生命可能起源于深海的观点，且认为早期的生命形式应具有适应高压环境的耐压基因（Kato 和 Horikoshi，1996）。他们也提出最初参与有机物（例如氨基酸）聚合的化学反应可能是在高压环境中发生的（Imai 等，1999）。因此，对深海和深渊微生物耐压机制的研究，有助于加深我们对深海的理解，并为生命的起源和演化提供一个新的视角（Kato，2011）。

大多数关于深渊细菌方面的研究样品都来自于西北太平洋海沟（日本海沟、伊豆－小笠原海沟和马里亚纳海沟，见表 7.1），这主要得益于日本学者的诸多工作（如 Kato 等，1995a，1995b，1995c，1996，1998；Nogi 等，2002，2004，2007）。大部分细菌的研究是针对海底沉积物样品的，如波多黎各海沟沉积物（Deming 等，1988），某些菌株源于深渊－深海水体（Eloe 等，2011；图 7.1），而另外一些菌株则是从包括马里亚纳海沟（Yayanos 等，1981）和克马德克海沟（Lauro 等，2007）的端足类生物中分离出来的。

从深海分离出的许多菌株都属于新型嗜冷和嗜压细菌，如 *Photobacterium profundum*，*Shewanella violacea*，*Moritella japonica*，*Moritella yayanosii*，*Psychromonas kaikoi* 和 *Colwellia piezophila*。这些嗜压菌株属于 γ-变形杆菌的 5 个属，它们具有耐压机制，在细胞膜中含有多不饱和脂肪酸，可以在低温和高压环境下维持细胞膜的流动性。研究人员认为，这些嗜压微生物广泛分布在地球上（Kato，2011）。表 7.1 具体介绍了目前从深渊中已经分离出的细菌（*Colwellia*，*Psychromonas*，*Moritella* 和 *Shewanella*）。

表 7.1 已分离出的深渊细菌，包括它们的最适生长温度（T_{opt}）和最适压力（P_{opt}）［根据 Eloe 等（2011）数据修改］

已分离的菌株	海沟	水深（m）	最适生长温度（℃）	最适生长压力（MPa）	参考文献
Colwelliaceae					
Colwellia peizophila Y223G^{T}	日本海沟	6278	10	60	Nogi 等，2004
Colwellia hadaliensis BNL-1^{T}	波多黎各海沟	7410	10	90	Deming 等，1988
*Colwellia sp.*strain MT41	马里亚纳海沟	10476	8	103	Yayanos 等，1981
Psychromonadaceae					
Psychromonas kaikoae JT7304^{T}	日本海沟	7434	10	50	Nogi 等，2002
Psychromonas hadalis K41G	日本海沟	7542	6	60	Nogi 等，2007
Moritellaceae					
Moritella japonica DSK1	日本海沟	6356	15	50	Kato 等，1995a
Moritella yayanosii DB21MT-5	马里亚纳海沟	10898	10	80	Nogi 和 Kato, 1999
Shewanellaceae					
Shewanella benthica DB6705	日本海沟	6356	15	60	Kato 等，1995a
Shewanella benthica DB6906	日本海沟	6269	15	60	Kato 等，1995a
Shewanella benthica DB172R	伊豆－小笠原海沟	6499	10	60	Kato 等，1996
Shewanella benthica DB172F	伊豆－小笠原海沟	6499	10	70	Kato 等，1996

续表

已分离的菌株	海沟	水深（m）	最适生长温度（℃）	最适生长压力（MPa）	参考文献
Shewanella benthica DB21MT-2	马里亚纳海沟	10898	10	70	Kato 等，1998
*Shewanella sp.*strainKT99	克马德克海沟	9856	~2	~98	Lauro 等，2007
Non-Gammaproteobacteria					
Dermacoccus abyssi MT1.1^T	马里亚纳海沟	10898	28	40	Pathom-aree 等，2006
Rhodobacterales bacterium PRT1	波多黎各海沟	8350	10	80	Eloe 等，2011

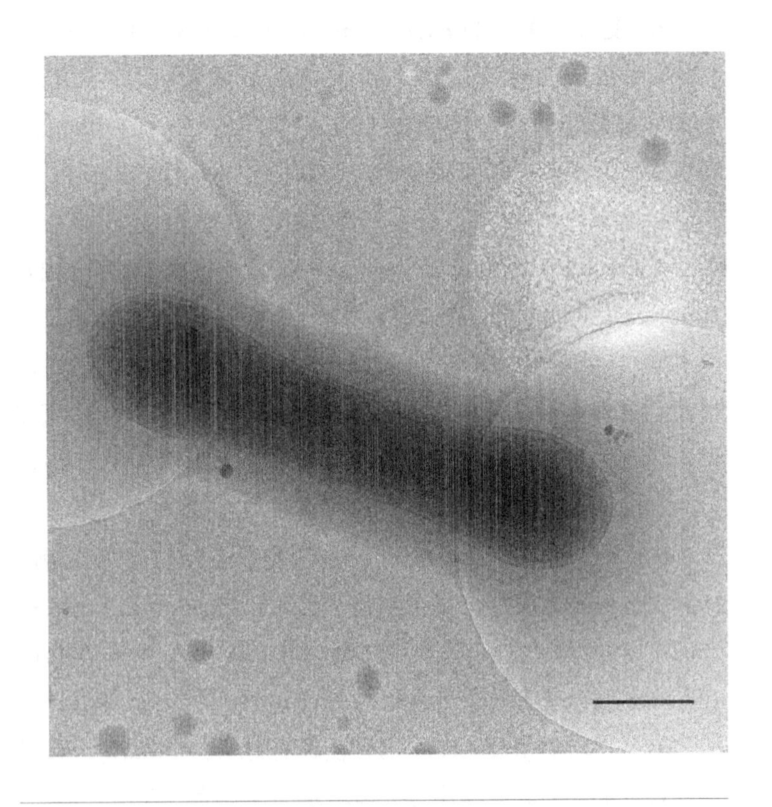

图 7.1　在波多黎各海沟分离的 *Rhodobacterales bacterium* PRT1 的形态特征（用透射电镜拍摄，Cryo-TEM，放大倍数为 12000，标尺为 0.5μm，根据 Eloe 等（2011）修改。

γ-变形杆菌中的 *Colwellia* 被认为是兼性厌氧的嗜冷细菌（Deming 等，1988）。有三种嗜压细菌来自深渊海沟，分别是 *C. peizophila* Y223G^T（Nogi 等，2004）、*C. hadaliensis* BNL-1^T（Deming 等，1988） 和 *C.* sp. Strain MT41（Yayanos 等，1981），它们分别取自日本海沟 6278m、波多黎各海沟 7410m 以及马里亚纳海沟 10476m（表 7.1），后者是从一个腐烂的端足类生物（*Hirondellea gigas*）中发现的。Y223G^T 是革兰氏阴性菌，长 2.0~3.0 μm，宽 0.8~1.0 μm，依靠一个无鞘的极生鞭毛运动（Nogi 等，2004）。*Colwellia* 能够产生长链的多不饱和脂肪酸（PUFA），如二十二碳六烯酸（DHA；Bowman 等，1998），但其中的 *C. peizophila* 并不能产生二十碳五烯酸（EPA）或二十二碳六烯酸（DHA），却能产生高含量的不饱和脂肪酸（16：1）（Nogi 等，2004），这暗示了尽管 PUFA 在嗜压菌中仍然非常普遍，但长链 PUFA 不是嗜压菌的必备条件（Kato，2011）。

γ-变形杆菌中的 *Psychromonas* 是嗜冷菌，根据 16S rRNA 基因信息，它们与 *Shewanella*（希瓦氏菌）和 *Moritella* 最相近。*P. kaikoi* 是从日本海沟 7434m 处的冷泉沉积物中分离到的（Nogi 等，2002），这也是目前已知的最深冷泉。*P. kaikoi* 的最适生长温度是 10℃，最适生长压力是 50MPa。*P. Kaikoi* JT7304 是一个特殊的菌株，因为它既能产生 EPA，也能产生 DHA，而嗜压菌和嗜冷菌，例如 *Shewanella* 和 *Photobacterium*，仅能产生 EPA 和 DHA 中的一种（Nogi 等，2002）。有意思的是，在南极一个浅水区分离到的细菌 *P. Antarctic*，它们既不产生 EPA，也不产生 DHA（Kato，2011）。专性嗜压菌 *Psychromonas hadalis* K41G 也是从日本海沟 7542m 处的沉积物中分离得到的，它的最适生长温度和压力分别是 6℃和 60MPa（Nogi 等，2007），在常压下不生长。K41G 是革兰氏阴性菌，长 1.5~2.0μm，宽 0.8~1.0μm，也是通过一个无鞘的极生鞭毛运动。

Psychromonas Antarctica 首先是从南极沉积物中分离出来的（Mountfort 等，1998），与从日本海沟分离得到的嗜压菌株 *Psychromonas* 有较高的同源性（Nogi 等，2002）。类似地，从日本海沟 5000~6000m 分离得到的 *Psychrobacter pacificensis*，在分类学上与在南极分离得到的 *Psychrobacter immobilis*，*Psychrobacter gracincola* 和 *Psychrobacter frigidicola* 也有较高的同源性（Maruyama 等，2000）。从这些研究中发现，全球的深海洋流与极地冷水的下沉有一定关系，这可能影响了深海细菌的生境和演化。

Moritella marina 是 *Moritella* 属的一个菌株，是最常见的嗜冷海洋微生物之一，但它不是嗜压菌（Kato，2011）。*Moritella* 属的第一个嗜压菌株是 *Moritella japonica* DSK1，是从日本海沟 6456m 处分离得到的一个中等嗜压菌（Kato 等，1995a）。*Moritella* 属的典型特征是能够产生长链的 PUFA，如 DHA（Nogi 等，1998）。DSK1 是革兰氏阴性菌，长 2~4μm，宽 0.8~1.0μm，通过一个无鞘的极生鞭毛运动，它的最适生长温度和压力分别是 15℃和 50MPa，属于中等嗜压菌。极端嗜压菌 *Moritella yayanosii* DB21MT-5 是从马里亚纳海沟 10898m 分离得到的（Nogi 和 Kato，1999）。该菌株的最适生长压力是 80MPa，而且在 100MPa 的压力下也能很好地生长，但在压力低于 50MPa 时不能生长（Kato 等，1998）。*Moritella yayanosii* DB21MT-5 是 Moritella sp. 属中存在专性嗜压菌的第一证据。*Moritella yayanosii* DB21MT-5 呈圆形，长 2.5~3μm，宽约 1.0μm，通过一条极生鞭毛运动（Nogi 和 Kato，1999），该菌株中大约 70% 的细胞膜脂是不饱和脂肪酸，这与它超高的耐压性一致（Fang 等，2000）。

希瓦氏菌（*Shewanella*）不是海洋环境的专属种，通常是革兰氏阴性菌、好氧和兼性厌氧的 γ- 变形杆菌（MacDonell 和 Colwell，1985），一些新发现的海洋希瓦氏菌物种并不属于嗜压菌（Kato，2011）。希瓦氏菌菌株 PT-99，DB-5501、DB6101、DB6705、DB6906、DB172F、DB172R 和 DB21MT-2 都是相同菌株 *Shewanella benthica* 的嗜压菌成员（Nogi 等，1998b；Kato 和 Nogi，2001）。研究表明，*Shewanella Violacea* DSS12 是一种中等嗜压菌，其倍增时间在 0.1~70MPa 的压力范围内基本是一个恒定值，这与大多数 *Shewanella benthica* 嗜压菌株截然不同，它们的倍增时间在不同压力条件下显著变化（Kato，2001）。DSS12 菌株这种在不同压力下基本不变的生长特征，便于开展深海细菌的高压适应性研究。事实上，DSS12 菌株的基因组分析，已经被用作深海嗜压菌的模式菌株（Aono 等，2010）。*Shewanella benthica* 和 *Shewanella Violacea* 在常压下被认为是嗜冷性的（Nogi 等，1998b）。*Shewanella benthica* DB21MT-2 是所采样品中深度最大的菌种之一，它们是从挑战者深渊 10898m 处分离得到的（Kato 等，1998），最适生长压力是 70MPa，在压力小于 50MPa 下不生长，说明它是一株极端嗜压菌。此外，它还能在 100MPa 的压力下正常生长，DB21MT-2 呈圆形，长 2μm，宽 0.8~1.0μm，也是通过一根极生鞭毛运动。

2011 年，卡托（Kato）等人从 γ- 变形杆菌系统发育树上鉴定了两个不同的希瓦氏菌类群，大多数嗜冷或嗜压的希瓦氏菌属于同一个类群。在这个类群里包括 *Shewanella benthica* 和 *Shewanella Violacea*，它们在高压条件下表现出嗜压性和耐压性。第二个类群里的物种在 50MPa 压力下不生长，因此它们是压力敏感型的菌株(Kato和Nogi，2001)。总的说来，希瓦氏菌第一个类群的主要特征是嗜冷和耐压，而希瓦氏菌第二个类群的主要特征是嗜温和对压力敏感。脂肪酸的组成可以支持这个观点，前者细胞膜中能够产生相当数量的PUFA EPA（11%~16%），而后者几乎不产生或者仅产生有限的EPA，这样可以将这两类分别定义为嗜冷和嗜压菌（第一类群）以及嗜温和压力敏感菌（第二类群）。实际上，嗜压菌株已经从一些沉积物中分离得到，例如日本海沟（6269~6356m；Kato等，1995a）、伊豆－小笠原海沟（6499m；Kato等，1996）以及马里亚纳海沟（10898m；Kato等，1998）。另一个菌株KT99，是从克马德克海沟9856m处的端足类（*Hirondellea dubia*）组织中分离得到的（Lauro等，2007）。

在更大尺度上，塔卡米（Takami）等人描述了马里亚纳海沟（10898m）沉积物中微生物群落的特征（Takami等，1997）。该群落由放线菌、真菌、非极端菌和各种极端菌组成（如嗜碱、嗜热和嗜冷等）。非极端细菌在沉积物中为2.2×10^4~2.3×10^5个/克干重。丝状真菌、放线菌和嗜冷细菌在沉积物中有相同的检出频率(2.0×10^2个/克干重)。然而，他们在上述样品中没有检出任何嗜压菌，但是很快卡托等人在这些样品中发现了嗜压菌（Kato等，1998），这与先前亚亚诺斯的报道一致（Yayanos等，1981）。塔卡米等人认为挑战者深渊的沉积物是一个存放处，接收来自海雪（marine snow）颗粒物中活性和惰性的微生物（Takami等，1997）。考虑到颗粒物沉降速率一般为1.0~0.1m/d（约等于5000m/1~50y；Jannasch和Taylor，1984），许多微生物需要经过很长时间才能沉积到海底。然而，格鲁德（Glud）等人发现，相比深海参考点（6018m），挑战者深渊的沉积物剖面具有更高的有机碳含量、更多的扰动和不一致性（Glud等，2013）。研究认为这种特点说明存在一个快速的沉积和埋藏过程，可能是在地震活动的帮助下，沉积物沿着海沟斜坡不规律地向下输送。该研究还发现，由于相对高的有机物沉积，挑战者深渊的沉积物具有强烈的、由原核生物群落（包括细菌和古菌）主导的矿化作用。在10813m和10817m的深度，原核生物的平均密度是0.97×10^7个/cm^3，而深海参考站位仅为0.14×10^7个/cm^3。剧烈的异养微生物活动促使全海深深渊沉积物中O_2浓度降低的速度比深海处更快（Glud等，2013）。

深渊水体是地球上研究最少的区域之一，目前只是开展了少量的研究工作。其中，伊洛等人（Eloe等，2010）分析了波多黎各海沟6000m水体中附生（particle-associated；粒径大于3μm）和自由生活（free-living；粒径0.22~3μm）微生物聚集体（包括细菌、古菌和真核细胞）的组成差异。该研究从附生和自由生活的微生物聚集体中获得了 541 条细菌序列和 675 条古菌序列，并获得了 339 条的自由生活真核生物基因序列。结果表明，附生和自由生活的古菌类群没有明显的差异，而两者的细菌类群存在明显的统计学差异。与自由生活细菌相比，附生细菌的群落多样性较高，这与其他较浅水区的研究一致。具体来说，在这两个不同粒径的组分中，细菌序列的 40% 是由 α - 变形杆菌的 6 个目组成：Rhodobacterales，Rhizobiales，Sphingomondales，Caulobacterales，Rhodospirillales 和 Rickettsiales，其中 Rickettsiales 数量最多。在附生细菌中，Rhizobiales 目占了相当的比例，这个结果将该类细菌的生存环境从土壤和沉积物拓展到了深海。在这两个组分中，γ - 变形杆菌相对较少，包含 Legionellales，Xanthomonadales，Alteroomonadales，Chromatiales 和 Oceanospirillale。其中，Xanthomonadales 目在自由生活细菌中占了 γ - 变形杆菌的一半。β - 变形杆菌在附生细菌中仅占 2.7%，而在自由生活细菌中占 26.5%，主要由 Burkholderiales 目组成，包括 Alcaligenaceae，Comamonadaceae 和 Burkholderiales 三个科。如此高比例的 β - 变形杆菌非常令人惊讶，在其他海洋自由生活细菌中并不存在这一现象。δ - 变形杆菌在附生细菌中占 13%，而在自由生活细菌中仅占 4.4%，并且在总的 49 条序列中，一半以上属于同一簇，即 SAR324。剩余的序列是非变形杆菌，在自由生活细菌和附生细菌中分别含有 38 条和 107 条序列。在附生细菌中，大部分序列属于拟杆菌门（Bacteroidetes）和浮霉菌门（Planctomycetes）。4 个可能是蓝细菌（cyanobacterial-like），12 个质粒序列仅存在于附生细菌中，这表明附生细菌中某些微生物来自于表层。对于自由生活细菌而言，非变形杆菌中的优势种群是广泛存在的深海种，即 SAR406。

研究表明，波多黎各海沟的基因型与其他深海环境的基因型紧密相关（Eloe 等，2010）。然而，附生微生物的一些基因型可能来自上部表层水体，经过沉降进入深海并适应高压后存活下来。因此，研究者得出结论，附生微生物在深层的存在反映了微生物暴露在高压下的强度和时间，以及微生物对压力的适应性。自由生活真核生物和细菌在附着颗粒物中同时出现，也表明了深海附生微生物与浅水区微生物群落是相关联的。然而，考虑到附生微生物与其他深海群落和自由生活微生物的高度相似度，表层水微生物在其中所占的比例应该是相对较低的。

7.2 有孔虫门

在小型底栖生物（小型真核生物）中，大多数生物量是由线虫和有孔虫组成的。除了甲壳类动物，底栖有孔虫（原生动物界，有孔虫门）是深渊区中所包含物种最丰富的分类单元（Belyaev,1989）。第一个深渊有孔虫来自于1870年“挑战者”探险航次，是从日本海沟7224m处捕获的，尽管所发现的14个种中大部分是浅水种。大部分的深渊有孔虫样本是20世纪50年代由苏联探险航次获得的，并经别利亚耶夫（Belyaev，1989）整理，包括在水深6000~10687m发现的103种有孔虫（属于5个目，15个科）。目前，通过对世界海洋物种目录（World Register of Marine Species，WORMS）数据库的交叉检查和更新，深渊有孔虫的数目已经增加到7个目，36个科（表7.2）。与全世界约2140个物种数相比，深渊有孔虫的数目仍然相对较低（Murray，2007），但这并不能说明其多样性较低，而只是由于深渊沉积物长期以来难于取样所致。

表7.2 采样深度超过6000m有孔虫列表［数据来源于别利亚耶夫（Belyaev，1989），并经古戴等（Gooday，2008）、北里等（Kitazato等，2009）和秋元等（Akimoto，2001）更新。所有数据都已在世界海洋物种目录（WORMS）中更新］

目（名称）	科（名称）	属（数量）	种（数量）	深度范围（m）
Allogromiida	Allogromiidae	4	5	2140~10896
	Allogromiidae incertae sedis	1	1	10896
Astrorhizida	Ammodiscidae	5	6	68~9220
	Asrorhizidae	2	4	1760~6980
	Botellinidae	1	1	2000~8430
	Dendrophryidae	1	2	5510~10002
	Hyperamminidae	2	8	1739~10002
	Normaninidae(Komikiacea)	1	3	2890~10687
	Polysaccamminidae	1	1	3360~8006
	Psamminidae	1	1	6860~7320

续表

目（名称）	科（名称）	属（数量）	种（数量）	深度范围（m）
	Psammaophaeridae	2	2*	2532~10687
	Rhabdamminidae	3	7**	500~10924
	Rhizamminidae(Komikiacea)	1	3	1015~6520
	Saccamminidae	3	6	1724~10924
	Stannomidae(Xenophyophorea)	1	2	6116~6675
	Syringamminidae(Xenophyophorea)	1	3	2760~8950
Litoulida	Reophacidae	1	1	10896
	Ammosphearoidinidae	6	11**	252~8380
	Discamminidae	1	1	7225
	Haplophragmoidae	4	4*	1450~6740
	Hormosinellidae	2	3	1134~7660
	Hormosinidae	3	4	1620~10924
	Lituolidae	2	5	640~7316
	Prolixoplectidae	1	1	2862~7225
	Reophacidae	3	8*	1739~9580
	Spiroplectamminidae	3	3**	1887~9540
	Trochamminoidae	1	1	750~6250
Loftusiida	Cyclamminidae	1	3	2750~6240
	Globotextularidae	2	2*	1550~6070
Miliolida	Cornuspiroidinae	1	1	2197~6240
	Hauerinidae	2	2	2048~7225
	Sprioloculinidae	1	1	4930~6927
Textulariida	Eggerellidae	1	1	1748~6250
	Textulariidae	1	1	10896
Trochamminida	Conotrochamminidae	1	1	2507~7300
	Trochamminidae	1	4	713~9220

* 代表了一些被 Belyaev（1989）列出，但未被 WORMS 列出的物种。

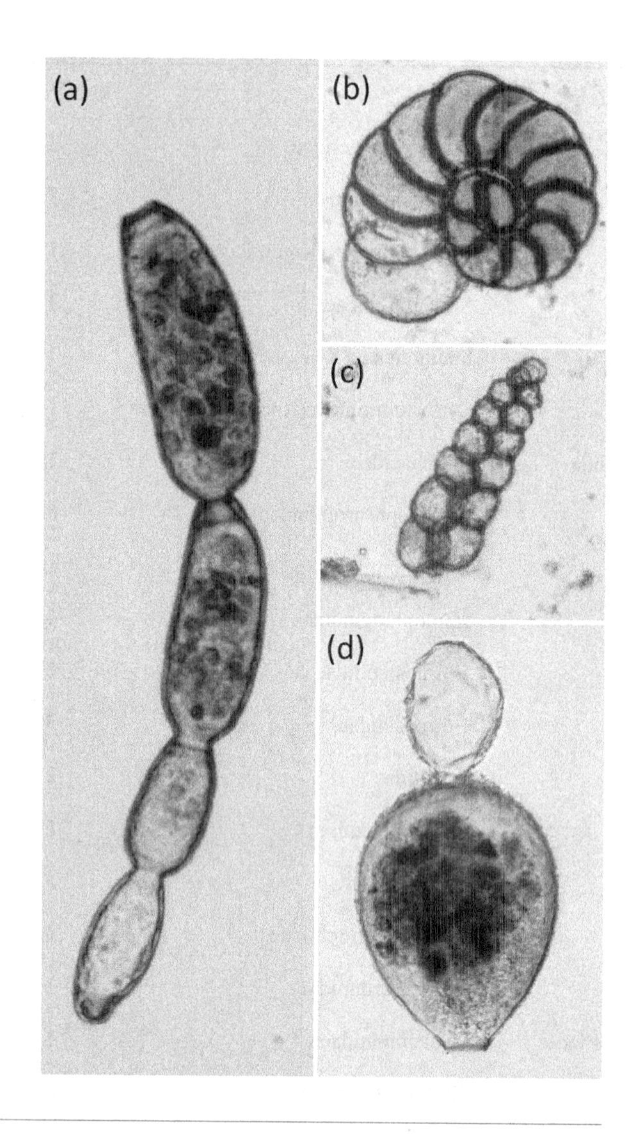

图 7.2　来自于马里亚纳海沟挑战者深渊的有孔虫：（a）*Resigella laevis*，（b）未被鉴定的 coiled foram，（c）*Textularia* sp. 及（d）*Resigella bilocularis*。图像来自于 Ander J. Gooday，英国南普顿国家海洋中心，（b-d）和（a）版权属于 Lennean Society of London。

在别利亚耶夫（Belyaev，1989）列出的 103 个物种中，有两个有孔虫拥有有机壳：*Nodellum membranaceea*（来自挑战者探险航次；Brady，1884）和 *Xenothekella elongate*（来自千岛 – 堪察加海沟 9000m 深处；Saidova，1970）。

在别利亚耶夫（Belyaev，1989）的综述发表之后，科研人员又有了一些新发现，主要来自两条海沟：马里亚纳海沟（Akimoto 等，2001；Todo 等，2005；Gooday 等，2008）和秘鲁－智利海沟（Sabbatini 等，2002）。在剩下的物种中，6 个是钙质的，6 个是沙盘虫（Ammodiscaceans），49 个是多房室壳胶结在一起的，46 个（包括 Komokiaceans）属于单房室。除了别利亚耶夫（Belyaev，1989）记录的两个有机壳外，其余来自深渊的软壳有孔虫（Allogromiids）非常稀少。

然而，在阿留申海沟 7298m 深处的一个箱式样品中，软壳有孔虫占了小型动物的 41%（Jumars 和 Hessler，1976）。萨巴蒂尼等人报道了沿秘鲁－智利海沟阿塔卡马截面 7800m 深处，存在许多软壳的有孔虫（有机软壳和胶结类），它们占了整个岩芯样品中活体有孔虫的 82%（Sabbatini 等，2002）。在该岩芯 0~6cm 层大于 20 μm 的组分中，共有 546 只个体被孟加拉红染色剂着色，意味着它们是软壳的活体物种。这其中大部分物种是 allogromiids（82%），其次是 saccamminids（11%）和 psammosphaerids（6.0%）。在尺寸分布中，allogromiids 在 120~160 μm 范围出现一个不同的峰值，特别类似 *Nodellum* 和 *Resigella* 的形式，而一个球形的 allogromiids 物种在大尺寸组分中是优势种。该研究为软壳的单房室有孔虫在海洋环境中的广泛分布提供了证据。

近年来，主要的深渊有孔虫都来自马里亚纳海沟，特别是挑战者深渊，这得益于日本海洋科学技术中心的研究。秋元等人（Akimoto 等，2001）对来自 10897m 深处的 54ml 沉积物样品进行了检测，发现了 91 只胶结质有孔虫个体，其中 *Lagenammina difflugiformis*（46 只）和 *Rhabdammina abyssorum*（27 只）是优势种群，还包含 *Hormosina globulifera*（9 只），*Hormosina guttifer*（3 只）和 6 个其他物种。91 只个体中，只有 4 只被认为是活体，它们都是 *L. difflugiformis*。

在秋元等人（Akimoto 等，2001）的研究之后，托多等人（Todo 等，2015）研究了一个来自挑战者深渊（10898m）的沉积物岩芯（最上部 1cm），发现了 432 只底栖有孔虫活体，这种有孔虫的密度相当于 449 个 /10cm^2，与深渊区较浅处的沉积物样品类似，如日本海沟（7088m）和千岛－堪察加海沟（7761m），但比许多深海站位高一些，包括它们自己的参考站位（550m，表 7.3）。这种有孔虫的聚集与来自同一个海沟较浅层的样品（7123m）很相似。除了 4 个多房室黏合的有孔虫属 *Leptohalysis* 和 *Reophax* 外，有孔虫聚集以微小的软壳有孔虫为主。在 428 个物种中，85% 的有孔虫是有机壳的，类似于 *Chitinosiphon*，*Nodellum* 和 *Resigella*。在挑战者深渊，有机壳的有孔虫高达 99%。这么高的比例非常罕见，

表 7.3 西北太平洋海沟和深海中主要有孔虫类别的活样本数目（N）和物种数目（S），MAF 代表多房室胶结壳有孔虫（数据根据 Todo 等，2005 修改）

主要类群	其他海沟				马里亚纳海沟区域					
	千岛－堪察加海沟 7661m		日本海沟 7088m		马里亚纳海沟 Stn 40 7123m		挑战者深渊 10896m		深海区 Stn 64 5507m	
	N	S	N	S	N	S	N	S	N	S
Nod/Res-like allogromiids	12	3	16	2	199	11	363	5	24	9
Other allogromiids	45	4	22	5	20	11	24	1	32	13
Psammosphaeridae	17	5	17	5	165	11	32	2	89	18
Saccamminidae	318	6	54	9	19	11	9	3	39	18
Other soft-shelled taxa	0	0	0	0	0	0	0	0	23	5
Lagenammina	1	1	0	0	10	3	0	0	52	9
Other Astrorhizacea	0	0	0	0	0	0	0	0	3	2
Ammodiscacea	1	1	0	0	3	2	0	0	2	1
Hormosinacea	9	3	26	3	21	5	4	2	28	6
Trochamminacea	126	8	8	2	2	1	0	0	9	3
Other MAF	3	2	1	1	1	1	0	0	9	3
Rotaliina	161	2	1	1	5	1	0	0	19	3
总数	693	35	145	28	445	57	432	13	329	90
% soft-shelled monothalamous	56		75		91		99		63.5	

因为在大多数深海环境中，它们通常只占活体有孔虫的5%~20%。

古戴等人（Gooday等，2008）随后在研究挑战者深渊（10896m）的有孔虫时，描述了4个新种和一个新属，它们最先出现在托多（Todo，2005）的工作中，包括*Nodellum aculeate*，*Resigella laevis*，*R. bilocularis*和*Conicotheca nigrans*（也是一个新属）等物种。在此之前，秋元等人通过研究挑战者深渊，已经报道了好几个胶结壳有孔虫，被鉴定为*Lagenammina difflugiformis*，*Hormosina globulifera*，*Reophax guffifera*和*Rhabdammina abyssorum*（Akimoto等，2001）。尽管研究的区域和深度相同（Akimoto等，2001；Todo等，2005；Gooday等，2008），科研人员的发现仍然有所不同。这主要是因为各自采用不同的分析方法所致。在秋元等人的研究中，一些非常小、长体型的物种由于可能会通过125 μm的筛孔而被忽略掉了（Akimoto等，2001）。此外，早期的研究是检查干的残渣，这里面一些易碎的、具有有机壳体的有孔虫会遭到破坏，从而难于辨别出来（Gooday等，2008）。

古戴等人（Gooday等，2010）详细描述了挑战者深渊中4个小的有孔虫壳，3个胖砂轮虫（trochamminaceans）和1个叶状串珠虫（*Textularia*）物种，结果发现一些生活在全海深附近的胶结壳有孔虫采用生物颗粒物和碎屑颗粒物构建成壳，这些壳随后又被溶解。溶解的颗石藻和浮游有孔虫的碎片合并成两个壳，这说明了这些易碎的钙质颗粒可以完整地到达全海深深度（Gooday等，2008）。据推测，它们可以通过快速下沉的颗粒途径到达海底（例如植物腐殖质聚合物和粪便颗粒）。

深渊中作为优势种群的有孔虫使用有机壳或者软壳可能是在碳酸盐补偿深度（CCD）以下生存的一种策略。托多等人（Todo等，2015）也认为在挑战者深渊发现有孔虫虽然不同，但都是原生的有孔虫，可能代表了深海有孔虫的残留物。这种深海有孔虫经过过去6~9Ma的演化，已经适应了静水压力的持续升高（Fujioka等，2002）。

7.2.1 Komokiacea类有孔虫

Komokiacea总科（Trendal和Hessler，1977）是分布最广泛的深海有孔虫类别之一，也最有争议（Lecroq等，2009a）。在被划分为有孔虫之前，Komokiacea被归类于海绵和巨型变形虫（Xenophyophores）（Hessler和Jumars，1974）。Komokiacea，在非正式场合也被称为“Komoki”，在寡营养的深海中非常常见。它们有广阔的深度分布范围，在深渊区也存在。滕达尔和赫斯勒（Tendal

和 Hessler，1977）以及卡缅斯卡亚等人（Kamenskaya 等，1989）报道了来自太平洋 8 条海沟中的各种 komoki 类有孔虫。前者在“加拉瑟”号考察中，从大于 6000m 水深的 7 个站位（最深为 9605m）发现了 Komokiacea。一个最深的拖网样品来自于汤加海沟 10915m 深处，在其中发现了 *Edgertonia* 属的 Komoki（Kamenskaya，1989）。滕达尔和赫斯勒（Tendal 和 Hessler，1977）指出 komoki 的最大相对丰度出现在贫营养的深海平原和深渊海沟，在这些地方它们的数量超过了所有的后生动物，与其他有孔虫的总数相当。另外，超过 80% 的有孔虫物种都来自表层沉积物，在 2cm 以下的沉积物中仅发现了 2% 的物种。古戴等人（Gooday 等，2007）重新检查了若干个深海和深渊样品，在这之前，苏联学者已经对这些样品进行了报道（Saidova，1977）。在古戴等人的工作中，他们把 Komoki 描述成一个新的有孔虫种，属于 *Dendropphyra* 和 *Normania*（Gooday 等，2007）。他们认为来自水深 8928~9174m 的 *D. kermadecensis* 是 *Reticulum* 属，而来自水深 6126m 的 *N. fruticosa* 不仅样品丢失，而且在当时检查照片资料时发现可能不是 *Normania*，而是 *Komokia*（9995~10002m）。另外，*N. ultrabyssalica* 或许是一个新的 Komokiacean 类有孔虫。目前，依据形态学，Komokiacea 仍然被划分为有孔虫。尽管科研人员尝试通过分子生物学的方法去鉴定它的进化位置，但是仍然不能清楚地确定它们是否是真正的有孔虫（Lecroq 等，2009a）。不管怎样，这个研究暗示了 Komokiacean 和许多大型的有壳原生生物可以为大量真核生物提供生境结构（habitat structure），还有助于维持深海微型和小型生物群落的多样性。

7.2.2 巨形有孔虫总科

神秘的 xenophyophores 是一类巨型的单细胞有孔虫，它们具有易碎的胶结壳，可以为许多小的后生动物提供生活环境（Levin，1991）。因此，它们也是深海小型和大型动物多样性研究的热点（Lecroq 等，2009a）。如同 Komokiacean，一个世纪以来它们的分类地位一直未被确定，有很多研究把它们归为海绵动物或原生动物的不同类别。但是本书中目前还是把它们划为有孔虫（Polythalamea，Xenophyophorea 总科）。

这种有孔虫是觅食沉积物或悬浮物的底栖生物，直径通常大于 10cm。它们主要由外源颗粒物组成（xenophyae），具有多种形态（Lecroq 等，2009b）。尽管它们在深海分布特别广泛，密度有时高达 1000 个 /100m^2（Tendal 和 Gooday，1981），但由于它们的外壳特别易碎，目前我们对 xenophyophores 的了解仍然非常少。至今已经被描述的 xenophyophore 生物总共有 14 个属，约 60 个种。

对深渊 xenophyophores 的第一个记录来自俄罗斯和丹麦在“维塔兹”号和“加拉瑟”号考察之后的文献（Belyaev，1989）。滕达尔（Tendal，1972）确立了 Xenophyophoria 亚纲的两个目：Psammettida 和 Stannomida，也就是目前 Xenophyophoroidea 总科中的 Psammettidae 和 Stannomidae 两个科。深海中占优势的 *Stannophyllum* 属（Stannomidae）在深渊深度也有出现。科研人员在千岛 – 堪察加海沟位于深海和深渊深度的好几个站位都发现了 *Stannophyllum granularium*，虽然这些站位深度小于 6900m（分别是 6272~6282m、6710~6675m 和 6215~6205m）。相同的物种也在日本海沟 6116m 深处被发现，而另一个物种 *S. mollum* 在 6380m 也被发现。Xenophyophore 导致柱状沉积物样品中生物量异常的高。Shirama（1984）在西北太平洋的日本海域（2090~8260 m）采集了 12 个站位的样品，发现生物量最高的地方出现在伊豆 – 小笠原海沟的 8260m 处，这正是由于富含 xenophyophore 类的 *Occultammina profunda* 所致。

在 RPOA 考察中，从帕劳海沟、新不列颠海沟、布干维尔海沟和新赫布里底海沟（深度可达 8662m）里，许多底部照片都拍摄到 xenophyophore 类生物（Lemche 等，1976）。科学家报道了在新不列颠海沟 8260m 深处，*Stannpophyllum* 的平均密度是 1 个 /3m^2，而在新赫布里底海沟 6770m 深处的平均密度是 1 个 /10m^2。在新不列颠海沟 7875~7931m 深处，未被分类的 *Psammetta* sp. 的平均密度也是 1 个 /m^2。

别利亚耶夫（Belyaev，1989）提出在深渊深度的底部沉积物中，xenophyophore 在有机物的初级利用和再处理过程中扮演着重要的角色。由于 xenophyophore 极易破碎，为了真正理解它们的多样性和作用，需要采用更先进的采样方法（如无人遥控潜水器），来进一步开展采样。

7.3　线虫门

线虫门（Nematoda）是多样性极高的动物门类，生活在多种环境中（Lambshead，2003）。早在 20 世纪 50 年代中期，科研人员就发现线虫存在的深度超过了 4570m（Wieser，1956）。到了 20 世纪 60 年代，在一些深海区的底部，科研人员更是发现线虫的种群密度极高，可达 20000~80000 个 /m^2（Thiel，1966）和 156000~278000 个 /m^2（Thiel，1972），这暗示深渊中的线虫可能非常多。事实上，在随后的“维塔兹”号航次中，在汤加海沟 10415~10687m 深处也发现了线虫（Belyaev，1989）。沃尔夫（Wolff 等，1960）在三大洋 18 条海沟的 60 个站位都发现了线虫。因此，线虫现在被认为是深渊区小型和微型底栖生物中最具特征性的动物之一。线虫的多样性即使在深渊区也非常显著，例如居马思和赫斯勒（Jumars 和 Hessler，1976）在来自阿留申海沟 7298m 深处的一个箱式柱状沉积物样品中发现了 194 个种，相对应的密度是 776 个 /m^2。

基于对波多黎各海沟 3 个站位（水深 5411m、7460m 和 8189m）样品中的小型动物丰度和生物量的调查，特杰等人（Teitjen 等，1989）发现线虫的丰度和生物量与深度没有相关性，最深站位的生物量竟然是最浅站位的 4 倍。与深海（5411m）和半深海（2217m）的站位相比，海沟中已知的线虫科较少（Teitjen，1989）。海沟中的线虫以 Oxystomindae，Chromadoridae 和 Xyalidae 科为主，占绝对优势（它们在深海站位也被观测到）。这三个科在两个深渊站位中分别占了个体数量的 65.9% 和物种数量的 55.9%。其他几个科的线虫只具有局部意义（如 Sphaerolaimidae 在 7469m 和 8189m，Siphonolaimidae 和 Desmoscolecidae 在 8189m，Microlaimidae 在 7460m）。在所有站位发现的 110 个属中，52% 是已知的，其余的是新的未描述属。未知属分别占已鉴定线虫数目的 6.4%（7460m）和 19.5%（8189m）。多样性峰值出现在深海深度，而在最深站位，线虫的多样性最低。特杰等人总结道：总体来说，物种多样性与其他许多深海区域是一致的，即物种多样性随物种丰度变化，且线虫物种趋于均匀分布（Teitjen 等，1989）。表 7.4 显示了线虫的物种多样性、丰度和均匀度。

然而，波多黎各海沟被认为是一个营养盐耗竭的寡营养环境（Richardson 等，1995）。与之相反，秘鲁 – 智利海沟相对富营养。葛木比等人（Gambi 等，2003）在秘鲁 – 智利海沟（阿塔卡马地区）开展了一个与特杰等人（Teitjen 等，1989）类似的研究。这个研究调查了半深海和深渊深度（1050~7800m）线虫的群落组成，在这一区域 7800m 水深处营养有机质的浓度非常高。特杰等人（Teitjen 等，1989）的结果显示了富营养系统的典型特征，线虫的密度高达 6000 个 /10cm^2，而且在组成上也不同于半深海区。

在波多黎各海沟，半深海与深渊群落之间亲和指数（Affinity index）较低，这不是由于某些科 / 属的出现和缺失所造成的，而应归因于群落之间的组成差异

表 7.4　来自波多黎各海沟的 3 个站位以及对应的深海和半深海站位中线虫的多样性、丰度和均匀度

站位	水深（m）	物种多样性指数（H'）	物种丰富度指数（SR）	物种均匀度指数（J'）
哈特拉斯深海平原[a]	5411	4.10	19.14	0.87
波多黎各陆坡[a]	2217	3.97	15.89	0.89
波多黎各海沟[a]	7460	3.58	11.47	0.87
波多黎各海沟[a]	8189	3.58	11.05	0.92
波多黎各海沟[a]	8380	3.33	8.60	0.86
阿塔卡马陆坡[b]	1050	3.1	14.1	0.878
阿塔卡马陆坡[b]	1140	3.2	14.5	0.897
阿塔卡马陆坡[b]	1355	3.2	13.0	0.897
阿塔卡马海沟[b]	7800	2.7	7.9	0.862

a 和 b 分别根据特比（Teitjen，1989）和葛本比等（Gambi 等，2003）修改。

（Teitjen，1989）。葛木比等人（Gambi 等，2003）认为较低的亲和指数源于完全不同的半深海和深渊群落结构。在半深海的阿塔卡马斜坡中，最丰富的线虫是 Comesomatidae，Cyatholaimidae，Microlaimidae，Desmoscolecidae 和 Xyalidae，而在海沟深度最丰富的线虫是 Monhysteridae（半深海区所占少于 1%，深渊区占 24%），Chromadoridae，Microlaimidae，Oxystomindae 和 Xyalidae。

通过对比秘鲁－智利海沟和波多黎各海沟（Teitjen，1989），葛木比等人（Gambi 等，2003）发现两者的优势种是一样的：Monhysteridae，Chromadoridae，Oxystomindae 和 Xyalidae，但物种的相对重要性有所区别：Monhysteridae（波多黎各海沟占 5%，阿塔卡马海沟占 24%）；Xyalidae（波多黎各海沟占 17.4%，阿塔卡马海沟占 7.4%）。特别在秘鲁－智利海沟，Cyatholaimidae 科在海沟（6.3%）和

斜坡（13.1%）沉积物中非常丰富，而在其他的深海研究中，它们仅占线虫的小部分。

需要指出的是，上述两条海沟的对比性很强。秘鲁–智利海沟是典型的富营养环境，具有高浓度的营养性有机质（Danovaro，2002），而波多黎各海沟相对贫营养（Richardson 等，1995）。这种海沟之间营养状况的差异被认为是线虫群落结构不同的原因（Gambi 等，2003）。

依据口器形态学，特杰等人（Teitjen 等，1989）把线虫划分成不同的食性类别（选择性沉积食性者、非选择性沉积食性者、刮食者和食肉者/杂食者）。在所有站位，选择性沉积食性者都是优势类型，而在另两个最深的站位，非选择性沉积食性者占 55%。总的来说，刮食者在深渊的丰度要比在深海和半深海低。这是由于那些生活在半深海环境中的蠕虫参与了资源的竞争，在那里沉积环境比深渊区具有更大的异质性。

7.4 多毛纲

在深渊区，多毛纲（Polychaeta；环节动物门中的“刚毛虫”）是最丰富和多样化的底栖无脊椎动物之一（表 7.5；图 7.3）。在所有底栖无脊椎动物中，多毛纲出现的频率最高，在“维塔兹”号航次利用拖网和抓斗获得的样品中，多毛纲出现的频率达到 90%（Belyaev，1989）。深渊多毛类在所有已研究的海沟中都有发现，其中也包括超过 10000m 的深度（如水深范围在 10160~10730m 的菲律宾海沟、马里亚纳沟和汤加海沟；Kirkgaard，1956；图 7.4）。在深渊区，多毛类的平均丰度和生物量仅次于海参类和双壳类，并且可能是已知最多样化的深渊动物。因此，与其他深渊动物相比，我们对多毛纲的多样性和分布信息的了解仍然非常有限。对于生活在超过 6000m 水深的多毛纲而言，其组成是非常复杂的，迫切需要采集更全面的新样本或者对其分类进行大的修订。基于“维塔兹”号和“加拉瑟”号考察的数据，别利亚耶夫（Belyaev，1989）列出了 7 个目，26 个科，50 个属，75 个种（1~2 个亚种）。在这些分类中，30 个物种（40%）是深渊区特有的，但其中 14 个种只有单一出现，而另外 16 个种只有非常少的出现。此外，许多物种只被描述到了属或者科的水平。

表 7.5　多毛类每一个目和科的最大出现深度以及对应的属和种数目［星号（*）代表了未被描述的物种］

目	科	属	种	最大深度（m）
Eunicida	Dorvilleidae	1	1	7298~7398
Eunicida	Lumbrineridae	2	4	6156~8100
Eunicida	Onuphiidae	2	2	6090~6330
Phyllodocida	Pilargidae	1	1	6580
Phyllodocida	Hesionidae	1	1	8980~9043
Phyllodocida	Nephtyidae	3	3	6180~9174
Phyllodocida	Nereididae	3	5	5800~8400
Phyllodocida	Aphroditidae	1	1	6766~6875
Phyllodocida	Goniadidae	1	1	7218~7934
Phyllodocida	Phyllodocidae	2	3	6052~8100
Phyllodocida	Polynoidae	10	21	6052~6835
Phyllodocida	Sigalionidae	1	1	6050~6150
Deilomoeph	Capitallidae	2*	3	6410~8660
Terebellida	Favelioppsidae	2	2	6052~6835
Terebellida	Flabelligeridae	2	5	5650~7934
Terebellida	Maldanidae	4	6	6156~7290
Terebellida	Opheliidae	3	6	6052~9734
Terebellida	Cirratulidae	4	5	6487~10015
Terebellida	Poecilochaetidae	1	1	10415~10687
Terebellida	Amparetidae	5	7	6150~8430
Terebellida	Terebellidae	1	2	6040~6328

续表

目	科	属	种	最大深度（m）
Terebellida	Trichobranchiidae	1	1	6660~7587
Spionida	Chaetopteridae	1	1	6860
Sabellida	Siboglinidae	11	28	6156~9735
Sabellida	Oweniidae	3	3	6180~8300
Sabellida	Scalibregmatidae	2	3	5650~9174
Sabellida	Sabellida	3	4	6156~9735
Sabellida	Serpulidae	1	1	6410~9735

科研人员曾经开展了一项关于海洋多毛类的调查，以评价是否存在特有性的深渊动物（Paterson 等，2009）。该研究是为期 10 年海洋生物普查计划（COML；Snelgrove，2010）的一部分，其目标之一是评价全球海洋生物的多样性。帕特森等人（Paterson 等，2009）收集了 3633 个海洋多毛类案例，大部分来自大于 2000m 的深度。罗森（Rosen，1988）利用特有性简约（Parsimonious Analyses of Endemism，PAE）方法分析了这些信息，以测试 20 条海沟之间 6000m 以深多毛类的生物地理相似度。

目前从深渊区共鉴定出 107 个多毛类物种，包括深渊特有种、深海－深渊物种和一些从半深海到深渊都有分布的物种。其中 4 个最常见的科是：Polynoidae，Ampharetidae，Maldanidae 和 Onuphidae。每个科中又包含若干个仅分布于深海或深渊的物种，数量依次是：17 个、6 个、3 个和 2 个（部分案例来自 2000m 以浅）。分析过程中排除了那些只有单一发现的物种。

运用生态遗传分析方法（ecocladistic analysis）得知，多毛类生物具有高水平的深渊特有性，其生物地理的相似性只适用于有限的分辨率。调查结果还显示，如果某海域存在深渊特有动物，且拥有少数几个代表物种，那么这种情况极有可能是某一条海沟所特有的（尽管必须承认采样存在偏差）。另外，那些广深型深渊物种的数量表明，如果某种海沟多毛类出现在一个较浅分布的下端，那么它不一定是专门的深海和深渊物种。帕特森等人（Paterson 等，2009）描述了一个“源－

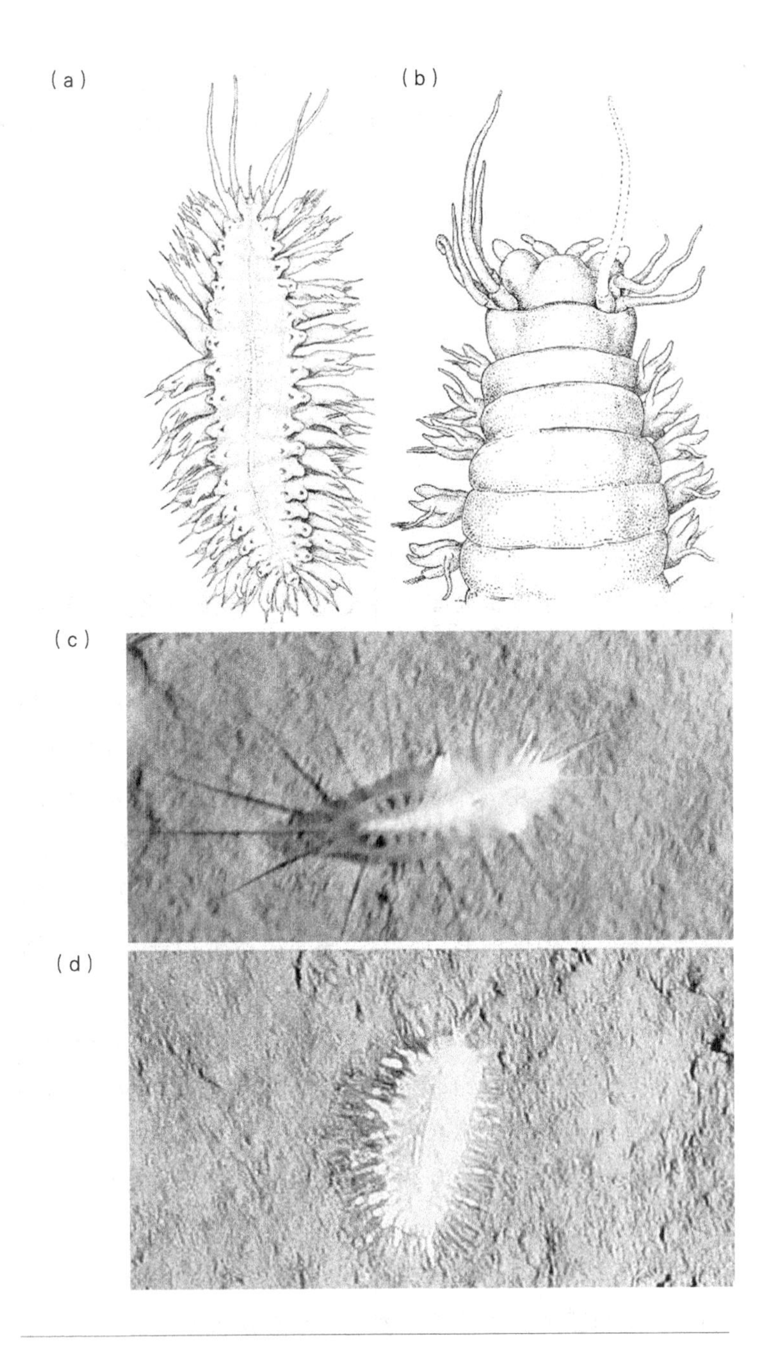

图 7.3 深渊多毛类的例子。(a) *Macellicephala hadalis* 来自菲律宾海沟 10190m；(b) *Nereis profundi* 的前半部分，来自班达海沟 7250~7290m；(c) 和 (d) 分别来自克马德克海沟 9300m 和 6979m 的多磷虫。其中，图片 (a~b) 摘自 Kirkgaard (1956)，经过 *Galathea Report* 许可，图片 (c~d) 经过 HADEEP 项目许可。

汇系统”（source-sink system），该系统可以用于解释深渊群落不仅仅来源于半深海和深海，更是依赖于半深海和深海群落的输入（Rex 等，2005）。然而，由于关于深海多毛类繁殖和幼体散布的信息很少，这使得科研人员很难去验证这个“source-sink system”的假说。

结合海沟的各种物理特性，如空间大小、生产力、地震活动等与多毛类群落的关系，该数据库还被用于研究多毛类的生物地理分布（Tilston，2011）。科研人员依据空间大小将海沟划分成为两个组：一组是最长的海沟，包括阿留申海沟、秘鲁－智利海沟和爪哇海沟，另一组是剩余的其他海沟。此外，依据颗粒有机碳（POC）通量的相似矩阵也得到了两个组：一组是阿留申海沟、千岛－堪察加海沟、中美海沟、秘鲁－智利海沟以及爪哇海沟，另一组是其他海沟。多毛类的生物地理分布也被分成两大组（意味着在群落之间有许多相似性），第一组有明显组内梯度变化，另一组随着纬度和 POC 通量有梯度变化。尽管多毛类比其他大多数深渊动物纲的数量大，但由于数据不足，仍然不能明确地得出其生物地理分布的格局。

在所有的深渊多毛类中，多鳞虫科（polynoidae）最具特点，它包括 20 个种，其中 17 个（占 85%）是水深超过 6000m 的特有种（Belyaev，1989）；这 20 个种属于 9 个属，其中 6 个属为海沟特有。莱姆切等人（Lemche 等，1976）估计了新赫布里底海沟 6758~6776m 范围内多鳞虫的丰度，为 1 个 /100m^2（Lemche 等，1976）。在这些图片中，最高同时有 4 只多鳞虫出现在一张图片中。在所有 7 个站位中，有 6 个站位都能拍摄到多鳞虫。莱姆切等人的原位影像资料也表明，许多多鳞虫不完全是底栖生物，它们可以游泳（Lemche 等，1976）。HADEEP 项目考察对克马德克海沟多鳞虫的行为也做了记录（未发表数据）。事实上，多毛类首次被发现可以游泳就是在 PROA 的图像中（Lemche 等，1976）。HADEEP 项目在克马德克海沟的调查航次中也取得了类似的图片，水深分别在 7884m、8613m 和 9281m。可以看到，体长为 4~6cm 的多鳞虫在海底的游动距离超过了 50cm（图 7.3）。

在别利亚耶夫（Belyaev，1989）列出的多毛类中，分布深度范围极广的物种（从浅海到深渊；26%）与那些仅分布于较深区域的物种（21%）相比，数量几乎相当。别利亚耶夫还惊奇地发现，与广深性类群相比，少量等深性类群的深度分布范围小了约 2.5 倍。然而，这些广深性类群的划分可能是基于错误信息获得的，需要进一步的确认或者采样，因为水深分布差异达 6000 多米的物种仍被鉴定为同一类群令人难以想象。图 7.4 给出了所有已知多毛类的深度分布范围。

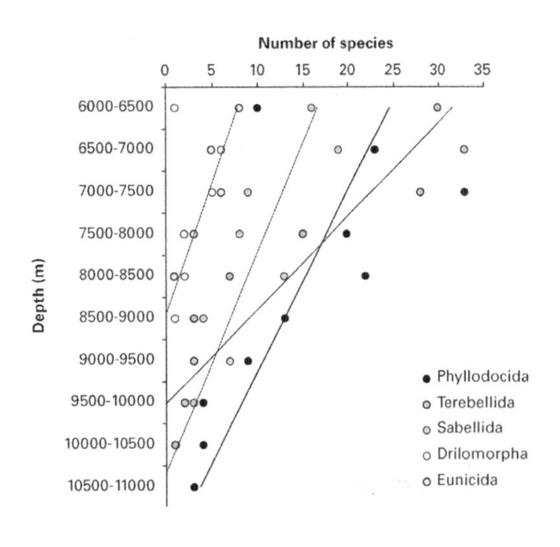

图 7.4　多毛类各目 Phyllodocida，Terebellida，Sabellida，Drilomorpha 和 Eunicida 的物种数目随深度增加(500m 间隔)的变化(Spionida 没有展示)。

在多毛纲中，科研人员又重新划分了西伯达虫科（Siboglinidae），由先前那些居住在管中的须腕动物（tube-dwelling Pogonophora）和大型管虫（Vestimentifera）组成（Rouse，2001）。在“维塔兹”号和“加拉瑟”号考察获得的样品中，科研人员发现了 29 个深渊西伯达虫科（全部是原先的须腕动物纲）（Belyaev，1989）。其中只有 5 个种也在深海区出现过，另有 1 个在半深海，1 个在浅水区（22m）有过报道。剩余 22 个种（76%）都是深渊特有种，仅出现于单条海沟或几条临近的海沟。西伯达虫科出现的最深记录是在伊豆－小笠原海沟 9715~9735m 处的 *Heptabrachia subtilis*（Ivanov，1957）。

伊万诺夫认为西伯达虫科和其他滤食性生物一样，以近底水中的悬浮碎屑及其附着的细菌为食（Ivanov，1963）。因此，西伯达虫科更经常出现在近底悬浮有机物丰富的区域。这个观点得到了一些事实的支持，例如在一些远离陆架的开放性大洋中没有发现西伯达虫科，在一些开放大洋的海沟中也未有相关报道（如火山海沟、马里亚纳海沟、帕劳海沟、新赫布里底海沟、汤加海沟、克马德克海沟和罗曼什海沟），尽管进一步的考察研究可能会在其他地方检测到（Ivanov，1963；Belyaev，1989）。与这些不同的是，科研人员在千岛－堪察加海沟发现了成簇的西伯达虫科，具有相对高的多样性和丰度，包括 10 个已知的种，并且该海沟拖网中 Siboglinidae 的捕获频率高达 50%（一般仅为 28%）。“维塔兹”号考察曾经在 9000m 水深中一次拖网中捕获了包含 6 个不同种的 1500 只个体，其中大部分是 *Zenkevitchiana longissimi*（Ivanov，1957），其白色的皮管可长达 1.5m（Belyaev，1989）。

目前，还没有从深渊区发现任何巨型管虫（原先叫 Vestimentifera），但是随着航次的增多，将来可能会在深渊中有所发现，特别是在那些易发生地震活动的弧前地带。

7.5 蠕虫

在深渊里还有其他的动物类群，它们只有极少的几个物种，且样品较少。其中大部分虽然属于多个门和纲，但都可以粗略的划分为“蠕虫”（Micellaneous worms）。多数情况下，蠕虫在深部的数量稀少或者缺失，但这很可能只是采样造成的假象，因为很多蠕虫个体非常易碎，而且体积非常小，在拖网过程中极易破碎从而无法辨认（如 Turbellaris 和 Nemerea）。类似的，有些物种的出现不会像其他物种那样引人注目，因此容易被忽视（如 Enteropneusta）。当然，有些其他物种尽管在技术上能在大于 6000m 的深度被发现，但该深度已经是深海种群的生存阈值，例如星虫（sipunculids）。尽管几乎没有可用的信息来真正有意义地讨论蠕虫，但为了本章的完整性，此处还是提到“混杂蠕虫”（Miscellaneous worms）这个概念。

科研人员目前已经在 17 条海沟的所有深度都发现了螠虫（俗称海肠，spoon worm），其中最大深度是菲律宾海沟（10150~10210m），共发现 60 次，拖网捕获频率为 35%。所有的深渊螠虫都属于叉螠科（Bonelliidae），包括 10 个属，15 个种，其中 4 个种被认为是特有种（但不在属的水平上），而在深海和半深海区分别有 5 个种和 3 个种。因此，螠虫是深渊动物群落结构的特征组分。

众所周知，螠虫以植物和木屑碎片为食。在波多黎各海沟（5890~6000m）的木屑碎片以及开曼海沟（6740~6780m）的海草根茎中曾发现过螠虫。沃尔夫基于蠕虫胃含物的成分证实了它们可以直接利用木屑碎片（Wolff，1976）。

在寡毛纲（Oligochaete）中，仅有一个出现在深渊深度；深海蚓虫 *Bathydrilus hadalis*（Tubificidae）的 4 个种在阿留申海沟的 7298m 处被发现过。

平状蠕虫（Tubellaria）属于扁形动物门（Platyhelminthes），利用拖网在千岛 -

堪察加海沟和秘鲁–智利海沟捕获了多肠目生物（polycladida），但是数目极少。在千岛–堪察加海沟的7265~7295m处和9170~9335m处，均捕获了单一物种的样本（Belyaev，1989）。在千岛–堪察加海沟的站位中，运用500μm网孔的拖网证明了传统拖网会损害这些极易破碎的生物。这种破坏性也解释了为什么在“维塔兹”号和“加拉瑟”号考察中没有发现平状蠕虫。居马思和赫斯勒随后在阿留申海沟（7298m）也证实了拖网对生物样品的损害，他们未使用拖网，而是在一个0.25m^2箱式样品中收集到了37个平状蠕虫（148个/m^2）。

腹毛蠕虫（Gastrotricha）仅在秘鲁–智利海沟6000~6354m处有所发现（Frankenberg和Menzies，1968）。

科研人员在千岛–堪察加海沟、阿留申海沟、秘鲁–智利海沟以及南桑德韦奇海沟发现了带状蠕虫（Nemerea），最大深度为7230m，尽管经常只是发现一些生物碎片（Belyaev，1989）。

目前已知的花生蠕虫（星虫动物门）来自阿留申海沟、千岛–堪察加海沟、日本海沟以及南桑德韦奇海沟。在已知Golfingia和Phascolion属的8个种中，7个是广深性的，一直延伸至半深海区或更浅一些。尽管花生蠕虫的拖网捕获率可达62%，但它们仅出现在7000m以浅的区域［最大深度是秘鲁–智利海沟7000m；*Nephasoma*（*Golfingia*）*schuttei*（Augener，1903；Golfingiidae）］。虽然它们不是深渊生物的重要代表，但偶然也会以很大的数量出现，例如，在西北太平洋的海沟中，“维塔兹”号在一次拖网中获得了615个物种。这次拖网的生物主要由*Phascolion lutense*（Selenka，1885）和Nephasoma（*Golfingia*）*minuta*（Keferstein，1862）组成（Belyaev，1989）。

“维塔兹”号通过浮游拖网在千岛–堪察加海沟7000~6000m和8700~7000m处捕获了体型很小的箭状蠕虫（Chaetognatha），它们被鉴定为*Eukrohnia fowleri*（Eukrohniidae科）。佩雷斯（Pérès，1965）在波多黎各海沟也观察到一个箭虫，但没有获得任何图像资料和样品（1965）。

肠鳃纲柱头蠕虫（Enteropneusta）属于半索动物门（Hemichordata），通常发现于软泥沉积物（Smith等，2005）或深海中，特别是它们会在生活的沉积物表层留下螺旋和环形的印记（Heezen和Hollister，1971；Lemche等，1976）。最近，Osborn等（2012）还发现柱头蠕虫可以游动或者在底层流中积极漂移。科研人员已经在好几条海沟成功收集到柱头蠕虫，例如千岛–堪察加海沟（5615~8100m）、阿留申海沟（6520~7250m）、南桑德韦奇海沟（8004~8116m），并且在拍摄于新不列颠海沟和新赫布里底海沟的图片中也有发现（Lemche 等，1976）。根据 PROA 图像计算，柱头蠕虫的密度约为 1 个 /100m^2（Lemche 等，1976）。由于肠鳃类的形态多样性非常高，因此经历了多年的反复分类，奥斯本等人（Osborn 等，2012）重新描述了这个科，发现大多数深海肠鳃类生物属于 Torquaratoidae 这一进化支的一部分，这些生物在深渊也可能被观察到。

第8章

海绵动物、软体动物和棘皮动物

8.1 海绵动物

海绵动物（海绵体；Porifera）是最简单的多细胞生物之一。它在深渊深度的分布和多样性都比较低（表8.1），众多已被发现的海绵动物都以独居方式出现。尽管海绵动物看上去普遍分布于多条海沟，然而那些在海沟中出现的海绵动物也能出现在深海区、半深海区，甚至浅海区（浅于500m）。海绵动物门可分为寻常海绵纲Demospongiae（最常见于浅水）和六射海绵纲Hexactinella或者似玻璃海绵（深海中更典型）。多数海绵动物的栖息深度不会超过7000m。别利亚耶夫（Belyaev，1989）认为，深渊海绵动物只是一种稀少的深海动物。RPOA照片揭示了这种生物在海床上的低密度：在4000张海洋生物图片中，仅有3张图片包含海绵动物（Cladorhizidae；Lemche等，1976）。然而，在"维塔兹"号考察中，曾在帝王海沟（Emperor Trench）断层6272~6282m处的东部斜坡，利用拖网捕获了大量的海绵动物，包含5个不同种的207个样本。在这些捕获的生物中，有200个样本经鉴定为*Hyalonoema apertum* Schulze，1886（Koltun，1970）。

在千岛－堪察加海沟中并没有发现海绵动物，这可能与该海沟海底主要是淤泥（会阻塞海绵生物的排水系统），并缺乏可以附着的固体海床有关（Belyaev，1989）。研究表明，在其他海沟，海绵动物可能会栖息于淤泥量较少且固体底层载体丰富的更深部；在汤加海沟8950~9020m处和菲律宾海沟9990m处发现的好几个海绵动物也支持这种假说。由此可见，深渊海绵生物分布的决定因素可能不是深度，而是是否存在大量合适的洋底载体，但是支持这种观点的数据仍然比较缺乏。

表 8.1 海绵动物每一个目和科的最大深度以及对应的属和种的数目

纲（名称）	目（名称）	科（名称）	属（数量）	种（数量）	深度范围（m）
六射海绵纲	Amphidiscophora	Hyalonematidae	1	2	6090~6860
六射海绵纲	Haxasterophora	Caulphacidae	1	3	6090~6770
六射海绵纲	Haxasterophora	Euplectellidae	1	1	6296~6328
六射海绵纲	Haxasterophora	Rossellidae	2	2?	5650~8540
寻常海绵纲	Poecilosclerida	Chondrocladiidae	1	1	6090~8660
寻常海绵纲	Poecilosclerida	Cladorhizidae	3	5	6620~9990
寻常海绵纲	Poecilosclerida	Esperospsidae	1	1	6860
寻常海绵纲	Poecilosclerida	Cladorhizidae	1	1	6920~7567

注：? 表示不确定。

此外，海沟中底质载体的不均一性（特别是在海沟弧前和斜坡之间），也暗示着海绵动物在海沟的分布是不均一性的。

8.2 软体动物

在软体动物门（贝壳动物）中，腹足纲和双壳纲是最典型的两种深渊动物，它们的多样性非常高，几乎在所有海沟都可见到，并且数量极大，广泛分布于大洋所有的深度（表 8.2；图 8.1）。除了这两类生物，其他在深渊深度发现的软体动物还包括掘足纲、多板纲和单板纲。尽管有好几个记录证明这 3 类生物在海沟中的确存在，但与其他软体动物相比，它们的生境相对较少，且大多局限于深渊区的上部深度（小于 7600m）。

表 8.2 深渊软体动物门的群落组成（包括纲、目和科的分类，属和种的数目以及已知的最大深度）

纲（名称）	目（名称）	科（名称）	属（数量）	种（数量）	最大深度（m）
腹足纲	Docoglossa	Bathypeltidae	1	1	8560~8720
腹足纲	Docoglossa	Bathysciadiidae	1	1	8240~9530
腹足纲	Docoglossa	Propolidiidae	1	1	6090~6135
腹足纲	Fissurellidae	Fissurellidae	1	1	6290~6300
腹足纲	Alata	Seguenziidae	3	3	7000~7450
腹足纲	Anisobranchia	Skeneidae	1	1	6290~6330
腹足纲	Anisobranchia	Trochidae	3	4	6620~8035
腹足纲	Aspidophore	Naticidae	1	1	6330~6430
腹足纲	Hamiglossa	Buccinidae	4	8	5329~9050
腹足纲	Hamiglossa	Cancellariidae	2	2	6660~7340
腹足纲	Heterostropha	Aclididae	1	1	8210~8300
腹足纲	Heterostropha	Piramidellidae	1	1	7000~7280
腹足纲	Homeostropha	Eulimidae	1	1	6660~6770
腹足纲	Planilabiata	Bathyphytophilidae	2	2	5800~8120
腹足纲	Planilabiata	Cocculinidae	5	10	5179~8400
腹足纲	Toxoglossa	Turridae	8	13	6052~10730
腹足纲	Tectibranchia	Phylinidae	1	4	6410~7587
腹足纲	Tectibranchia	Retusidae	1	1	7974~8006

续表

纲（名称）	目（名称）	科（名称）	属（数量）	种（数量）	最大深度（m）
腹足纲	Tectibranchia	Scaphandridae	2	2	5650~8035
双壳纲	Nuculida	Ledellidae	5	20	5650~8035
双壳纲	Nuculida	Malletiidae	1	3	5650~10190
双壳纲	Nuculida	Nuculanidae	4	5	5650~10687
双壳纲	Nuculida	Tindariidae	1	1	6296~7286
双壳纲	Lucinida	Montacutidae	1	1	6290~8580
双壳纲	Lucinida	Mytilidae	1	1	6050~6150
双壳纲	Lucinida	Thyasiridae	5	9	6150~10687
双壳纲	Petinida	Limarlidae	1	1	6135~9735
双壳纲	Petinida	Pectinidae	4	6	5650~8100
双壳纲	Venerida	Pholadidae	1	2	6660~7290
双壳纲	Venerida	Teredinidae	2	2	7250~7290
双壳纲	Venerida	Vesicomyidae	3	7	6156~10730
双壳纲	Cuspidariidae	Cuspidariidae	2	2	6290~9990
双壳纲	Verticordiidae	Vertocordiidae	3	10	6040~9335
掘足纲	Galilida	Entalinidae	2	3	5900~6870
掘足纲	Galilida	Pulsellidae	-	1~5*	5650~7657
多板纲	Cyclopoida	Chitonophilidae	2	4	6740~7657
单板纲	Tryblidiida	Neopilinidae	3	4	1674~6354

* 表示最多有 5 个未被描述的物种。

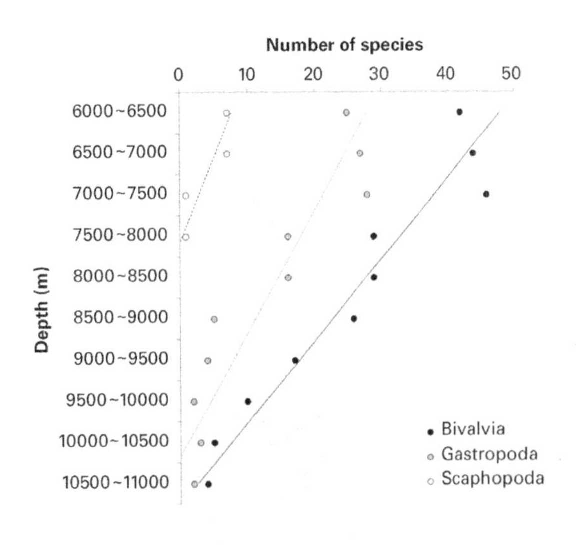

图 8.1　软体动物中双壳纲、腹足纲和掘足纲随着深度增加（每 500m）物种数目的变化。

8.2.1　腹足动物

腹足动物（海蜗牛 sea snails 和笠贝 limpets；图 8.2）是深渊动物中重要的组成部分。迄今为止，在所有海沟中都已发现这些生物，且遍布海洋所有的深度，包括汤加海沟的 10687m 和马里亚纳海沟的 10730m。腹足动物是 20 世纪 50 年代“加拉瑟”号考察中发现的第七大生物群（Wolff，1970）。尽管在别利亚耶夫（Belyaev，1989）的物种列表中，腹足动物的许多物种尚不清楚或者只鉴定到属或科的水平，但深渊腹足动物包含了至少 40 个公认的属，共 60 个种。别利亚耶夫（Belyaev，1989）还估计，如果采用系统分类学方法统计的话，深渊腹足动物会接近 100 个种。

深渊腹足动物的组成相当复杂。据别利亚耶夫（Belyaev，1989）统计，共有 19 个科，40 个属，58 个种（表 8.2）。与腹足纲的其他科相比，Cocculinidae，Turridae 和 Buccinidae 科具有更高的多样性和拖网捕获频率。Turridae 科是第一大腹足动物科，在整个软体动物门中是多样性第二高的科（13 科，8 属）。它在种水平上的特有性大约是 68%，但是主要的特有性物种是单一样本；在所有非特有性种中，2/3 的物种仅生活在深海区。

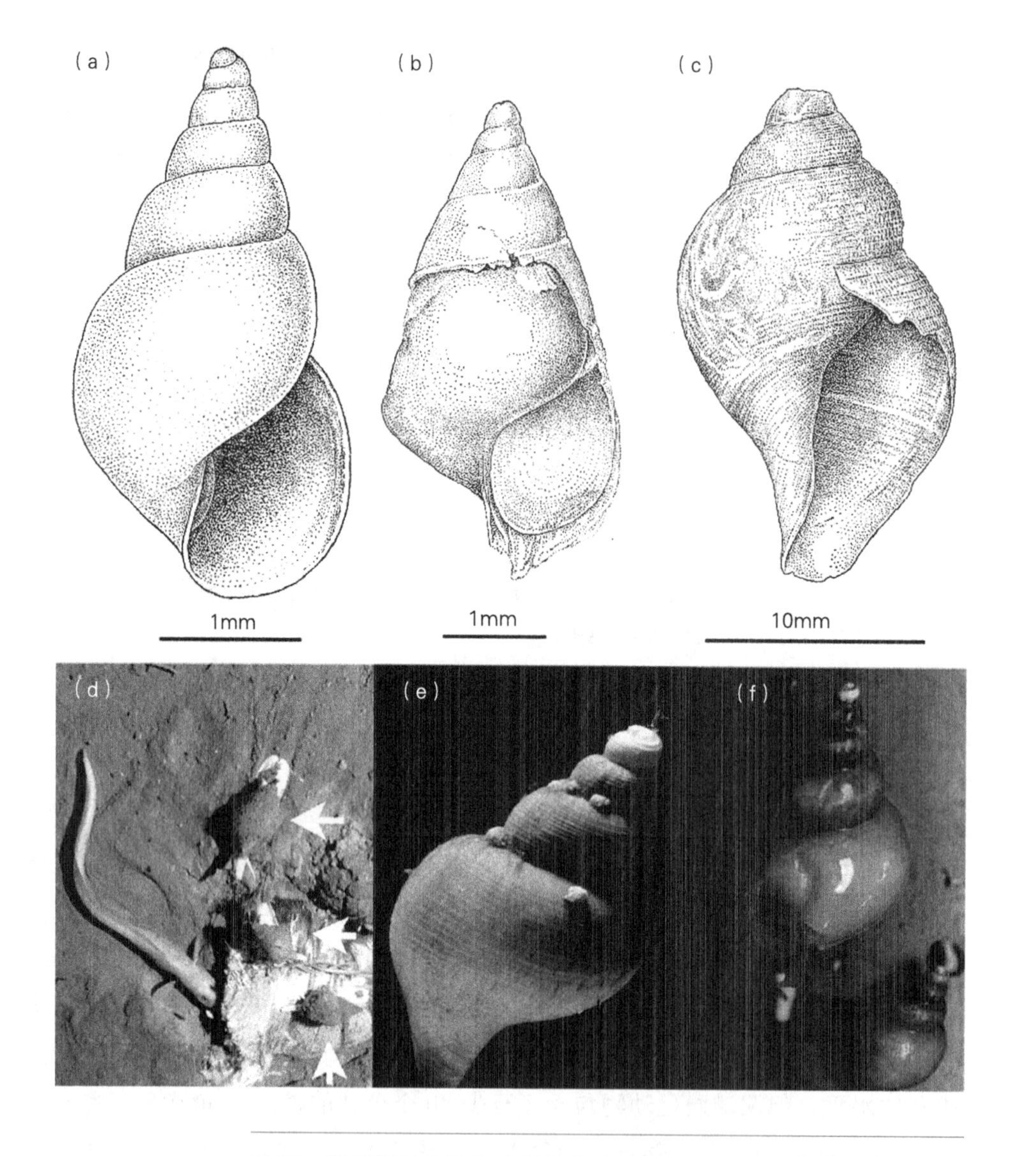

图 8.2 深渊腹足类动物的照片（a）*Aclis kermadecensis* 来自于克马德克海沟 8210~8300m；（b）*Melanella hadalis* 来自于克马德克海沟 6660~6770m；（c）*Admete bruuni* 来自于克马德克海沟 6660~6770m；（d）3 个腐食性腹足类动物（*Tacita zenkevitchi*），来自于秘鲁－智利海沟 5329m（箭头所示），后来在 6173m 捕获到；（e~f）未被鉴定的蛾螺科（Buccinidae），来自于日本海沟 7703m，在软壳上加注指纹特征和裂口。（a~c）摘自 Knudsen（1964），经过 *Galathea Report* 许可复制，（d~e）来自于 HADEEP 项目授权。

腹足类物种的数量随深度增加而减少，而特有性物种则随深度增加而增加，这与很多生物类群分布方式类似（图 8.1）。然而，腹足动物在属水平上具有较高的特有性，例如，深渊区 26% 的属为深渊特有，另外 4 个属只出现于单条海沟及其周围的深海盆地，这些数据与沃尔夫（Wolff，1970）计算的稍有不同。沃尔夫的研究表明：16 种腹足动物发现于大于 6000m 的深度，其中 2 个种出现于深海深度。因此，沃尔夫估计腹足动物在深渊深度的特有性高达 87.5%。

由于大多数深渊腹足动物的体型小巧，加上它们身体颜色较浅，通常在原位的图片中观察不到它们或者说不明显（图 8.2）。例如，莱姆切等人在印度洋和太平洋的 4 个海沟拍摄了超过 4000 张照片，并未发现腹足动物的存在（Lemche 等，1976）。然而，在秘鲁 – 智利海沟 5329m 和 6173m 处拍摄到的高质量照片中，清晰显示了 buccinid *Tacita zenkevitchi* 的存在（Aguzzi 等，2012）。这些照片拍摄时长分别为 11 小时 9 分钟和 18 小时 40 分钟（拍摄间隔时间为 1min）。这些数据表明：*T. zenkevitchi* 是群居的食腐动物，尽管它们可能是兼性的。当在海底放置诱饵数小时后，腹足动物便进入视野，并直接冲向诱饵，在那儿停留了数小时，直到它们受到鼠尾鳕和鼬鱼的干扰而被迫离开。

这些数据可以用于数字化跟踪每一个腹足动物的海底踪迹，并进一步估计它们的移动速度和分布范围。在 5329m 和 6173m 处，它们穿行海床的平均绝对速度分别是 3.2cm/min ± 1.5 S.D.（比速为 0.6 SL/min ± 0.3 S.D.）和 2.3cm/min ± 1.2 S.D.（比速为 0.6 SL/min ± 0.2 S.D.）。腹足动物挤压沉积物后会留下一层黏液状的印迹，清晰可见。腹足动物活动的平均范围约为 $0.03m^2/h^{-1}$ ± 0.02 S.D.。腹足动物的平均壳长在深度 5329m 和 6173m 处分别为 5.33cm 和 4.7cm。结合诱饵陷阱和摄像系统，科研人员已恢复出 3 个样本（平均壳长为 3.1cm；图 8.2）。

“加拉瑟”号考察从克马德克海沟捕获的腹足动物，显示出不同的捕食策略（Knudsen，1964）。根据形态学特征，Naticidae 和 Admete 应为捕食者，属于马蹄螺科（Trochidae）的两个物种是刮食者（以岩石表层物质为食），但是它们也可能是机会主义的腐食动物或者捕碎屑者。

Cocculiniform 笠贝是一种异常复杂的腹足动物群。它们已经在 6 条海沟的深渊深度被发现，并且该物种的数量和多样性在开曼海沟最为丰富（Leal 和 Harasewych，1999）。Cocculinids 总是依附于水下植物和木质碎屑（Strong 和 Harasewych，1999），并经常被底部拖网捕获（如 George 和 Higgins，1979）。例如，Leal 和 Harasewych（1999）描述了 20 世纪 50~60 年代在开曼海沟和波多黎各海沟捕获的几个新种，其中 *Fedikovella caymanensis*（Moskalev，1976）和 *Caymanabyssia spina*（Moskalev，1976）栖息在植物碎屑中，而 *Amphiplica plutonica*（Leal 和 Harasewych，1999）则附着在泰莱草（*Thalassia testudium*）的叶片上。泰莱草在加勒比海的海草床中很常见，并经常出现在附近海沟底部的植物碎屑中（Moore，1963；Wolff，1976）。因此，笠贝展现出较高的多样性和数量很可能与它们所在的位置有关，即更适宜于含有大量海草床且高生产力的近海区域。当海草因自然因素或者季节性恶劣气候的原因（这一区域很容易受到气候影响）而凋落后，海草就汇聚在海沟内，进而为笠贝这样的生物提供理想的食物。

适应机制（coping mechanisms），也就是生物应付深渊环境的策略，对腹足动物来说十分贴切，因为在水深超过碳酸盐补偿深度（CCD）的条件下，它们将无法硬化壳体。尽管如此，腹足动物仍然分布于整个大洋深度。在马里亚纳海沟 10700m 处，发现了好几个小型腹足动物壳体的残留物，它们只有角质层被保存下来（即壳体上很薄的有机层），而钙质部分已经完全溶解（Belyaev，1989）。2008 年，在日本海沟 7703m 处，科研人员利用诱饵捕获器获得了 3 个尚未鉴定的 Buccindae 样本（未发表数据，HADEEP；图 8.2）。尽管这些壳体已经完全形成，但却异常柔软，正因为这样，它们才得以被小心地从捕获器中取出。腹足动物已经适应了在碳酸盐补偿深度以下的生存，它们非常巧妙地以这种软形态维持自身的壳体结构。许多钙质种群都采用了这种策略（Sabbatini 等，2002；Todo 等，2005）。

8.2.2 双壳纲

双壳动物（蛤蚌和贻贝）是深渊生物中另一个主要的纲，通常以集群形式出现，特别是在化能合成的环境中（Boulegue 等，1987；Fujikura 等，1999；Fujiwara 等，2001）。通过拖网获得的数目来看，双壳动物是仅次于海参纲的第二大纲，其捕获率高达 82%（Belyaev，1989）。双壳类动物在所有研究过的海沟中以及所有的深度中均有发现，包括马里亚纳海沟和汤加海沟大于 10500m 深处（表 8.2；图 8.1）。

根据别利亚耶夫（Belyaev，1989）所列的记录，深渊双壳类动物的构成非常复杂，包括大量的不完整数据和未鉴定个体（20 个分类只鉴定到属或科的水平）。这些记录列出了 33 个属，6 个目，14 个科和 47 个种，但是别利亚耶夫（Belyaev，

1989）认为若对所有的物种做详细研究，分类数目势必大大增加。实际上，对该研究的最新资料表明，双壳类物种总数为 70 余种可能更为合理。种类最多的双壳科是 Ledellidae（属于 Nuculacea 总科），包括来自 5 个属的 20 个种。如果对这个科进一步研究分析的话，很可能会引出更多的物种。相比而言，其余 13 个科的生物多样性要少很多。Nuculacean 以种类繁多，形态丰富而著称（Gage 和 Tyler，1991），这也揭示了它们多样的生活史特点和不同的生境型。

在已知的 47 个 Nuculacean 物种中，尚未在深海深度发现的种有 32 个（占 68%）。特有性物种通常只出现在单条海沟或者毗邻的几条海沟。

在许多场合，甚至在大洋的最深处，来自苏联的考察航次都发现过大量的双壳类动物。在一次拖网捕捞中甚至发现了 3000 个以上的样本量（表 8.3）。

表 8.3 深渊双壳类大量出现的例子，来自千岛 – 堪察加海沟的部分拖网（根据别利亚耶夫（Belyaev，1989）修改）

水深（m）	双壳类物种（名称）	物种数目
7210~7230	*Bathyspinula vityazi*	184
	Tindaria sp.	189
7600~7710	*Parayoldeilla mediana*	227
8185~8400	*Vesicomya sergeevi*	3496
8240~8345	*Vesicomya profundi*	119
9070~9345	*Vesicomya sergeevi*	186
9170~9335	*Yoldiella ultraabyssalis*	440
	Vesicomya sergeevi	191
9520~9530	*Yoldiella ultraabyssalis*	3380
	Vesicomya sergeevi	1935

在苏联考察航次获得的双壳类物种中，有3个属于Terdinidae和Pholadidae科。这两科都是钻孔软体动物（Borer-molluscs），来自班达海沟7000m以上深度沉降的植物碎屑中。尽管这3种双壳类的成年个体都栖息于深渊中，但并不确定它们是否就在此处繁殖。Knudsen（1970）认为，它们只是“外来（guest）”物种，通常在浅水区生活和繁殖，通过从浅海区的搬运来维持在深渊的数量。

深海的双壳类中两个常见的科是Thyarsiridae和Vesicomyidae，它们在深渊均具有较高的多样性，分别包含9个和7个种。它们通常与热液喷口和冷泉环境息息相关（如Boulegue等，1987；Fujikura等，1999）。Vesicomyid双壳类生物普遍存在于富硫的还原环境中，它们在全球都有分布，从浅海（100m）到几乎全海深（9530m；Krylova和Sahling，2010），例如*Calyptogena*属（Boulegue等，1987）。在富硫还原环境中，Vesicomyid的个体（最大可达30cm）明显大于其他环境中的双壳类。这些体型较大的Vesicomyid与它们鳃内的硫氧化细菌呈共生关系（Fisher，1990）。在这些生境，它们可以从孔隙水中获得充足的硫化氢（Barry等，1997）。相反的，对于这一科体型较小的代表物种，我们所知甚少。Vesicomyid在海沟中不规则的大量出现，可能意味着海沟内存在着化能合成环境。在日本海沟7200m处发现的冷泉进一步证实了这个观点，这个冷泉的优势种群是Maorithyas属的Thyasirid（Fujikura等，1999；Fujiwara等，2001）。

由于双壳类动物包括具有多种栖息环境和捕食选择的软体动物，因而可以认为，一些双壳类的大量出现是由于植物碎屑沉降导致的局部增加或者存在化能合成环境的结果。

8.2.3 掘足纲

掘足纲（Scaphopoda）是近代软体动物中的一个小纲，大约有500个种，喜欢生长在浅层和深层的海洋沉积物中（Gracia等，2005）。掘足纲出现在深渊深度的记录高达20次，其中19次来自苏联探险航次（Belyaev，1989）。掘足纲的分布可以横跨大洋各个主要海沟，但其栖息深度都小于8000m（表8.2；图8.1）。

目前已知的关于深渊掘足类的记录只有10个，包括三个种，其中的一个还具有两个亚种。生长在深度大于7000m海域的深渊掘足生物只有一种，属于Pulsellidae

科，是 5 个尚未鉴定的物种之一。在这 5 个物种中，有 1 个种来自布干维尔海沟 6920~7657m 的海域，其余 4 个种分别来自日本海沟、爪哇海沟、克立托巴海沟和罗曼什海沟。在这些被描述的掘足类生物中，包括：*Costentalina caymanica*（Chistikov，1892）（开曼海沟；8900~6780m），*Costentalina tuscarorae*（Chistikov，1892）（日本海沟；6480~6640m），*Striopulsellum*（*Siphonodentalium*）*Galatheae*（Knudsen，1964）（爪哇海沟；6900~7000m）和 *Entalinidae* sp.（千岛 – 堪察加海沟；6090~6675m 和南桑德韦奇海沟；6052~6150m）。

有研究显示深渊掘足类动物（*S. Galatheae*）主要以单细胞生物和底栖无脊椎动物的微型幼虫为食物（Knudsen，1964）。其他掘足类动物的食物对象包括有孔虫介壳等（Morton，1959），然而这在"加拉瑟"号得到的样品中并未得到证实（Kundsen，1964）。

8.2.4 多板纲和单板纲

来自 Leptochionidae 科（Lepidopleurida 目）的深渊多板纲动物（石鳖类）仅在太平洋和大西洋热带的 4 条海沟有过发现（Schwabe，2008）。

最先被发现的深渊多板纲（Polyplacophora）动物是 *Leptochiton Vitjazae*（Sirenko，1977），它来自布干维尔海沟（6920~7657m；Sirenko，1977）。苏联考察航次从帕劳海沟 7000~7170m 处也发现了 12 个样本，在新赫布里底海沟 6680~6830m 处发现了 1 个样本（Belyaev，1989），在开曼海沟 6740~6780m 处发现了 39 个样本。这 39 个样本附着在沉积的木质碎片上。来自开曼海沟的样本后来被鉴定为新的种属：*Ferreiraella caribbea*（Sirenko，1988）。

"加拉瑟"号考察发现了活着的单板纲（Monoplacophora）动物，这可能是"加拉瑟"号考察最大的发现之一，因为原先认为这种软体动物只存在于古生代的化石中；即寒武纪 – 泥盆纪，c.500~320ma（Lemche，1957；Menzies 等，1959；Schwabe，2008）。严格来讲，Tryblidiida 才是单板纲的名称（Lemche，1957；Wingstrand，1985），但 Monoplacophora 仍然被广泛地使用（Schwabe，2008）。

在 31 种现代单板纲动物中，35% 栖息在 2000m 海域深度以下，4 个物种已触及深渊深度，其中 1 个具有地方特有性。3 个深渊单板类物种是：*Veleropilina*（*Rokopella*）*oligotropha*（Rokop，1972）（6065~6079m；太平洋西北部海槽），

Vema ewingi（Clarke 和 Menzies，1959）（5817~6002m；秘鲁 – 智利海沟）和分布深度范围超过 4000m 的 *Neopilina* sp.（1647~6354m；秘鲁 – 智利海沟和斯科舍山脊）。所有这些单板类生物都属于 Neopilinidae 科，被认为是沉积食性者（摄取沉积物或非选择性地觅食碎屑）。它们很可能是海蛇尾类动物、腹足动物和鱼类捕食的对象（Menzies 等，1959）。

根据目前所掌握的样本量（样本量较少），单板纲动物在海沟附近的丰度是最大的，尤其在东太平洋（0.04~0.7 个 /m^2；Menzies 等，1959）。然而，这些深海单板类在西太平洋却难觅踪影（Schwabe，2008），这其中的原因尚不清楚。

8.3 棘皮动物门

棘皮动物门（Echinodermata）包括海百合纲 Crinoidea（海百合）、海星纲 Asteroidea（海星）、蛇尾纲 Ophiuroidea（蛇尾纲动物）、海胆纲 Echinoidea（海胆纲动物）和海参纲 Holothuroidea（海参）。所有这些物种都分布在深渊区和绝大部分海沟中（Gislén，1956；Madsen，1956；Hansen，1957；Wolff，1960，1970；表 8.4）。这五个纲在海沟中展现出不同的生活习性，有些（如海胆）局限于较浅的深度，而另一些（如海参）则生活在所有的大洋深度（图 8.3）。类似的，某些棘皮动物（例如海百合）更适合生长在坚硬的岩层表面或其他较硬的物质上，而另一些（如海星）倾向于生长在大洋斜坡松软的沉积物上，其他（如海参）则喜欢海沟中柔软的厚层沉积物。

表 8.4 深渊棘皮动物群落组成
（包括纲、目和科的分类以及属、种数目和已知的最大深度）

纲（名称）	目（名称）	科（名称）	属（数量）	种（数量）	深度范围（m）
海参纲	Apodida	Myriotrochidae	4	15	5650~10730
海参纲	Aspidochirotida	Synalactidae	5	5	6490~8260

续表

纲（名称）	目（名称）	科（名称）	属（数量）	种（数量）	深度范围（m）
海参纲	Elasipoda	Elpidiidae	7	30	2470~10000
海参纲	Molpadonia	Gephyrothuriidae	1	2	6758~9530
海参纲	Molpadonia	Molpadiidae	1	1	6490~6650
蛇尾纲	Ophiurae	Ophiacanthidae	2	4	6065~7880
蛇尾纲	Ophiurae	Ophiodermatidae	1	1	6052~6150
蛇尾纲	Ophiurae	Ophioleucidae	1	1	6680~8006
蛇尾纲	Ophiurae	Ophiuridae	9	19	5650~8662
海星纲	Brisingida	Freyellidae	2	4	5650~8662
海星纲	Paxillosida	Porcellansteridae	6	9	5650~7880
海星纲	Valvatida	Goniasteridae	1	1	8021~8042
海星纲	Valvatida	Gaymanostellidae	1	1	6740~6780
海星纲	Valvatida	Pterasteridae	1	2	6052~9990
海胆纲	Echinothuroida	Echinothuroida	1	1	6090~6235
海胆纲	Spatangoida	Holasteridae	1	1	5800~6850
海胆纲	Spatangoida	Pourtalesiidae	3	7	5650~7340
海胆纲	Spatangoida	Urechinidae	1	1	5800~6780

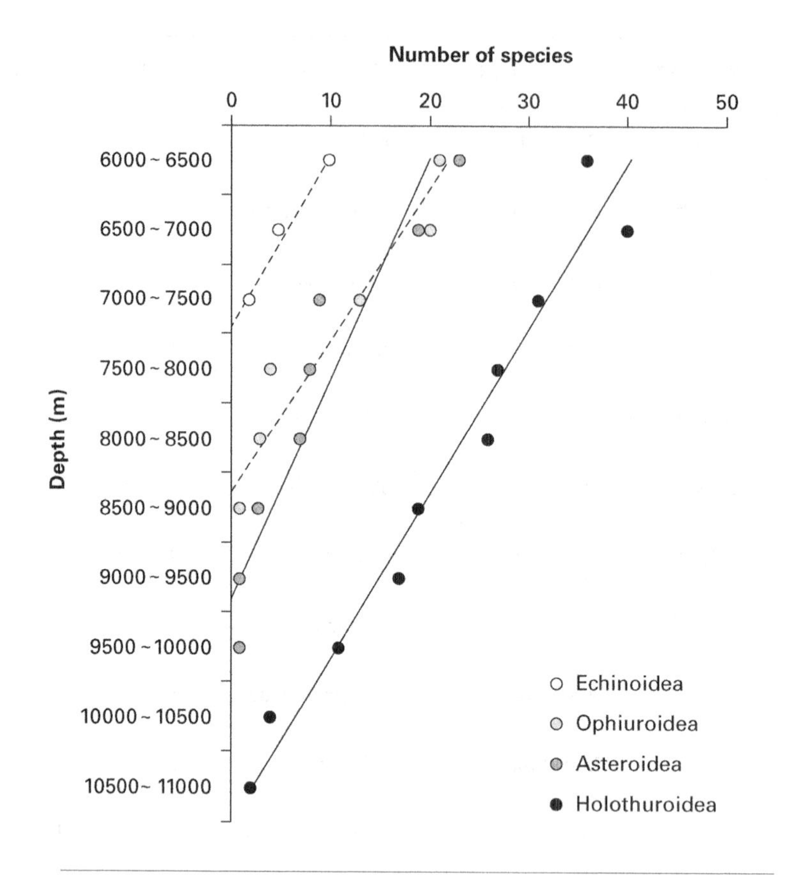

图 8.3　棘皮动物中海参纲、海星纲、蛇尾纲和海胆纲随着深度增加（每500m）物种数目的变化。

8.3.1　海百合纲

从“维塔兹”号考察的捕获结果来看，海百合纲在大多数深部海沟都比较常见（Gislén，1956）。迄今为止，人类已分别在阿留申海沟、千岛－堪察加海沟、日本海沟、伊豆－小笠原海沟、火山海沟、帕劳海沟、布干维尔海沟、克马德克海沟、爪哇海沟、新赫布里底海沟和秘鲁－智利海沟捕获过该物种（Lemche 等，1976；Belyaev，1989；Oji 等，2009）。它们的生活范围在 6000~10000m（Belyaev，1989）。特别是在千岛－堪察加海沟 8175~9345m 处捕获的海百合物种，其数量是相当巨大的（Belyaev，1989）。“维塔兹”号考察在某些深渊拖一次拖网获得的样本量可达 100 个，有时甚至高达 255 个。海百合以很大的数量出现，这其中的部分原因是它们倾向以高密度群居的生活方式，并能利用海沟特有的坚硬岩石露头物质（Oji 等，2009）。欧吉（Oji 等，2009）利用“海沟”号潜水器拍摄到的视频影像，代表了原位观测到的最深的有茎海百合（图 8.4），该影像清晰地显示，海百合能够以高丰度出现在深渊深度，并采取和许多浅水同类相同的捕食姿态（即口顺着海流方向）。它们在岩石露头上的高密度也类似于报道过的浅水区有茎海百合（或海百合床）（Conan 等，1980；Messing 等，1990）。

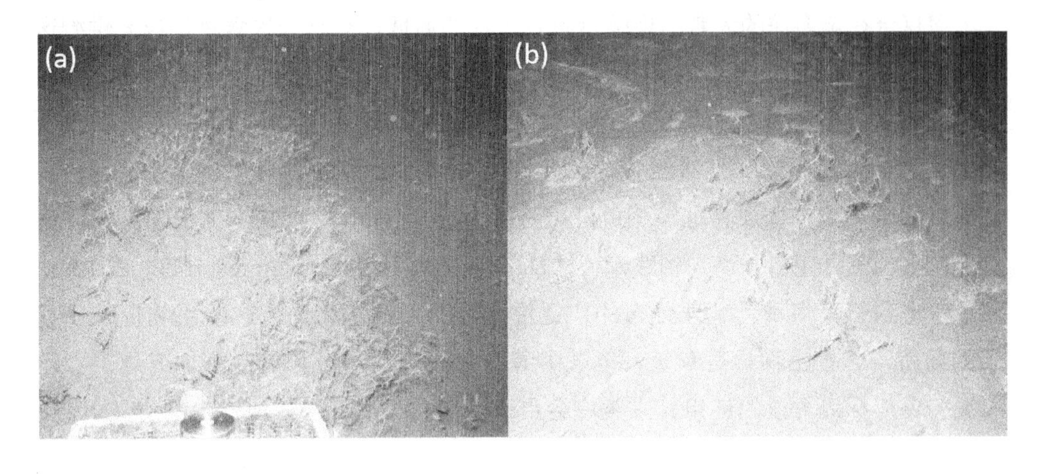

图 8.4 深渊深度中海百合的案例（a）和（b）分别来自于伊豆－小笠原海沟 9092m 和 9095m（这两幅图像都是由日本海洋科学技术中心的“海沟”号潜水器拍摄）。

根据早期的拖网考察来看，深渊区最常见的海百合属有八个种，均属于滤食性有茎海百合 *Bathycrinus*（Bathycrinidae 科）。该科仅出现在深渊区，还未在深海区发现过，这说明它们具有高度的地方特有性。*Bathycrinus* 分布广泛，从北太平洋的阿留申海沟、火山海沟和帕劳海沟至南部的布干维尔海沟和克马德克海沟（Mironov，2000），并横穿太平洋的秘鲁－智利海沟（Menzies 等，1959；Menzies 等，1963）直至南大洋寒冷的南桑德韦奇海沟（Belyaev，1989），都有发现。目前海百合的最大生长深度为 9715~9735m，在伊豆－小笠原海沟被捕获到，这也正是“海沟”号潜水器（Oji 等，2009）定点拍摄的地方。别利亚耶夫（Belyaev，1989）指出，在 6000~10000m 海域发现海百合的概率为 22%，这表明它们的确是深渊生态群落的主要组成部分。

在全深海无人潜水器被引入之前，水下照相机偶尔可以在大于 6000m 的深度拍摄到有茎海百合，密度约为每 100m^2 有 1 个（Lemche 等，1976）。莱姆切等人报道了在新赫布里底海沟 6758~6776m 深度，拍摄到了至少 25 种 *Bathycrinus* cf. *australis*（Clark，1907）（Bathycrinidae 科），它们大多 3~6 个一组，独立生长在基岩裸露的区域（Lemche 等，1976）。他们也注意到在帕劳海沟 8021~8042m 处有 6 个海百合组成的一组，这一组附着在海草的根茎上。

海百合在全海深的大量出现暗示着在极深的海域，有充分的食物供应来供给这些生物。由于海百合是滤食者，因此在近底海流中必须有充足的悬浮食物来维持这些密集的群居动物。关于海百合的食物来源仍然未知，尽管欧吉等人（Oji 等，2009）猜想海百合除了传统滤食外，化能合成能源也可能是一个补充，但目前还缺乏海百合周边的地质特征等相关证据。欧吉等人（Oji 等，2009）得出结论，海百合的食物资源来自于海沟轴线部位（Danovaro 等，2003；Jamieson 等，2010）。

考虑到有茎海百合地理分布的广泛性，可认为深渊海沟为这些生物提供了理想的居所，这些生物具有专长，能够附着在海沟中的岩石和其他固体碎屑上。随着更多深海探测方法的应用，人类将会更进一步认识海百合在海沟中的意义。

8.3.2 海星纲

目前已经知道，海星纲（海星动物）至少可栖息于 15 条海沟，深度接近 10000m（表 8.4），尽管它们更经常出现在小于 8500m 深度的海区。在深度为 6000~10000m 的范围内，拖网捕获海星的平均概率是 42%（Belyaev，1989）。物种数量和捕获率均随着深度增加呈线性降低（图 8.3）。

在超过 6000m 深度的海区，已经发现了 41 只海星纲动物，属于 17 个物种，5 个科，其中很多都尚未被描述过。这些科分别为 Porcellansteridae（9 个种，其中 4 个尚未被描述；5650~7880m），Pterasteridae（1 个种，11 个尚未被描述；6052~9990m），Freyellidae（3 个种，其中一个未描述种有 3 次发现；5650~8662m），Goniastidae（1 个未描述种；8021~8042m）和 Caymanostellidae（1 个种；6740~6780m）。

海星动物最大的深度记录（超过 8500m）来自菲律宾海沟的单个样本，属于 *Hymenaster* 属（Pterasteridae 科）（Mironov，1977，引自 Belyae，1989）。虽然已知许多海星生物可以生活在超过 6000m 的深度，但只有一个物种被描述过（*Hymenaster glegvadi*，来自克马德克海沟；Madsen，1956）。在“加拉瑟”号和“维塔兹”号考察中，*Hymenaster* spp. 在绝大多数海沟都有发现，从北太平洋（千岛－堪察加海沟、日本海沟、伊豆－小笠原海沟、火山海沟、雅浦海沟、帕劳海沟和菲律宾海沟）到南太平洋（克马德克海沟、新赫布里底海沟和布干维尔海沟）和大西洋海沟（南桑德韦奇海沟和罗曼什海沟）。从物种数量方面来看，海星动物中最大的科是 Porcellansteridae，该科与 Pterasteridae 在同一海沟被发现。同时该科还出现在北太平洋的阿留申群岛和琉球群岛、东南太平洋的秘鲁－智利海沟、西南太平洋的圣克里斯托瓦尔海沟和新不列颠海沟以及加勒比海的开曼海沟。

在种的水平上，深渊海星的特有性为 40%，在已知的 10 个属中，只有一个具有特有性，即 *Lethmaster*（Belyaev，1989）。这些特有性海星在新赫布里底海沟和帕劳海沟的底部照片中也出现过（Lemche 等，1976），但在 HADEEP 项目中，着陆器携带的摄像机却从来没有拍到过这些特有性海星。不过莱姆切等人对观察到的海星做出了合理的细节描述（Lemche 等，1976）。

8.3.3 蛇尾纲

蛇尾纲（Ophiuroidea；或称海蛇尾）是深海区典型的动物群体，尽管它们主要分布在海沟的上层，但在大多数主要的海沟中均有发现（图 8.3）。据估计，蛇尾纲有 24 个已知的种，属于 4 个科：Ophiodermatidae（包含 4 个种，3 个属），Ophioleucidae（1 个种），Ophiodermattidae（1 个未描述种）以及最具有代表性的 Ophiuridae 科（包含 18 个种，8 个属）（表 8.4）。关于种的数目的估计有可能会有变化，因为别利亚耶夫（Belyaev，1989）对种的估算中也包括了一些未描述种以及一些推测种。

尽管曾经在布干维尔海沟约 8662m 附近拍摄到一个未知的种（Lemche 等，1976），但目前已知最深的蛇尾纲动物是 *Perlophiuraprofundissima*，由“维塔兹”号在千岛－堪察加海沟 8060~8235m 利用拖网捕获（Belyaev 和 Litvinova，1972）。不过，综合来看大多数的蛇尾纲生物分布在 7500m 以内的浅水域，只有 4 个种分布在更深层（图 8.3）。另外，这些已发现种的记录分别来自全球 17 条海沟。拖网捕获蛇尾纲生物的概率在 6000~7500m 深度为 50%，而在 7500m 深度以上降到 9.6%。一般来说，蛇尾纲生物只占深渊拖网捕获物中非常小的份额，但是偶尔也有大量捕获的例子。比如，在“维塔兹”号的考察中，一次拖网获得了 600 个蛇尾纲生物，占据了该次拖网捕获生物总量的 55%。类似的蛇尾纲生物大量聚集的现象在帕劳海沟（55%）和南桑德韦奇海沟（42% 和 14%）也有发现。

据估计，蛇尾纲在种水平上的地方特有性约为 43%，而在属水平上则只有一个属是深渊特有的。其他没有明显地方特有性的种显然是高度广深性的，因为它们可以栖息在从半深海区到深海区几千米的范围内。

HADEEP 项目曾多次在深渊区拍摄到蛇尾纲生物的照片，不过根据这些图片对蛇尾纲生物进行详细的分类鉴定却十分困难。在克马德克海沟约 7199m 的地方，拍到了 180 张含有 *Ophiura* aff. *Loveni*（Lyman，1878；Ophiuridae 科）的照片（Jamieson 等，2011a；图 8.5a）；在秘鲁 – 智利海沟 4602m 处观察到了两个截然不同的种，还在 6173m 处观察到另外一个种（HADEEP 项目未发表数据；图 8.5）。在秘鲁 – 智利海沟发现的三个种在行为上稍有不同：在着陆器布放的整个过程中，Ophiuroid 种类 A 周期性地出现，在镜头前停留 3~8min（40% 的观测概率）或者 30~90min（60% 的观测概率）。在 10 次不同的观察中，有 7 次只观察到蛇尾纲生物的 1 只个体，而只有一次同时观察到 2 只个体。Ophiuroid 种类 B 被观察到 3 次，前两次观察到的个体比较隐蔽地栖息在海底，很难与诱饵区分开；

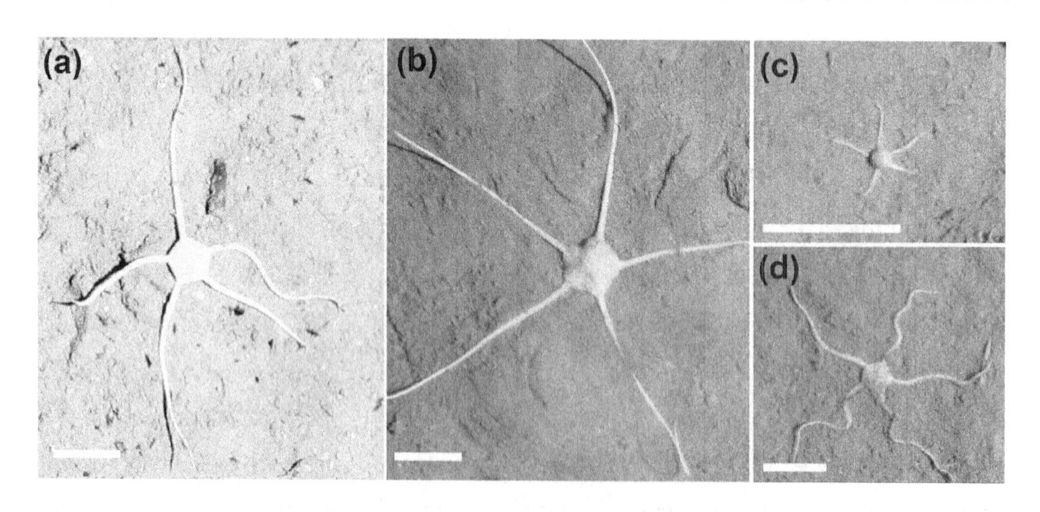

图 8.5 （a）克马德克海沟 7199m 处观察到的 *Ophiura* aff. *Loveni*，（b-d）在秘鲁 – 智利海沟观察到的蛇尾纲生物，分别是在 4602m 处的 Ophiuroid 种类 A 和种类 B，以及在 6173m 处的 Ophiuroid 种类 C。图上标尺为 2cm，图片来自 HADEEP 项目。

而第三次观察到的个体在镜头前停留了3h以上。Ophiuroid种类C在着陆器布放的386min内聚集到5只个体。不过，由于鱼类的增多，这些蛇尾类生物迅速离开了观察视野范围。在克马德克海沟观察到的*O.* aff. *Loveni*的行为特性与这里提到的Ophiuroid种类A比较相似。

莱姆切等人利用深水摄像机，在新赫布里底海沟6758~6776m水深范围内350次观察到*Ophiura*属的生物（以及两个被认为属于Ophiacanthidae科的个体）（Lemche等，1976）。这些蛇尾纲生物频繁地出现在海床上，栖息于岩石之间。在同一个观察框范围内，莱姆切等人观察到多达11只个体，以此估计的蛇尾纲生物在该区域平均分布密度最少为3个/$10m^2$。

8.3.4　海参纲

海参纲（Holothuroidea）过去被认为是深渊动物群中最主要的组成（Hansen，1957；图8.3），它们数量巨大以至深渊区曾经一度被称为“海参的王国”（Belyaev，1989）。这些认识主要是基于“加拉瑟”号和“维塔兹”号深渊考察中拖网所得的结果。在所有深度大于6000m处拖网捕获的生物中，海参纲的捕获率高达88%，与多毛纲生物相当。不过，深渊区的海参纲生物的多样性不如甲壳类和多毛类那么高，仅仅接近于腹足纲和双壳纲的多样性水平（表8.4）。在深渊区，海参纲主要来自7个科：Elpidiidae科（包括30个种，6个属），Myriotrochidae科（包括15个种，4个属），Synalactidae科（包括5个种，4个属），Psychrolotidae（包括4个种，2个属），Gephyrothuridae科（包括2个种，1个属），Leatmogonidae科（1个种），Molpadiidae科（1个种）以及Palogothuriidae科（1个种）。在属水平上的多样性和密度分布说明属于游足目的Elpidiidae科（图8.6）是深渊海沟最重要的海参类（图8.7），同时游足目也是整个深海区域最常见的动物之一（Hansen，1972）。

深渊海参纲生物的地方特有性大约为69%，主要的地方特有性局限于单条海沟或其临近的海沟。存在地方特有性分布的海参纲生物均来自同一个属，*Hadalothuria*（Hansen，1956）。在非地方特有性分布的种类中，6个种主要分布在深海区内，而其余的11个种则广泛分布于深海到半深海的范围内。

与深海区的拖网样品相比，目前来自深渊区的拖网样品仍然非常少。因此，

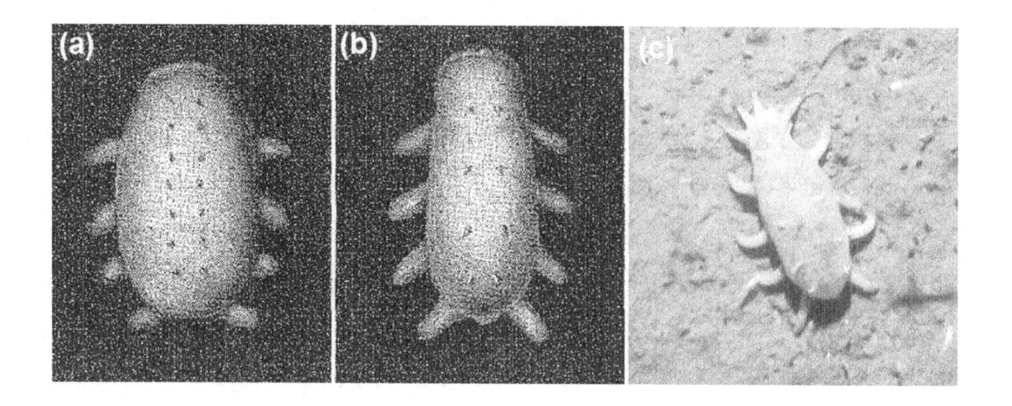

图 8.6　“加拉瑟”号考察中所获得的 Elpidiidae 科海参：从秘鲁 – 智利海沟 8074m 处原位拍摄的（a）*Elpidiaglacialissolomonensis* 种、（b）*E. g. kermadecensis* 种和（c）*Elipidiaatakama* 种。图像（a）和（b）来自 Hansen（1957），使用经过“加拉瑟”号报告的允许；而图（c）则来自 HADEEP 项目。

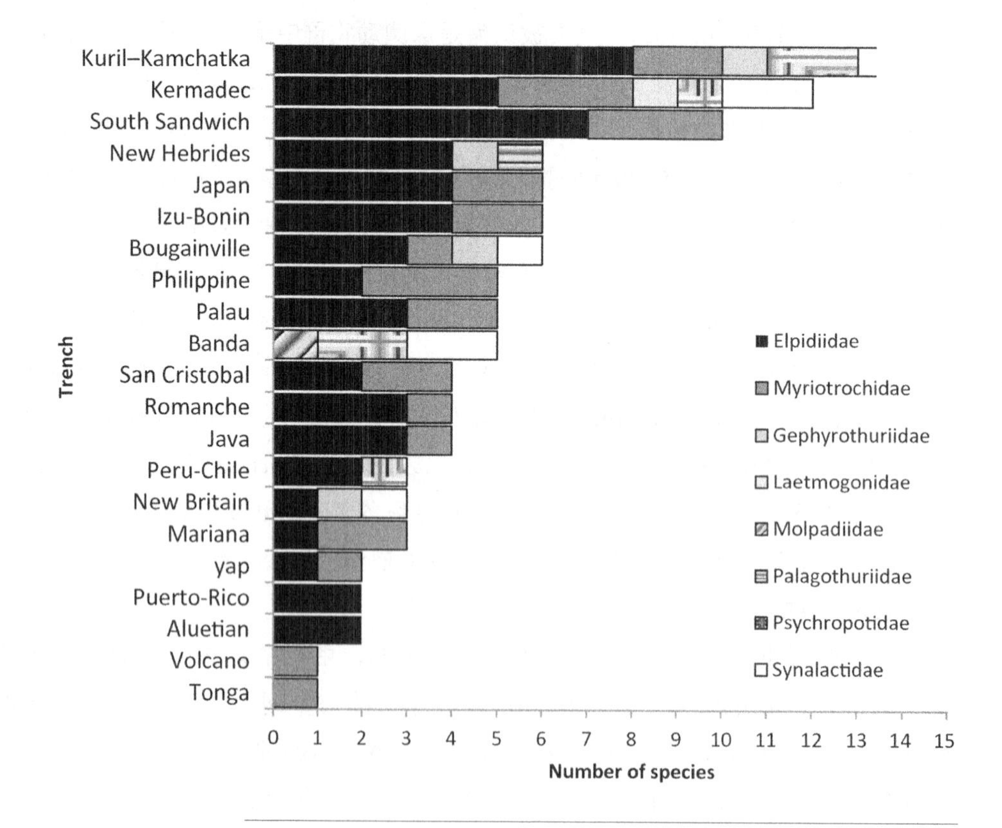

图 8.7　已开展采样的海沟中海参物种的数量（表示为个 / 科）。

关于海参纲生物在不同海沟的分布规律仍然有待进一步发现。对于一些丰度较高的种类，科研人员可能已经观察到了它们在不同海沟之间的分布规律和趋势，而对另外一些种类，虽然它们在不同海沟的分布目前来看似乎是间断的，不过随着越来越多研究的开展，这种结论可能会发生改变。一个典型的例子是 *Amperima naresi*（Théel，1882；Elpidiidae 科）。现有的资料表明，这个种只分布在印度洋的爪哇海沟和北太平洋的帕劳海沟。但是很明显，它不可能只分布在这两个相距如此遥远的海沟，而在距离它们较近的雅浦海沟、马里亚纳海沟以及火山海沟却没有分布。类似的，*Amperimavelacula*（Agatep，1967）和 *Elpidiadecapoda*（Belyaev，1975）目前只出现在印度洋 – 太平洋海域的圣克里斯托瓦尔和位于南大洋的南桑德韦奇海沟。此外，科研人员也发现许多深渊特有的海参纲物种同时分布在多条临近的海沟中。例如，*Hadalothuria wolffi* 种（Hansen，1956）分布在彼此距离较近的新不列颠海沟、新赫布里底海沟和布干维尔海沟，而 *Elpidiaglacia liskurilensis* 种则同时分布在阿留申海沟、千岛 – 堪察加海沟和日本海沟，而这三条海沟实际上是彼此连接的。同时在西太平洋多条海沟分布的典型海参纲物种是 *Prototrochus bruuni*（Hansen，1956；Myriotrochidae 科）。这种海参的分布从伊豆 – 小笠原海沟北部开始，穿过太平洋中部的帕劳海沟和菲律宾海沟，直至位于南部的布干维尔海沟、克马德克海沟和汤加海沟，并一直延伸到爪哇海沟。

尽管动物类群在深度为 6000~7500m 区域的多样性较高，但是海参类仍然占了这些深度拖网所得的 25%。在深度大于 7500m 的区域，海参类的拖网捕获率超过 50%，有些地方的捕获率甚至高达 75%~98%。而在海沟的最深处，海参类是最大型的动物种类之一。因此，在最深处拖网所得的样品中，海参生物量的比例大于 90%。沃尔夫（Wolff，1970）详细描述了从千岛 – 堪察加海沟拖网所得的 *Elpidia* 属的海参数量，该值随着深度的增加呈现出指数增长的趋势（图 8.8）。“海沟”号无人潜水器在日本海沟也发现过类似的海参大量聚集的现象（图 8.9）。

这种海参大量聚集的现象大多发生在高生产力的海域，如北太平洋的千岛 – 堪察加海沟、日本海沟和克马德克海沟，以及位于南大洋的一些海沟（Vinogradova 等，1993b）。类似的结果也出现在同样具有高生产力的热带爪哇海沟。由于这种现象主要发生在海沟最深处的轴线附近，因此极大地支持了 TRAD 假说（Jamieson 等，2010），即如果向下传输的颗粒有机物（POM）真的能够在海沟，特别是海沟最深处得到积累和富集，那么此处应该相应地有大量滤食沉积物的动物（如海

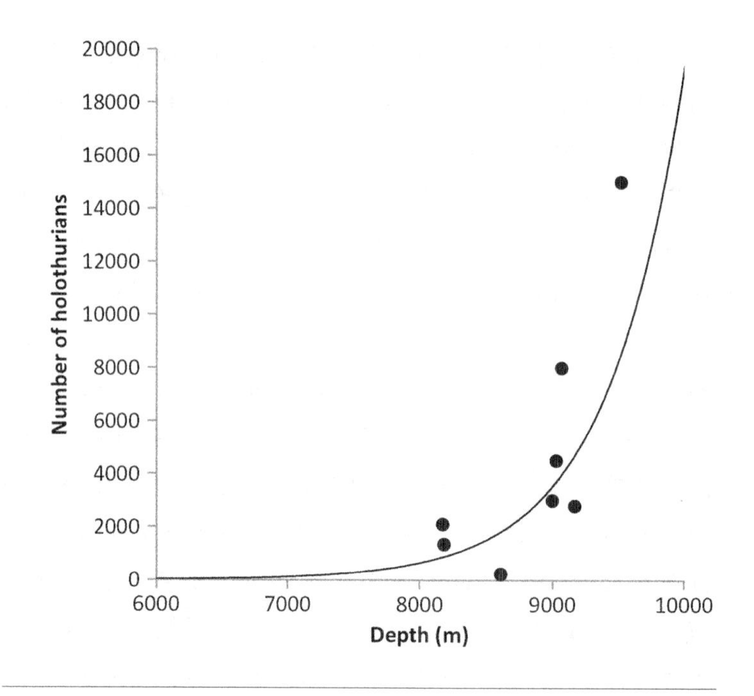

图 8.8　从千岛 – 堪察加海沟拖网所得的 *Elpidia* 属的海参数量随深度的变化（数据来自 Wolff，1970）。

图 8.9　在日本海沟 7323m 由“海沟”号无人潜水器拍摄到的海参大量聚集现象。图片来自日本海洋科学技术中心（JAMSTEC）。

参）分布，正如在深海深度已经发现的结果一样（Billett 和 Hansen，1982；Bett 等，2001；Billett 等，2001）。另外，这种深渊海参被大量捕获的现象也从某种程度上指示了海参类与一些较浅、但结构复杂的海底地貌之间的联系，这是因为 Elpidiid 类海参大量聚集的现象也是可积累有机物的海底峡谷（submarine canyons）和其他一些具有凹陷结构区域共同的生物特征（DeLeo 等，2010）。

根据“维塔兹”号科考的拖网数据，别利亚耶夫（Belyaev 等，1989）估计了其他几条海沟中 Elpidiidae 科海参的数量。在新赫布里底海沟发现的 *E. glacialisuschakovi* 种（Belyaev，1971）和在帕劳海沟发现的疑似 *Elpidia* 属的密度均为 0.1 个 /m^2，而在新不列颠和布干维尔海沟发现的 *E. solomonensis* 种（Hansen，1956）的密度则分别为 0.03~0.1 个 /m^2 和 0.01 个 /m^2（也就是 300~1000 个 /ha^2 和 100 个 /ha^2）。别利亚耶夫（Belyaev 等，1989）总结了整个 Elpidiidae 科的所有物种，得出这个科在海沟中的分布密度为 0.5~10 个 /m^2。另外，有些研究发现在位于深海区的奥克尼海沟内，*E. decapoda* 种在 6160m 和 5580m 的密度分别为 15 个 /m^2 和 30 个 /m^2（即 150000 个 /ha^2 和 300000 个 /ha^2）（Gebruk，1993）。这样高的密度远远超过了北太平洋（15.5~193.3 个 /ha^2；Kaufmann 和 Smith，1997）和北大西洋（8.77~337.92 个 /ha^2；Billett 等，2001）的深海区。此外，在热带西太平洋深达 9000m 的海沟也拍摄到多种海参类生物（Lemche 等，1976），据估计，它们中 Elpidiidae 科的密度为 0.5~10 个 /m^2。

除了来自拖网的数据外，海参也在多条海沟中被深水摄像机（drop cameras；Lemche 等，1976）和无人潜水器（未发表数据，日本海洋科学技术中心和美国伍兹霍尔海洋研究所）观察到。杰米逊等人（Jamieson 等人，2011b）根据着陆器在秘鲁 – 智利海沟的观测结果，在 8074m 处发现了 *Elpidiaatakama* 种。在约 20h25min 的观察时间内，着陆器拍摄到 1225 张单个海参在海床上移动的画面。对这些图片进一步的分析可以解释这类海参的移动速率和捕食行为特征。结果发现，*E. atakamade* 的行为特征与其浅水区的相似物种并无太大区别。它们所表现出的食物搜寻模式也被东北太平洋一些具有相似功能的其他深海种类所采用，如 *Elpidiaminutissima*（Belyaev，1971）、*Abyssocucumisabyssorum*（Théel，1886）、*Synallactesprofundi* 和 *Peniagonevitrea*（Théel，1882），以及 *Scotoplanesglobosa*（Théel，1879；Smith 等，1993；Kaufmann 和 Smith，1997；图 8.10）。此外，*E. atakamade* 的移动速率和进食速率也与这些较浅水域的海参相似。它们所表现出的食物搜寻模式也说明这些海参能够主动适应周围环境中资源不均一分布的特性，因而它们是一种功能上非常重要的种类（Godbold 等，2009，2011）。然而，这些数据非常有限，目前在秘鲁 – 智利海沟还没有关于 *E. atakamade*（或其他海参类）的任何丰度数据，导致这些种群在海沟中时空分布规律等相关信息缺失，因而仍无法评估深渊 Elpidiidae 科的生态地位。不过，根据目前已有的数据可计算单个海参在一定时间内对海底生物扰动的面积（基于平均移动速率和个体长度）。结果发现，*E. atakamade* 每 5.1 天可以扰动 $1m^2$ 的表层沉积物，或者说一个包括 123 只海参的种群每小时可扰动 $1m^2$ 的表层沉积物。

在莱姆切等人报道的海沟照片中，海参类也是主要的动物群（Lemche 等，1976）。这些照片不仅描述了海参的多样性和丰度，还提供了它们的行为特征信息。例如，*Peniagonepurpurea* 是一种外形扁平且在腹部外侧有 7~9 对管足的海参，它不只是停留在沉积物表面，还经常将自己埋在沉积物中而只露出身体的前部。莱姆切等人的研究（1976）还描述了这些海参如何利用管足进行移动（类似的行为同样发生在 *E. atakama* 种的海参上；Jamieson 等，2011b）。有一些效果非常好的照片可以清楚地分辨出海参在移动过程中支撑起其腹部的管足，也可以看到几乎与身体一样长的触手（velerpapiliiae）。海参可能会利用这些可独立移动的触手探索前面的水体和沉积物。此后，在新不列颠海沟 7000~8000m 的深度范围也观察到 *Peniagoneazorica*（Marenzeller von，1982）同样利用管足将身体抬离沉积物表面并在海底留下足迹。但是 *P. azorica* 没有把自己埋藏在沉积物中的习性。另外，在新不列颠海沟 7057~7075m 以及在新赫布里底海沟的 6758~6776m 发现的 *Scotoplanesglobosa* 则没有可见的海底足迹，这说明该类海参在水中的重量很轻。这些结论也支持了汉森（Hansen，1972）的结论，他们发现这类海参的身体可以产生压缩性的波动，来配合移动的需要，即通过身体的蠕动将皮肤步带腔（dermal ambulacral cavities）的液体压入管足。此外，根据在新赫布里底海沟 6758~6776m 区域拍摄到的照片显示，*Pelgothuria*——一类过去认为是游泳性的海参，居然停留在海床上。也有研究发现 *Hadalothuriawolffi* 种的海参具有有趣的觅食行为，它们能够将身体前部向右侧弯曲，以达到不继续向前移动身体，但能增加觅食范围的目的。同时，它们在海底留下的足迹较浅，科学家推测它们可能是用一种近乎滑动的方式移动，因为它们的管足较小，沉积物只会对其产生有限的阻力。

8.3.5 海胆纲

目前发现的海胆纲（Echinoidea）至少栖息在9条主要的海沟，最深可达7000m以下（Madsen，1956）。不过，比较深的记录仅出现在帕劳（7170m）和班达（7340m）两条海沟。海胆纲主要由4个科组成：Pourtalesiidae（7个种，三个属），Holasteridae（1个种），Echinothuroidea（1个种）和Urechinidae（1个种）（表8.4）。除了Echinothuroidea科以外，其余三个科均属于猬团海胆目（Spatangoida）。

在所有已发现的海胆纲生物中，只有2个种和1个亚种是深渊环境特有的，而其余的种类中，有4个种栖息在深海区，只有1个广深种的生境可延伸到半深海区。

在深渊拖网捕获的生物中，海胆并不常见，即使有也常常是一些片段，而非完整个体。在水深6000~7340m的拖网中，海胆的捕获率仅为31%（Belyaev，1989）。不过与其他棘皮类动物相似，海胆偶尔也有在某一海区大量聚集的现象。在班达海沟，三次拖网中均捕获了*Pourtalesia heptneri*种的海胆，并且深度最深达7130m（Mironov，1989）。该研究共捕获了120个完整的海胆个体，同时通过对拖网中海胆身体片段的组合，得到了另外24只个体。另外，在爪哇海沟6820~6850m深度范围开展的六次拖网捕捞中，有两次捕获到深渊特有种*Echinosigra amphora indica*（Mironov，1974）（Pourtalesiidae科），其中一次捕获的个体达32只。除以上这些信息外，目前对深渊海胆尚无更深入的了解。

8.4 其他底栖无脊椎动物

海鞘纲（Ascidiae）在深渊区也有发现,但是它们的分布通常局限在深渊上部。深渊海鞘主要属于2个目（Phelebobranchia和Stolidobranchia）和五个科（分别是Corellidae、Octacnemidae、Hexacrobylidae、Pyuridae和Styelidae）。目前所有的深渊海鞘记录都来自西太平洋海沟的拖网，在这些海沟中，海鞘的捕获率大约为25%（Belyaev，1989）。另外，从新不列颠海沟（7875~7921m）和新赫布里底海沟（6758~6776m）拍摄到的照片中也可以分辨出它们可能是属于 Corellidae 科的海鞘（Lemche 等，1976）。海鞘在新不列颠海沟的密度明显高于新赫布里底海沟，达到了 1 个 /30m^2，不过仍不清楚这种差异是何种原因导致的。目前已知海鞘的最深记录是在千岛 – 堪察加海沟 5000~8400m 深处发现的 *Situlapelliculosa* 种（Octacnemidae 科；Vinogradova，1969）。

腕足动物门（Brachiopoda）最深分布在 5500m 左右的深海区，至今没有在深渊中发现活的腕足动物，不过在罗曼什海沟 7500m 及其西北部的 6160m 处均发现了空的腕足动物壳体（Belyaev，1989）。另外，莱姆切等人在新赫布里底海沟 6758~6776m 处发现了疑似小型、扁平的 *Articulata brachiopoda* 种（Lemche 等人，1976）。不过，所有这些观察还不足以确定深渊腕足动物是否存在。

尽管“加拉瑟”号和“维塔兹”号考察已经在克马德克海沟（8210~8300m）、爪哇海沟（6487m）、千岛 – 堪察加海沟（6090~8400m）、伊豆 – 小笠原海沟（8800~8830m）和秘鲁 – 智利海沟（7000m）等多个深渊环境发现了外肛动物门（Bryozoa），但并未对这些动物样品进行深入地分析（Belyaev，1989）。别利亚耶夫发现一些个体可能是 Bicellariidae 科的 *Kinetoskias* 或 *Bugula* 属，而所有在大于 3000m 发现的腕足动物均属于 Cheilostomatida 科。因此，深渊环境中发现的腕足动物也有可能全部属于 Cheilostomatida 科。

第9章

甲壳亚门

目前在深渊区发现的甲壳亚门（Crustacea）生物包括11个目（表9.1）。甲壳类是深渊生物群落中非常重要的组成部分，特别是其中的等足目（Isopoda）和端足目（Amphipoda）。实际上，这两个目的甲壳类生物几乎在每条海沟的每个样品中都有发现。从数量和多样性角度来说，等足目是深海生物群落中最重要的底栖动物之一（Hessler和Sanders，1967；Hessler和Stromberg，1989）。在深渊环境中，它们的多样性在种的水平上超过了其他所有甲壳类动物甚至其他所有多细胞生物的种类之和（Belyaev，1989）。

多种不同的采样方法也证明了端足类在深渊环境中的重要性。科研人员通过诱捕和拍摄发现，端足类在8000m的深海域的觅食动物群中占有绝对主导地位，通常每次都能捕获数以万计的个体（Blankenship等，2006）。需要指出的是，端足类在全海深范围内都有非常繁盛的种类（Hessler等，1978；Jamieson等，2009a；Eustace等，2013）。它们的重要性体现在两个方面：除了在8000m深的主导性分布外，它们也是8000m的浅海区大型捕食者的主要食物（Jamieson等，2009a、b；2012a）。

当然，在深渊环境中还分布着其他一些数量较少、多样性较低的甲壳类种群，包括蔓足纲（Cirripedia）、介形纲（Ostracoda）、糠虾目（Mysidacea）、海蜘蛛纲（Pantopoda），以及非常稀有的真螨目（Acariformes）和薄甲目（Leptostraca）。其中真螨目的分布非常稀少，且多局限于深海－深渊的交界区域。类似的，目前从深渊区仅捕获了一只属于薄甲目的个体，是在日本海沟7100m的深度发现的（Jamieson等，2010）。此外，海洋中广泛分布的桡足纲生物（Copepoda）也在深渊的水体中被发现，但是由于水体中很难定量地采集此类生物个体，目前对深渊环境中桡足类只收集到非常少的个体（Vinogradov，1962）。不过，以上所提到的这些种类的甲壳生物在深渊环境中的数量和多样性均非常低，另外它们仅分布于较浅水层的现象可能是由于样品采集的误差导致的。随着收集到越来越多而全面的数据，科研人员将很有可能揭示出这些种类在深渊环境中真正扮演的角色。

最后，特别值得一提的甲壳类生物是十足目（Decapoda）和“超级大型”的端足类 Alicella gigantea。在 20 世纪 50 年代开展的多次深渊调查中，困扰人们的问题是为什么在深渊中没有任何十足类？这个问题一直到 2009 年都没有得到解答。有一种推测是在采样过程中采用了错误的采样设备或装置。此后，科研人员利用诱饵和深水摄像机开始频繁地在多条海沟中观察到大型（超过 20cm 长）虾类生物，最深可达 7703m（Jamieson 等，2009b）。另外，由于过去几十年科学界仅从地理位置相距较远的几个环境中采集到非常少量的大型端足类生物，因此这些生物一直以来都保持着神秘色彩。不过近年来，人们通过运用诱捕和深水摄像技术，已经在克马德克海沟 7000m 深处观察到这些超级大型端足类，且有较大量的分布，其中有些个体可达 30cm 长（Jamieson 等，2013）。十足类和超级大型端足类的发现历程充分证明了人类对深渊区的了解仍然非常有限，还有大量的秘密等待人类去发现。令人惊奇的是，整整一个目的甲壳类生物和如此奇特的“超级大型”生物居然在过去的研究中一直都未被发现。这也暗示着甲壳类物种在深渊中的分布和多样性可能远远大于目前已知的情况。

下面将总体介绍目前在深渊中发现的甲壳亚门主要类群的特征。

相比于浅水近亲，深渊甲壳类生物最有趣的特征就是明显增大的体型。别利亚耶夫

表 9.1 目前已经在深渊环境发现的甲壳亚门每个类群中种的数量（+，表示未描述种）和最大发现深度

主要类群	深渊环境中已知种的数量（+，表示尚未描述一种）	最深发现深度（m）
桡足纲	27（+5）	10000
蔓足纲	6（+3）	7880
介形纲	9（+5）	9500
糠虾目	2（+10）	8720
涟虫目	6（+10）	8042
原足目	43（+10）	9174
等足目	94（+39）	10730
端足目	63（+14）	10994
十足目	2*	7703
真螨目	1	6850
海蜘蛛纲	8（+1）	7370

* 注：由于存在大量的未描述种，本表所列种的数量仅供象征性参考。

（Belyaev，1989）和沃尔夫（Wolff，1960）将这一现象称为“巨型化”。不过，在深渊环境中真正的巨型化代表是“超级大型”的端足类 *Alicella gigantean*（Jamieson 等，2013）。此外，在体型随水深逐步增大的例子中，最引人注目的是等足目的栉水虱亚目（Asellota）（Wolff，1960），同时其他种类如涟虫目（Cumacea）、原足目（Tanaidacea）以及糠虾目（Mysidacea）等也有这种趋势。

对于甲壳类个体随水深而增大的原因目前还不清楚。不过，这些甲壳类同属的近亲在极地较浅环境中也出现了个体增大的现象，说明该现象可能与低温有关。但是，也有一些例子是单纯与深度增加有关而与温度变化无关的，说明静水压力也是个体体积增加的原因之一。沃尔夫（Wolff，1962）指出，至少对于等足目来说，增大的体积可能与海沟环境下较长的生活史有关。不过这种现象也可能是由于压力对代谢的影响所导致的（Wolff，1960；Zenkevitch 和 Birstein，1956）。除了甲壳类之外，这种个体体型随深度增大的现象尚未在其他动物中发现。

9.1 桡足纲

深渊桡足纲生物的主要代表是浮游性的哲水蚤目（Calanoida）和底栖性的猛水蚤目（Harpacticoida）。深渊哲水蚤目的相关信息几乎全部来自于“维塔兹”号的考察。第一批样品是 1953 年在千岛 – 堪察加海沟 6000~8500m 的范围内通过浮游生物采集网获得的（Vinogradov，1962）。样品中哲水蚤共 20 个种，隶属于 17 个属和 10 个科，其中包括两个新属 *Zenkevitchiella* 和 *Parascaphocalanus*。这些样品虽然多样性较高，但是其种群结构还是以少数几个种为主导，包括 64 个 *Spinocalanus similis profundalis*（Brodsky，1950）（刺哲水蚤科 Spinocalanidae），97 个 *Parascaphocalanus zenkevitchi*（Brodsky，1955）（厚壳水蚤科 Scolecitrichidae）和 37 个 *Metridia similis abyssalis*（Brodsky，1955）（长腹水蚤科 Metridinidae），其余的每个种均只有单一个体。

在千岛 – 堪察加海沟收集的 32 个哲水蚤目的物种中，15 个（47%）是深渊特有种。另外有 10 个种的分布可延伸到深海区，这些种大部分只在西北太平洋有过发现，不过其中属于光水蚤科（Lucicutiidae）的 *Lucicutia curvifurcata*（Heptner，1971）在布干维尔海沟也有分布。其余的 7 个种则是广深性的，在世界海洋中广泛分布。

科研人员已经在克马德克海沟10000m的深度发现了猛水蚤目的深海底栖生物（Belyaev，1989），它们是海洋中丰度仅次于线虫类的小型底栖生物（Giere，2009）。在“维塔兹”号考察获得的猛水蚤目生物样品中，只成功描述了一个属于黄褐猛水蚤科（Cerviniidae）的新属，代表种为采自6071m深处的 *Herdmaniopsis abyssicola*（Brotskaya，1963）（Belyaev，1989）。这个研究也报道了在靠近伊豆－小笠原海沟5700m处海域采集到的 *Cervinia* 属中的3个新种，分别是 *C. brevipes*、*C. tenuicauda* 和 *C. tenuiseta*（Brotskaya，1963）。别利亚耶夫（Belyaev，1989）推测这些种也可能会在深渊区有所发现。2009年，研究人员在克马德克海沟通过诱捕器的方式从5173m处捕获了40只桡足类个体，从6000m处捕获1只，从7561m处捕获19只，但是对于这些样品的分类尚不清晰（Jamieson等，2011a）。

迄今为止对猛水蚤目最为详细的研究来自北岸等人（Kitahashi等，2012），他们在科的水平上调查了猛水蚤在琉球海域以及千岛海域（围绕千岛－堪察加海沟及邻近深海平原）附近的空间分布规律。在琉球海域，他们发现猛水蚤种群的组成在海沟、海沟斜坡以及深海平原存在着极大的差异，说明其种群结构在科水平上受地形的影响较大。在这个区域发现的优势科是Ectinosomatidae（15.8%），Psuedotachidiidae（15.1%），Zosimeidae（14.2%），Ameiridae（12.5%），Argestidae（12.1%）和Neobradyidae（9.3%）。

通过对比千岛海域不同地形中猛水蚤种群结构的差异，科研人员发现深渊猛水蚤种群可能是深渊斜坡和深海平原猛水蚤种群之间的过渡类群。在这个区域共发现16个科，其中占主导地位的是Ectinosomatidae（23.9%），Ameiridae（17.3%），Psuedotachidiidae（14.3%），Idyanthidae（13.3%），Argestidae（9.8%）和Cletodidae（6.1%）。

科研人员综合分析了以上两个区域的数据后发现，猛水蚤种群结构在琉球海域主要受沉积有机物含量的影响，而在千岛海域则主要是沉积物性质起主要调节作用。对这两个区域的猛水蚤种群结构比较后发现，深渊区和深海平原区的猛水蚤种群结构差异较大，而深渊斜坡区的猛水蚤种群结构则差异相对较小，说明这些深海底栖的猛水蚤受海沟地理分割的限制，很难在不同海域之间进行迁移（Kitahashi等，2012）。

然而，正如北岸等人（Kitahashi等，2012）指出的，由于95%以上的深海猛水蚤是新发现的，这就导致在种的水平上进行深入分析非常困难。同时，这些基于形态学的鉴定仅仅是表面的，而通过对浅海猛水蚤的分子生物学研究发现，一些过去认为广泛分布的种实际上是“复合种”（species complexes）（Schizas 等，1999；Rocha-Olivares 等，2001）。因此，对深海猛水蚤的分类需要开展更多的特别是分子生物学方面的研究，以获得更为全面和准确的认知。

9.2 蔓足纲

蔓足纲并不是典型的深渊动物，因为大多数目前已知的深海蔓足纲生物只在 6000m 左右的深度有所发现，并且数量很少。最主要的发现是在千岛 – 堪察加海沟、日本海沟、伊豆 – 小笠原海沟、琉球海沟、克马德克海沟、秘鲁 – 智利海沟和菲律宾海沟的 6000~7000m 附近，但通常每次只能收集到 1~2 只个体。在深渊深度发现的所有 9 个种均属于铠茗荷科（Scalpellidae），其中 3 个种仅能鉴定到属或者亚科的水平。这些种最早都是从一条海沟中发现并被描述的，尽管其中的 *Annandaleum japonicum*（Hoek，1883）后来在邻近的千岛 – 堪察加海沟、日本海沟和琉球海沟也有发现（6156~6810m；Belyaev，1989）。

9.3 介形纲

目前已知的深渊介形纲一共有 14 个种，它们主要是包括尾肢目（Podocopida）和海介虫目（Halocyprida）中 5 个科的未描述种，其中最为普遍的是 Halocyprididae 科的 *Juryoecia*（*Metaconchoecilla*）*abyssalis*（Rudjakov，1962）种。深渊介形纲主要发现于千岛 – 堪察加海沟、马里亚纳海沟和布干维尔海沟 4200~8500m 范围内（Belyaev，1989）。底栖介形纲的最深记录是在波多黎各海沟 8100m 发现的 *Retibythere scaberrima*（Brady，1886；Bythocytheridae 科），而最深的浮游介形类则是在千岛 – 堪察加海沟 9500m 处发现的 *Archiconchoecillamaculate*（Chavtur，1977）和 *Paraconchoecia Vitjazi*（Rudjalov，1962），这两者均属于 Halocyprididae 科。

另外，2009 年科研人员在克马德克海沟利用诱捕器的方式捕获到 3 只介形类个体，虽然水深只有 5173m（Jamieson 等，2011a）。这些个体经鉴定为 *Bathyconchoecia* sp. n. 和 *Metavargula* cf. *adinothrix*（Kornicker，1975）。

9.4 糠虾目

糠虾目是深渊区中发现的另外一类甲壳动物，但是对它们的了解还比较少。目前只明确鉴定了两个种，分别是在千岛－堪察加海沟 6435~7230m 处发现的 *Amblyops magna* 和在秘鲁－智利海沟 6146~6352m 处发现的 *Mysimenzies hadalis*（Bacescu，1971）。其余从多达 14 条海沟中收集到的糠虾目均为未描述种，它们全部来自 Mysidae 科，分别属于 5 个此前只在较浅海区被发现的属（*Amblyops*，*Birsteiniamysis*，*Mysimenzies*，*Paramblyops* 和 *Mysidacea*）。在从深渊环境中发现的 12 个种中，只有 3 个种可能来自深海底部（4500m），其余 9 个种（75%）则是深渊特有种。最深的糠虾目生物是在雅浦海沟 8560~8720m 范围内发现的 *Paramblyops* 属。

除了底栖糠虾目生物，研究人员也报道了多种深渊浮游性糠虾生物，分别是在千岛－堪察加海沟、日本海沟、伊豆－小笠原海沟和琉球海沟 6000~7000m 范围发现的 *Boreomysis incise* 和在琉球海沟 6600m 处发现的 *Dactylamblyops tenella*（Birstein 和 Tchindonova，1958）。

基于阿基米德号深潜器对波多黎各海沟的调查，佩雷斯（Pérès，1965）报道了分别在 6100~6450m 和 6600m 发现的磷虾类生物。但是别利亚耶夫（Belyaev，1989）综合当时一些科学家的意见后，指出这些磷虾类生物更可能是属于糠虾目（不过目前还没有从波多黎各海沟收集到确切的糠虾目样品）。另外，根据在帕劳海沟、新不列颠海沟、布干维尔海沟和新赫布里底海沟 4 个站位（水深 6758~8662m）拍摄的照片，莱姆切等人（1976）初步确定了糠虾目生物的存在。该研究还在帕劳海沟 8021~8042m 深度记录到糠虾目生物，多达 37 只个体，平均体长为 1cm。莱姆切等人在其他海沟也发现了糠虾目生物，具体为：新不列颠海沟 8258~8260m 处（1 只个体）、北所罗门海沟 7847~8662m（4 只个体）以及新赫布里底海沟 6758~6776m 处（2 只个体，3~4cm 长）。

到目前为止，对深渊糠虾目生物最引人注目和具有代表性的发现是 2010 年利用深渊着陆器 B（Hadal-Lander B）对秘鲁－智利海沟 4602m、5329m、6173m 及 7050m 的调查（图 9.1）。该着陆器以吞拿鱼为诱饵，利用摄像机在 $0.35m^2$ 的海底面积上每隔 1min 进行一次拍摄。结果显示，在深海区的站位，糠虾目生物的数量甚至超过了通常占主导地位的端足目生物，即使水深增加到 6173m 和 7050m，糠虾目生物仍然存在，尽管数量明显减少（图 9.2）。在上述 4 个站位中，糠虾目生物首次出现的时间分别是着陆器着底后的7min、67min、27min和28min，它们的平均体长分别为2.21±0.5cm（n=40）、1.69±0.8cm（n=10）、1.88±0.4cm（n=24）和1.77±0.4cm（n=10）。然而，这些调查收集的实体样品中只有端足目，而糠虾目生物却一个也未能获得，因此无法对这些摄像机观察到

图9.1　深渊中的糠虾目生物示例：（a）在波多黎各海沟4602m处原位拍摄的糠虾类群体；（b）在波多黎各海沟7050m拍摄并放大的糠虾类个体图片；（c）从克马德克海沟6709m收集到的*Amblyops*属的个体。图片均来自HADEEP项目。

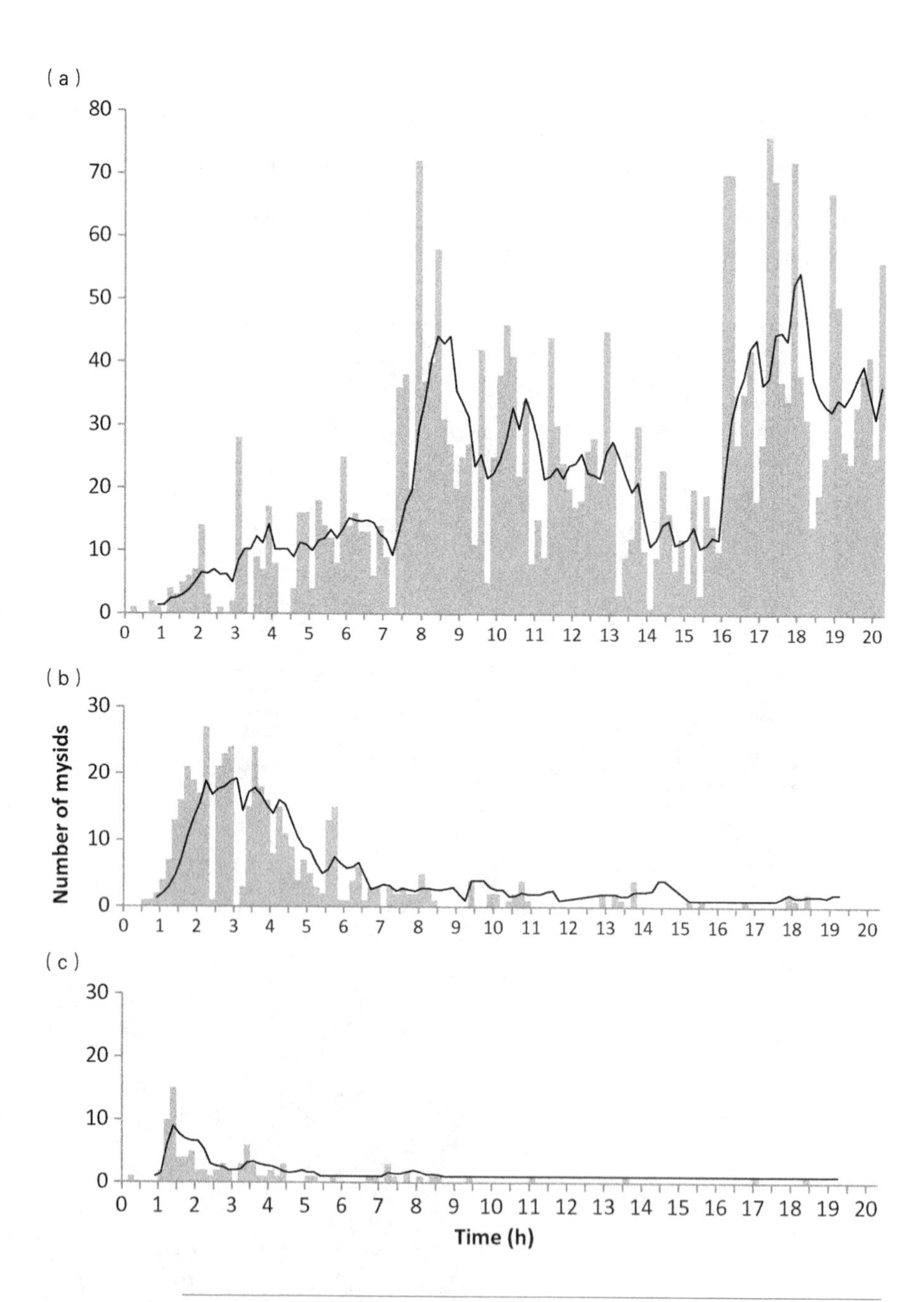

图 9.2　分别在秘鲁－智利海沟（a）4602m、（b）6173m 及（c）7050m 拍摄的图片中糠虾类的数量。黑色线表示以 1h 为单位的移动平均线（moving average）。数据通过 HADEEP 项目的深渊着陆器 B（Hadal-Lander B）获得。

的糠虾目生物进行分类鉴定。不过从站位和深度来判断，这些糠虾目生物可能比较接近 *Mysimenzies hadalis*（Bacescu，1971）。

此外，科研人员利用同一个着陆器（Hadal-Lander B），在其他海沟（具体来说是克马德克海沟和汤加海沟）也观察到许多体型较小的糠虾目生物，但是通常每次观察到的个体都少于 5 只。不过可喜的是，科研人员目前已经利用诱捕器 *Latis*，成功地从克马德克海沟 6265m 和 6709m 处捕获了两只糠虾类个体，它们在属的水平上被鉴定为 *Amblyops* sp.（HADEEP 项目未发表数据；图 9.1）。

9.5　涟虫目

涟虫目生物在深渊环境中并不普遍，目前仅有两个种得到确认，分别是从爪哇海沟得到的 *Makrokylindrus hadalis*（Jones，1969）和从日本海沟得到的 *Mokrokylindrus hystrix*（Gamo，1985）。另外三个被鉴定的属分别是来自布干维尔海沟的 *Bathycuma* 属，来自爪哇海沟的 *Lamprops* 属和来自阿留申海沟的 *Leucon* 属。最后，还有一个来自千岛－堪察加海沟的种推测可能是 Bodotriidae 科的 *Vaunthompsonia* aff. *Cristata*（Bate，1858）。其余 10 个涟虫目生物的记录则无法进行有效鉴定。所有这些发现均来自 5650~8042m 深度范围（Belyaev，1989）。除了以上所列的发现外，还有一些仅限于观察性质的报道，包括在帕劳海沟 8021~8042m 观察到的一种身体延长化的涟虫类生物，在新不列颠海沟 7875~7921m 观察到的 3 只截然不同的涟虫类个体（其中一个类似于 *Leucon* 属）以及在新赫布里底海沟 6758~6776m 观察到的一个非常长的个体。不过，目前还没有任何证据显示这些已发现的种或属是深渊特有的。

9.6　原足目

原足目是甲壳亚门中相对比较有名的目，在大多数海沟中均有发现，而在克马德克海沟 9174m 处发现的 Akanthophoreidae 科 *Akanthophoreus*（*Leptognathia*）*longiremis* 种（Lilljeborg，1864）是目前所知的最深记录（图 9.3）。深渊原足目生物的群落组成非常多样化（表 9.2），包括 63 个种，26 个属和 13 个科（Belyaev，

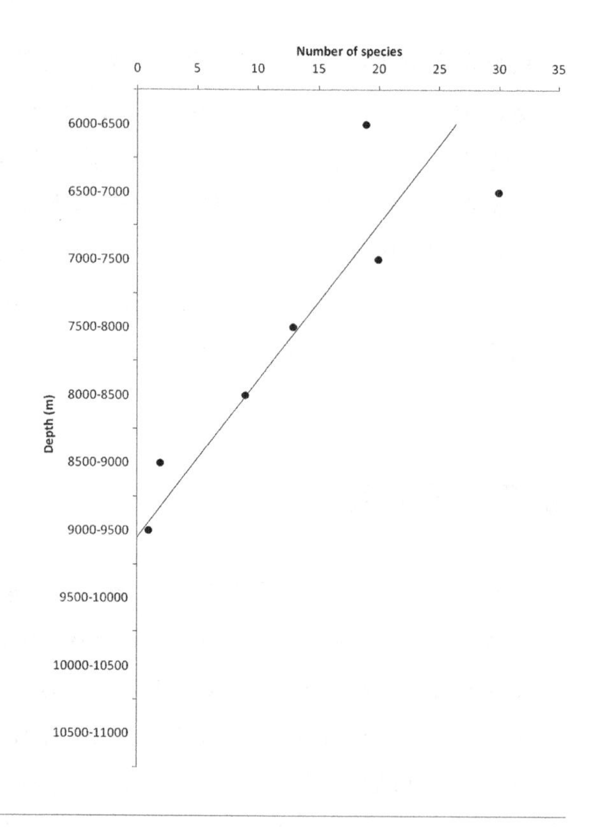

图 9.3　原足目在每 500m 深度范围内的种数量分布。

表 9.2　在深渊区域发现的原足目动物的所有科，以及每个科包括的种、属的数量及其发现的深度范围

科名	属（数量）	种（数量）	深度范围（m）
Apseudidae	2	3	6065~7657
Collettidae	2	2	3146~7433
Gigantapseudidae	1	1	6920~7880
Neotanaidae	2	12	5986~8330
Incertae sedis	3	2	5733~8006
Paratanaidae	1	1	7370~7370

续表

科名	属（数量）	种（数量）	深度范围（m）
Pseudotanaidae	2	5	6675~6890
Tanaidae	1	1	6090~6135
Agathotanaidae	1	1	6770~6890
Anarthruridae	2	2	3146~8015
Leptognathiidae	5	29	3853~9174
Paratanaoidea incertae sedis	1	1	2600~6850
Typhlotanaidae	3	3	3610~7370

1989；Larsen 和 Shimomura，2007a）。最多样化的科是 Leptognathiidae，包含了目前已知所有深渊种的 52%。其中，*Leptognathia* 属包含了 20 个种，占所有已发现的深渊原足目物种数量的三分之一。拉尔森和阳子（Larsen 和 Shimomura，2007b）从 *Leptognathia* 属中移除了几个种，但他们并未对这些移除种进行新的分类。据目前数据推测，深渊原足目的地方特有性约为 40%，但是该数值随着深度的增加而增加，在 6000~6500m 处为 16%，而到了 8000~8500m 处可达 75%。

别利亚耶夫（Belyaev，1989）对原足目生物在深渊中的分布规律进行了一些讨论。在“维塔兹”号和“加拉瑟”号考察中，原足目生物在拖网中的捕获率低于 30%，而在底部抓斗中的捕获率约为 40%，由此推测它们在深渊区的分布可能是不均匀的。此外，别利亚耶夫（Belyaev，1989）也对已报道的原足目的垂直分布规律提出了质疑，因为很多在太平洋深渊区发现的广深性物种在大西洋较浅的海域也有发现。他们提出这些可能是在外形上相似或相同的物种，只不过在不同的环境中生活和繁殖。如果这些方面的争议得不到解决，对于地方特有性或广深性物种的划分就只能停留在推测的阶段。别利亚耶夫的观点已经得到了后续研究的支持，这些研究证实大多数深海原足目生物的分布深度不超过 2000m，它们的地理分布比目前认为的范围要窄得多（Wolff，1956）。

原足目通常是底栖生物，生活在海底沉积物的表层，但是也有一些原足目生物可以漂浮，甚至可以到达距离海底比较远的水体。例如，Leptognathiidae科*Leptognathia*属的一些种，曾经在千岛–堪察加海沟水深8700~7000m的范围内，在距离海底50~1000m的水体中被浮游生物拖网捕获（Belyaev，1989）。

原足目生物很少被原位观察到，这可能是由于以下三个原因造成的：体型较小、在海底的分布不均匀（Belyaev，1989）以及在利用诱饵拍摄的过程中，它们可能被数量巨大的端足类生物所掩盖（图9.4）。不过，莱姆切等人（1976）在新不列颠海沟7057~7075m处观察到了一只原足类个体，可能是*Neotanais*属。他们在新赫布里底海沟6758~6776m处也观察到另一只原足类个体（0.5~1cm长），但无法分辨其类型。尽管HADEEP项目在克马德克海沟利用深渊着陆器B进行了多次下潜，但只有一次在7501m处观察到原足类生物（未发表数据，HADEEP项目）。在这次下潜中，着陆器B频繁观测到体长1~2cm的原足类生物在海底表层沉积物中出入，当它们钻入沉积物表层时常常将长长的尾部露在外面（图9.4）。在该次下潜拍摄的599张图片中，共有99张（17%）含有原足类生物，不过每次不超过3只个体。而其余的下潜中，甚至在相同深度都无法观察到原足类生物，这种现象有力地支持了别利亚耶夫提出的观点，即原足目生物在海底的分布是不均匀的。

通过研究"加拉瑟"号考察获得的样品，沃尔夫（1956）指出原足类生物的体型大小与深度之间有相关性。他们发现从200m以浅海域捕获的所有原足类生物，其体型均小于10mm，而来自深海–深渊区的平均个体大小则超过20mm（图9.5）。此后，关于深海原足类个体大小又有了一些新的数据，在菲律宾海沟6290~7880m发现了77只个体，它们属于Gigantapseudidae科的物种*Gigantapseudes adactylus*（Kudinova-Pasternak，1978），体长可达37mm，这比仅次于该记录的同属原足目生物长了1.5倍（Kudinova-Pasternak，1978）。不过，随后在发现*G. adactylus*处不远的地方，位于菲律宾海沟南部的5460~5567m处发现了这个属的另一个种*G. maximus*，其体长达到75mm（Gamo，1984）。这些新数据使得深海–深渊原足目生物的平均体长远远大于图9.5中所展示的数据（Wolff，1956）。

沃尔夫（1956）报道了深渊原足目生物的另一个特征，即他们在深渊区获得的所有30只雌性个体中没有一只身体内含有卵。这说明，这些生物的育卵期可能非常短，或者育卵期是季节性的，不过更有可能的是雌性原足目在育卵期间是埋藏于沉积物深处的，所以很难被拖网捕获。此外，沃尔夫也提出了另一种可能性，那就是深海甲壳类有较长的寿命，以至育卵频率相对较低：基于对Apseudidae科

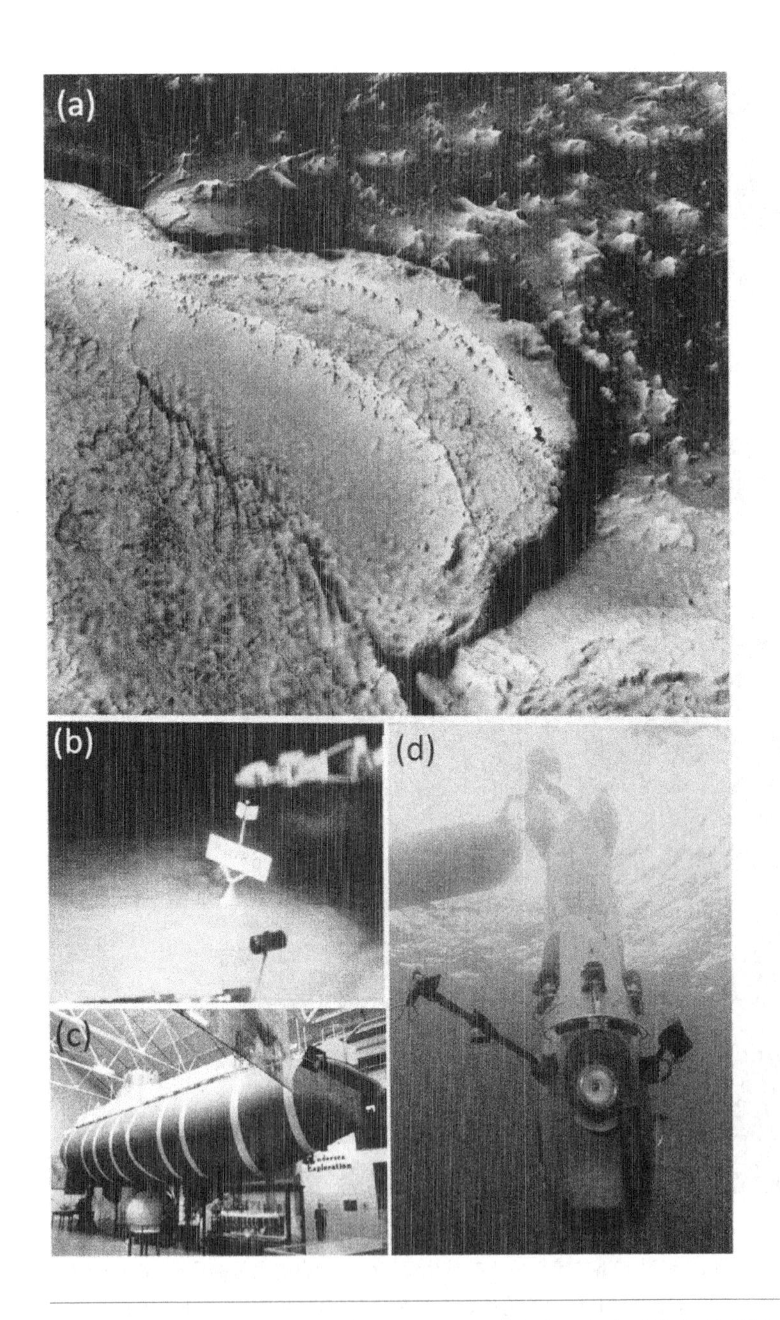

插图 1（plate 1）　地球上最深的地方：马里亚纳海沟。（a）现代数字深测技术所描绘的马里亚纳海沟三维地形图，图片来自斯洛斯（P. Sloss；NOAA/NGDC，已退休）；（b）日本全海深无人潜水器“海沟”号在海底放置旗帜来标记地球上最深点：10911m 的挑战者深度，图片来自日本海洋科学技术中心；（c）陈列在华盛顿美国海军国家博物馆的“的里雅斯特”号深潜器，图片来自扬西（P. H. Yancey；美国，Whitman 学院）；（d）2012 年正在下潜进军挑战者深度的深海探险者号载人潜水器，图片来自查利·阿内森（Charlie Arneson）。

插图 2（plate 2） 深渊着陆器。（a）经过 12 h 的等待后正在从诱饵陷阱中倒出的大量端足类（*Hirondellea gigas*），这次捕获是在伊豆 - 小笠原海沟 9316m 处获得的，图片来自 HADEEP 项目；（b）2007 年阿伯丁大学的深渊着陆器 A 正在向汤加海沟的 10000m 深处下潜，图片来自英国布里斯托尔大学的帕特里奇（J. C. Partridge）；（c）正在被投放到挑战者深渊 10500m 以下的迈克（Mike）号着陆器（或称为阿尔法 Alpha 着陆器），图片来自美国斯克里普斯海洋研究所的哈迪（K. Hardy）；（d）正在投放到挑战者深渊的微电极着陆器，图片来自南丹麦大学的格鲁德（R. N. Glud）。

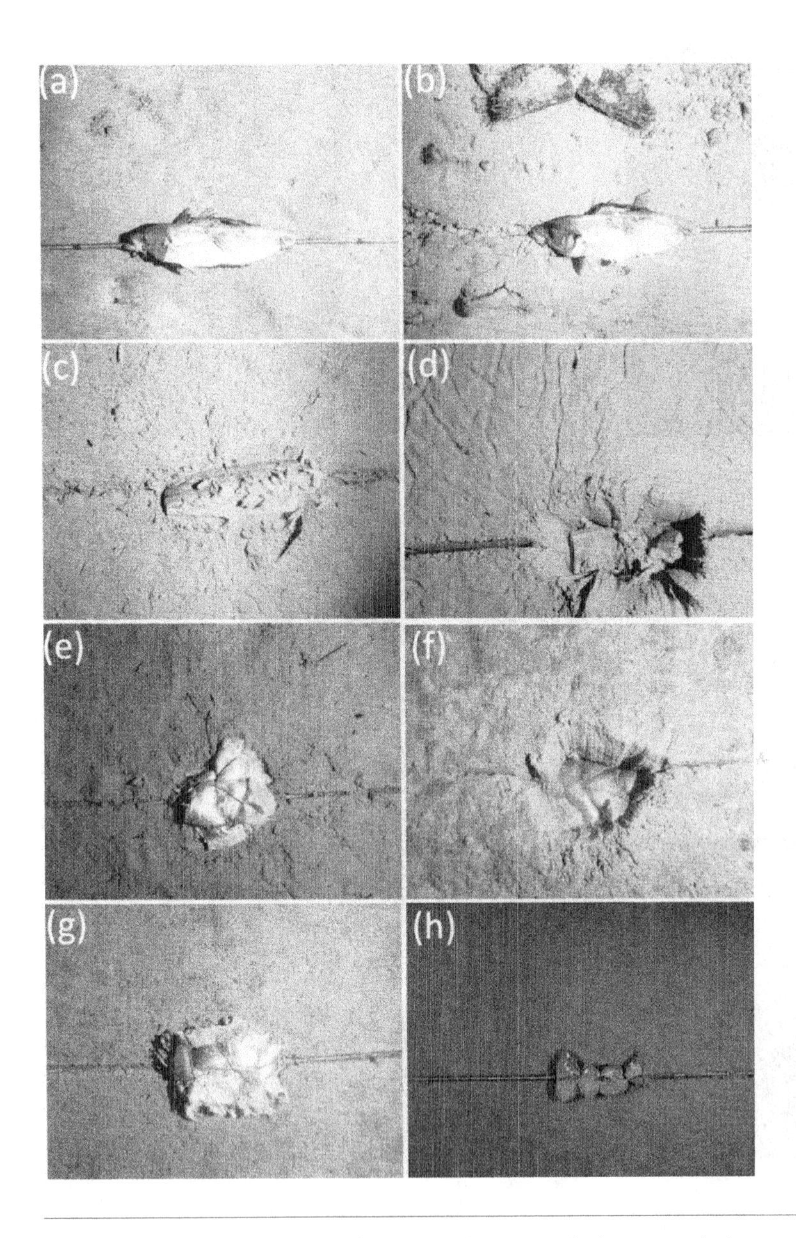

插图 3　海沟沉积物图片。克马德克海沟：（a）6000m、（b）7561m、（c）8215m 和（d）9281m；秘鲁－智利海沟：（e）6173m、（f）7050m 和（g）8074m；汤加海沟：（h）9729m。图片来自 HADEEP 项目。

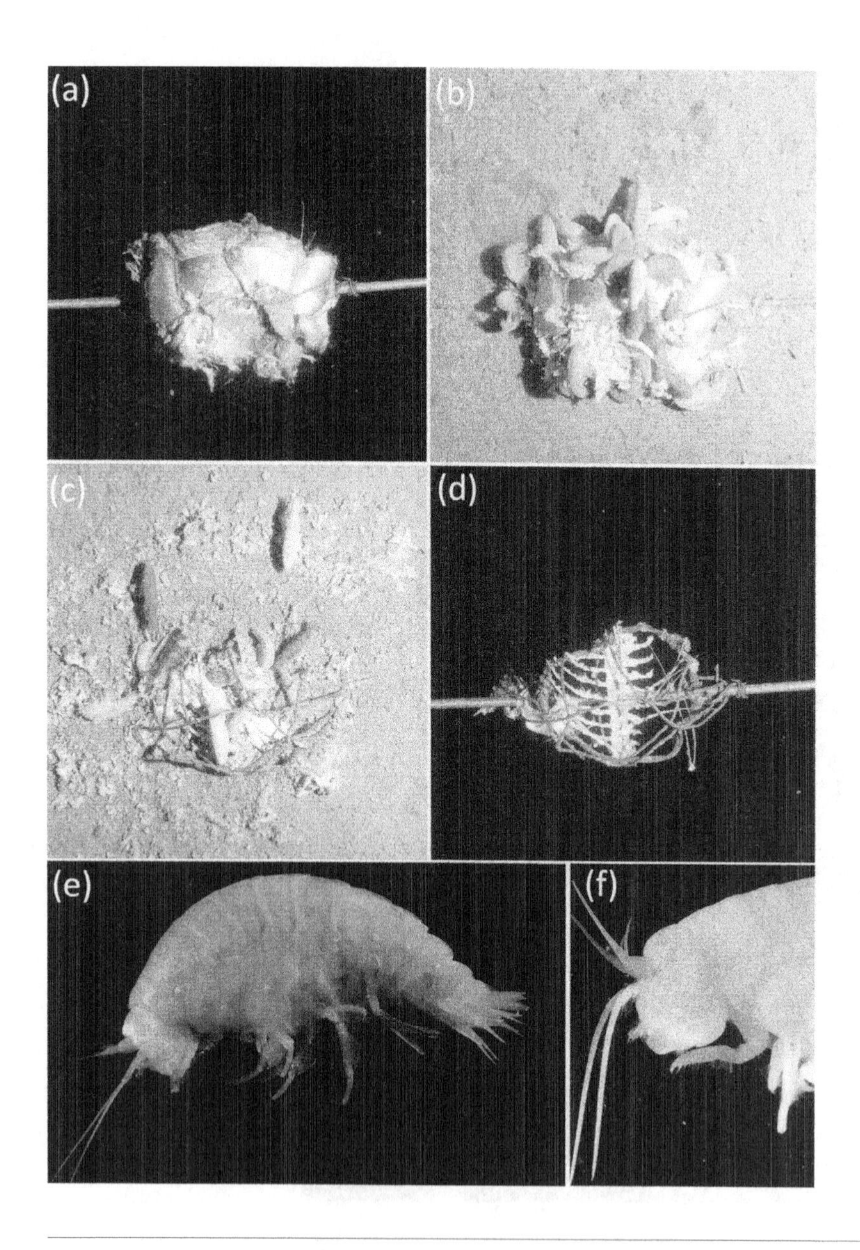

插图 4　食腐性端足类动物。在汤加海沟 8074m 观察到的快速进食过程，其中（a）刚刚到达海底的 1kg 左右的吞拿鱼鱼肉；（b）2 h 后大量聚集的食腐性端足类（*Eurythenes gryllus*）；（c）18 h 后在海底残留的饵料；（d）留在海底的残余骨架；（e）利用诱饵陷阱捕获的 *E. gryllus* 个体以及（f）放大的 E. gryllus 个体局部。图片（a）~（d）来自 HADEEP 项目，图片（e）和（f）分别来自英国布里斯托尔大学的帕特里奇（J. C. Partridge）和沙基（C. Sharkey）。

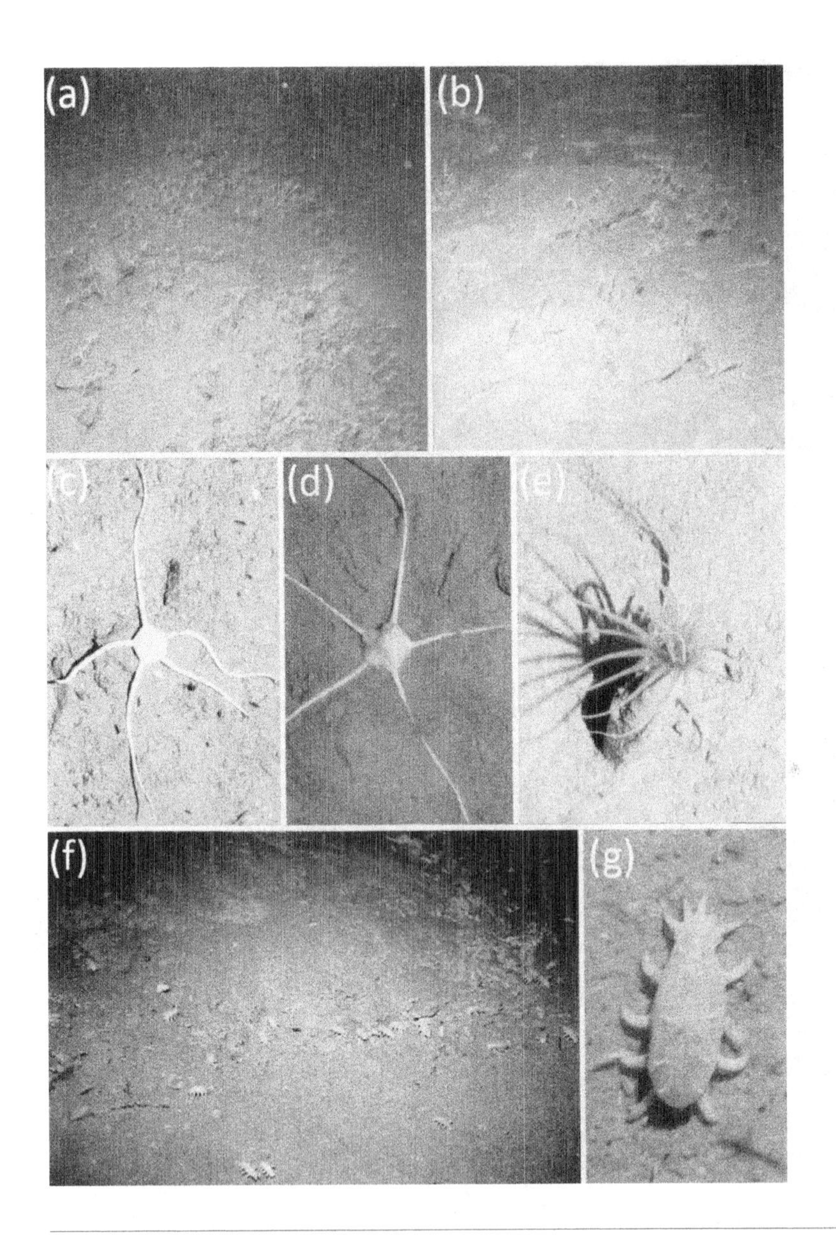

插图 5 深渊海底表层动物群。（a）和（b）分别为伊豆－小笠原海沟 9092m 和 9095m 处的海百合群体；（c）克马德克海沟 7199m 观察到的 *Ophiura* aff. *Loveni*；（d）秘鲁－智利海沟发现的未鉴定的蛇尾类生物；（e）克马德克海沟 5173m 处观察到的海葵（角海葵目 Ceriantharia，珊瑚纲 Anthozoa）；（f）日本海沟 7323m 观察到的大量聚集的海参类（Elpididae 科）；（g）秘鲁－智利海沟原位拍摄的 *Elpidia atakama* 图片。图片（a）（b）和（f）来自日本海洋科学技术中心；图片（c）～（e）和（g）来自 HADEEP 项目。

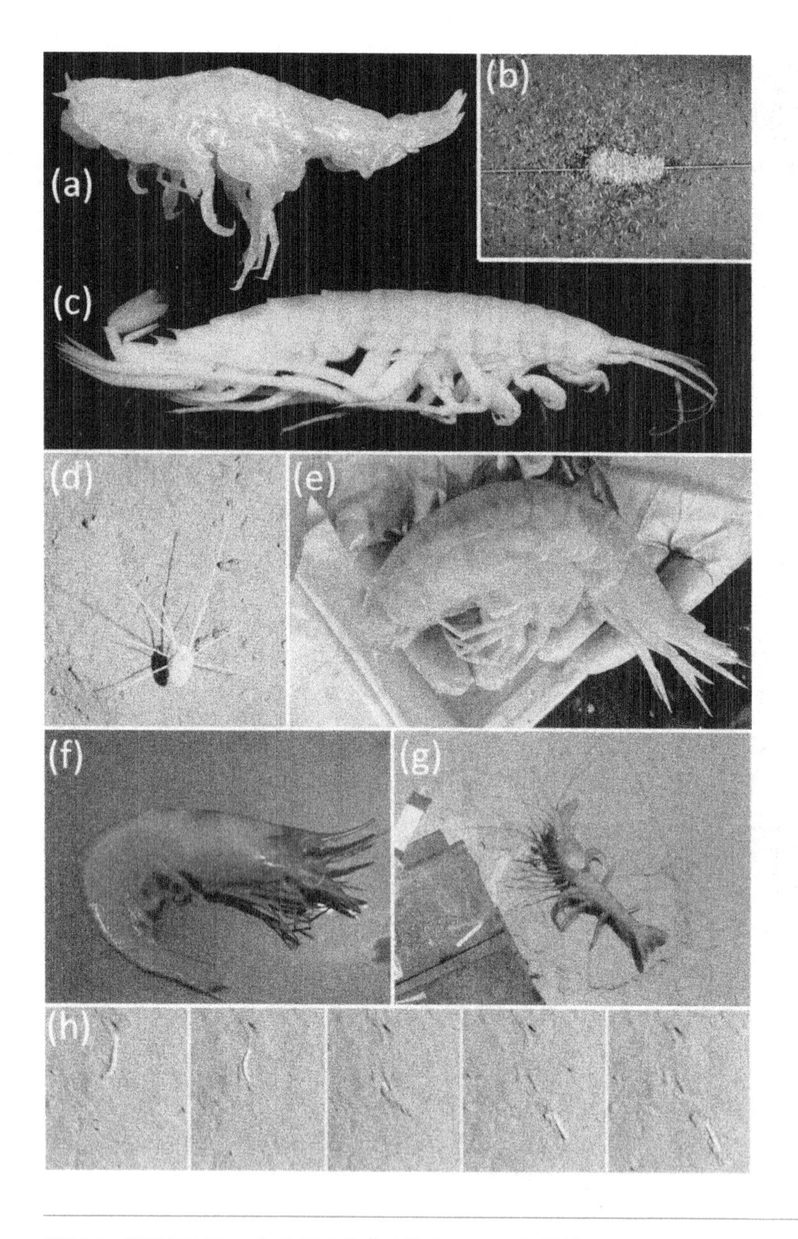

插图 6　深渊甲壳类。（a）从克马德克海沟 9104m 获得的 *Hirondellea dubia*；（b）在汤加海沟拍摄的食腐性端足类，仅仅 2 h 以后诱饵就被 100% 覆盖；（c）从日本海沟 7703m 处捕获的属于 Pardaliscidae 科的捕食性端足类 *Princaxelia jamiesoni*；（d）在马里亚纳海沟边缘 5469m 处发现的等足目生物；（e）从克马德克海沟 7000m 处捕获的体长达 27.8cm 的“超级大型”端足类动物 *Alicella gigantean*；（f）从克马德克海沟 6709m 获得的十足目生物 *Heterogenys microphthalma*；（g）从克马德克海沟 6474m 发现的十足目生物 Benthesicymus crenatus；（h）在克马德克海沟拍摄到的正在出入沉积物的原足目：图片拍摄时间间隔 1min，可以明显观察到这种生物钻入沉积物并重新出现的过程。除了（c）来自韩国汉阳大学的卡拉诺维奇（T. Karanovic）之外，其余所有图片来自 HADEEP 项目。

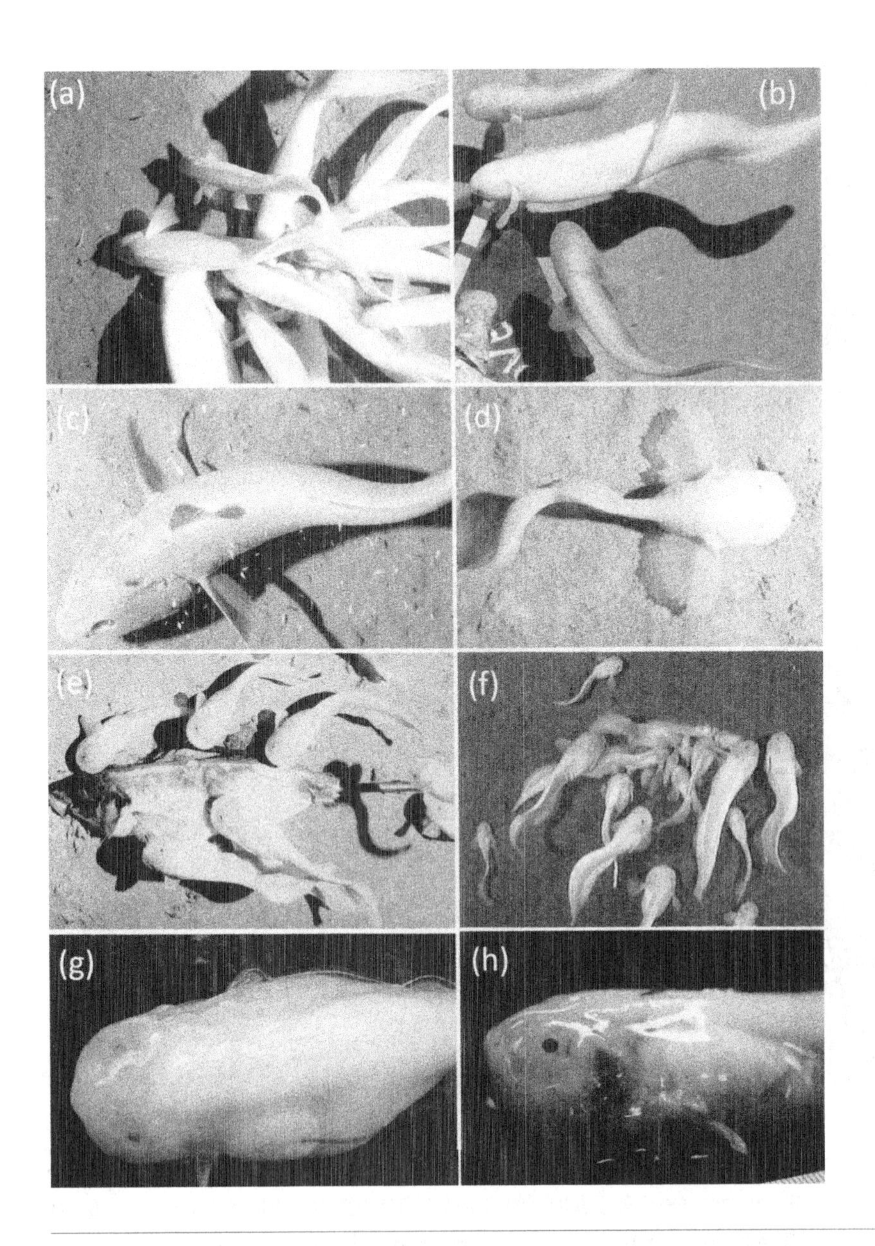

插图 7 深渊鱼类。（a）秘鲁－智利海沟 6173m 拍摄到的大量聚集的鼬鱼类未知种；（b）从克马德克海沟 6474m 附近拍摄到的鼬鱼类 *Bassozetus* 属（可能是 *B. robustus*）；（c）在马里亚纳海沟边缘 5469m 处发现的鼠尾鳕鱼 *Coryphaenoides yaquinae*；（d）从秘鲁－智利海沟 7050m 处拍摄的未知种狮子鱼；（e）克马德克海沟 7561m 发现的大量聚集的狮子鱼 *Notoliparis kermadecensis*；（f）在日本海沟 7703m 发现的狮子鱼 *Pseudoliparis amblystommopsis*。（g）和（h）分别是 *N. kermadecensis* 和 *P. amblystomopsis* 的放大图。

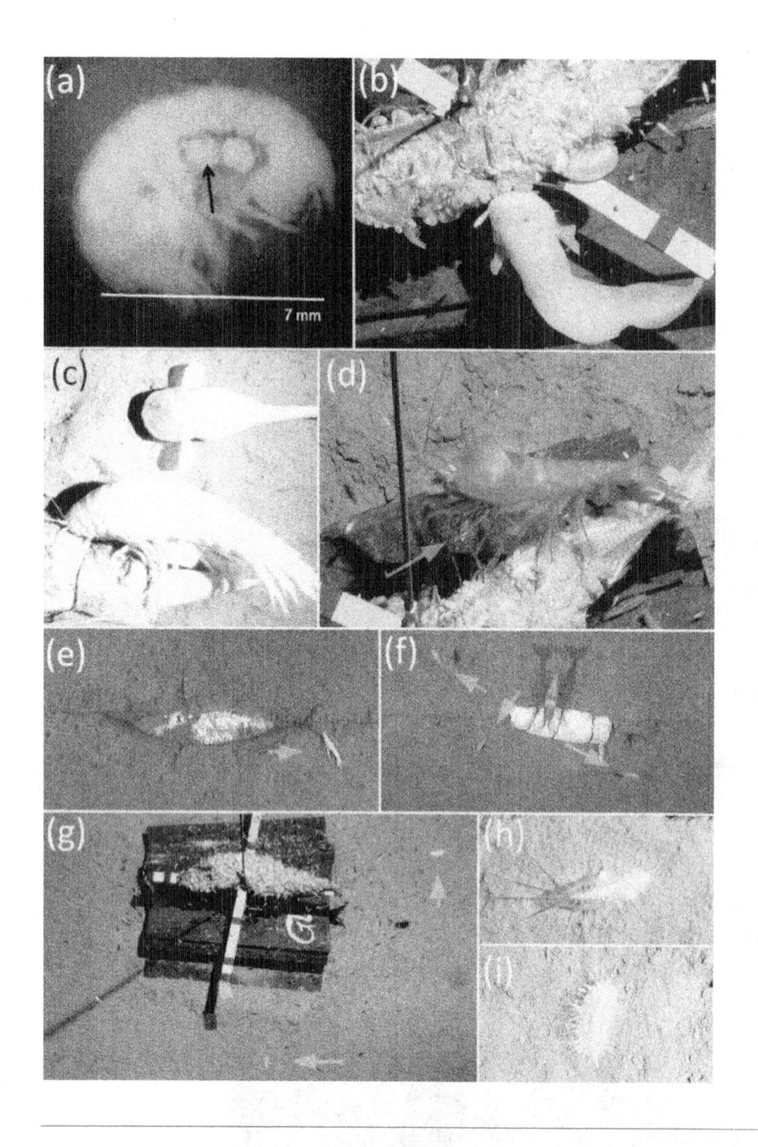

插图 8　行为及相互关系。（a）在汤加海沟 7349~9273m 发现的正处于育卵期的雌性端足类（Tryphosinae 亚科）。这是迄今在深渊发现的唯一一个处于育卵期的端足类（黑色箭头指示的是卵的位置）；（b）从克马德克海沟 6474m 拍摄到的正在捕食端足类的狮子鱼 *Notoliparis kermadecensis*；（c）正在克马德克海沟 6979m 处进食诱饵的“超级大型”端足类 *Alicella gigantean*，图中上部出现的本为其捕食者的狮子鱼 *N. kermadecensis* 未能对 *A. gigantean* 构成威胁；（d）从克马德克海沟 6474m 处拍摄的正在捕食诱饵上端足类的虾科动物 *Benthesicymus crenatus*；（e）正在日本海沟 7703m 处寻找食物的 Pardaliscidae 科端足类 *Princaxelia jamiesoni*（箭头所示）；（f）从日本海沟 7115m 处拍摄到的因 *B. crenatus* 的出现而四散逃跑中的 3 只等足类 *Rectisura* cf. *herculea*（箭头指出了它们的移动方向）；（g）在克马德克海沟 9631m 处正在围绕一群端足类游动的多毛类环虫（polynoid polychaetes）；（h）和（i）分别为在克马德克海沟 9300m 和 6979m 发现的多毛类环虫的放大图。除了图片（a）来自美国斯克里普斯海洋研究所，其余所有图片来自 HADEEP 项目。

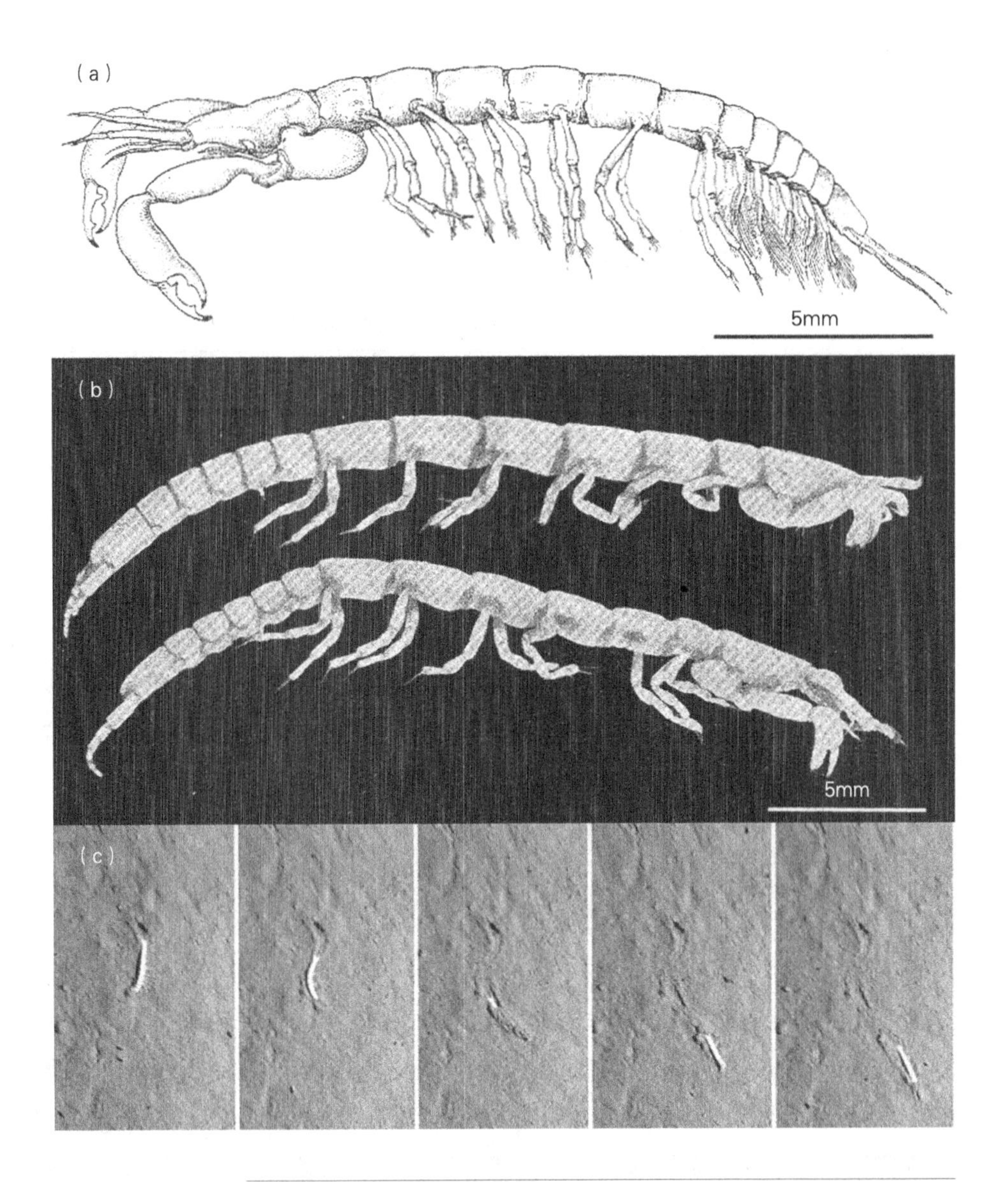

图 9.4　(a) 和 (b) 分别为在“加拉瑟”号调查中从克马德克海沟 8210m 收集到的原足目 *Neotanais serratispinosus hadalis* 和从 7150m 收集到的 *Herpotanais kirkegaardi* (上面的个体为雌性，下面的为雄性)；(c) 在克马德克海沟拍摄到的正在出入沉积物的原足目：图片间时间间隔为 1min，可以明显观察到这种生物钻入沉积物并重新出现的过程。图片 (a) 和 (b) 来自沃尔夫 (Wolff，1956)，经过“加拉瑟”号调查报告同意后略有修改，图片 (c) 来自 HADEEP 项目。

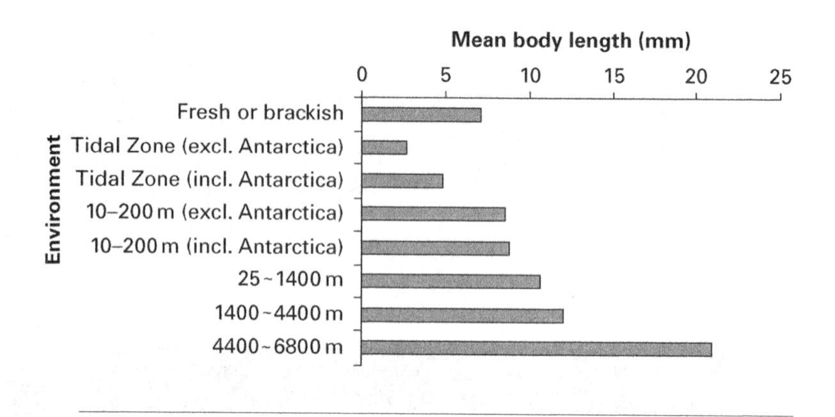

图 9.5　原足目平均体型大小随深度的变化，图片来自沃尔夫（Wolff, 1956），略有修改。

的 *Apseudes Galatheae* 和 Neotanaidae 科的 *Herpotanais kirkgaardi* 的观察，他们提出每一个雌性原足类生物一生必须完成数个育卵期，每一个可能持续至少 3 个月。假如每只个体可以存活 15~20 年，则每 2~3 年才会有一次育卵期，这样大大降低了捕获处于育卵期的雌性原足目的概率。

9.7　等足目

等足目是甲壳亚门中一个非常繁盛的目，在陆地、淡水和海洋环境中均有分布（Schotte 等，1995），而且数量大、种类多。等足类是深海生物群落中最重要的一类底栖大型动物（Hessler 和 Sanders，1967；Hessler 和 Strömberg，1989）。在深渊区，等足类数量很大，并且深渊区发现的种的数量比甲壳亚门其他任何一个目都要多，甚至超过其他多细胞动物的任何一个纲（Belyaev，1989）。目前在 6000m 以深发现的等足类生物有 15 科，34 属，共 135 种（表 9.3），而深渊区发现的绝大多数种类属于栉水虱亚目（图 9.6），在广大的深海区也是如此（Hessler 等，1979）。

深渊区等足目在垂直分布上随着深度的增加表现出明显的减少，但是即使在海洋最深处，仍可检测到 5 个种（图 9.7）。别利亚耶夫（Belyaev，1989）发现在所获得的种中有63%属于深渊特有种，35%跨越深海－深渊区，有1.5%（两个种）是广深性的底栖生物（2400~6200m）。由于大约75%的深渊区特有种是来源于同一个研究，因此就像其他的深渊生物一样，对等足目垂直分布规律的阐述还要基于更多的采样数据才比较可靠。

在别利亚耶夫（Belyaev，1989）所描述的深渊特有等足目中，其分布深度的变化范围可划分为三个区间，分别为：变化范围小于1000m（50%的种）、1000~2000m（40%的种）及2000~3000m（10%的种），这说明大部分深渊等足类是在狭水深范围生活的。对于非深渊特有种，也有一大部分是在狭水深范围生活的：54%的种水深分布变化范围小于1000m或2000m，29%的种水深分布变化范围为2000~3000m，还有17%的种具有更大的水深变化范围（但是也没有超过4000m）。

在"加拉瑟"号和"维塔兹"号调查所获得的样品中，等足类在约70%的拖网（部分拖网中占捕获量的10%~40%）和36%的抓斗采样中捕获过。它们在至今已调查过的所有海沟的采样以及马里亚纳海沟10700m的深度都有报道。

表9.3　深渊区发现的等足目各科中各属、种的数量以及对应深度范围

科（名称）	属（数量）	种（数量）	深度范围（m）
Acanthaspidiidae	1	3	5650~7216
Antarcturidae	2	3	6090~7370
Arcturidae	1	2	7200~7370
Cirolanidae	1	1	5986~6134
Desmosomatidae	1	2	5986~6710
Echinothambematidae	1	1	5800~6850
Haploniscidae	3	19	5986~10415
Ischnomedidae	3	21	6050~8830
Janirellidae	1	9	6150~8430

续表

科（名称）	属（数量）	种（数量）	深度范围（m）
Laptanthuridae	1	1	6580
Macrostylidae	1	15	5986~10730
Mesosignidae	1	6	5986~7880
Munnidae	3	3	5986~6450
Munnopsidae	10	41	5345~10687
Nannoniscidae	4	8	5986~9043

在等足类生物中，多样性最高的科是Munnopsidae（10个属，41个种），Ischnomedidae（3个属，21个种），Haploniscidae（3个属，19个种）以及Macrostylidae（1个属，15个种）。在大量捕获等足类的区域，等足类通常由Munnopsidae科的两个属组成，即*Eurycope*和*Storthyngura*（值得注意的是*Storthyngura*中许多种稍后被重新划分到其他的属中，但是仍然在同一科中；Malyutina，2003）。

别利亚耶夫（Belyaev，1989）发现了大量的等足类生物，包括日本海沟6200m处捕获的属于7个种的159个样本，其中*Vanhoeffenura*（*Storthyngura*）*bicornis*（Birstein，1957）有150个样本，而所有等足目类生物加起来占该调查总抓获生物的27%。此外，在日本海沟7200m处，捕获生物量的41%是等足目，包括两个种，其中含有8只个体的*Storthyngura herculea*（Birstein，1957），随后它被重新划分为*Rectisura herculean*（Malyutina，2003）。在千岛－堪察加海沟8000m处，13%的捕获物由两个等足目类物种组成，包括40只*Rectisura*（*Storthyngura*）*Vitjazi*（Birstein，1957）以及4只*Eurycopemagna*（Birstein，1963）。

基于"加拉瑟"号考察的发现，沃尔夫（Wolff，1956，1970）注意到深渊等足目其他方面的信息（主要是个体尺寸）。他发现最深层的等足目生物有身体尺寸变大的趋势（图9.8）。在发现的47个（亚）种中，只有10个比该属的平均尺寸小，值得注意的是同属的深渊种平均尺寸比深海种大很多。除了*Haploniscus*属外，11个属的186个非深渊种中，仅有7个种（占4%）比其同属的深渊种体积大（Wolff，1970）。正如更先前泽科维奇和伯斯坦（Zenkevitch和Birstein；Birstein，1957）

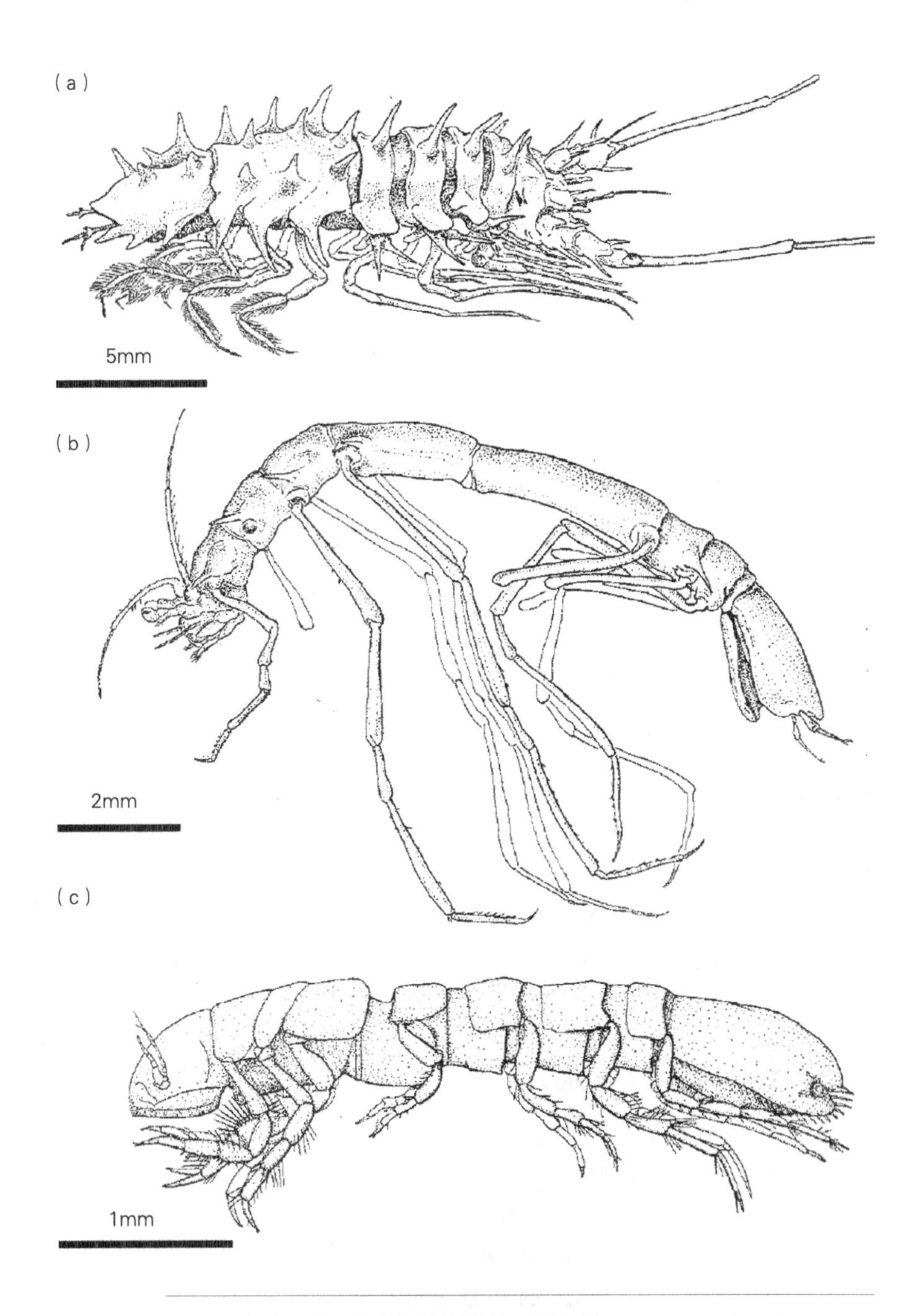

图9.6　“加拉瑟”号考察收集的深渊等足目举例。(a) *Storthyngurella*(*Storthyngura*) *benti*，分离自克马德克海沟 7000m；(b) *Ischnomesusbruuni*，分离自克马德克海沟 7000m；以及 (c) *Macrostylishadalis*，分离自班达海沟 7280m。图片来自沃尔夫 (Wolff，1956)，已由加拉瑟报告 (*GalatheaReports*) 授权。

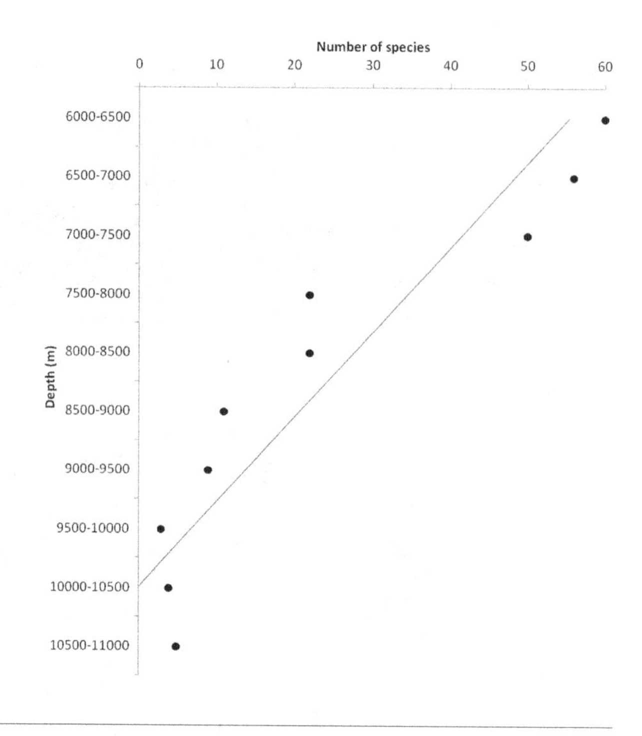

图 9.7　每 500m 间隔取样记录的等足类物种数量。

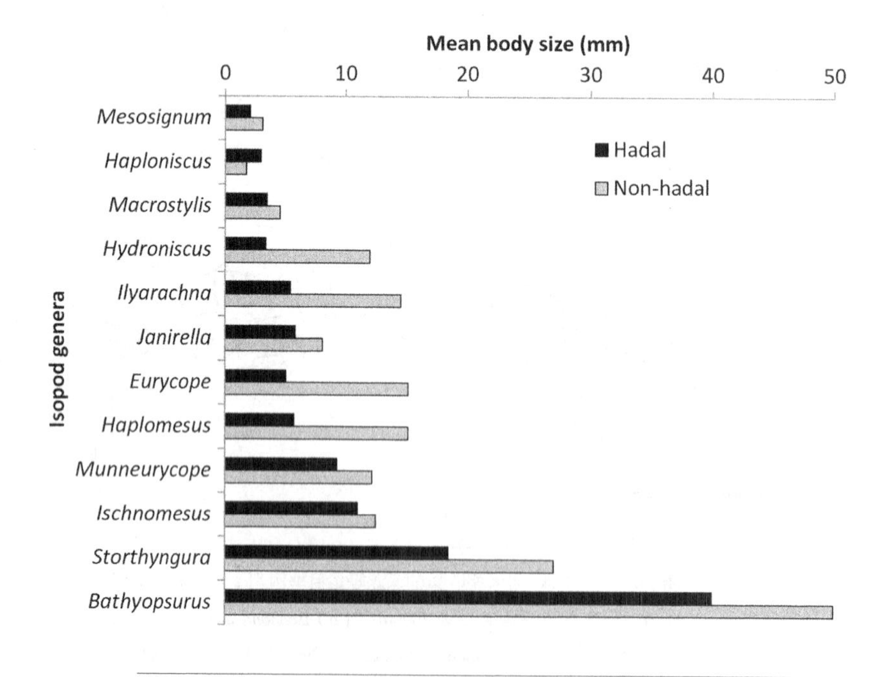

图 9.8　深渊区及非深渊区等足类各属的平均尺寸。数据来自沃尔夫（Wolff，1970）。

说明的，这种深渊等足类的“巨型化”，更确切地说是身体尺寸的变大，是由于静水压力对代谢的影响（Wolff，1960）。

沃尔夫经验证还注意到深渊等足类生物没有眼睛，虽然这对栉水虱亚目生物来说很常见。他也报道了某些物种的身体比在半深海或深海区的同类更易破碎。相反，*Storthyngura* 样本则非常强壮，比它在深海的类似种钙化程度小。通常，深渊等足类与它们在深海、半深海和近海的近亲很相像，并未发现深渊特有属。但是，深渊等足类表现为体型更大、较少有刺，在颜色上比同一属的深海和半深海物种更白（Wolff，1956）。由于“加拉瑟”号考察发现的所有雌性等足类生物都没有卵，所以关于它们的产卵能力以及卵大小方面的信息是缺乏的。

由于等足类生物的多样性和相对小的体积，难以从海底的照片及影视材料中观察到，所以关于深海等足类的行为学总体来说知道得还很少（Jamieson 等，2012b）。尽管它们是深渊生物群落中一个有特色的组成，但我们目前对深渊等足类了解得很少。在 PROA 考察中，曾多次在海底图像上观察到等足类生物(Lemche 等，1976）。他们描绘了北所罗门海沟 7847~8662m 处看到的 7 只等足类（1.5~2cm 长），大部分极似 Janirids 等足类，还有一只可能是 Eurycopid 等足类。在新赫布里底海沟 6758~6776m 处发现了另一只可能的 Eurycopid 等足类生物，旁边有一只大约 1.5cm 长、疑似 *Ilyarachna* 属的个体。在帕劳海沟 8021~8042m，莱姆切等人（1976）看到细长的十字形等足类，长度 1~1.5cm，在一个图中观测到 7 只，并且都面向同一个方向。除此以外，另一个种（体长 0.7~0.8cm）也被观察到，但无法鉴定其种类。

在 2009 年开展的 HADEEP 项目中，科研人员在克马德克海沟频繁地观察到了等足类的两个种（Jamieson 等，2011a 和图 9.9）。深渊着陆器 Hadal-Lander B 拍到两个 Munnopsid 等足类的物种，但是由于尺寸太小不能鉴定是属于哪一物种。其中一个（Munnopsid A）在 7199m 仅出现过一次，但是到 7561m 就大量地出现。可以看到这些等足类生物（体长 10~20mm）靠近并爬上诱饵。一旦有狮子鱼 *Notoliparis kermadecensis*（Liparidae）出现或者有鱼正在吃诱饵，这些等足类就会离开诱饵。另一个物种 Munnopsid B，可能是 *Storthyngurinae* 属，在 7199m 被拍到。从图像上看，它们的分布没有前一种 Munnopsid A 普遍，并且似乎静止不动，离诱饵有一段距离，和其他物种或诱饵都没有接触。

Hadal-Lander B 着陆器于 2010 年在秘鲁 – 智利海沟被投放后，科学家便通过它观察到较多种类的等足目生物。在 4602~8074m 的范围内，共记录了 5 个种，

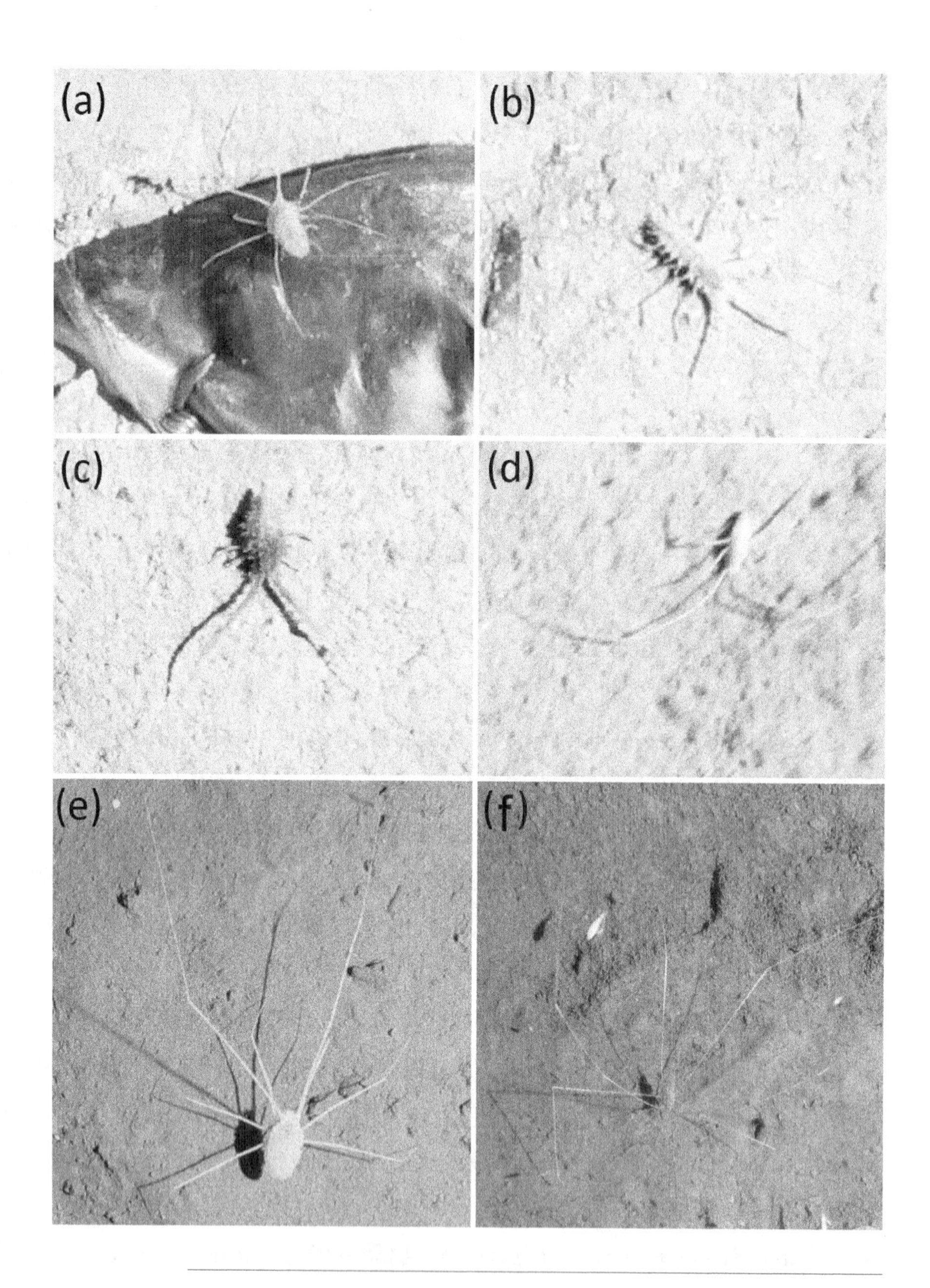

图 9.9 现场观察到的深渊等足类图像。虽然从图片中无法清楚地鉴定出任何一个种，但它们应当都属于 Munnopsidae 科。（a）和（b）分别发现于克马德克海沟 7561m 处和 7199m 处；（c）和（d）发现于秘鲁 – 智利海沟 7050m 处；（e）发现于马里亚纳海沟边缘 5469m 处；（f）发现于秘鲁 – 智利海沟 5329m 处。所有照片都是在 HADEEP 项目中由着陆器 Hadal-Lander B 拍摄的。

其中两个是munnopsid等足类，其余三个种没有被鉴定出来。但是没被鉴定出来的三个种之中有一个与克马德克海沟观察到的munnopsid A极其相似，还有一个是长腿的种。这个长腿的等足类是在4602m观察到的，而其他两个munnopsid的种通常在5329m、7050m以及8074m被发现（和克马德克海沟等足类的相似水层）。未鉴定出的3个种（sp. 1，2和3）则分别在4602~5329m、5329~6173m以及7050m被发现的。所有在秘鲁－智利海沟观察到的等足类物种均不多于一只。

由于等足目生物的体积较小，很难根据原位图像资料把它们鉴定到种的水平或者是细化它们的行为学特征。可是HADEEP项目于2007年和2008年分别在日本海沟6845m和7703m拍摄到了一个种，*Rectisura*（*Storthyngura*）*herculea*，它比其他等足类尺寸大很多，这使得原位分类鉴定成为可能。同时，HADEEP项目着陆器Hadal-Lander A上的摄像头在跟踪个体移动和其他行为时也有足够的解析度，可用于等足目生物的鉴定。

摄像资料显示*R.* cf. *herculea*向诱饵聚集，特别是在水深6945m处，6 h以后它们的最大数量可达12只（图9.10）。它们朝向诱饵移动的行为显示这些等足类生物可直接进食诱饵，是所有观察到的直接进食诱饵生物中最大的类群（55%）。这是非常有意思的，因为基于“加拉瑟”号的调查采样，沃尔夫研究了19个栉水虱亚目中36个样品的肠道内含物，发现深海底栖的栉水虱亚目主要是进食动物碎屑，虽然有报道称一些种会直接进食植物碎屑(Wolff,1976)。在这之前，沃尔夫(Wolff,1962)在栉水虱亚目某些种的肠道中发现了有孔虫，并推测它们除了吃碎屑外偶尔也会采取吞咽的方式。然而，斯瓦尔逊等人（Svavarsson等，1993）观察到*Ilyarachna hirticeps*(Sars,1870)和*Eurycope inermis*(Hansen,1916)(Munnopsidae科）在1200~2000m范围内直接捕食底栖有孔虫，而不是基于口器形态学发现的采取从碎屑中消耗有孔虫的策略（Wilson和Thistle，1985）。另外，一些属于浅水等足目的生物采取食腐捕食方式，如黄和穆尔（Wong和Moore，1995）在2500m深处发现了*Natatolana*属采用食腐方式摄食（Albertelli等，1992）。类似的，大型的等足类生物*Bathynomus giganteus*（Milne-Edwards，1879；Soong和mok，1994）偶尔也会利用鱼和鱿鱼的残骸（Barradas-Ortiz等，2003）。但是这些种是属于Cirolanidae科的另一个亚目Flabellifera，是一类有视力且敏捷的肉食食腐类群，它们在深渊并没有被发现。

综合沃尔夫（Wolff,1962）、斯瓦尔逊（Svavarsson等,1993）和杰米逊（Jamieson等，2012b）的研究结果可以下结论，食碎屑或捕食有孔虫是等足类生物常用的捕

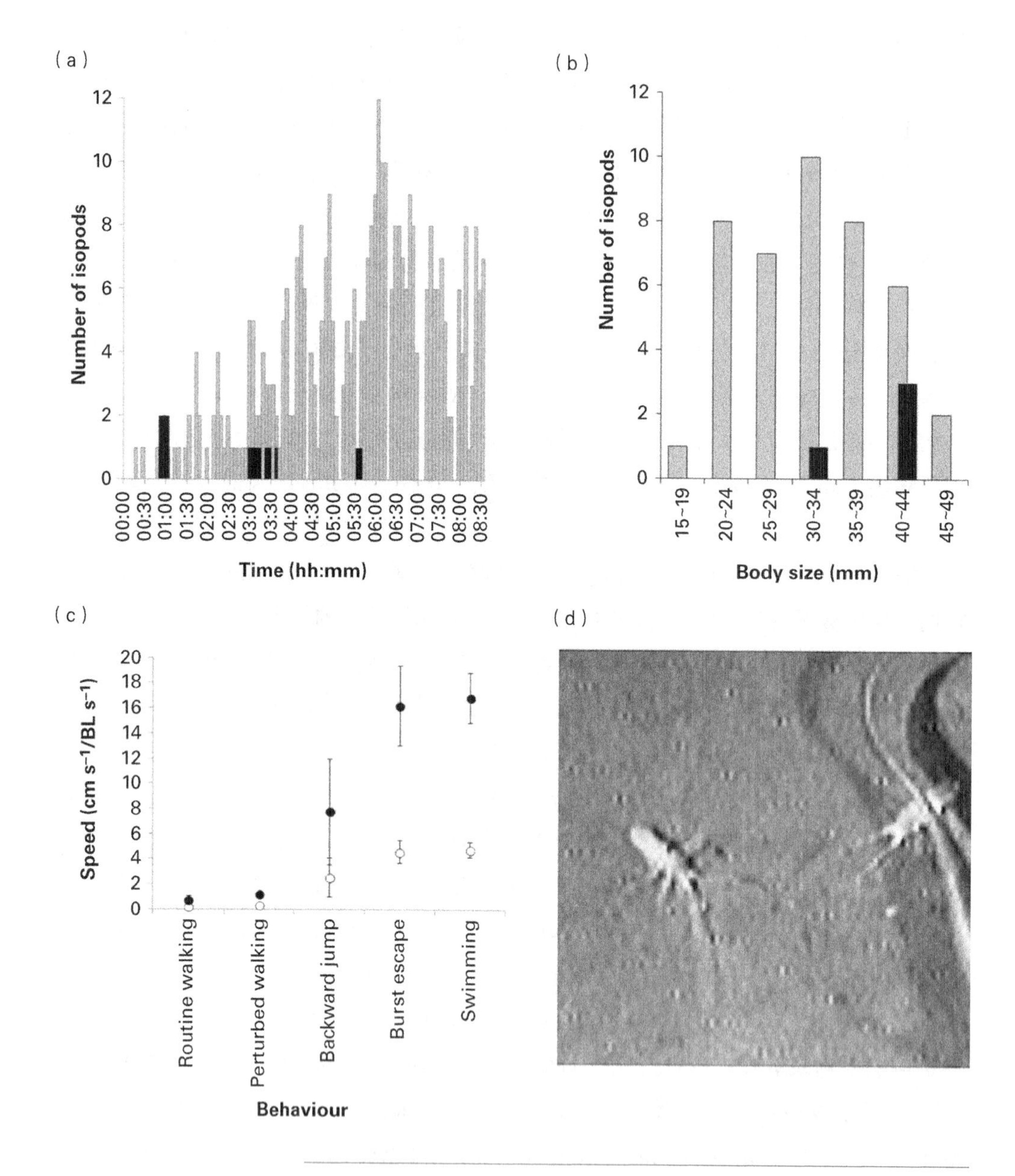

图 9.10 从日本海沟 6975m 和 7703m 处发现的深渊等足类 *Rectisura* cf. *herculea* 的行为与运动。（a）时间梯度上聚集的等足类数量；（b）不同身体尺寸的数量统计（灰色是 6975m，黑色是 7703m）；（c）它们在不同运动类型下的绝对速度（黑色点）和身体尺寸特有速度（白色点）；以及（d）在 6975m 的一个截图显示靠近 macrourid 鱼尾部的两只个体。根据杰米逊等人（2012b）的数据修改。

食方法，但是等足类生物也可以利用沉降的死亡动物残体作为暂时性的营养来源（营养的适应性），不过这是 Lysianassoid 端足类通常采用的策略（Blankenship 和 Levin，2007）。在克马德克海沟，诱饵抓捕器捕获了一个等足类样本，但是并没有同时收集沉积物来支持这一结论（Jamieson 等，2011a）。此外，在秘鲁 - 智利海沟，水下摄像机不但在 8075m 拍摄到 Munnopsid 等足类生物触发诱饵，而且拍摄到一只等足类生物拖动一小块诱饵碎片移出摄像头视野（Jamieson 等，2012b）。随后的研究在秘鲁海盆 4185m 处，观测到 Bathyopsurinae 亚科的 Munnopid 等足类接近并进食诱饵（Brandt 等，2004）。因此，总结来说，*Rectisura* cf. *herculea* 是一个进食诱饵的物种，极可能是一类兼性食腐动物，但是对于深渊等足类生物，这种捕食行为的程度如何还需要更多基于诱饵系统的原位观察。

除了这些捕食行为，杰米逊等（2012b）第一次描述了深渊等足类生物的移动模式、速率等相关信息，尽管没有其他深海等足类生物的数据可以作为参照。等足类 *Rectisura* cf. *herculea* 的常规移动模式是用第一至第四对步足行走，平均速度 0.19BL/s ± 0.04S.D.。如果出现捕食者，如常见的十足类 *Benthesicymus crenatus*（Bate，1881）、等足类的移动速度可增加至 0.33BL/s ± 0.04S.D.（74% 的增幅）。当遇到更加紧急的威胁时（距离小于 80mm），等足类生物会以 2.6BL/s ± 1.5S.D. 的速度用第一至第四对步足推动其身体向后跳离 1.9 倍体长（± 0.8S.D.）的距离。当危险就在眼前时（距离小于 50mm），等足类就会用第一至第四对步足撤退，并用第五至第七对步足向后以螺旋状游泳，垂直或水平于海底方向以 4.63BL/s ± 0.9S.D. 的速度游动，直到远离威胁 30~40cm。在垂向突然逃跑结束后，等足类生物回到海底时，将第一至第四对步足完全张开以及腹部面向海底下降以增加身体面积来减速。整个过程采取了“加速 - 滑行”的策略。这些数据显示，尽管是在极深的水层，等足类的运动能力并没有明显的减弱，和浅海等足类的游泳速度差不多（Alexander，1988）。

9.8 端足目

端足目是深渊动物的特征种群。它们的侦查、截获以及消耗投放到海底诱饵的能力非常突出，特别是在 8000m 的深处。它们在目前所有采过样的海沟中均有发现，涵盖了包括 10500m 的所有深度（如 Blankenship 等，2006；图 9.11）。大多数深渊端足类生物是食腐类（包括兼性的），是利用诱饵抓捕后被广泛熟悉的深渊动物，它们常常成群地聚集在诱饵上（如 Hessler 等，1978；Blankenship 等，2006；Jamieson 等，2011a）。端足类生物常常数量庞大，是放置在海沟的相机所记录下来的少数能快速移动的动物之一（Lemche 等，1976）。在 HADEEP 项目中，诱捕器在 6 条海沟 46 次下潜中抓获端足目的频率高达 100%，拖网抓获的频率是 70%（124 次成功拖网的数据，Belyaev，1989）。大部分诱捕器捕获的深海端足类属于 Lysianassoidea 总科（Dahl，1979）。在深渊区，有 77 个已知种，42 个属，包含在 23 个科中，均属于 Gammaridea 亚目（表 9.4）。其中 61% 属于底栖或者是浮游－底栖型的，其余的为浮游性生物。

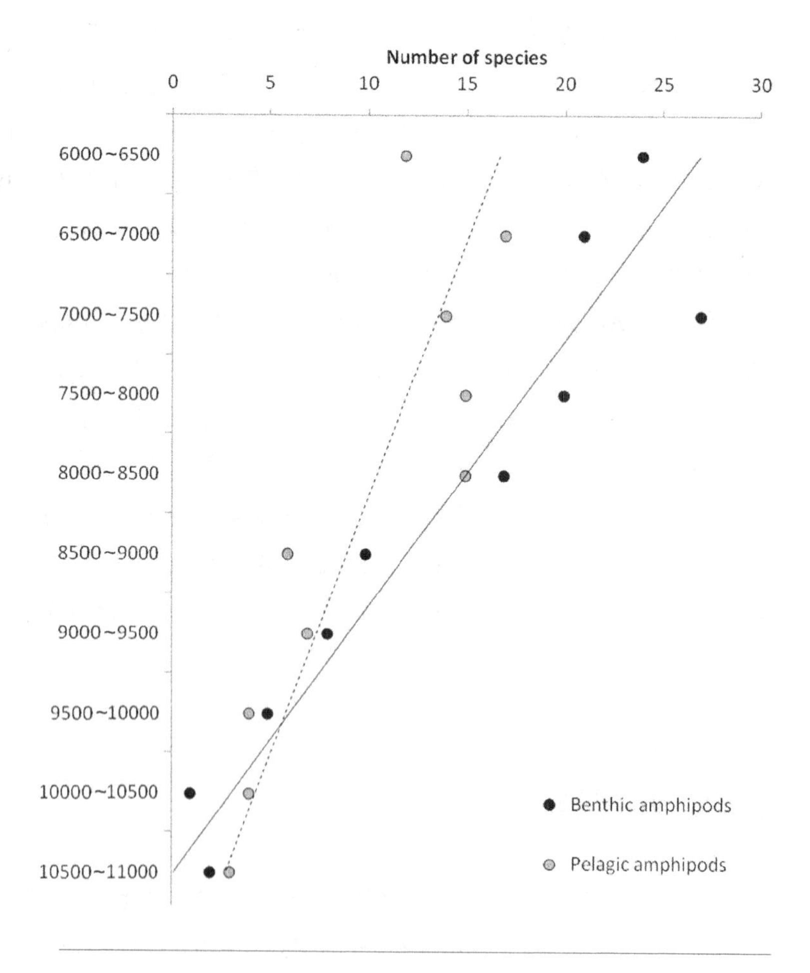

图 9.11　深渊区以 500m 为梯度显示底栖和水层生活的端足类物种数量。

表 9.4　深渊发现的端足类各科中属、种的数量以及水深范围

科（名称）	属（数量）	种（数量）	深度范围（m）
Stilipedidae	1	1	7210~7230
Maeridae	2	2	6600~8900
Lysianassidae	5	10	6007~10500
Ischyroceridae	1	1	6324~6328
Ampeliscidae	1	1	6475~6571
Epimeriidae	1	1	6156~7230
Eurytheneidae	1	1	4329~8074
Eusiridae	3	6	6090~9120
Pardaliscidae	3	9	4000~10500
Phoxocephalidae	3	3	6324~7550
Hirondellidae	1	5	6000~10787
Hyperiopsidae	3	6	4200~8500
Lanceolidae	2	3	4000~10500
Atylidae	1	3	6475~8015
Lilieborgiidae	1	1	6156~6207
Alicellidae	2	4	4329~8480
Cyclocaridae	1	2	6007
Scinidae	1	2	6000~9400
Scopelocheiridae	2	2	6000~8723
Stegocephalidae	3	9	6000~8500
Uristidae	2	3	5173~6173

续表

科（名称）	属（数量）	种（数量）	深度范围（m）
Valettiopsidae	1	1	6007
Vitjazianidae	1	1	4200~8480

端足类最多样的科是 Lysianassoidea，包括 5 个属的 10 个已知种。根据 HADEEP 项目以及其他研究，在深渊区发现了 6 个主要的底栖科，分别是 Eurytheneidae、Hirondellidae、Allicellidae、Uristidae、Scopelocheiridae 以及 Pardaliscidae（Princaxelia）。根据苏联和丹麦的考察，深渊水体中有 3 个主要的科：Pardaliscidae（Halice），Hyperiopsidae 以及 Lanceolidae。需要指出的是，在海底及其上部很大的深度范围都发现其中很多种都是浮游 – 底栖型（如 *Eurythenes gryllus*）（Lichtenstein，1822）。

Eurythenes gryllus 是深度和地理分布都很广泛的海洋物种之一（Thurston，1990；图 9.12）。作为冷水类狭温生物，*E. gryllus* 在所有大洋中都有发现，包括极地浅水层以及低纬度深层冷水区（Thurston 等，2002）。*E. gryllus* 是深海海底群落的重要组成部分，它能够快速探测并消耗上层沉降的大型动物残体（Ingram 和 Hessler，1983；Hargrave 等，1995），同时它也捕捉其他生物（Sainte-Marie，1992）。*E. gryllus* 在深度和地理上分布的广泛性也体现在深渊区。早期文献报道了在伊豆 – 小笠原海沟 6770~6850m（西北太平洋；Kamenskaya，1981）以及秘鲁 – 智利海沟 7230m（南太平洋；Ingram 和 Hessler，1987）出现过 *E. gryllus*。随后，在秘鲁 – 智利海沟 7500m 处发现了大量的 *E. gryllus*（Thurston 等，2002）。此外，也有研究发现 *E. gryllus* 在西南太平洋、汤加海沟 5155m 和 6252m，但是数量比较少（Blankenship 等，2006）；以及临近的克马德克海沟 4329~6007m 也出现了 *E. gryllus*（Jamieson 等，2011a）。近来在克马德克海沟大约 6000m 处发现有更多数量的 *E. gryllus* 个体（未发表数据，HADEEP 项目）。藤井等人（Fujii 等，2010）用诱饵摄像机在日本海沟 7703m 处观察到许多大型的 *E. gryllus* 个体。赫斯勒等人（Hessler 等，1978）在秘鲁 – 智利海沟观察到当时尚未能鉴定的个体，它们后来被怀疑是 *E. gryllus*（Thurston 等，2002）。

E. gryllus 在秘鲁 – 智利海沟以及日本海沟的存在似乎与瑟斯顿等人（Thurston 等，2002）提出的该物种是冷水区狭温性适应动物的假说相矛盾。*E. gryllus* 虽然占据了温暖的秘鲁 – 智利海沟深渊区，但是却不能到达较冷的克马德克海沟深渊

区，尽管这个海沟比另外两个海沟的温度只低 0.75℃。这个异常现象目前还不知道原因，可能的原因是 *E. gryllus* 的分布是由食物或者食物和温度共同决定的，又或是温度本身决定的（Fujii 等，2013）。

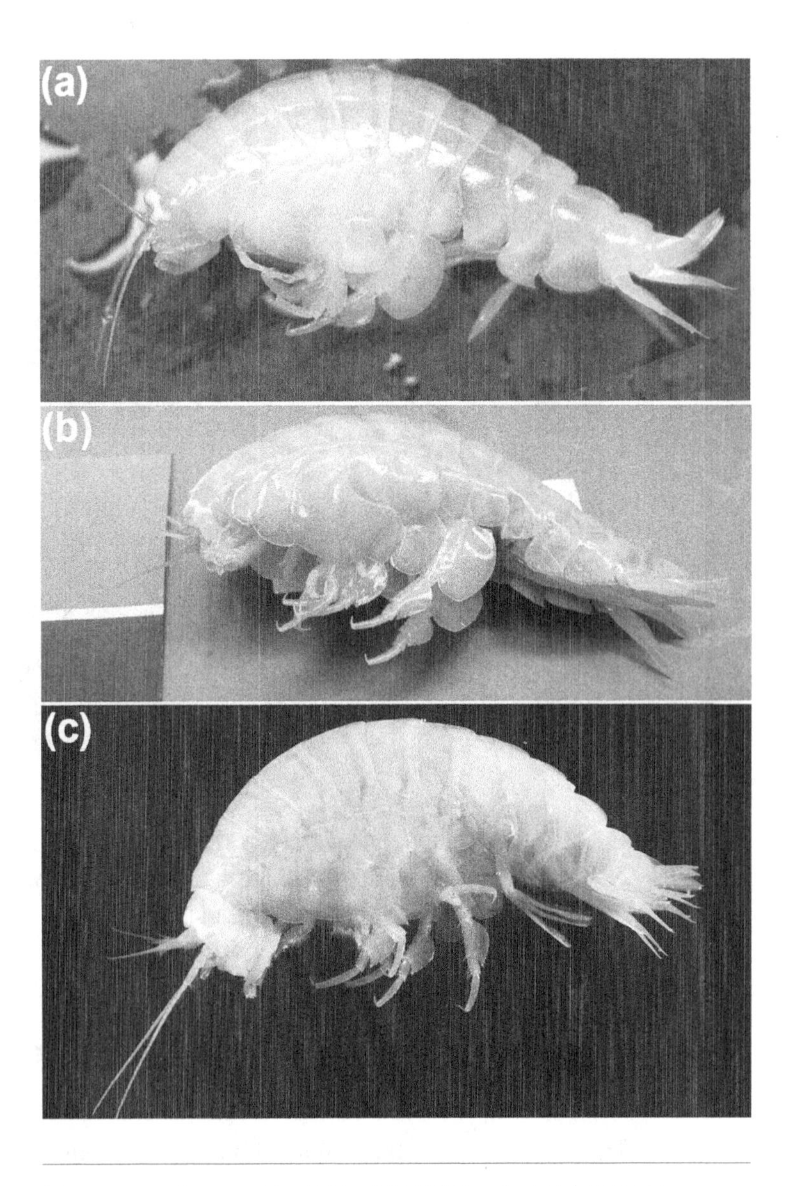

图 9.12　*Eurythenes gryllus* 示例，主要发现于：（a）日本海沟 7703m；（b）克马德克海沟 6079m；（c）秘鲁－智利海沟 6173m。图片（a）和（b）出自 HADEEP 项目，图片（c）由英国布里斯托大学卡米拉·沙基（Camilla Sharkey）拍摄。

E. gryllus 作为深渊区上部的优势物种可以从日本海沟拍摄的录像片段中明确地看到（Fujii 等，2010）。但是着陆器在秘鲁–智利海沟下沉过程中拍摄的图像显示，该物种的重要性随深度逐渐降低，特别是在最深的 8074m 处（Richards Deep；Fujii 等 2013；图 9.13）。科研人员发现在最深站位，*E. gryllus* 在诱饵到达海底后 1h 内到达，并在不到 20h 内消耗了多于 1kg 的吞拿鱼。

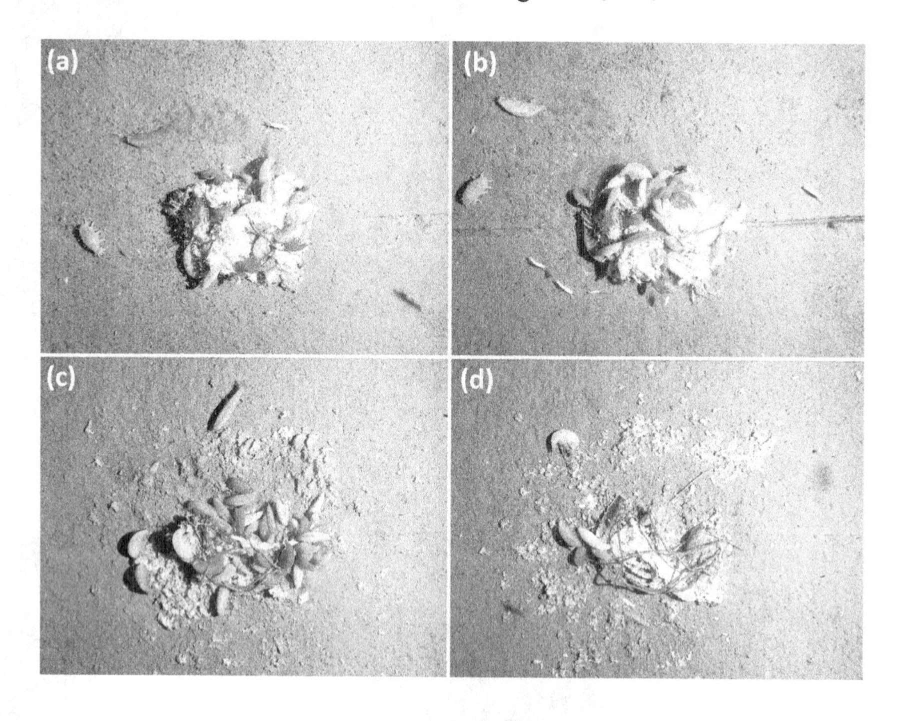

图 9.13　*E. gryllus* 对秘鲁–智利海沟 8074m 所放置诱饵的反应；（a）~（d）是在 5h 内拍摄的，图片的视野是 $0.29m^2$（62cm×46.5cm）。图片由 HADEEP 项目的着陆器 Hadal-Lander B 拍摄。

E. gryllus 也出现在海底以上数十米的水体中（北太平洋深海区能到海底以上 500m；Ingram 和 Hessler，1983）。HADEEP 项目在秘鲁–智利海沟的采样中，将捕获器置于海底以上 1m、2m、20m、30m、40m、50m、60m 和 90m 处。在所有 20m 及以上的水体，捕获器捕获的唯一物种都是 *E. gryllus*，尽管数量远少于北太平洋（Smith 等，1979；Smith 和 Baldwin，1984）或北大西洋（Charmasson 和 Calmet，1987）深海区。虽然还不完全确定，但 *E. gryllus* 似乎在深渊水体中

的角色并没有在深海中重要。

E. gryllus 也是随水深分化的种群。深海种群在较大跨度的地理站位间会显示出基因差异，即使在同一区域的深海平原和海坪（平顶海底山；guyots）之间也能区分出不同的种群（Bucklin 等，1987），这显示出 *E. gryllus* 种群在深度上是分化的。瑟斯顿等人（Thurston 等，2002）报道了从秘鲁 – 智利海沟 7800m 发现的个体与已知的 *E. gryllus* 形态变异不同，说明它们可能正在经历早期的物种演化。现在 HADEEP 项目中利用基因分析的结果显示，秘鲁 – 智利海沟种群和深海种群有很大差异，甚至比巴克林等人（Bucklin 等，1987）报道过的与海底平顶山种群间的差异更大。此外，这两个在深度上分化的种群是在同一区域内 6000m 处分开。

Hirondelleidae 科的 *Hirondellea*（图 9.14）是根据第一艘在深海（1888m）使用诱捕器的帆船号（Hirondelle）命名的。它可能是最普遍且广泛分布的深渊端足类生物，有着很不一样的系统地理学结构。短脚双眼钩虾 *Hirondellea gigas*（Birstein 和 Vinogradov，1955）是一个多样的捕食者，主要在西北太平洋的海沟中被发现，包括千岛 – 堪察加海沟、菲律宾海沟、马里亚纳海沟、日本海沟、伊豆 – 小笠原海沟、火山海沟、雅浦海沟和帕劳海沟（Birstein 和 Vinogradov，1955；Dahl，1959；Hessler 等 1978；Kamenskaya，1981；France，1993；HADEEP 未发表数据）。即使在 10000m 的深度，*H. gigas* 仍能在诱饵捕获系统中出现，数量还非常大，事实上随着深度的增加，它们成群聚集的数量也越大。*H. gigas* 在深海区的报道很少，最浅的记录是在 6770m（Belyaev，1989）。弗朗斯（France，1993）检测了 *H. gigas* 的遗传纯合率。通过对马里亚纳海沟、菲律宾海沟以及帕劳海沟的深海种群的研究，弗朗斯发现这些来自不同地理位置的种群有基因流的削减，从而导致它们分化出不同的形态。虽然如此，研究人员目前仅在西北太平洋的海沟中发现了 *H. gigas*。

在西南太平洋的海沟中（克马德克海沟和汤加海沟），最常见的食腐端足类是 *Hirondellea dubia*（Dahl，1959）。*H. dubia* 与 *H. gigas* 有很多相似的地方，只是它主要分布在西南太平洋。随着深度的增加（在 10500m 仍有发现），*H. dubia* 的数量也增加，它们常常是诱饵捕获器在 9200m 以下深度捕获的唯一端足类物种（Blankenship 等，2006）。虽然 *H. dubia* 主要是在西南太平洋发现的物种，并且最浅的记录出现于克马德克海沟 6000m 的深度（仅 4 个个体）（Jamieson 等，2011a），但是对 HADEEP 项目的样品的基因测序数据显示，在克马德克海沟和汤加海沟北部 6000m 处、马里亚纳海沟东部的 5469m 深海平原发现了许多 *H.*

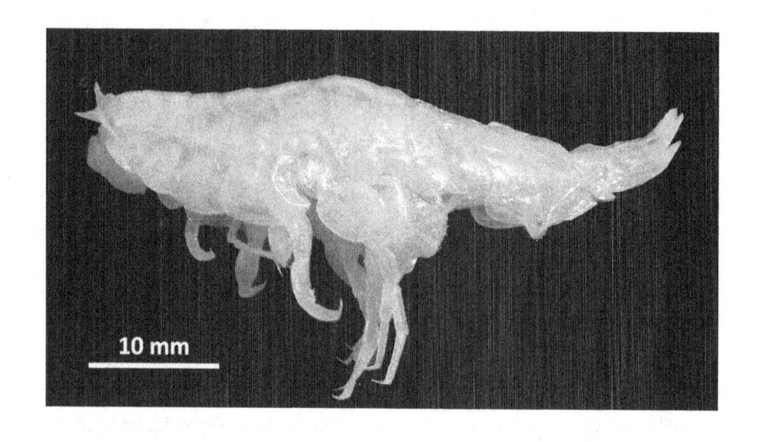

图 9.14　在克马德克海沟 9104m 捕获的 *Hirondellea dubia* 物种。图片来自 HADEEP 项目。

dubia 个体（HADEEP 项目未发表数据）。这个研究说明 *H. dubia* 并不完全局限于西南太平洋的海沟，也不完全都是深渊物种，虽然它们在开放的深海平原被发现的数量较低。考虑到 9500m 深度以下诱饵捕获器中可收集到超过 12000 个体（Blankenship 等，2006），*H. dubia* 作为西南太平洋海沟中优势的食腐端足类是毋庸置疑的。需要提及的是，在相同位置的深海区并没有发现 *H. gigas*，尽管它们在马里亚纳海沟是占优势的食腐端足类。目前来看，虽然基因流主要局限于西北太平洋的海沟之间，但是已有数据显示可能存在 *H. gigas* 的一个深海种群，并且可能会随着海沟间采样的增加而逐渐清晰。

在东南太平洋，佩龙等人（Perrone 等，2002）利用传统的形态学分类方法在秘鲁 – 智利海沟 7800m 记录到一个新的、但是未命名的 *Hirondellea* 物种。这一发现对 *Hirondellea* 在太平洋深渊区的分布特征增加了新的疑惑，因为在深渊区，太平洋的每个四分之一角落都由唯一一个不同的 *Hirondellea* 物种占据，例如 *H. gigas* 和 *H. dubia* 分别占据了西北和西南太平洋的四分之一角。据佩龙等人（Perrone 等，2002）报道，这个新的秘鲁 – 智利种占采集到的 945 只端足类中的 64.7%。但这仅是一个站位的数据。2010 年，HADEEP 项目在同一海沟深度为 4602m、5329m、6173m、7050m 和 8075m 的 5 个站位采集了样品，不像太平洋西部地区海沟的 *Hirondellea* 物种，他们鉴定到三个不同形态的种：较低数量的种 1 在 6173m 被发现（n=4）；种 2 在最深的三个站位被发现，并且随深度的增加数量有所增加（*n*=2，15 和 104）；种 3 仅在 7050m 被发现（*n*=33）（Kilgallen，2015）。对于这三个在 HADEEP 项目中发现的种，目前还不能确定是哪一个种对应佩龙等人（2002）报道的未知种。然而，基于最相近的地理和深度信息，*Hirondellea* 种 2 有可能是那个被佩龙等人（2002）报道的未知种，该种在 8074m 占所有捕获物的 62.3%，而 *E. gryllus* 仅占 32.2%。佩龙等人（2002）和瑟斯顿等人（Thurston 等，2002）报道 *Hirondellea* 未知种和 *E. gryllus* 在 7800m 大约是 1∶1。

端足类 Alicellidae 科是根据 Princess-Alice 号命名的，这艘船于 1901 年在深渊区第一次拖网。Alicellidae 科 *Paralicella* 种经常出现在 HADEEP 项目的诱饵捕获器中，其中最常见的是 *P. tenuipes*（Chevreaux，1908）以及 *P. caparesca*（Chulenberger 和 Barnard，1976）。这两个种分别是从克马德克海沟 4329~7000m 及 4329~6007m 获得的（Jamieson 等 2011a）。此外，它们也分别出现在秘鲁 – 智利海沟 5329~7050m 以及 4602~6173m 处（Fujii 等，2013）。在日本海沟的类似深度以及马里亚纳海沟周围的深海平原也有关于它们的报道（HADEEP 项目未发表数据）。这些种在深海及深渊区上部占了大部分。它们是全球性的深海种，没有个体在 7000m 以下被发现。可是 *Paralixella mixrops*（Birstein 和 Vinogradov，1958）更多地出现在深渊区，在千岛 – 堪察加海沟、日本海沟以及伊豆 – 小笠原海沟 8000m 处都有发现（Belyaev，1989）。

Alicellidae 中最引人注目的种或许是 *Alicella gigantea*（Chevreux，1899），也被称为“超大”端足类（*sensu* Barnard 和 Ingram，1986）。它是已知端足类中最大的种，最初是在北半球鉴定的（Chevreux，1899；Hessler 等，1972；Barnard 和 Ingram，1986；De Broyer 和 Thurston，1987）。尽管 *A. gigantea* 有惹人注目的大体积（长达 340mm），但在较大的深度和地理范围跨度上仅有零星的发现，这使得这种“超大”生物仍然比较神秘（北大西洋和北太平洋，1720~6000m）。

这种已知最大的端足类生物，体长达 340mm，最早发现于夏威夷一只信天翁的反刍胃的内含物中（Harrison 等，1983）。此后该物种在北大西洋深海平原（在 Canaries 岛、Cape Verde 岛外，德梅拉拉海盆内）以及在北太平洋夏威夷岛附近也有发现（Barnard 和 Ingram，1986；De Broyer 和 Thurston，1987）。这两个地点位置大约相距 12800km（6900 海里），并被美洲大陆分开。此外，端足类生物在这两个发现地点，尽管数量低，但均多次获得，可是在更频繁研究的太平洋周边区域却没有发现。一个在日本海岸外的研究报道称，在 6200m 深处用诱饵捕获器抓获 62 只 *A. gigantea* 个体，总重量达 1.1kg，但是该报道未提供其他信息（Hasegawa 等，1986）。2011 年和 2012 年在克马德克海沟，科研人员在 6265m、7000m 及以较浅深度利用 *Latis* 渔网捕获了 9 只 *A. gigantea* 个体，而着陆器在 6890m 观察到另外 9 只个体（Jamieson 等，2013；图 9.15）。这是在南半球和深渊区第一次也是唯一一次发现 *A. gigantea*。它们的体长在 102 ~ 278mm，最大的个体是成年雄性，所有个体的体长与体重的关系是：体长＝0.968× 体重＋113.87（$n = 8$；$R^2 = 0.9166$）。摄像头拍摄到的个体体长估计在 175 ~ 349mm。在克马德克海沟发现 *A. gigantea* 后不久，在大西洋马尾藻海的 5160m 处，诱饵摄像机也拍摄到 *A. gigantea*（Fleury 和 Drazen，2013）。

图 9.15　超大的端足类 *Alicella gigantea*。（a）是在克马德克海沟 6979m 处原位获得的，狮子鱼 *Notoliparis Kermadecensis* 旁一只大的个体；（b）是在同一海沟 7000m 抓获的，体长 27.8cm。图片由 HADEEP 项目授权。

三种方法可将克马德克海沟的样品鉴定到 *A. gigantea*：（1）与谢弗勒（Chevreux，1989）对典型个体的再次描述以及德布罗耶尔和瑟斯顿（De Broyer 和 Thurston，1987）对北太平洋、北大西洋个体的描述相比较；（2）直接与一只北太平洋 5815m 的雄性个体（体长 240mm）相比较（30° 18.0'N，157° 50.9'W，ID：C10951；加利福尼亚大学，圣地亚哥底层无脊椎动物收集中心）；（3）将克马德克海沟样本和已确定的北太平洋中部个体的 DNA 序列进行比较。结果显示在克马德克海沟的个体和之前的形态学描述（Chevreux，1989；De Broyer 和 Thurston，1987）之间没有明显差异，和北太平洋中部雄性个体（Jamieson 等，2013）也没有基因序列的差别。这些结果支持早期关于不同地理范围的种群间形态差异不明显的结论（De Broyer 和 Thurston，1987）。

含有 *A. gigantea* 的样本大部分是从深海底层到深渊区（4850~7000m）获得的，但有一只雌性幼体是从北太平洋中部 1720m 处抓获的（Bernard 和 Ingram，1986）。该记录使得 *A. gigantea* 生活的水深跨度确定为 5280m。基于这些有限的观察，*A. gigantea* 为何能在如此大的深度和地理范围内出现成为疑问。为什么这样一个体积较大且深度和地理分布范围广泛的深海动物很少被抓获，但另一些广泛分布的小型端足类却被频繁地抓获且丰度很高（如 *Eurythenes gryllus*，184~7800m；Barnard，1961；Thurston 等，2002；De Broyer 等，2004；Stoddart 和 Lowry，2004）这种大型甲壳动物的极少发现可能是由于 5000m 深度的样本数量少，特别是采样的方法仅依赖于开口较小的捕获器，这种设计可能难于抓捕大体积的 *A. gigantea*。尽管在克马德克海沟案例中，捕获器抓获和拍摄到了 *A. gigantea*，但是该工具之前在同一水深范围内使用过（分别是 8 次和 9 次），却都没有检测到 *A. gigantea* 的存在（Jamieson 等，2009a，b；2011a）。而令人感到困惑的是，这些端足类生物在同一天内，在相隔 2km 的位置再次被轻而易举地捕获和观察到。该航次在同一地点尝试再次观察或抓获这些动物，却都失败了，虽然也探测到鱼、十足类和较小的 Lysianassoid 端足类动物。*A. gigantea* 很少被抓获的原因可能是：不连续的分布（patchy distribution）和稀疏的分布（sparse distribution）。对于一个稀疏分布的食腐动物来说，需要相对较长的时间才能接近诱饵，甚至比通常的诱饵摄像机的布放时间（不超过 12h）还要久，因此它们很少被捕获或拍摄到。在克马德克海沟的研究中（Jamieson 等，2013），*A. gigantea* 个体最晚到达诱饵隐藏下的摄像机（超过 5h33min），而它们的最大数量直到着陆器布放结束时才达到（25 小时布放总时间的第 16 小时）。所以，有可能 *A. gigantea* 的生境分布是非常稀疏的。

对 *A. gigantea* 生存地点间的基因关联的研究，虽然针对的是 DNA 进化较慢的区域，但也跨越了几千千米的范围，结果显示克马德克海沟和夏威夷岛的 *A. gigantea* 种群在基因纯合率上属于同一个水平，两者的间断分布规律相似，很难区分。对于全球性的端足类 *E. gryllus*，类似的同一深度上的大尺度分布规律也有发现（France 和 Kocher，1996）。这些研究表明，*A. gigantea* 的间断分布规律可能是小范围内种群聚集的假象，或者是由于缺乏临近深海平原 5000m 深度的样本。例如，太平洋海盆中部，特别是赤道水体，极少有深海平原的样本。如果后续研究能够在深海平原和深海－深渊过渡区以合适的方法采集到样本，很可能会更加频繁地并且在地理分布范围更广的海域发现巨型 *A. gigantea*。基于这些发现，科研人员可以更容易、更可靠地评估系统地理结构的类型以及海洋中的基因流等一系列问题。

A. gigantea 最惹人注目的特征可能是，和其他深海端足类相比有异常大的个体尺寸。对这一现象，至今还没有一个清楚明白的解释。*Alicellidae* 是端足类钩虾亚目中一个原始的科，在 2~7 基节有宽阔无褶的腮，并且在 5~6 鳃有附叶。研究人员认为，钩虾亚目经历了身体尺寸的缩减，这种变化伴随着呼吸表面的减小（Steele 和 Steele，1991）。在 *A. gigantea* 第七基节有一个鳃和附鳃，这可能显示了端足类第一次进化到较大的身体尺寸时，需要额外的呼吸表面（Steele 和 Steele，1991）。压力、温度和氧含量都有可能和巨型化有关。根据最新的研究讨论，氧气浓度和分压作用的结果决定了氧的可利用程度，从而驱动了最大的可能体积（Chapelle 和 Peck，1999，2004；Peck 和 Chapelle，1999；Spicer 和 Gaston，1999）。但是这并没有对深海巨型化这一发生在温度变化很小甚至没有变化的水体中的情况做出充分的解释。新的研究考虑了 *A. gigantea* 和 *E. gryllus* 作为水体－底栖食腐者的生态特征，因为相比那些和它们竞争死尸的底栖食腐类生物，它们和专营水体生活的物种更相近，结果显示它们通过在氧气更加贫乏的底部水上游动，可能具有相对身体尺寸而言更高的氧阈值（Chapelle 和 Peck，2004）。

Uristidae 科（特别是 *Abyssorchomene* 属）和 Alicellidae 科有类似的分布。它们都属于全球性的深海物种，通常占据深海甚至有时包括深渊上层区域，特别是栖息在秘鲁－智利海沟和克马德克海沟的 *A. chevreuxi*（Stebbing，1906）和 *A. distinctus*（Birstein 和 Vinogradov，1960）以及克马德克海沟的 *A.musculosus*（Stebbing，1888）等几个种（Jamieson 等，2011a）。在克马德克海沟，*Orchomenella gerulicorbis*（Shulenberger 和 Barnard，1976）（Lysianassidae）

也在类似深度出现。虽然形态学分类将其划为两个属，但 HADEEP 项目对端足类样品进行系统发生学分析后驳斥了这种分类，认为它们应当是同一个属（一个在南极研究中反复重申的观点；Havermans 等，2010）。鉴定以上类群的依据是它们捕食附肢的差异，这些附肢在该物种生存范围扩张的过程中表现出较高程度的进化可塑性（MacDonald 等，2005）。因此，对 *Abyssorchomen* 和 *Orchomenella* 种进行分类的形态学特征亟待修订，需要确保不受发育或进化因素的影响。布兰肯希普（Blankenship 等，2006）在汤加海沟和克马德克海沟 7349~9273m，记录到了一个以前在深渊区从未报道过的新种。该种随后被命名为 *Uristes chastaini*，科研人员还在某些个体的育儿袋中发现了卵。这也是第一个关于深海雌性 lysianassoid 在抱卵期接触诱饵的报道（Blankership 和 Levin，2009；图 9.16）。但是 *Uristes chastaini* 这个种名是一个裸名，它并不属于 *Uristes* 属（Lysianassoidae：Uristidae），而是属于 Tryphosinae 亚科（Lysianassoidae：Lysianassidae）中的一个新属（M. H. Thurston 和 T. Horton，个人交流）。

在深渊中，Scopelocheiridae 并不是一个多样的科，它只有两个深渊种，其中之一是仅在克马德克海沟 6960~7000m 发现的 *Scopelocheirus*（*Bathycallisoma*）*pacifica*（Dahl，1959）。但第二个种 *Scopelocheirus schellenbergi*（Birstein 和 Vinogradov，1958；图 9.16）却表现出广泛的地理分布。在北太平洋、印度－太平洋、西南太平洋的海沟、北大西洋的波多黎各海沟以及印度洋的爪哇海沟都有发现（Lacey 等，2013）。*S. schellenbergi* 常居于 6000~9104m，别利亚耶夫（Belyaev，1989）将其归于水体生活的种类，但是在底层捕获器中也报道过捕获了相当多的数量（Blankenship 等，2006）。

Pardaliscidae 科在海沟中的主要代表属是底栖生活的 *Princaxelia* 属（丹麦“加拉瑟”号考察中以丹麦阿克塞尔 Axel 王子命名，1888~1964 年），以及水体生活的 *Halice* 属。*Princaxelia* 属中第一个被发现的种是 *P. abyssalis*，在克马德克海沟被采集到（Dahl，1959）。随后的研究发现了 *P. stephenseni*（Dahl，1959）以及 *P. magna*（Kamenskaya，1977），后者在阿留申海沟、千岛－堪察加海沟、伊豆－小笠原海沟、雅浦海沟、日本海沟、菲律宾海沟、布干维尔海沟及克马德克海沟都有存在（Kamenskaya，1981）。除了 *P. stephenseni* 在北大西洋浅海区有报道外，*Princaxelia* 其他种目前均为深渊特有种。HADEEP 项目在日本海沟 7703m 以及附近的伊豆－小笠原海沟 9316m 处发现了一个新种，*Princaxelia jamiesoni*（Lörz，2010）（图 9.17）。大部分海沟中都有该属端足类生物的出现，并且在着

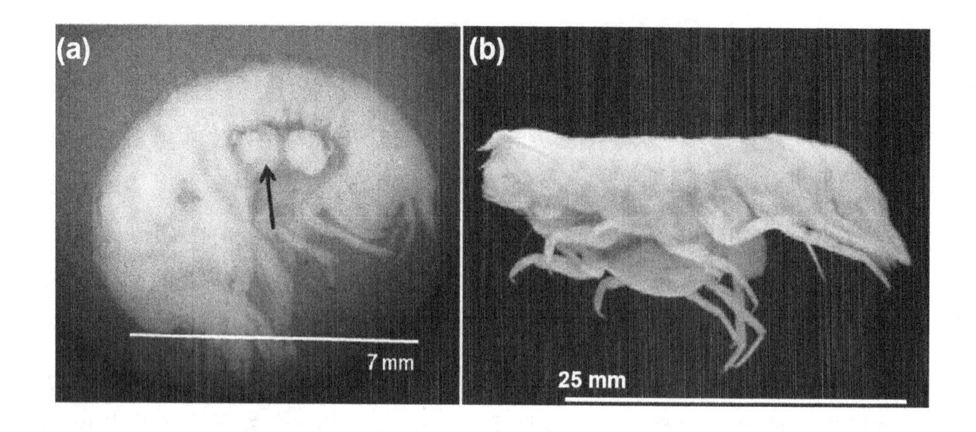

图 9.16 （a）Lysianassidae 科中 Tryphosinae 亚科的新种（之前的 *Uristes* sp. Nov； Blankenship 等，2006），从汤加海沟 7349~9273m 捕获到，箭头指向发育中的胚胎；（b）汤加海沟 6252~9104m 的 *Scopelocheirus schellenbergi*。图片由美国斯克里普斯海洋研究所的拉文（L. Levin）提供。

陆器的摄像片段中清晰可见，例如日本海沟（*P. stephenseni*，7703m）、伊豆－小笠原海沟（*P. stephenseni*，9316m）、克马德克海沟（*P. abyssalis*，7966m）以及汤加海沟（*P. abyssalis*，8798m；Jamieson 等，2012a）。此外，在秘鲁－智利海沟 5329m 和 7800m 还发现了一个未鉴定的属（分别记载于 HADEEP 项目未发表数据以及 Perrone 等，2002）。和海沟中其他底栖端足类不同，*Princaxelia* 不消耗诱饵，而是捕食较小的 Necrophagous 端足类。

由于 *Princaxelia* 物种在原位拍摄中尺寸足够大且能很好的区分，因此科研人员可以分析它们的行为和运动（Jamieson 等，2012a）。着陆器 Hadal-Lander A 在日本海沟（7703m）以及伊豆－小笠原海沟（9316m）观察了 *P. jamiesoni*，在克马德克海沟（7966m）和汤加海沟（8798m）观察了 *P.* aff. *Abyssalis*，结果如下：4 个来自 7703m 的 *P. jamiesoni* 的体长为 57~71mm（平均值 65mm ± 6 S.D.），4 个来自 9316m 的 *P. jamiesoni* 的体长为 25~32mm（平均 29mm ± 3 S.D.）。*P.* aff. *Abyssalis* 在克马德克海沟的体长范围为 19~51mm（平均值 29mm ± 8 S.D.，*n* = 14），在汤加海沟的体长为 18~37mm（平均值 28mm ± 5 S.D.，*n* = 14）。在日本海沟 7703m 处，利用捕获器捕获的 *P. jamiesoni* 个体长度为 56.2mm（雌性，正模式标本）、57.5mm（雄性，副模式标本）以及 61.0mm（雄性，副模式标本），而

在伊豆－小笠原海沟 9316m 捕获了一只体长 36mm 雌性样本和一只体长 24mm 幼体样本。

这些原位的观察和捕获器捕获的个体证实了卡缅斯卡亚（Kamenskaya，1981）和洛尔斯（Lörz，2010）之前的推断，即 Princaxelid 端足类具有发育良好的嗅觉、属于肉食性并且是高效的游泳者。它们定位诱饵的时间是 15~41min，相比同水深的其他种类（如十足类、鱼；Jamieson 等，2009a，b；Fujii 等，2010）是比较快的。它们可能主要依靠嗅觉来探测食物，因为 Princaxelid 端足类，特别是在日本海沟以及伊豆－小笠原海沟，到达诱饵及大量聚集的时间比其他端足类的物种（主要是 Lysianassoids）早很多。它们作为肉食者的状态可以进一步证明它们不是食腐的，而是捕食性的，主要是捕食小型的食腐端足类生物，这也是这种深度中常见的生存策略（如狮子鱼和 Natantian 十足类；Jamieson 等，2009a，b）。

Princaxelia 在游泳方面表现出惊人的运动性和柔韧性，不但能够以水平的姿势向前游，还可以头上扬地向后垂直游。根据洛尔斯（Lörz，2010）的研究，*Princaxelia* 拥有利于有效游泳的最佳体型，它的尾节和尾肢呈流线型，能够减小

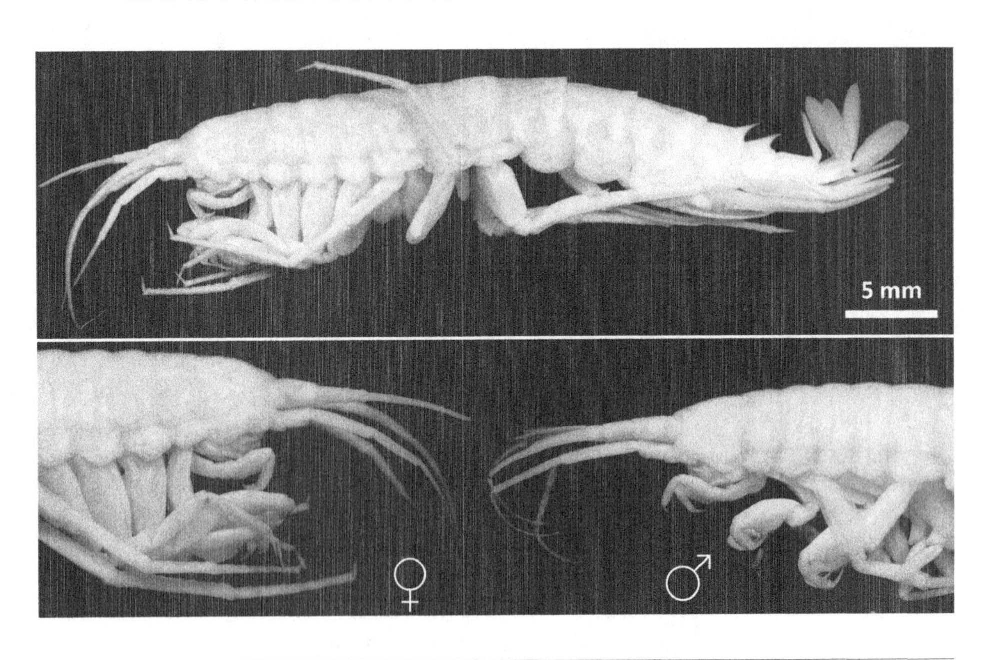

图 9.17　在日本海沟 7703m 捕获的捕食性的端足类 *Princaxelia jamiesoni*（Pardaliscidae）。修改自杰米逊等（Jamieson 等，2011a），原图由南韩汉阳大学托米斯拉夫·卡拉诺维奇（Tomislav Karanovic）提供。

阻力，从而增加了运动的效率。例如 *P. jamiesoni*（图 9.17）第三尾肢的宽阔分支能够用在常规运动和突发的加速中，在快速袭击猎物时特别有用；它同时使用大颚足和强壮腮足的使用，这是该物种在利用强壮的口器快速固定猎物过程中的一个策略。超高的游泳能力是其他深海 pardaliscid 端足类的一个共同特征。据观察，有个体能够悬停在流速达 10cm/s（大于 10BL/s）的水中（Kaartcedt 等，1994）。*P. jamiesoni* 和 *P.* aff. *Abyssalis* 的绝对速度分别是 4.16cm/s ± 1.8 S.D. 和 4.02cm/s ± 0.87 S.D.（Jamieson 等 2012a；图 9.18）。这一类端足类生物具有长距离游泳的能力，在较近范围内有高的灵活性和高效的捕食行为。此外，*P.* aff. *Abyssalis* 的突发游泳速度可达 9cm/s 或 10cm/s，甚至可以加速到 22~25cm/s。

除了底栖的 *Princaxelia* 物种，达尔（Dahl，1959）也报道了在菲律宾海沟

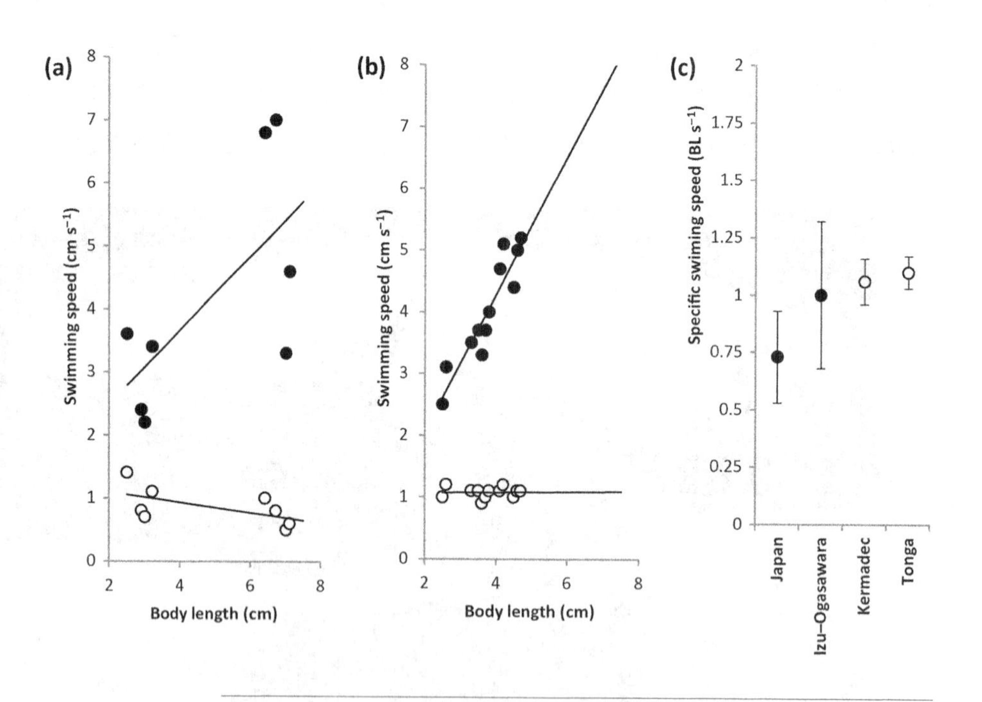

图 9.18 *Princaxelia* 端足类的游泳速度。（a）日本海沟和伊豆－小笠原海沟（分别自 7703m 和 9316m）发现的 *Princaxelia jamiesoni* 的绝对游泳速度（黑点）和尺寸特异的游泳速度（圈点）；（b）克马德克海沟（自 7966m 和 8798m）发现的 *Princaxelia* aff. *Abyssalis* 的绝对游泳速度（黑点）和尺寸特异的游泳速度（圈点）；（c）总结 *Princaxelia jamiesoni*（黑点）和 *Princaxelia* aff. *Abyssalis*（圈点）的尺寸特异游泳速度。修改自杰米逊等（2011a）。

10000m 和克马德克海沟 6180m 处，*Pardaliscoides longicaudatus* 曾两次出现。

Pardaliscoidae 科 *Halice* 属的 5 个种能够游动到距离海底更远的地方，它们在多个海沟的深渊水体中均有发现。例如，从汤加海沟南部到克马德克海沟北部（4000~10500m）的四条西太平洋海沟，*H. aculeate* 都有描述。*H. quarta*（Birstein 和 Vinogradov，1955）有类似于 *H. aculeate* 的广泛地理分布，可跨越西太平洋的海沟（6000~10000m）。*H. secunda*（Stebbing，1888），*H. rotundata*（Birstein 和 Vinogradov，1960）以及 *H. subquarta*（Birstein 和 Vinogradov，1960）分别发现于在西太平洋的海沟 6960~10190m、4050~9120m 以及 7190~10500m 的深度。

Hyperiopsidae 是一个深海科，由 *Hyperiopsis*、*Paragissa* 和 *Protohyeriopsis* 3 个属 6 个种组成。Lanceolidae 科则是由 *Lanceola* 和 *Metalanceola* 两个属中的 3 个种组成。目前仅在西太平洋的海沟发现了这两个科。其中的大部分种是从一个拖网的样品中鉴定出来的，其他的一些则表现出相当大的深度范围。例如，*Paragissa arquarta* 在克马德克海沟的 4200~8500m 范围都有发现（跨度 4300m），*Lanceola clausi gracilis* 在同一海沟的 4200~8000m 被发现（跨度 3800m）。由于仅有少量深渊区的拖网，对水体端足类的了解相比于那些底栖物种而言还是很有限的。

科研人员利用诱饵捕获器在深渊区抓获了大量的端足类生物，其数量之巨大可从诱饵摄像头的照片和录像中观察到（图 9.19）。在这些影像中，移动的腐食性端足类几乎代表了观察到的所有游泳动物（特别是在 8000m 以深）（Hessler 等，1978）。由于相对深海鱼类等动物而言，端足类的数量较多，这也导致要清晰描述它们的种群密度和生物量比较困难。尽管端足类生物的丰度和生物量数据还很缺乏，但这并不会影响它们的绝对优势，因为这已经被诱饵采样技术所证实。端足类生物的侦查、拦截和消耗诱饵的能力非常突出。在越深的海区，就有越多的个体出现，并且接近诱饵的时间也越快。从理论上讲，下沉的食物在深海的任何深度都是存在的。食腐端足类在散播有机碳方面的作用非常重要，特别在很少有其他食腐类群生物被报道的 8000m 的深海区。在这些深度下，深渊端足类能将深渊海沟有机碳重新分布，也会为更多的深渊生物提供营养。如果没有遇到捕食者，端足类将自然死亡并可能均匀散布在海底，从而在深渊区的另一个食物传播机制中发挥作用。

目前还不清楚为什么端足类生物在海洋最深处的食腐类中占据如此优势的地位。在 10000m 以深得到的大部分数据中，只发现了 *Hirondellea* 这一种食腐类

（Hessler 等，1978；Blankenship 等，2006）。尚不清楚这个趋势是端足类成功的一个直接证据，或者这只是简单的由于生理限制而导致缺少大型捕食者所致。无论如何，我们不能忽视端足类在全海深均占有优势。

端足类生物在深渊区能够大量存活可能是因为它们有应对食物匮乏的多种适应措施。深海食腐类生物拥有一个非常特殊的生态地位，在那里它们必须满足生存的需求，比如那些大型的食物到达海底的时间间隔通常相当长，而且随机地散落在海底广大的区域（Dahl，1979）。为了在这样的环境中生存，食腐者必须：（1）具有找到和分辨可能食物目标的能力；（2）具有摄食致密性食物的能力；（3）具有在相对较短的时间里消耗大量食物的能力；（4）具有储存获得的能量，并在较长的时间内逐渐利用的能力（具有在食物缺乏时生存的能力）；（5）具有在大型尸体沉降的间隔期，增补其他可利用食物的能力。

深渊端足类能够满足所有上述要求。端足类生物通过释放气味流，利用化学感应的刺激来发现食物（如 Tamburri 和 Barry，1999），就像许多深海食腐类生物

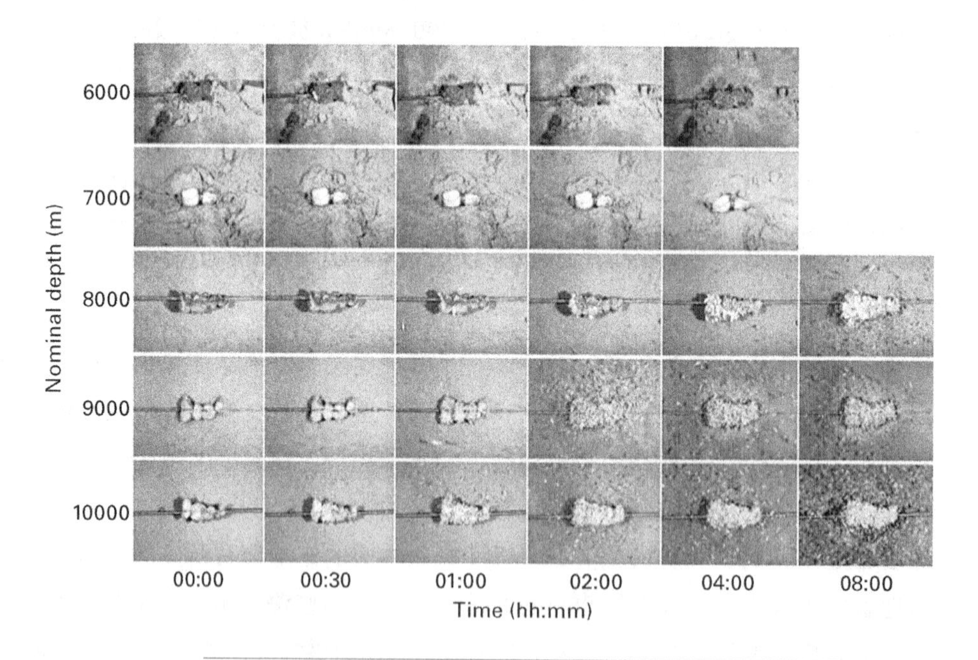

图 9.19　以 1000m 为梯度，食腐端足类随时间的演替。图片是从 Hadal-Lander A 摄像中抓取的（每张图大约 0.35m²，在中心处是鱼诱饵）。如图所示，在稍浅的深度，端足类的活性较低，但随着时间和深度的增加而活性增强。在 9000~10000m，2h 以后几乎 100% 地覆盖诱饵，最大的活性是在 10000m 的 8h 后。图片从克马德克海沟和汤加海沟拍摄，由 HADEEP 项目授权。

一样（Wilson 和 Smith，1984；Sainte-Marie 和 Hargrave，1987；Hargrave 等，1995）。虽然端足类生物搜寻食物的策略还不清楚，有可能是采取“坐等”的方法或是随着涡流漂动的方法（Bailey 和 Priede，2002）。此外，通过气味流寻找食物的策略可能是一些物种特有的。达尔（Dahl，1979）提出端足类动物利用机械感应侦测食物到达的可能性，但是，基于端足类会在投放诱饵 24h 后依然陆续到达的事实，这个观点的可信度大打折扣。

目前已经有了 Lysianassid 端足类对化学感应适应性的证据，例如，当敲击一些物种的游泳肢时，它们会在触角、口器以及腮的区域周围流出水（Dahl，1977），这可能是为了增加检测到化学刺激的机会。Lysianassids 在触角的第一根鞭毛腹部一侧有浓密的化学感应型刚毛（Dahl，1979）。它们尽量压低这些短而粗壮的触角，以便更充分地接触到化学流的物质，当端足类游泳时，这些感应器是突出暴露于水体中的。

史密斯和鲍德温（Smith 和 Baldwin，1984）估算了 *Eurythenes gryllus* 捕食中声音的强度和噪声的传播范围。结果表明，噪声强度（75dB re. 1 μPa）传播到 1km 以外，还能维持在 15dB。这种水底声音刺激（虽然未经证实）可能吸引远处的生物到遗落的尸体前（比如其他的端足类或者其他种类），但是总的说来，目前普遍认可基于气味流的探测是端足类的主要策略之一。

毋庸置疑，端足类具备摄食动物残体的能力，这在深渊的图片和摄像中均可看到。通常的情况是，如果没有其他物种的出现，落到底部的尸体上会在 24h 内被端足类吃尽（如图 9.13）。这种消耗肉体的效率是口器形态学高度适应的结果（图 9.20）。钩虾亚目在两个大颚间均有一个强壮的不规则锯齿状切齿，以及发育较好的大颚活动片（Dahl，1979）。在咬合时，左边的切齿移到右边的门齿前，右边的门齿在左边的大颚间活动，而左边的大颚活动片又移到右边的大颚活动片之前。但是对于深渊区端足类的三个优势属（*Eurythenes*，*Hirondellea* 以及 *Paralicella*），这种进食的动作有一些细微差异；右边切齿滑落到左边切齿后，咬合时形成碗状，相比平的大颚，这种形状使这些属的生物可以更好地撕碎大块食物（Dahl，1979）。此外，*E. gryllus* 和 *H. gigas* 具有不同形状的臼齿，当它们闭合时，在口和胃之间形成一个漏斗状，以利于将较大食物块送入消化道。

科研人员通过检查捕获的样本，可以清楚地证明端足类具有保存大量食物的能力。端足类的肠道通常看起来像是“随时会爆炸”一样。上面提到的那些属，它们的消化道内积累并储存了相较它们自身体型而言“大量”的食物，相比它们

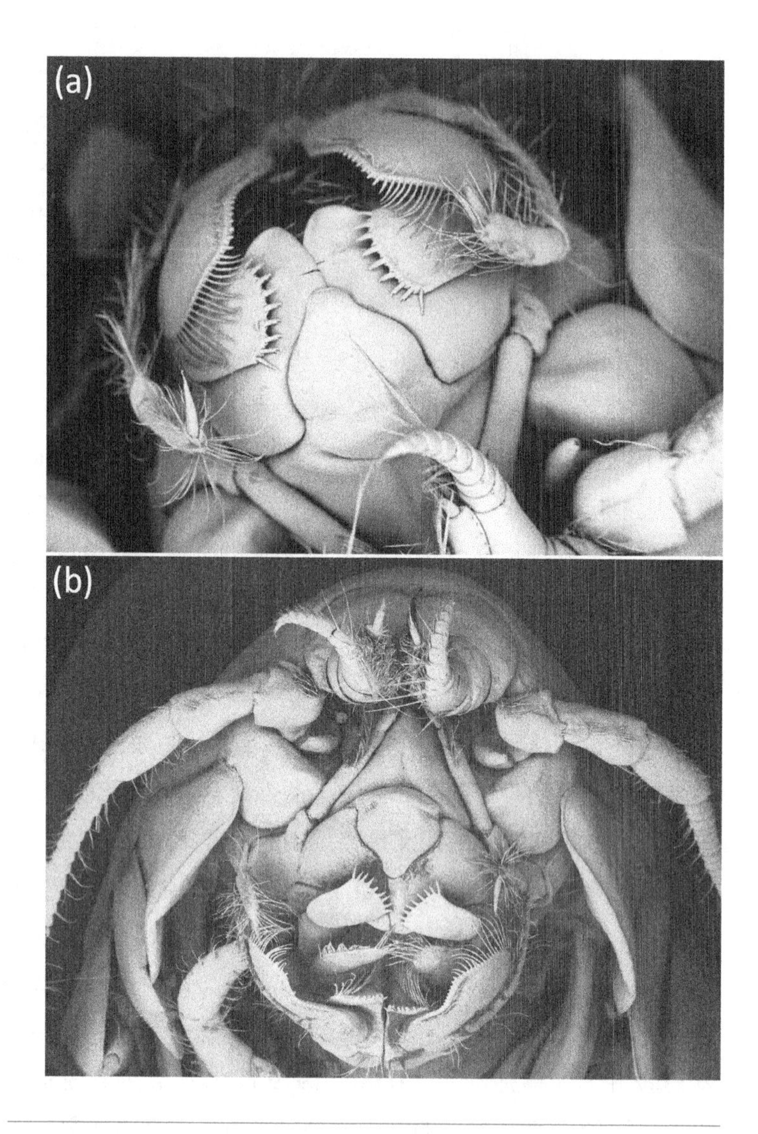

图 9.20 （a）从克马德克海沟 9908m 抓获的深渊等足类 *Hirondellea dubia* 大颚四十倍放大图片；（b）克马德克海沟 8487m 抓获的 *Scopelocheirus schellenbergi*。（a）和（b）分别由英国阿伯丁大学尼古拉·莱西（Nichola Lacey）和凯文迈卡·肯齐（Kevinmac Kenzie）提供。

在浅水层中的近亲，深渊端足类能储存更多的食物。这在 *Paralicella* 属尤其明显，其体壁可以向腹部扩展至身体尺寸的 2~3 倍（Shulenberger 和 Hessler，1974；Thurston，1979）。在 *Eurythenes*，*Hirondellea* 和 *Paralicella* 中，食物被储存在中肠，可以扩展并充满整个体腔。

端足类所表现出的捕食策略是物种特有的。由于 *Eurythenes gryllus* 大颚的形态学、宽敞的肠道以及高吸收速率，Sainte-Marie（1992）将该物种和 *Paralicella* 属的各物种划分为“批量式反应类型”（Batch-reactor-type）进食者，因为它们可以忍耐长时间的饥饿。相反的，其他的深渊种如 *Orchomene* 的各个物种则被描述为“推流反应类型”（plug-flow-reactor-type），因为它们持续地处理食物，也更需要不间断的食物供应。

在接触上层落下的动物尸体时，端足类通过腮足上的味觉刚毛可能能够判断食物的性质特征（Kaufmann，1994）。大多数刚毛探测器（化学和物理的结合）是在附肢的腹部边缘发现的，当端足类爬行在食物上时，它们利用刚毛探测食物，用腮足握住食物进行“品尝”。因此，端足类可以分辨化学性质或组织构造不同的食物。有观察发现，端足类在进食时有选择性的摄食肝脏和性腺（Scarratt，1965），这可能是为了使得每一次进食所获得的能量最大化，因此优先消耗那些能量最高的组织（Kaufmann，1994）。这种行为在克马德克海沟 2011 年的 HADEEP 项目航次中也有所察觉，诱饵捕获器在 7012m 抓到一条年幼的狮子鱼，这条鱼除了肝脏已经被端足类吃掉外，其余部分都完好无损（个人观察所得）。

当端足类快速消耗完一个上层落下的食物后，它们必须等待较长的时间才能得到下一个食物。在这种情况下，它们有两种应对策略。第一种是吃掉上一餐的大部分食物并减少能量消耗。史密斯和鲍德温（Smith 和 Baldwin，1984）指出，食腐性的深海端足类（*Paralicella caperesca* 和 *Orchomene* sp.）在没有食物的时期可能会大大减少它们的代谢活性。坦布里和巴里（Tamburri 和 Barry，1999）记录了一个端足类 *Orchomene obtuse*（Sars，1985）在不提供任何食物的情况下能够在实验室中生存 4~6 周（现在还不可能用深渊端足类重复类似的实验）。根据报道（Yayanos 和 Nevenzel，1978），菲律宾海沟的端足类 *Hirondellea gigas* 在身体内储存了可观的脂类（占干重的 26.1%），这很可能是一种解决长期饥饿下的能量储存方法。

比林和克里斯琴森（Bühring 和 Christiansen，2011）报道了三种深海食腐性端足类物种的能量储存方法。*Paralicella* spp. 和 *Orchomene* sp. 储存三酰基甘油，而 *Eurythenes gryllus* 则是储存蜡酯。*Orchomene* sp. 和其他两类物种相比，储存的油脂含量较低，这支持之前的结论，与其他的物种不同，*Orchomene* sp. 进食是连续的，而不是经历长期的饥饿后一次性填饱。

Hirondellea 在深渊中能成功存活可能是由于许多能量保存策略，这也最大限度地保证了它们的繁衍。赫斯勒（Hessler 等，1978）发现，随着 *H. gigas* 尺寸的增大，肠道中细菌和沉积物的个体数量随之减少。这可能是它们保护幼体的一个策略，比如，较小的和年幼的个体可能在捕食上层落下的食物时比较困难，但是大型的底层捕食者个体则需要更高能量的食物。类似的，储存大量油脂、幼龄虫后期生长较慢、雌性数量不成比例以及没有抱卵的雌性聚集到上层落下的食物周围，都是深渊端足类为保证在海沟这种食物贫乏的环境中成功繁衍所作的优化适应。

深渊端足类为了生存采取的第二种策略是以其他较小的食物作为食腐摄食的补充，以应付食物供应上的不足。学术界对是否存在严格食腐类动物一直存有争议（Britton 和 Morton，1994；Kaiser 和 Moore，1999；Tamburri 和 Barry，1999），因为即使像端足类这个深海中多样的食腐者，在自然界似乎也是兼性的。布兰肯希普和拉文（Blankenship 和 Levin，2007）检测了来自汤加海沟中 4 个 Lysianassoid 端足类物种的营养供给，包括 *E. gryllus*，*S. schellenbergi*，*H. dubia* 以及 former *Uristes* sp. nov.。结果发现，它们具有引人瞩目的摄食可塑性，即作为食腐的补充，这些端足类还表现出食碎屑或捕食的行为。此外，一些种的营养策略随着年龄和深度的变化而发生改变。*E. gryllus* 和 *S. schellenbergi* 在没有死亡动物作为食物来源的时候会进行捕食，也可能吃碎屑。研究发现，这两个种可以消化被囊动物、海鞘、海樽、幼形虫或其他端足类动物。小林等人（Kobayashi 等，2012）的研究显示，来自马里亚纳海沟 10897m 处的 *H. gigas* 具有一种专门降解木质碎屑的酶。口器形态学的结构表明，*H. gigas* 能从一个大的物体上移走木质碎片，但是它也有可能消耗那些掉落到海沟中微小的陆源植物碎屑。

虽然尚不清楚这些食物或猎物在被进食时是死还是活，或者消耗木质碎屑的确切机制是什么，但这些结果都支持关于端足类动物是海洋环境中摄食方式最多样的种类（Nyssen 等，2002）这一观点。

钩虾亚目（Gammaridean amphipods）发育有第一和第二性特征，每个特征代表一个特殊的成熟阶段，这使得每个特殊的发育阶段或“龄”的形态特征是不一样的（Sexton，1924；Steele 和 Steele，1970；Hessler 等，1978）。赫斯勒等人（Hessler 等，1978）对采集自菲律宾海沟 9600~9800m 的 *Hirondellea gigas* 按发育阶段和性别进行了划分。除了雌性和第一、二期的雄性外，期和龄是相等的，都表现出相对恒定的生长速率。雌性有七到八龄，雄性有四龄。在雌性的第六期表现出生长减慢的异常，但这与生殖系统的发育相一致。这种减慢可能是在繁殖期营养输入转化的结果。在这个研究中，没有抓获抱卵的雌性或性腺休止期的个体，因此推测第六期之后就是性腺休止和有形态学上成熟的抱卵片的抱卵龄。该研究认为 *H. gigas* 雌性仅生育一次，所以总的生育率是平均每个雌性有 97 个卵母细胞。该研究也发现雌性大约占总群的 63%，如果找到抱卵的雌性，该比率可能还会更高。

产卵的雌性没有被诱饵捕获器收集到，说明这一时期雌性不参与进食，可能是进食后胃部的扩张会压坏卵（Blankenship 等，2006），虽然也有猜测说抱卵后期，雌性高度大过 12.5mm，因而不容易进入赫斯勒等人（Hessler 等，1978）使用的捕获器，但是在马里亚纳海沟，科研人员使用较大的捕获器也没有抓获抱卵的雌性个体。也有另外一种解释，抱卵龄的缺失可能是因为雌性为了确保生育成功，已经储备好足够的营养，没有必要因为参与摄食而将自己暴露在不必要的危险中（这在其他端足类中也有报道；Fulton，1973），因此它们可能会选择禁食。此外，尽管 *H. gigas* 储存了大量油脂（Yayanos 和 Nevenzel，1978），但并没有报道确定是否足够一次以上的生育周期。

前面提到的研究强调了 *Hirondellea* 这种短脚双眼钩虾在海洋最深处的优势地位，但是由于布放是在海沟深处进行的，无法观测其大尺度垂直方向的个体发育格局。即使这样，赫斯勒等人（Hessler 等，1978）在深层确切地记录到了所有时期的个体（除了抱卵龄），这说明没有个体发育的垂直结构。尤斯塔斯等人（Eustace 等，2013）在伊豆 – 小笠原海沟 8172m 和 9316m 处获得了 *H. gigas* 相对较多的数据。正如赫斯勒等人（Hessler 等，1978）的研究所发现的，在 9300m 能够得到所有龄的个体，但在稍浅层中大部分是幼体。这些数据显示，虽然所有龄的个体可以在一个深度中发现，雄性：雌性：幼体（M：F：J）比率（以及尺寸频率）在垂直分层上的变化还是存在的（图 9.21）。M：F：J 比率随深度的变化以及幼体在较深水层的类似趋势，在之前其他深渊端足类的 HADEEP 项目数据（N. C. Lacey，未发表）中也是显而易见的。例如，*H. dubia* 和 *S. schellenbergi* 的幼体都偏向生活在它们生存水深范围内的浅层，这种趋势以 *H. dubia* 尤为明显。

布兰肯希普等人（Blankenship 等，2006）在汤加海沟 5155~10787m 布放了 11 个诱饵捕获器。他们发现，4 个主要的端足类物种具有完全不同的垂直分布规律：*E. gryllus*（5155~6252m），*S. schellenbergi*（6252~7823m），未被鉴定的 Tryphosinae（列作 *Uristes*；7349~9273m）以及 *H. dubia*（7349~10787m）。优势度最高的端足类 *H. dubia*，个体长 2.8~20.9mm，雌性最大长 20.9mm，雄性最大

长 18.6mm。虽然这些调查同样未发现产卵的雌性，但是大部分幼体在浅层站位（7329~8723m）出现，相对应的是较深处有较大的尺寸频率分布，因此这些结果揭示出个体发育的垂直分布格局。类似的，虽然只有 7800m 的采样深度，但是佩

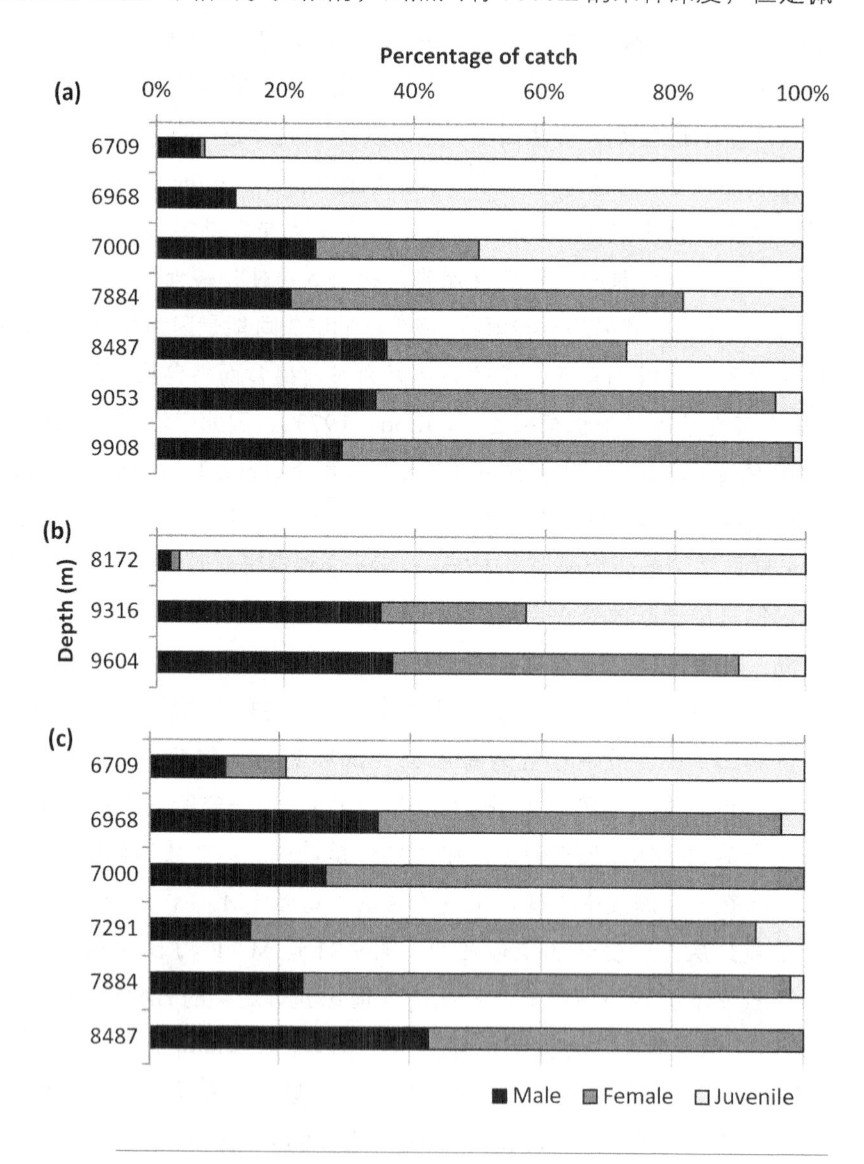

图 9.21 深渊端足类的个体发育分层化，（a）克马德克海沟的 *Hirondellea dubia*（Lacey，未发表）；（b）伊豆－小笠原海沟 8172m 和 9316m（Eustace 等，2013）以及菲律宾海沟 9604m（Hessler 等，1978）的 *Hirondelleagigas*；（c）克马德克海沟的 *Scopelocheirus schellenbergi*（Lacey，未发表）。

龙等人（Perrone 等，2002）在秘鲁－智利海沟发现，*Hirondellea* sp. nov. 的大多数个体在这个深度已经达到了可能的最大尺寸。此外，这些 *Hirondellea* sp. nov. 和汤加海沟以及克马德克海沟 *H. dubia*（Blankenship 等，2006）的尺寸频率分布是类似的，这说明 *Hirondellea* 具有相似的个体发育结构格局。

尤斯塔斯等人（Eustace 等，2013）发现尽管在伊豆－小笠原海沟最深处同时存在 *H. gigas* 的成体和幼体，个体发育的垂直分化仍然是存在的。这与赫斯勒等人（Hessler 等，1978）在极窄深度内（9600~9800m）的发现相反。在尤斯塔斯等人（2013）和赫斯勒等人（1978）的研究中，成体和幼体出现在所有站位，说明垂直分化并不是由深度（或压力）驱动造成的，而是和其他的环境驱动力共同作用产生的。这个趋势也不可能是受温度影响，因为虽然海沟底部水温有轻微的升高，但温度的变化是很小的；在整个海沟的深度范围里温差大约 1℃，盐度在整个深渊水柱中也是恒定的（34.69 ppt）。因此，个体发育的分层化极有可能是受食物供应和其他附带的生态相互作用所驱动的。

尤斯塔斯等人（2013）发现 *H. gigas* 在 8972m 的优势生活期是幼体，并且它们在群落中的百分比随着深度的加深而下降。这就产生了为什么幼体在较浅深度中丰度最高的疑问。同样的，如果端足类是随着年龄下沉的，抱卵的雌性在最深处达到最大值，是什么机制驱动幼体在较浅水层达到极值？是否雌性向上迁移到海沟斜坡处产卵或者幼体在深渊中能自己上移，这些目前还是未知。如果幼体能移动如此大的距离，那它们应该需要储存高脂肪以供给如此长距离迁移所需的能量。关于 *H. gigas* 中高脂类含量的数据报道部分支持了该假设（Yayanos 和 Nevenzel，1978）。但是雌性很难在贫能量环境中为幼体提供大量的能量，而上层水体落下的大型食物又是偶尔才会出现的，幼体要自己储备长距离迁移所需的脂类物质也不大可能（Blankenship 等，2007）。因此，最符合逻辑的解释是抱卵的雌性迁移到较浅的深度并产下卵（Blankenship 等，2006），可是这个解释至今还缺乏直接的证据。

H. gigas 在较浅水层度过部分生活周期有很多重要的原因。减小的水压可以增加代谢反应的速率（Blankenship 等，2006），使得在较浅水层中成熟的幼体能够更快速地吸收能量，从而增加它们生长和繁殖的速率。相较于深层的海沟，上层水体落下的食物在较浅的地方具有更高的营养价值和更多的数量。这同样有利于幼体快速增加它们的体重和尺寸，以便更好地克服较深处由于极高丰度的 *H. gigas* 引起的竞争和捕食压力。此外，在较浅的深度，由于较大成年 *H. gigas* 的

个体数量较少，同种个体对资源的竞争以及同类相食的风险都大大地降低。但是，幼体在浅水层生活的策略可能存在缺陷，即在海沟较浅层（6000~8000m），像鱼和移动十足类等捕食者会经常出现（Jamieson 等，2009a，b；2011a）。但是，幼体较小的体积和较少的可利用能量降低了它们被捕食的风险，因为通常捕食者会选择较大的猎物。当幼体达到较大的尺寸和性成熟以后，端足类会迁移到更大的深度（7700m），在那里捕食者要少得多（Fujii 等，2010）。

雌性 *H. gigas* 在垂直结构上表现出与幼体相反的趋势，它们的数量在浅层极少，而在海沟的轴向上随着深度的增加而增加。这个趋势也与压力的增加有关。该研究和之前关于 *H. gigas* 的研究都没有发现产卵的雌性（Hessler 等，1978；France，1993）。一种理论是产卵的雌性为了减小因同类相食而死亡的风险，不会靠近诱饵捕获器。也可能是一旦雌性抱卵，它们就会停止进食以防因中肠的膨胀而压迫到卵（Hessler 等，1978；Blankenship 等，2006）。因此，雌性 *H. gigas* 表现出的垂直分布特征可能是为了在饥饿期生存下来，利用在压力增加的环境来减慢代谢。但是基于此，发育中的胚胎可能也会减慢代谢，以至它们的生长也减缓，从而延长了抱卵期和饥饿期，抵消了迁移到更深层的好处。

赫斯勒等人（1978）提出雌性 *H. gigas* 一生只生育一次。尤斯塔斯等人（2013）的报道也支持这一假设，因为从来没有抱卵期的雌性个体被抓获过。此外，也没有第六期的雌性被抓获过（Hessler 等，1978；France，1993）。然而，尤斯塔斯等人（2013）提到在 9316m 捕获的端足类中，发现了大量的卵。这些卵是怎样从某一物种中暴露出来的还不清楚，有可能是同种个体相食或捕获器中其他因素对雌性个体腹部造成破坏的结果。单个雌性不大可能产出如此大量的卵，并将这些卵随意地遗落在捕获器中。这些卵的尺寸在 0.27~1.1mm，均呈橘黄色和相同的形态。这些卵的来源至今还不清楚。虽然它们还没有基因方面的鉴定记录，但是 *H. gigas* 有绝对的优势（99.6%），数量也很巨大（n=3968），因此能在一定程度上确定这些卵就是 *H. gigas* 的。

在克马德克海沟和汤加海沟发现的 *H. dubia* 和 *S. schellenbergi* 也有类似于 *H. gigas* 的个体发育结构模式（Blankenship 等，2006）。在这两个海沟中，幼体被发现在较浅层生活并发育成熟，随后迁移到深层。这可能是底栖 – 深海端足类的一种生存机制，成体生活在海沟深渊的最深层。因此，可以说压力本身并不是我们看到这个趋势的原因，而是深度（压力）和地形影响导致的资源分布（包括数量和质量）相互作用的结果。幼体在较浅深度被发现，因为在那里有较多和较高质量的颗粒有机物（POM），上层落下食物的净数量也是最高的并且竞争最低，而压力对代谢的影响利于生长。成熟的个体出现在捕食者较少的较深层，在这里它们较大的身体意味着不再是捕食者的目标，而它们还由于高油脂储存的保证而降低了代谢速率。不论对雄性或雌性，高油脂储存能力都有助于它们在食物供应间歇期忍受长期的饥饿，但这对于雌性在抱卵期忍受长期饥饿时的意义更大。

9.9 十足目

在 20 世纪 50 年代第一次大规模的深渊采样中，甲壳类中的十足目被认为在深渊区中不存在，因为它们在 5700m 的深度就已经没有任何记录（Wolff，1960）。在这之后，十足类在深渊区的出现只被简短地提及，例如乔治和希金斯（George 和 Higgins，1979）在波多黎各海沟 7600m 处发现 8 只 *Plesiopeneus* 和 *Nematocarcinus*，Higgins 等（1978）在秘鲁－智利海沟 6767~7196m 发现了“偶尔游泳的十足类（occasional natantian decapods）”。但除了这些报道，直到现今都认为十足类没有深渊代表种（Herring，2002；Blankenship 等，2006）。该结论是根据对 20 世纪 60 年代“加拉瑟”号和“维塔兹”号考察中一系列拖网的结果研究而得出（Wolff，1960；1970）。虽然在“加拉瑟”号的考察中，80 次深渊拖网中共捕获了 33000 只个体，其中有超过 700 种的无脊椎动物和鱼类，但却没有发现一个十足类（Wolff，1970）。深渊十足类的明显缺失是由于静水压力的生理限制而导致的，最深的十足类（*Parapagurus* sp.）的记录是在 5160m。在 20 世纪 60 年代的考察之后，发现十足类的最大水深分别是 4785m、4986m、5060m、5413m、5440m 和 5700m（分别来自 Tirfenbacher，2011；Haedrich 等，1980；Gore，1985b；Bouvier，1908；Domanski，1986；Kikuchi 和 Nemoto，1991）。

令人感到奇怪的是，在 HADEEP 项目开始之初，在调查的海沟中，所有小于 7700m 深度的站位都发现了十足类（Jamieson 等，2009b；图 9.22）。

着陆器 Hadal-Lander A 在克马德克海沟 6007m 和 6890m、日本海沟 6945m 和 7703m 以及马里亚纳海沟边缘 5469m 获得了 Natanian 十足类 *Benthesicymus crenatus*（Bate，1881）（Benthesicmidae）的影像资料（Jamieson 等，2009b）。在这之后，着陆器 Hadal-Lander B 分别在克马德克海沟 5172m 和 6000m（Jamieson 等，2011a）及秘鲁－智利海沟 5329m 和 6173m（HADEEP 项目未发表数据）观察到同

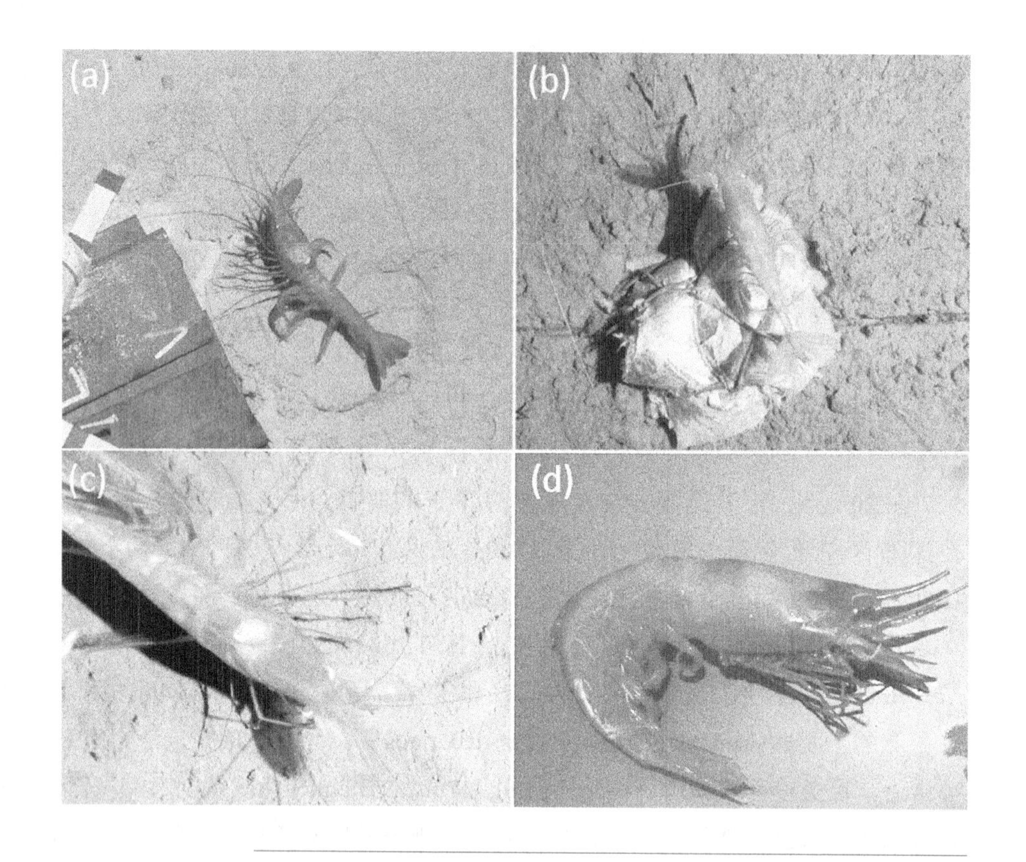

图 9.22 海沟中发现的十足类。(a)~(c)分别来自克马德克海沟 6474m、秘鲁－智利海沟 6173m 和马里亚纳海沟 5545m 的 *Benthesicymus crenatus*；(d)克马德克海沟 6709m 的 *Heterogenys microphthalma*。图片由 HADEEP 项目授权。

一个种。除了 *B. crenatus* 外，科研人员还在秘鲁－智利海沟 4602m（不是深渊深度）拍摄到 Solenoceridae 科的 *Hymenopenaeus nereus*（Faxon，1983），在克马德克海沟 6007m 和 6890m 拍摄到较小的 Caridean 十足类 *Heterogenys microphthalma*（Smith，1885；Jamieson 等，2009b 描述其为 *Acanthephyra* sp.）。2012 年，*Latis* 深海捕鱼器在同一海沟 6709m 处捕获到一个 *H. microphthalma* 个体，但至今没有从深渊深度捕获过 *B. crenatus* 的生理样本。

通过影像资料可以看到，*Benthesicymus crenatus* 总是很容易受到饵料的引诱。从外观上看，这种十足类生物很像是常见的深海虾 Aristaeid，*Plesiopenaeus armatus* Spence，Bate，1881（Aristeidae），可能在诱饵上更加常见（Thurston 等，1995；Janβen 等，2000）。不管怎样，摄像头的像素已经足以区分 *P. armatus*（有较短的吻部）和 *B. crenatus*。

在克马德克海沟，*B. crenatus* 的平均体长在 5172m、6000m、6007m 和 6890m 水深分别为 18.7cm±0.8S.D.（*n*=3），17.9cm±3.2S.D.（*n*=3），22.0cm±3.9S.D.（*n*=10）和 22.4cm±2.6S.D.（*n*=4）（见图 9.23）。它们的个体数量从 6007m 的 10 个，减少到 5172m 和 6000m 的 3 个。在日本海沟 6945m 处，29 幅图片中出现了 20 只 *B. crenatus* 个体，平均体长为 15.3cm±2.9S.D。在马里亚纳深海拍摄的两张照片中，在几条食腐底层鱼 Coryphaenoides yaquinae（Iwamoto 和 Stein，1974）（Macrouridae）之间，发现了一只 *B. crenatus*（体长 =23.5cm）。

根据观察，*B. crenatus* 常常捕食在诱饵上出现的小型食腐端足类动物，而不是直接进食诱饵。*B. crenatus* 对端足类的捕食很难确认，因为它们的口器在腹部，很难被观察到。但是，在一个案例中，一只 *B. crenatus* 举着一只大的 Lysianassoid 端足类（约 2cm 长）移动。20cm 长的十足类利用它的步足向下和向外划形成一个

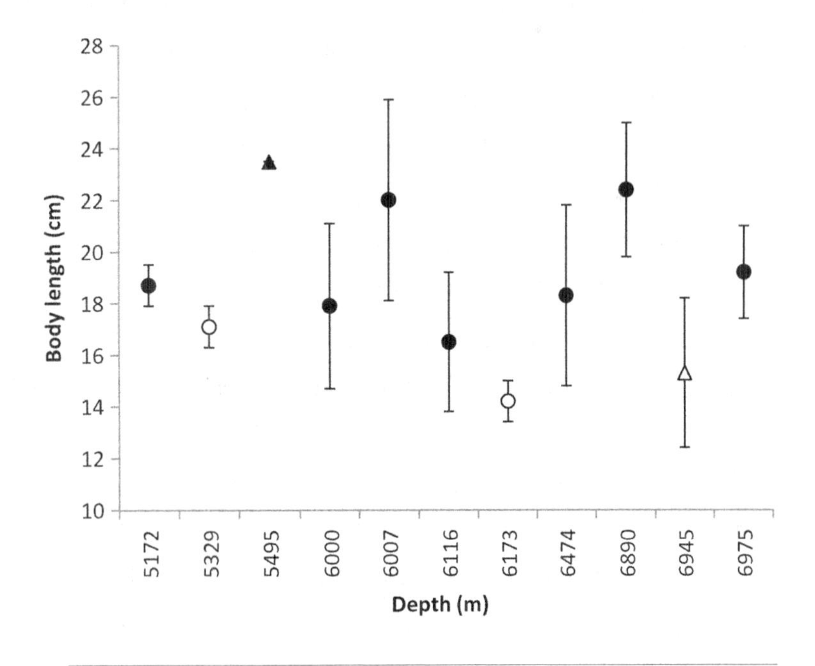

图 9.23　水深 5172~6975m 处十足类 *Benthesicymus crenatus* 的平均体长。克马德克海沟（黑点）、秘鲁－智利海沟（白点）、日本海沟（白色三角）以及马里亚纳海沟（黑色三角）。

上曳流以靠近诱饵。一旦接触到诱饵，它就极快地减速，然后轻微地游离诱饵，同时向下游动，并拖着诱饵移动其步足。在这个时候，端足类橙色的身体与十足类下部的红色形成了鲜明对比。同时，诱饵上原来覆盖着大量端足类的位置变得清晰空旷，说明十足类是捕食小型端足类的。

B. crenatus 的这种行为类似于诱饵摄像机在其他较浅的深海平原中的观察情形。在对阿拉伯海 4000~4500m 处的研究中，科研人员报道了大量的十足类（*Plesiopenaeus armatus*）（Janβen 等，2000）。在该研究中，虽然十足类是最先到达诱饵的（1h 内），但是在连续的图像中，它们并没有出现在同一个位置，并且在只有十足类出现的画面中没有发现诱饵减少。类似的，只有 40% 的个体和诱饵有直接的接触。这说明十足类生物只是在捕食暂时高密度聚集的端足类，而不是直接进食诱饵本身。在大西洋（4000~5000m 处），*P. armatus* 小群聚集在诱饵边上被直接观察到。但是只有这两个案例中的照片还不能确定它们的捕食行为（Thurston 等，1995）。在该研究和其他研究（Janβen 等，2000）中，关于十足类并不进食诱饵的发现，说明它们不会特别依赖上层落下来的尸体。深海个体的胃里的食物由植物碎屑、小型双壳类以及磨碎的甲壳动物部分组成（Domanski，1986；Thurston 等，1995）。这些观察和其他的研究（Gore，1985a、b）一起，提供了其兼性的食腐和在水底主动捕食的证据。

根据杰米逊等（2009b）的记录，克马德克海沟中 *B. crenatus* 的游泳速度并没有明显表现出受到静水压力限制的迹象。在克马德克海沟的 6007m 和 6890m 处，*B. crenatus* 的游泳速度分别是 7.4cm/s ± 1.8 S.D. 和 6.9cm/s ± 1.6 S.D.（即 0.34 BL/s ± 0.08 S.D. 和 0.35 BL/s ± 0.11 S.D.），而它在日本海沟 6890m 处为 6.9 ± 2.0cm/s（0.49 BL/s ± 0.17 S.D.）。

迄今为止，对另一个十足类 *H. microphthalma* 的观察，仅仅发现它在水底游动，而且对诱饵没有明显的兴趣，因此，这些观测很可能只是偶然碰到而已。综合来看，这些观察都明确地证明十足类在深渊深度比较活跃，它们栖息在南半球和北半球太平洋海沟的斜坡上部。它们在海沟上部食物网中扮演着顶层捕食者的角色，能够捕食生活在这一深度中数量丰富的食腐端足类，是深渊食物网的重要组成部分（Blankenship 等，2006；Blankenship 和 Levin，2007）。

然而，*B. crenatus* 和 *H. microphthalma*（Jamieson 等，2009b）都不是深渊特有种，它们能在深海－深渊过渡区自由穿行。十足类在 7700m 的深度没有被发现，这和硬骨鱼的深度范围非常相似。鱼的深度限制是 8000~8500m，观察到活着的鱼的最大深度与最深的十足类站位一致（Jamieson 等，2009a；Fujii 等，2010）。鱼的最大深度是由于细胞间的渗透物三甲胺氧化物（trimethylamine oxide，TMAO）的限制，该化合物在 8000~8500m 将可能达到等渗（Jamieson 和 Yancey，2012），也就是说在这个深度 TMAO 不能再抵消高静水压力效应（Yancey 等，2001；2004）。研究发现鱼类 TMAO 的含量和十足类中相近（Kelley 和 Yancey，1999），说明十足类就像鱼一样，可能也是限制在 8000~8500m。

十足类由于很难被抓获，因此在深渊采样的数量并不多。十足类进化出了高效的危险探测（不相称的大感应天线）和逃避（突然快速启动逃跑反应）能力，可以帮助它们逃离拖网，尤其是在深渊海沟中缓慢移动的拖网。此外，自从用诱饵摄像机发现十足类以来，已经在发现十足类的附近多次布放诱饵捕获器和缠刺网，但仍未捕获到十足类。诱饵摄像机对深渊中发现目标生物是很有效的，但是对证明或反驳 TMAO 的假设并不能提供必需的生理样本。这些观察说明，对于如此广而深的区域中仍然没有发现甲壳目动物，需要更合适的技术对深渊海沟进行更多的考察，以揭示深渊群落的真实结构。

9.10　真螨目

真螨目是蜱螨两个总目中最多样化的。第一次发现蜱螨亚纲（Halacaridae 科）是在太平洋大约 4000m 的深海区（Newell，1967）。真螨类并不代表某一类特征的深渊类群，因为目前仅在极少数海沟样品中发现过。对 Halacaridae 中一个新的属和其中的几个种，如 *Bathyhalacarus quadricornis*（Sokolov 和 Yankoveskaya，1968）曾经有过两次发现，即在千岛 – 堪察加海沟 5100~5200m 处以及之后的伊豆 – 小笠原海沟 6770~6850m 处（Belyaev，1989）。

9.11　悉脚目

海蛛纲的悉脚目在深渊中发现极少，还没有悉脚目在 7370m 以深的报道。目前在深渊海沟已发现的悉脚目有 9 个已知种，属于 3 个科中的 5 个属，每一个种都仅有一个个体。它们是在太平洋的 5 个海沟和南桑德韦奇海沟中的 13 个站位中被发现的。悉脚目另外两个没有被描述的个体是在秘鲁–智利海沟捕获的（Menzies，1964，被引在 Belyaev，1989）。至今所有从深渊捕获的悉脚目都是深海种。在 9 个已知种中，仅有两个种在不只一条海沟中有发现；*Heteronymphon profundum*（Turpaeva，1956）（Nymphonidae）是在千岛–堪察加海沟和临近的日本海沟，深度分别为 6860m 和 6156~6380m，而另一个 *Pantopipetta longituberculata*（Turpaeva，1955；Austrodecidae）比较奇怪，仅被发现于北太平洋千岛–堪察加海沟（6090~6710m）以及南太洋的南桑德韦奇海沟（6052~6150m）。

第 10 章

刺胞动物门和鱼类

10.1 刺胞动物门

刺胞动物门（Cnidaria）如水螅纲（Hydrozoa）、钵水母纲（Scyphozoa），特别是珊瑚纲（Anthozoa）的代表生物已经在深渊区被发现（表 10.1；图 10.1）。水螅类的水螅型（Hydroid polyps）已经在大多数海沟中发现，其中最深的记录为克马德克海沟的 8210~8300m（*Halisiphonia Galatheae*；Kramp，1956），以及千岛－堪察加海沟的 8185~8400m 和汤加海沟的 8950~9020m（后 2 个在 Belyaev，1989 中未列出或未命名）。别利亚耶夫（Belyaev，1989）共提及 12 个种，但是只有一个种 *Crossota* sp. 在一个以上的海沟有分布（帕劳海沟和新赫布里底海沟）。这 12 个种共属于 7 个科（其中 2 个为推测）。水螅类的 *Branchiocerianthus* 属已经同时在克马德克海沟和新赫布里底海沟被收集到，且在新赫布里底海沟和秘鲁－智利海沟也拍摄到照片，其中 *ranchiocerianthus* 体长最长，超过 25cm（Lemche 等，1976）。不过，水螅类在 6500m 以深海域的数量和种类较少，因此它们并不被认为是深渊环境的典型生物。

水母类（Medusae）在深渊中数量较少但是确有分布，目前已发现 5 个种，据推测可能来自花水母目（Anthomedusae）、瘦水母目（Leptomedusae）和硬水母目（Trachymedusae）中的 3 个科（Mitroconidae，Anthomedusidae 和 Phopalonematidae）。第一个被发现的深渊环境水螅水母亚纲（Hydromedusae）生物是 *Voragonema profundicola*（Naumov，1971），它是“维塔兹”号利用浮游生物网在千岛－堪察加海沟 6800~8700m 处捕获的。其余的水螅水母亚纲生物主要从帕劳海沟、新不列颠海沟以及新赫布里底海沟中获得的；在莱姆切等（1976）的报道中，这些来自 6758~8260m 深度范围的生物出现在 17 幅图片中，其中硬水母的密度可达 1 个 /100m^2。从 HADEEP 项目拍摄的图片来看，在日本海沟 6945m 处也发现了硬水母，不过由于其身体体型较小且呈半透明，对其分类鉴定较为困难（HADEEP 项目，未发表数据）。

深渊钵水母纲目前已发现 3 个已知种，分类上属于 *Stephanoscyphus* 属和 *Ulmaridae* 属（这个属是在布干维尔海沟 7847~8662m 处被发现的）。其中，*Stephanoscyphus simplex*（Kirkpatrick，1890）是分别从班达海沟 6490~6650m 处和克马德克海沟 6180~7000m 处发现的（Kramp，1959）。不过，最为普遍出现的钵水母纲生物是 *Stephanoscyphus* 属的一个未鉴定种，它们在 10 条海沟的深渊水体中均有发现。别利亚耶夫（Belyaev，1989）分析了它们的大小、颜色和形状后，指出不同海沟发现的这类钵水母可能不是一个种，而是由多个种组成的。此外，在 6000m 以深发现了钵水母的钵水螅体（scyphopolyps）（*S. simplex*），说明钵水母肯定也存在于深渊海沟中较深的区域，尽管目前还没有从这些区域中成功获得样品。在布干维尔海沟 7847~8662m 深处，已拍摄到的相关照片证明了钵水母的存在，它们体长 5~7cm，可能属于 Ulmaridae 科（Lemche 等，1976）。深渊区域样品的严重缺乏意味着对钵水母的密度以及生态意义的了解仍然是未知的，有待进一步的研究。

在新不列颠和新赫布里底等多条海沟拍摄的照片中发现了珊瑚纲的八放珊瑚亚纲（Octocorallia）中海鸡冠目（Alcyonacea）和海鳃目（Pennatulacea）的代表种类（Lemche 等，1976）。在所有发现的 21 个种中，共 18 个仅分布在深度小于 7000m 的范围（其余 3 个种在 7500~8000m 被发现）。已经在多条海沟中发现了海鳃目中属于 *Khophbelemnon* 属和 *Umbellula* 属的多个种，但是它们也主要局限于小于 7000m 的深度范围。在样品采集最多的西北太平洋的多条海沟，如千岛 – 堪察加海沟中，只在其中三个站位的海沟斜坡上部发现了八放珊瑚亚纲。八放珊瑚最普遍出现的记录来自秘鲁 – 智利海沟和南桑德韦奇海沟。在“维塔兹”号对秘鲁 – 智利海沟的调查中，在 6040m 深度的单次拖网就获得 26 只个体（Belyaev，1989）。此外，在克马德克海沟附件的深海区曾拍摄到一个属于角海葵目（Ceriantheria）的个体（Jamieson 等，2011a；图 10.2）。

在六放珊瑚亚纲（Hexacorallia）的 6 个已知科和 1 个未知科中，属于海葵目（Actiniaria）的 Galatheanthmidae 科居于主导地位，它们几乎在每一条海沟中都有分布（数据来自太平洋和大西洋的 16 条海沟 6000m 以深区域的 45 个记录），甚至在一些情况下可以达到相当大的数量。在海洋的最深处发现了管状海葵的两个种，

表 10.1 刺胞动物门中每一个目和科的最大发现深度以及其中包含的属和种的数量

纲（名称）	目（名称）	科（名称）	属（数量）	种（数量）	深度范围（m）
水螅纲	无鞘螅目（Anthoathecata）	Corymorphidae	1	1	6260~6776
水螅纲	软水母目（Leptothecata）	Lafoeidae	1	1	6860
水螅纲	软水母目	Hebellidae	1	1	8210~8300
水螅纲	软水母目	Aglaopheniidae	1	3	6300~7000
水螅纲	瘦水母目（Leptomedusae）	Mitroconidae ?	1	1	8258~8260
水螅纲	花水母目（Anthomedusae）	Anthomedusidae ?	1	1	8258~8260
水螅纲	硬水母目（Trachymedusae）	Rhopalonematidae	3	3	6758~8700
钵水母纲	冠水母目（Coronatae）	Atorellidae	1	2	6000~10000
钵水母纲	旗口水母目（Semaeostomae）	Ulmaridae	1	1	8746~8662
珊瑚纲	海鸡冠目（Alcyonacea）	Alcynaria	1 ?	1 ?	6758~8662
珊瑚纲	海鸡冠目	Primnoidae	1	1	8021~8042
珊瑚纲	海鳃目（Pennatulacea）	Kophobelemnonidae	1	2	5650~6150
珊瑚纲	海鳃目	Umbellulidae	2 ?	5	5650~6730
珊瑚纲	六放珊瑚亚纲（Hexacorallia）	Actinosolidae	2	2	6660~8230
珊瑚纲	六放珊瑚亚纲	Bathyphelliidae	1	1	7250~7290
珊瑚纲	六放珊瑚亚纲	Edwardsiidae	1	1	7160
珊瑚纲	海葵目（Actiniaria）	Galatheanthemidae	2	4	10730

续表

纲（名称）	目（名称）	科（名称）	属（数量）	种（数量）	深度范围（m）
珊瑚纲	海葵目	Actiniidae	1	1	5650~6780
珊瑚纲	角珊瑚目（Antipatharia）	未知	1	1	7200~8840
珊瑚纲	石珊瑚目（Scleractinia）	Fungiidae	1	1	6090~6328

分别是菲律宾海沟 9820~10210m 处发现的 *Galatheanthemum hadale*（Carlgren，1956）和马里亚纳海沟 10170~10730m 处发现的 *Galatheanthemum* 未描述种。而这些海葵的其他种的分布深度范围也很广，似乎不受静水压力的限制。海葵目生物也出现在新不列颠海沟 7057~7075m 和新赫布里底海沟 6758~8930m（Lemche 等，1976）以及波多黎各海沟（Heezen 和 Hollister，1971）等区域拍摄的照片中。大多数其他的已知种仅出现在某一次调查中（George 和 Higgins，1979），例如根据在波多黎各海沟 7600m 拍摄的图片中，观察到 64 只个体，其中有 2 只被初步鉴定为 *Galatheanthemum profundale*（Garlgren，1956）（Cairns 等，2007）。

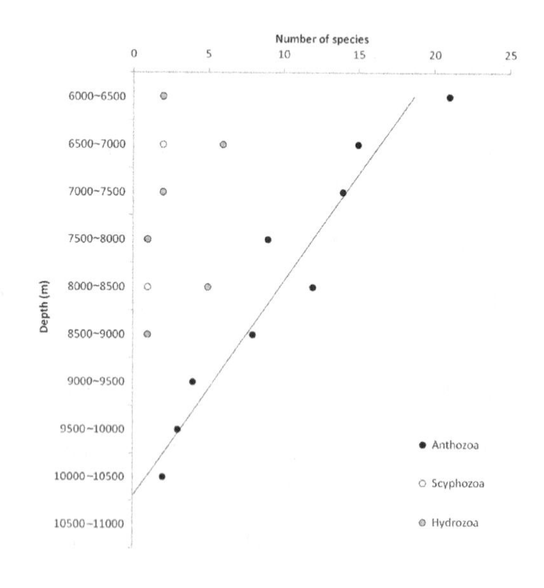

图 10.1 刺胞动物门每 500m 深度范围内的种数量分布：主要包括珊瑚纲，钵水母纲和水螅纲（数据未包括在 6000~10000m 附近发现的 10 个钵水母纲种类 *Stepanoscyphus* sp.）。

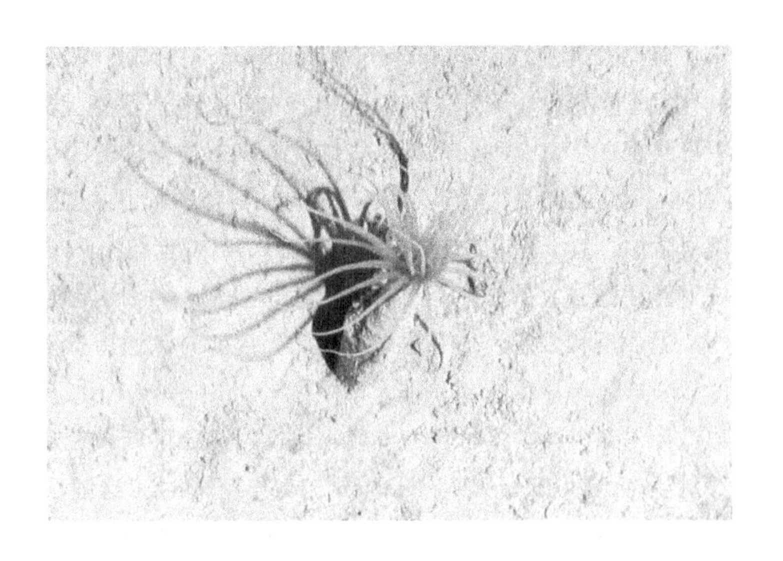

图 10.2　克马德克海沟 5173m 拍摄的穴居海葵（角海葵目，珊瑚纲）。图片来自 HADEEP 项目。

分析“维塔兹”号和“加拉瑟”号考察收集的样品后发现，Galatheanthemidae 科的海葵在多条海沟中广泛分布，而且其分布主要局限在深海平原和深渊海沟中，另外在南极的较浅海域（3947~4063m）也有少量类似生物的报道（Dunn，1983）。同时，Galatheanthemidae 海葵的分布也延续到了开曼海沟（5800~6500m；Keller 等，1975）、波多黎各海沟（5749~8130m）以及维尔京群岛海沟（4028~4408m；Cairns 等，2007）。这些数据说明 Galatheanthemidae 科海葵可能最早源自南极地区，随后逐步扩展到许多其他深海和海沟中。然而，仍不清楚为什么除了南极地区，Galatheanthemidae 科的分布均集中在 5500m 以深的深海区域。

10.2　鱼类

截至目前，科研人员对深渊鱼类的多样性及深度分布范围仍不能清晰地描述，一方面是由于相关的发现较少，同时也是由于一些迷惑性的甚至错误的报道所致（Fujii 等，2010；Jamieson 和 Yancey，2012）。鱼类在全球半深海及深海中的分布已经有大量的报道（Merrett 和 Haedrich，1997），它们是深海动物群中非常多样化且重要的组成部分（Priede 等，2010）。关于深渊鱼类的描述则相对较少，尽管已经报道了几个种，但是这些结果均来自质量较差的且较难分辨其形态的样品（如 Stein，2005）。之所以缺乏高质量、可靠的样品主要是由于样品捕获的技术难度导致的。迄今所知的许多深渊鱼类都来自 20 世纪 50~60 年代的拖网样品。然而，在深渊区这么大的深度范围内拖网是非常复杂的，这也导致这段时间获得的拖网样品在质量和数量上均不理想。因此，目前对深渊鱼类（包括它们的行为、生态学以及丰度等）的了解是非常不足的（Fujii 等，2010）。过去几十年来，人们普遍认为深渊鱼类的多样性和丰度都很低，而且可能只在深海平原的边缘附近能够维持生存（Woff，1961；Nielsen，1964）。不过，这些观点近年来已经被完全推翻了（Jamieson 等，2009a，2011b；Fujii 等，2010）。

第一个深渊鱼类样品是（*Princes-Alice* 号）考察船于 1901 年在东大西洋水深 6035m 处获得的。此后很长时间，这条 *Bassogigas profundissimus* 种的鼠尾鳕鱼一直被认为是最深处的鱼，直到在"加拉瑟"号调查中，拖网在爪哇海沟 7160m 处获得了另外一只个体。"加拉瑟"号同时也从克马德克海沟 6660~6770m 获得了 5 条狮子鱼（Liparidae 科），当时认为是 *Careproctus kermadecensis* 种（Nielson，1964）。随后，苏联考察船"维塔兹"号的深渊调查在西北太平洋获得了另外两个狮子鱼种，分别是千岛－堪察加海沟 7230m 获得的 *Careproctus amblystomopsis*（Andriashev，1955）和日本海沟 7579m 获得的 *Careproctus* sp.。以上 3 个种中被命名的两个种后来被重新分类为 *Notoliparis*（C）*kermadecensis*（Nielsen，1964）和 *Pseudoliparis*（C）*amblystomopsis*。

Bassogigas profundissimus 于 1970 年被再次捕获（波多黎各海沟，8370m；Staiger，1972），随后被重新分类为 *Abyssobrotula Galatheae*（Nielson，1977），这也使得这个种重新成为深度最深的鱼类。近年来，在深渊区又发现了一些新型的鱼种（如 Anderson 等，1985；Nielsen 等，1999；Chernova 等，2004；Stein，2005），但是由于这些样品的质量较差，无法对深渊鱼类所扮演的角色提供进一步的信息。

人类对于最深鱼类的探索最早可以追溯到 1960 年的"的里雅斯特"号深潜。公众对这次深潜印象最深的可能是当时的深潜人员之一雅克·皮卡德关于在 10900m 的挑战者深渊发现一条比目鱼的故事。当时，"的里雅斯特"号到达了挑战者深渊并且快速着底，使得海底大量的沉积物被搅动到水体中。仅仅停留

20min 后，“的里雅斯特”号返回了海面。雅克・皮卡德描述道“在我们深潜器下面的海底，有一些像比目鱼一样的生物，大约 1 英尺长，6 英寸宽。我甚至能看到它的两只眼睛”，他接着说，“此后，这条比目鱼以非常非常慢的速度游走了”（Piccard 和 Dietz，1961）。不过，“的里雅斯特”号的驾驶员，美国海军少尉唐・沃尔什则描述了一个相对简单的版本，“当我们着底时，沉积物被搅动起来，看起来像云一样。这一情况在我们以前所有的下潜中都有发生，通常几分钟内就会漂离。但是这一次不同，这些沉积物在我们停留在海底的整个过程中都存在，并没有漂离的迹象，看起来就像是一碗牛奶”（Walsh，2009）。最近他又增加了一些细节说：“我们深潜过后的近半个世纪以来，有许多的质疑认为我们并没有看见比目鱼。我承认这是非常有可能的，因为无论是我还是雅克都没有受过生物学方面的培训，所看到的也有可能是其他东西”（Burton，2012）。

关于深渊比目鱼的故事很快受到了科学界的驳斥。沃尔夫（Wolff，1961）称这个故事“疑点很多”，因为比目鱼在超过 1000m 的深海区几乎没有被发现过，而且此前所有深渊调查所得的样品中，鱼类的最深记录为 7587m。他最后推断所谓的比目鱼更可能是一类深海海参 *Galatheathuria aspera*（Thiel，1886），因为这类海参的外形与“的里雅斯特”号所描述的“比目鱼”很接近。

其他一些关于 6000m 以深鱼类的科学文献也支持了以上观点，即“的里雅斯特”号所描述的所谓“比目鱼”“可能实际上并不是鱼类”（Nielson，1964）。在大约 17 年后，从 8370m 深度发现的 *Abyssobrotula Galatheae*（Ophidiidae 科）成为已知最深鱼的记录（Nielson，1977）。至今，在波多黎各海沟发现的属于 *A. Galatheae* 种的鱼类仍被认为是世界上分布最深的鱼类。

大约在“的里雅斯特”号载人深潜的同一时期，也有其他一些对深渊鱼类相对可信的报道。法国阿基米德号深潜器的驾驶员描述他在波多黎各海沟 7300m 处看到约 200 条“像狮子鱼”的小型鱼类以及 3 条来自其他两个种类的鱼（Pérès，1965）。尽管未能拍摄到相关照片对他描述的深渊鱼类的多样性、密度和行为等进行验证，但是他的描述与近年来在许多其他海沟中的发现相符（Fujii 等，2010）。

尽管有众多科学证据显示“的里雅斯特”号所发现的像“比目鱼”一样的生物可能并不是鱼（Wolff，1961；Jamieson 和 Yancey，2012），但是由于“的里雅斯特”号的故事被媒体持续报道，给公众对深渊鱼类带来了许多误导和疑惑。近年来，随着大量研究的深入开展，终于逐步驱散了“的里雅斯特”号“比目鱼”的迷雾，提供了众多可靠的深渊鱼类科学发现。

普列德等人（Priede 等，2006b）在种水平上对所有深渊区发现的鱼类进行了全面分析。这个研究主要是为了证明软骨鱼（Chondrichthyes）在深海区是不存在的。他们通过对数据库中所有 9360 个鱼类记录中种的数量进行线性回归分析，推测鱼类生存的最大深度范围在 8000~8500m（Priede 等，2006b，2010）。这一结果与实际发现的最深记录 8370m 的 *A. Galatheae*（Nielson，1977）相符。这些结果意味着，“的里雅斯特”号故事中宣称的所谓“比目鱼”比所有已知鱼类的分布还深了约 3000m，同时它比已知最深的比目鱼类（pleuronectiform 科；Jamieson 和 Yancey，2012）深了 7916m。当然，由于在深渊深度范围内收集的鱼类样品仍然较少，目前描述的这些深度趋势也仅为初步数据。

HADEEP 项目的主要目标之一就是利用诱饵捕获器和摄像机来调查深渊鱼类种群，获得关于鱼类生存的深度、行为、种群密度等方面确实可信的信息，同时收集高质量的鱼类图片和样品（Jamieson 等，2009a，2011c；Fujii 等，2010）。该项目促进了对深渊鱼类的重新评估（Fujii 等，2010），更新的信息见表 10.2。

关于深渊鱼类的发现及其多样性的信息来自全球鱼类数据库 FishBase（网址 www.fishbase.org；Froese 和 Pauly，2009）。在数据库中，6000m 以深分布的鱼类主要有 15 个种，属于 6 个科：其中 5 个种为 Ophidiidae 科（鼬鱼）、4 个种属

表 10.2 目前已知的发现水深大于 6000m 的鱼种（来源 Fujii 等，2010；并有所更新）

种名	深度（m）	海沟名称	记录来源
Macrouridae 科（鼠尾鳕鱼）			
Coryphaenoides yaquinae	6000	克马德克海沟	Jamieson 等，2011a
	6160	日本海沟	Horibe，1982
	6945	日本海沟	Jamieson 等，2009a
	6380~6450	日本海沟	Endo 和 Okamura，1992
Carapidae 科（珍珠鱼）			
Echinodon neotes	8200~8300	克马德克海沟	Markle 和 Olney，1990

续表

种名	深度（m）	海沟名称	记录来源
Ophidiidae（鼬鱼）			
Bassozetus zenkevitchi	0~6930	不明确	Rass，1955
Bassozetus cf. *robustus*	6446，6474	克马德克海沟	Jamieson 等，2013
Leucicorus atlanticus	4580~6800	开曼海沟	Nielsen，1975
Unidentified Ophidiid	6173*	秘鲁 – 智利海沟	HADEEP，未发表
Barathrites sp.	6116*	克马德克海沟	HADEEP，未发表
Abyssobrotula Galatheae	3110~8370	波多黎各海沟	Nielsen，1977
Holcomycteronus profundissimus	5600~7160	爪哇海沟	Roule，1913
Apagesoma edentatum	5082~8082	不明确	Carter，1983
Liparidae 科（狮子鱼）			
Notoliparis antonbruuni	6150*	秘鲁 – 智利海沟	Stein，2005
Notoliparis kermadecensis	6660~6770	克马德克海沟	Nielsen，1964
	6890	克马德克海沟	Jamieson 等，2009a
	6474~7501	克马德克海沟	Jamieson 等，2013
	7199~7561	克马德克海沟	Jamieson 等，2011a
Pseudoliparis amblystomopsis	7210~7230	千岛 – 堪察加海沟	Andriashev，1955
	6945	日本海沟	Jamieson 等，2009a
	7420~7450	日本海沟	Horikoshi 等，1990
		日本海沟	Fujii 等，2010
Pseudoliparis belyaevi	7565~7587	日本海沟	Andriashev 和 Pitruk，1993

* 指 HADEEP 项目利用原位拍摄的方式在秘鲁 – 智利海沟的 4602m 和 5139m 或 7050m 记录到这类鱼的存在。

于 Liparidae 科（狮子鱼）、3 个种属于 Bathylagidae 科（深海胡瓜鱼 / 深海鲑鱼）、1 个种属于 Eurypharyngidae 科（囊咽鱼）、1 个种属于 Macrouridae 科（鼠尾鳕鱼）以及 1 个种属于 Carapidae（珍珠鱼）。但是当核对原始文献时发现，这些记录中的许多信息可能是误导性的甚至是错误的。

其中，深海鲑鱼类（Bathylagidae）中的 *Lipolagus ochotensis*（Schmidt，1938），*Bathylagus pacificus*（Gilbert，1890）以及 *Pseudobathylagus milleri*（Jordan 和 Gilbert，1898）是众所周知的中深层鱼类，通常在夜晚从水深 1000m 左右垂直游动到约 500m 的浅水区觅食（Radchenko，2007）。它们可能只是偶尔出现在阿留申海沟、千岛 – 堪察加海沟以及日本海沟的上部水体中。由于对这些鱼种的研究相对较多，已经确认它们主要生存在中深层和表层以进行觅食和产卵。因此，这些所谓的深渊鲑鱼种类可能只是在拖网回收到表层的过程中，碰巧在较浅水域被捕获的。这一点从最初文献报道中它们的分布范围也可说明，其中前两个种的分布范围分别为 0~6000m 和 230~7700m，这么大的深度范围说明了拖网采样技术的限制，即无法提供准确的捕获深度。类似的情况也发生在对囊咽鱼 *Eurypharynx pelecanoides*（Vaillant，1882）的相关记录中。囊咽鱼实际上是另一类已经被广泛研究的深海鱼类（Gartner，1983），它们通常只分布在水深 1200~1400m 的范围，这距离海沟海底有几千米之遥（Owre 和 Bayer，1970；Masuda 等，1984）。

其余一些鱼类记录则是悬而未决的，例如珍珠鱼 *Echiodon neotes*（Markle 和 Olney，1990）（Carapidae），因为已知的 *Echiodon* 12 个种的栖息深度为 18~2000m（Markle 和 Olney，1990；Williams 和 Machida，1992）。作为一个深渊种的记录，*Echiodon neotes* 是在克马德克海沟 8200~8300m 获得的，它最初被描述为是底栖的，但是许多争论认为是浮游的（Nielsen 等，1999）。另外，*Echiodon neotes* 所属的 Carapidae 是一个相对浅水性的科，而这个种的栖息深度却比其他同属 *Echiodon* 的种深了约 6300m，这种现象看上去不太可能。此外，其他一些具有疑惑性的记录包括鼬鱼类的 *Apagesoma edentatum* 种，最初文献报道它分布在 5082~8082m，但是 Anderson 等（1985）和 Nielsen 等（1999）却认为它的分布深度应该在 2560~5082m。而对于 8082m 深处的记录出处还不明确，因此到底这里发现的 *A. edentatum* 是不是深渊种，是不是真的生活在这么深的地方等问题仍不清楚。

值得一提的是，已有资料中对深渊区域鲨鱼的分布也存在一些错误的信息。例如，大齿达摩鲨 *Isistius plutodus* 曾被报道出现在 6440m 水深处（Kiraly 等，

2003）。但是，这个所谓的深渊种类实际上是在琉球海沟（海沟深度 6440m）上层 200m 深的水体中捕获的。

藤井等人（Fujii 等，2010）重新评估了已有数据并结合 HADEEP 项目的相关结果提出，深渊区域生活的鱼类普遍来自 3 个科：Macrouridae 科（鼠尾鱼）、Ophidiidae（鼬鱼）和 Liparidae 科（狮子鱼）。

鼠尾鱼是鳕形目（gadiformes）中一个数量非常大而且多样化的科（Wilson 和 Waples，1983；图 10.3）。目前发现的鼠尾鱼主要是在太平洋周边的诸多海沟附近分布的两个种：*Coryphaenoides yaquinae*（Iwamoto 和 Stein，1974）和 *Coryphaenoides armatus*（Hector，1875）。其中，*C. yaquinae* 分布更深而且有较多的记录，它只分布在太平洋，曾在深达 5900m 的深海平原被发现（Priede 和 Smith，1986）。不过，虽然 *C. yaquinae* 被认为主要是深海食腐性鱼类，科研人员在日本海沟 6160m（Horibe，1982）和 6945m（Jamieson 等，2009a）、克马德克海沟 6000m 等深渊区以及秘鲁 – 智利海沟北段的深海区域（Jamieson 等，2012c）都曾原位观察到了该物种。其中最深的 *C. yaquinae* 记录是在日本海沟的 6945m，说明它有能力跨越深海 – 深渊的边界。*C. armatus* 种是最为普遍存在的深海鼠尾鱼，但是这个种的分布最深只到 5180m（Cohen 等，1990）。该物种分布广泛，大多数生活在富营养的深海斜坡和上部海隆，在大西洋和印度洋的深海平原（2000~4800m）中占主导地位（Wilson 和 Waples，1983）。在太平洋，它们的分布主要是限制在食物相对丰富的、水深 2000~4600m 的大洋边缘。不同于 *C. yaquinae* 种，*C. armatus* 似乎无法进入到那些贫营养的深海平原（Jamieson 等，2012c）。有趣的是，佩雷斯（1965）报道了在波多黎各海沟约 7000m 深处发现了一个疑似鼠尾鱼的生物。如果这个发现能够被证实的话，鼠尾鱼的栖息深度将比之前认为的最大深度还多约 2000m；反之，这意味着有一个新的、未描述的鼠尾鱼种，它能够生活在深渊深度。尽管根据目前所知，无论是 *C. yaquinae* 还是 *C. armatus* 均未能进入深渊深度，但它们在深海 – 深渊过渡区却是经常出现的。

目前共报道了 5 个深度超过 6000m 的鼬鱼种：*Bassozetus zenkevitchi*（Rass，1955），*Leucicorus atlanticus*（Nielsen，1975），*Holcomycteronus profundissimus*（Roule，1913），*Apagesoma edentatum*（Carter，1983）和 Abyssobrotula Galatheae（Nielsen，1977），不过这些种类均比较罕见。虽然近年来在深渊区利用带诱饵的摄像机拍摄到了各种鼬鱼，但是还未能将它们鉴定到种的水平。

Bassozetus zenkevitchi 是目前所知 *Bassozetus* 属中唯一的浮游种，其余的主要

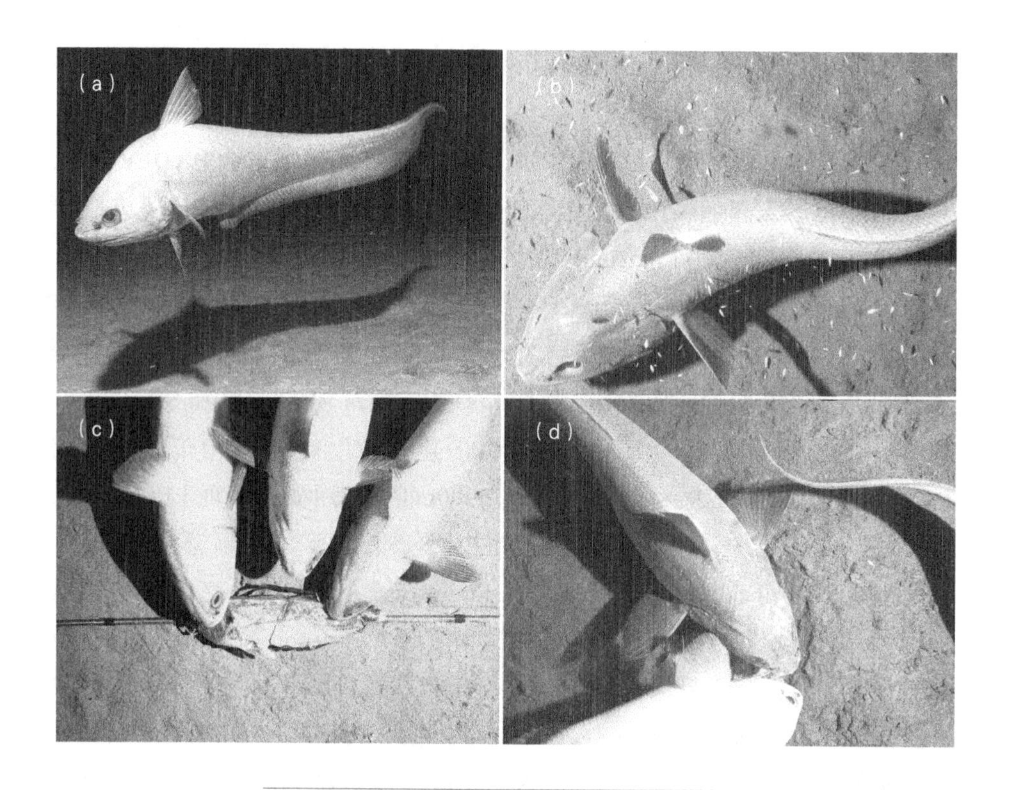

图 10.3　鼠尾鱼示例。（a）在东北大西洋深海平原拍摄到的 *Coryphaenoides armatus* 侧面图；（b）在马里亚纳海沟边缘 5469m 发现的 *C. yaquinae*；（c）在克马德克海沟 4329m 拍摄的 *C. armatus*；（d）在秘鲁 – 智利海沟 4602m 拍摄的 *C. yaquinae*（体色较暗）和 C. armatus（体色较亮）。除了图片（a）来自英国阿伯丁大学，其余照片均来自 HADEEP 项目的深渊着陆器 B。

是底栖种（Nielsen 和 Merrett，2000）。如同前面一样，由于拖网采样手段的局限性，关于浮游鼬鱼分布在 0~6930m 的深度范围的报道同样是误导性的。更准确的拖网记录显示，*B. zenkevitchi* 是一个深海种（Machida 和 Tachibana，1986；Nielsen 和 Merret，2000），不过它应该不会到达海沟的上部深度。迄今为止，*B. zenkevitchi* 主要的发现区域是西北太平洋海沟的附近（千岛 – 堪察加海沟、日本海沟和伊豆 – 小笠原海沟）（Orr 等，2005）。

Holcomycteronus profundissimus（Roule，1913）早先被划分为 *Bassogigas* 属（Nielsen，1964），它是地理分布广泛的物种，在大西洋、太平洋和印度洋均

有发现。它主要生活在深海底部和深渊上层（5600~7160m；Nielsen 等，1999），最深的记录是在爪哇海沟发现的。

目前已知的最深鱼类，同时也是最深的脊椎动物是在波多黎各海沟 8370m 发现的 *Abyssobrotula Galatheae*（Nielsen，1977）。尽管 *A. Galatheae* 是最深的鱼的观点已经被普遍接受，但这种观点还存在一些质疑。这种鱼在 fishbase.org 数据库里共有 17 个记录：1 个来自半深海区（2330m；Shcherbachev 和 Tsinovsky，1980），14 个来自深海和 2 个来自深渊（3100~8370m；Machida，1989）。虽然这种鱼的样品也有更深的记录，包括来自海沟或者海沟附近（波多黎各海沟、日本海沟和伊豆 – 小笠原海沟；Machida，1989），但是由于这些样品主要是利用开放式拖网收集的，这些样品有可能只是来自中层水体却被拖网偶然捕获的。尼尔逊（Nielson，1964）以及尼尔逊和芒克（Nielson 和 Munk，1964）最先提出了这个问题，他们发现在获得 *A. Galatheae* 样品的同一批次拖网中，也捕获了 15 只被认为是中上层鱼的属。通过对它们胃中食物成分的分析，揭示了它们可能是生活在中上层水体底部的鱼种。不过，谢尔巴乔夫和特斯诺夫斯基（Shcherbachev 和 Tsinovsky，1980）报道了 12 只 *A. Galatheae* 的个体，它们全部来自半深海或深海区，并且其中一只来自距海底 400~800m 的水层。因此，对这种鱼真正的深度范围仍存在较多的争论，不过在没有更多信息的情况下，它们仍暂时被认为是最深的鱼。

Leucicorus atlanticus 曾经被认为是"加勒比海域独有的深渊鱼种"，最早是在开曼海沟被发现的（Rass 等，1975）。现在已经明确，该物种主要生活在深海区的底部到深渊区的深度范围内（4590~8600m；Anderson 等，1985）。由于样品数量较少，目前对 *Leucicorus atlanticus* 还缺乏深入了解。在秘鲁 – 智利海沟利用带诱饵的着陆器发现了数量庞大、外形类似 *L. atlanticus* 的鼬鱼类，不过该物种可能更接近 *Barathrites* 属（HADEEP 项目未发表数据）。这种鱼在 5329m 出现的频率不高（在 669 帧图片中有 2.3% 出现），但是其丰度在较深的 6173m 站位却达到了极高的水平（图 10.4）。在这个布放站位，这种鱼在着陆器着底后 2h40min 开始出现，并且数量逐步增加，个体数目达到了 20 个 /0.29m^2 视野面积。这种鱼明显进食诱饵，其数量甚至在 19h 后（布放结束）都没有丝毫减少。这次调查共记录到 7257 只个体，在所拍摄的 1120 张图片中，该种鱼的出现率达 71.5%。这次调查观察到的鱼的数量超过了利用相同设备在任何类似深度下的结果。

最近，HADEEP 项目在克马德克海沟中部的 6116m 和 6474m 处，分别原位拍摄到了两种新的 Ophidiidae 科鼬鱼类（未发表数据；图 10.5）。在这两个站位，没有观察到鼠尾鱼，但是鼬鱼类的 *Bassozetus* sp. 占据了主导地位，该物种在两个站位的最大数量分别为 3 个和 6 个。在所拍摄的 840 张图片中，*Bassozetus* sp. 在两个站位的出现率分别为 80% 和 73%（观察时长 14h；图 10.6）。从外形来看，这类 *Bassozetus* sp. 与马里亚纳海沟 5469m（Jamieson 等，2009a）以及秘鲁 – 智利海沟 5329m 和 6173m 拍摄到的个体非常相似。据与新西兰 Te Papa 鱼类中心的 A.

图 10.4　在秘鲁 – 智利海沟 6173m 发现的一种丰度极高但无法分类的鼬鱼类，图片显示着陆器着底后（a）3 h，（b）6 h，（c）9 h 和（d）14 h。图片来自 HADEEP 项目。

Stewart 交流，我们认为 *Bassozetus* sp. 有可能是 *B. robustus*（Smith 和 Radcliffe，1913），这是一个在世界海洋广泛分布的深海种。在 6116m 站位，与 *Bassozetus* sp. 同时发现的是 *Barathrites* 属的一个种。不过，对这两种鼬鱼类仍未能明确地鉴定到种的水平。

在深渊区出现的狮子鱼至少有 6 个种，其中的两个种 *Notoliparis antonbruuni*

（Stein，2005）和 *Pseudoliparis belyaevi*（Andriashez 和 Pitruk，1993）是分别在秘鲁 - 智利海沟 6150m（Stein，2005）和日本海沟 6380~7587m（Chernova 等，2004）发现的，不过各自只有一只个体。由于样品数量太少，以及样品质量尤其是 *N. antonbruuni* 的样品质量太差，我们对这些深渊鱼类的了解还非常少。近年来，利用深海摄像机结合诱饵诱捕，科研人员在秘鲁 – 智利海沟 4602m 和 5329m，观察到了两只小型狮子鱼正在捕食诱饵上端足类生物的画面（图 10.7）。此外，在

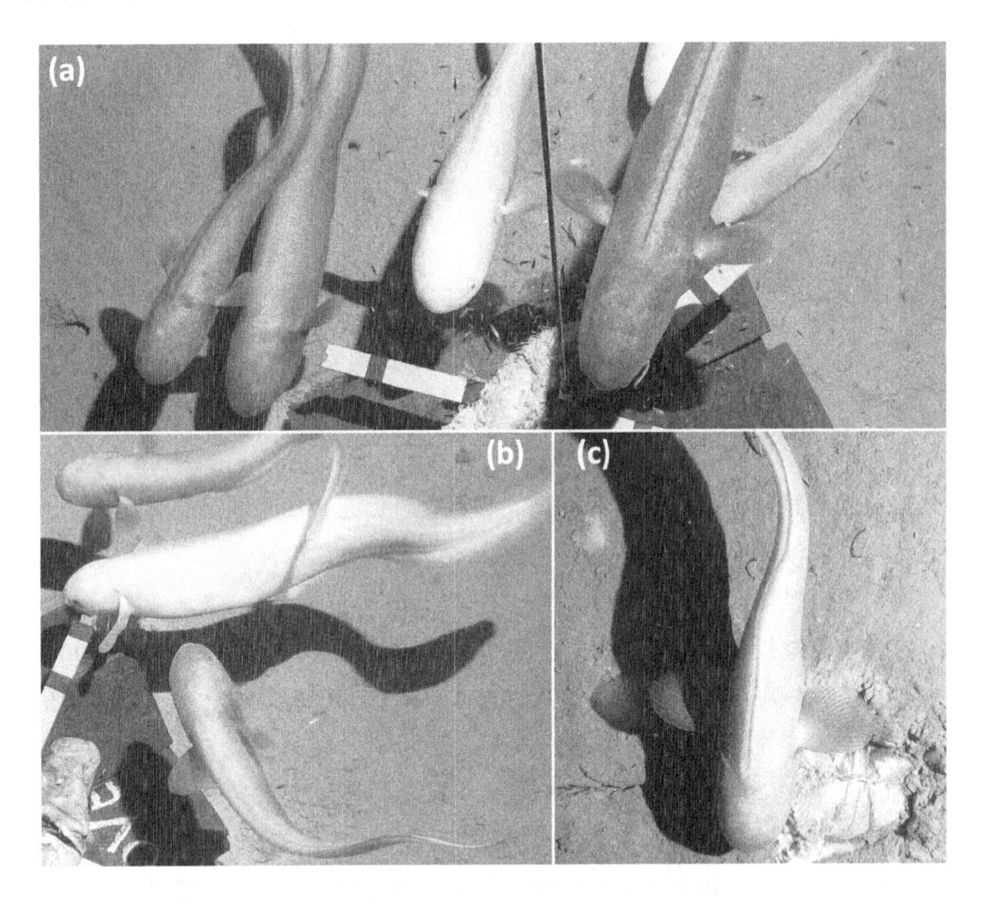

图 10.5　海沟中的鼬鱼类，（a）克马德克海沟 6474m 处观察到的一组 *Bassozetus sp.*（可能为 *B. robustus*）；（b）在克马德克海沟发现的 *Bassozetus* sp.（较多个体）和 *Barathrites sp.*（中间白色个体）以及（c）在秘鲁 – 智利海沟 6173m 发现的 *Bassozetus sp.*。所有照片来自 HADEEP 项目。

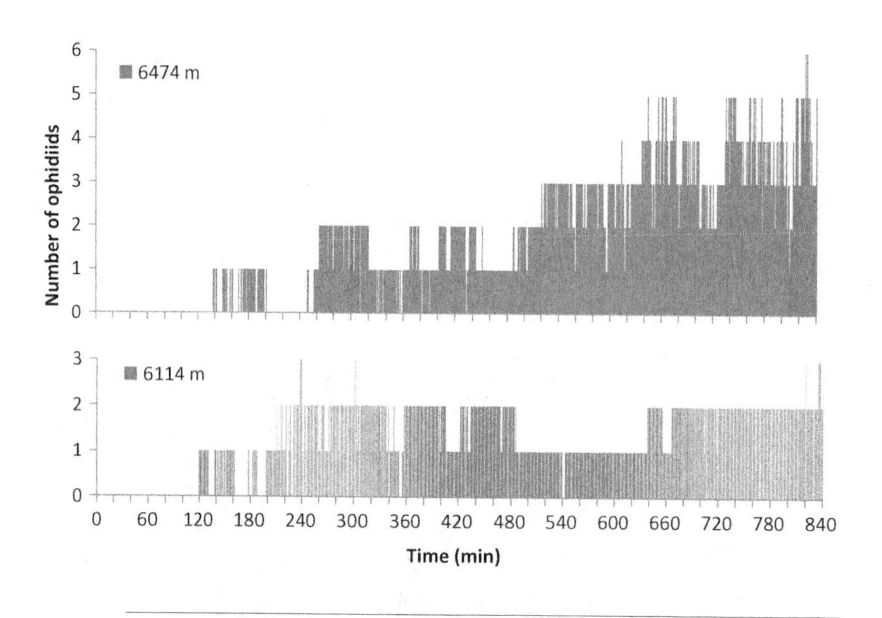

图 10.6 在克马德克海沟 6116m 和 6474m 两个站位出现的鼬鱼类（*Bassozetus* cf. *robustus*）数量随时间序列的变化。

7050m 也观察到一条出现频率稍高的狮子鱼。但是，由于缺乏实体样品，加上对这一区域深海狮子鱼描述很匮乏（Stein，2005），在这种情况下，几乎不可能确定这两种新观察到的狮子鱼是否有一个是 *N. antonbruuni*。

除了相对较罕见的记录外，阿基米德号深潜器在波多黎各海沟 7300m 处记录到 1964 条狮子鱼个体（Pérès，1965）。其中 200 条个体是在一个较短的断面上观察到的，它们大多为 10~12cm 长，不过有一些体长达 25cm。根据该研究的描述，这些鱼类具有浅桃红色的身体，随着体型增大而转向深色，同时具有明显的黑色眼部。它们的游动方式被描述为是“螺旋式（spirally）”，并且其游动是间歇性的，有一些个体甚至被观察到下沉到海底并在短期内维持静止状态，身体呈拱形且一侧着地。尽管这些描述没有实体样品、视频，甚至静态照片来对其进行验证，佩雷斯（1965）描述的鱼类的这些行为与近期在其他海沟原位拍摄到的狮子鱼行为很相似（Jamieson 等，2009a，2011a；Fujii 等，2010）。这些发现说明确实有狮子鱼栖息在波多黎各海沟的上部。有趣的是，在位于南大洋的南桑德韦奇海沟 5453m 处也发现了一种深海狮子鱼 *Careproctus sandwichensis*（Andriashev 和 Stein，1998）。

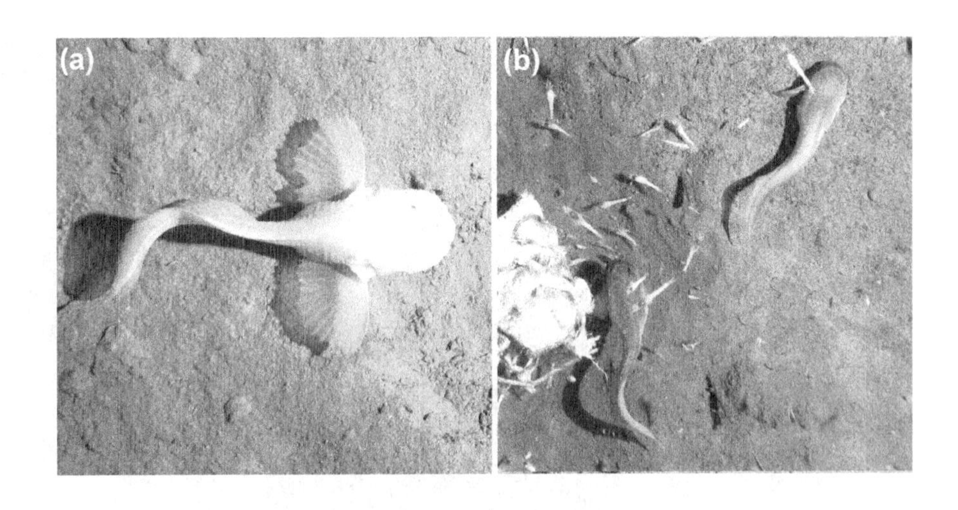

图 10.7 秘鲁－智利海沟拍摄的狮子鱼类。（a）7050m 发现的未确定种和（b）4602 约 5329m 发现的 *Notoliparis* cf.antonbruuni 种。图片来自 HADEEP 项目。

在 HADEEP 项目执行期间，科研人员对不同海沟的深渊鱼类进行了原位观察，并比较了占据重要地位的两个种：克马德克海沟发现的 *Ntotoliparis kermadecensis*（Nielsen，1964）和日本海沟发现的 *Pseudoliparis amblystomopsis*（Andriashev，1955）。

P. amblystomopsis 是记录相对较多的狮子鱼类，主要分布在西北太平洋的海沟中，主要发现地点是千岛－堪察加海沟 7210~7230m（Andriashev，1955）以及日本海沟 7230~7420m（Horikoshi 等，1990）。它最早是在日本海沟 6945m 处被发现的，体长约 22.5cm 的个体被观察到两次（Jamieson 等，2009a）。在克马德克海沟 6890m，6h 的观察时间内发现了 3 条 *Ntotoliparis kermadecensis* 个体（体长分别为 32.3cm、33.3cm 和 28.7cm）。*P. amblystomopsis* 和 *N. kermadecensis* 被发现时都是正在捕食诱饵上的端足类生物，进食速率分别为每分钟 2 个和 9 个（图 10.8）。

在第一期 HADEEP 项目的执行过程中，最初的观察给人的印象是海沟上层的鱼类数量确实很少。但是，对所拍摄照片以及视频的深入分析却提供了许多以前利用拖网方法所不能揭示的新信息。例如，杰米逊等（2009a）发现 *P. amblystomopsis* 通过以 0.47Hz ± 0.01S.D.（n=2）的频率规律性地摆动尾部，能够在速度为 3~7cm/s 的近底海流中维持其身体位置不变。其胸鳍和尾鳍保持 1∶1 的同步摆动来提供推力。

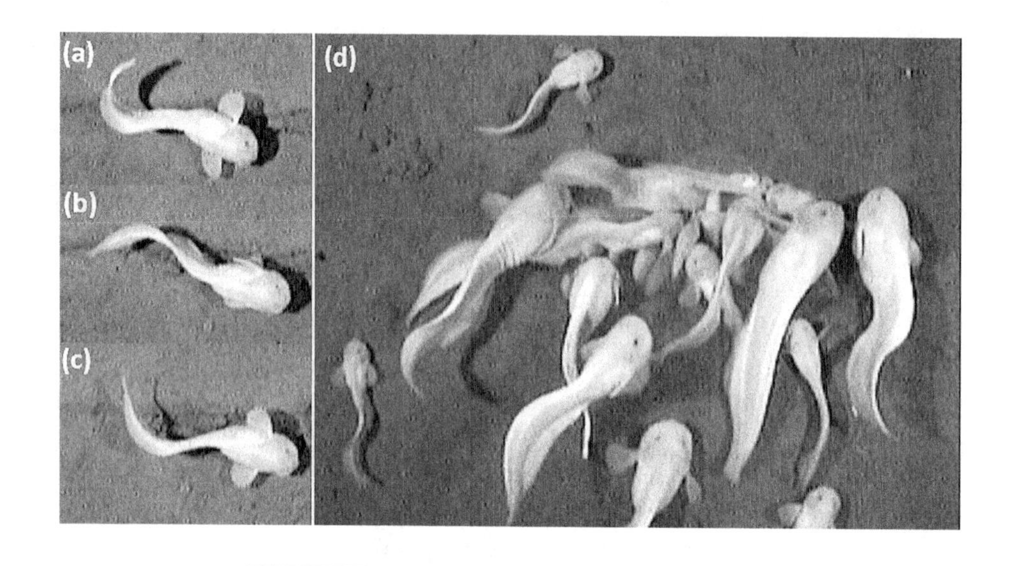

图 10.8　日本海沟 6945~7703m 范围发现的狮子鱼类 *Pseudoliparis amblystomopsis*。(a~c)6945m 处以 0.3s 为单位拍摄的尾部摆动过程; (d) 在 7703m 深度狮子鱼大量聚集的现象，这是迄今记录最深的活体鱼类(图片来源 Fujii 等，2010) 。

而 *N. kermadecensis* 则可以在流速为 10~14cm/s 的海流中逆向游动，尾部摆动的频率为 1.04Hz ± 0.11S.D. (*n*=31)，而其尾鳍和胸鳍的摆动频率比为 2.08。由于图像比例、温度差异以及缺乏浅水狮子鱼数据等问题，目前还无法评估这些深渊狮子鱼是否像其他在极端高压下生存的鱼类一样，会呈现出较低的活性。不过，初步比较深渊狮子鱼和较浅深海种 (如 Moridae 科和 Macrouidae 科) 的尾部摆动频率及其理论游泳速度后发现，深渊狮子鱼并没有表现出明显的生理限制 (Collins 等，1999)。

在日本海沟和克马德克海沟的进一步调查中，科研人员观察到了 *N. kermadecensis* 和 *P. amblystomopsis* 这两种狮子鱼大量聚集的现象，并且它们的所处深度比以前观察到的要深很多 (图 10.8；图 10.9)，这些发现极大地挑战了先前的观点 (即深渊鱼类的多样性和数量都比较少)。在日本海沟 7703m 附近，*P. amblystomopsis* 在着陆器着底 75min 后出现 (Fujii 等，2010)。在其后的 5h 内，*P. amblystomopsis* 的数量呈指数增加，在该次调查结束时 (6h35min 后)，它们的数量达到 20 条。其中，既包括了成年鱼，也有一些幼鱼，最大和最小的体长分别为 30.0cm 和 7.4cm (平均体长 19.8cm ± 5.2 S.D.，*n*=10)。在克马德克海沟 7199m 和 7561m

处，*N. kermadecensis* 出现的概率分别占总拍摄照片数的 63% 和 90%（在 7199m 和 7561m 分别拍摄了 779 张和 813 张照片）（Jamieson 等，2011a；图 10.10）。它们在两个站位出现的时间分别为着陆器着底后 78min 和 75min。在 7199m，它们的最大数量为 5 条，在 7561m 则达到 13 条。它们的体长在 7199m 处为 18.5~34.1cm（平均为 25.4cm ± 5.4 S.D.，*n*=8），而在 7561m 处则为 13.5~22.7cm（平均为 17.5cm ± 2.3 S.D.，*n*=11）。

在这之后，"加拉瑟"号分别于 2011 年和 2012 年进一步在克马德克海沟（约 32oS）的 6474m、6979m 和 7501m 水深三次布放带诱饵的摄像机，发现了 *N. kermadecensis* 的踪迹（HADEEP 项目，KAH1109 和 KAH1202 航次）。其中，6474m 的发现是目前 *N. kermadecensis* 的最浅记录。此前该物种的最浅记录是"加拉瑟"号在 1951 年从 6660~6770m 深度捕获的（Nielsen，1977）。卡哈诺阿号 KAH1109 航次调查首次使用了全海深的诱饵捕鱼器"*Latis*"，其设计主要是针对深渊狮子鱼的。在这次调查中，*Latis* 诱饵捕鱼器主要被投放在 7000m、7012m、7291m、7844m 和 9908m 深度，其中从 7000m 处获得了 5 条狮子鱼，平均体长 23.7cm（图 10.11），而在 7291m 和 7179m 分别获得了 1 条较小的个体，体长分别为 19.0cm 和 12.8cm。科研人员从这些个体中采集了相关样品，进行了视觉功能、DNA 测序以及细胞压力适应等方面的分析。

观测结果显示，无论是日本海沟还是克马德克海沟的狮子鱼，都不直接进食

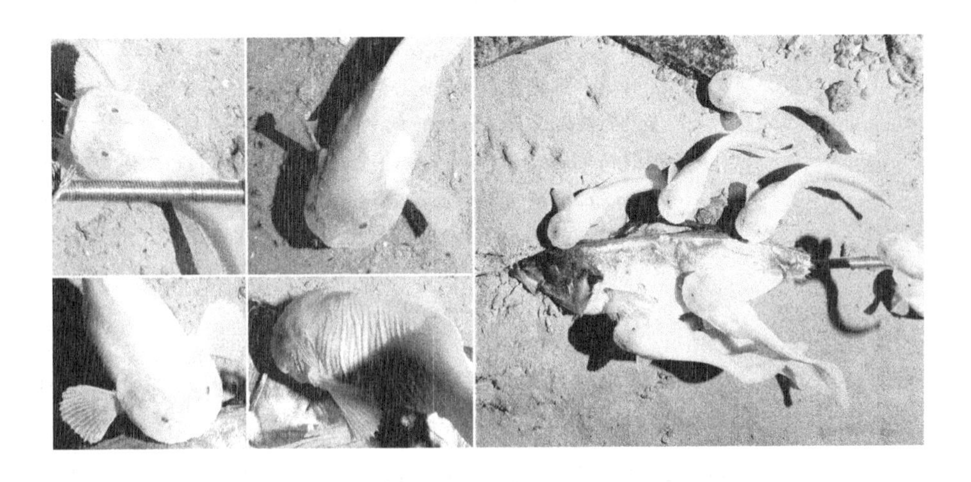

图 10.9　在克马德克海沟 6474~7561m 拍摄的狮子鱼 *Notoliparis kermadecensis*。左侧显示其身体放大图，右侧显示在 7561m 观察到的大量聚集现象。图片来自 HADEEP 项目。

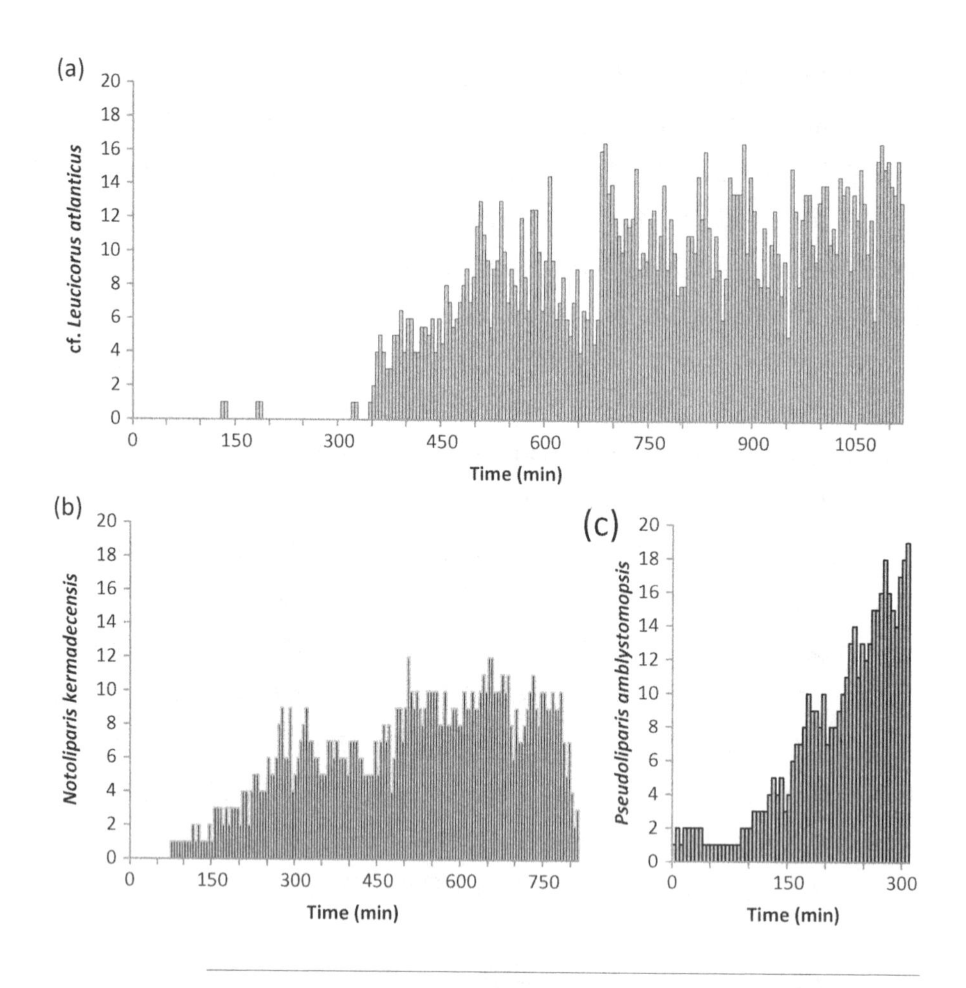

图 10.10　深渊鱼类大量聚集的现象。（a）在秘鲁－智利海沟 6173m 发现的 *Leucicorus altanticus*（鼬鱼）；（b）在克马德克海沟 7561m 发现的 *Notoliparis kermadecensis*（狮子鱼）；（c）在日本海沟观察到的 *Pseudoliparis amblystomopsis*（狮子鱼）。数据来源：（a）HADEEP 项目，未发表数据；（b）Jamieson 等，2011a；（c）Fujii 等，2010。

诱饵，而是捕食诱饵上的小型端足类（体长小于 2cm）。有好几次，这些狮子鱼会从海底吸入沉积物然后从鳃喷出，这个过程可能是将沉积物中的端足类滤出。在日本海沟还观察到大型端足类（*Eurythenes gyllus*）干扰狮子鱼的尾部或身体的现象。在这种干扰下，狮子鱼的身体会突然或重复性地摆动，包括有时候会摆动身体用头部或身体碰撞海底，经常会导致其身体翻转，并呈现出一种螺旋式游泳方式。

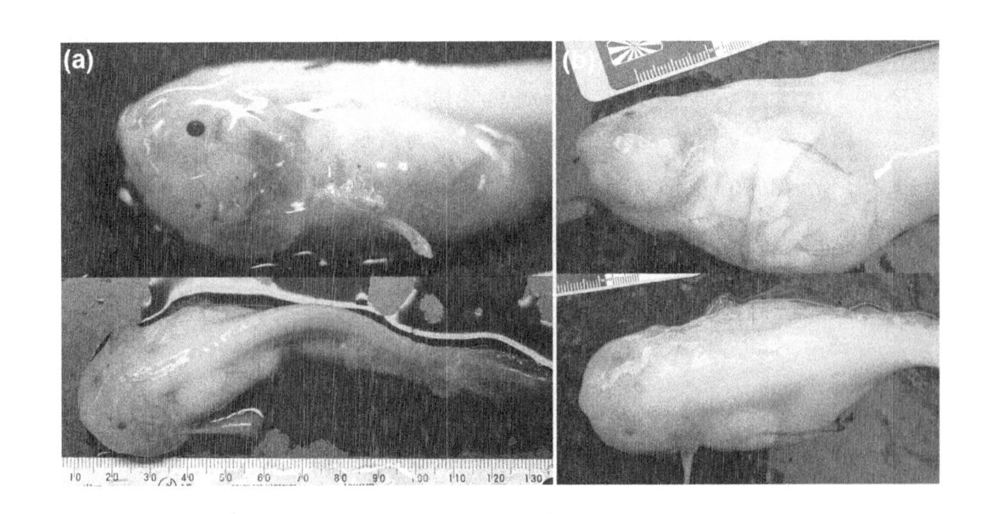

图 10.11　太平洋周边海沟收集的狮子鱼类个体。（a）日本海沟 7703m 获得的 *Pseudoliparis amblystomopsis* 和（b）克马德克海沟 7000m 获得的 *Notolipariskermadecensis*。图片来自 HADEEP 项目。

与之相反的是，一些个体有时会在水体中静止不动，呈侧躺状态，就好像受海流强迫一样；类似的行为也发生在一些本来很活跃的个体上。平均来说，大约 36% 的鱼展现出这种短时间的停止活动现象，但是对于这种行为的出现和结束，还没有明确的解释。

狮子鱼这种螺旋式游动和短时间静止的现象是非常有意思的，因为在其他深海鱼中很少出现这些情况。另外，被捕获的个体是不大可能有这种行为的。因此，摄像机原位记录到的“螺旋式（spirally）”游动和呈拱状“静止（passing out）”在海底的状态（以及对这些鱼尺寸和外形的描述），都支持了佩雷斯（1965）的报道，即深潜器在波多黎各海沟 7000m 处所观察到的现象是可信的。因此，我们也可以很自然地推断，在波多黎各海沟的深渊，狮子鱼的栖息深度与其他海沟（包括日本海沟、克马德克海沟和秘鲁 – 智利海沟）中观察到的狮子鱼的分布深度是相似的。

原位观察已经多次记录到 *P. amblystomopsis* 在日本海沟以及 *N. kermadecensis* 在克马德克海沟的出现，这些记录已经收集到关于这些鱼类体长的充足信息，它们被包括在普列德等人（Priede 等，2010）提出的辐鳍亚纲（Actinopterygii）最大体长随深度变化的总体趋势模型中。这些数据也已经被藤井等人（Fujii 等，2010）修改后，用来重新评估地球上最深鱼类的记录以及更新狮子鱼最大体型的最新信息。这些数据显示，所有的鱼类体长在其最深深度时都趋近 30cm（平均长度 =32.2cm，n=8686；图 10.12）。同样，随着深度的增加，从着陆器着底到鱼类到达诱饵的时间也有所增加（Jamieson 等，2009a；图 10.12b）。

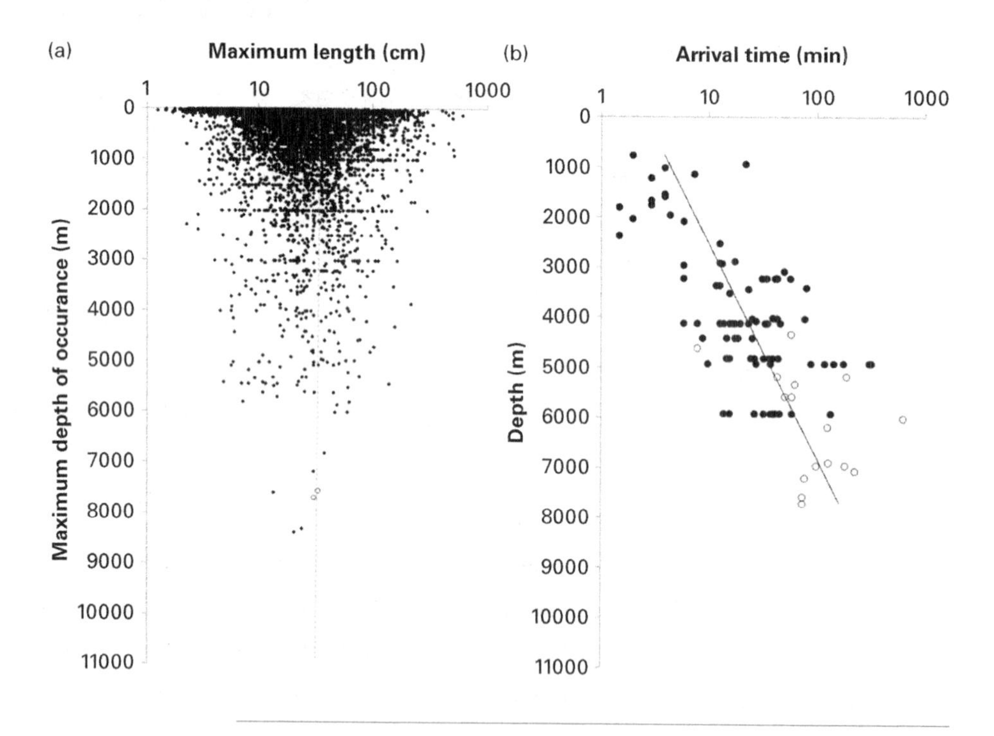

图 10.12 鱼类相关参数随深度的变化趋势。（a）鱼类最大身体长度，在所有 8686 个记录中平均最大体长为 32.2cm（虚线）。深渊狮子鱼（*P. amblystomopsis* 和 *N. kermadecensis*）用圆圈表示；（b）鱼类首次出现在摄像机视野中的时间，实心圆点代表深渊区域数据，空心圆圈表示来自邻近的深海平原的数据（深度和时间的关系：出现时间 $t_{arr}=2.5793e^{0.0005D}$，$n$=82，$R^2$=0.42）。数据来源：（a）普列德等人，2010；（b）杰米逊等人，2009a。

10.2.1　分布规律

随着来自世界各地的数据不断增多，海沟及邻近海区的食腐性鱼类的分布规律也越来越清晰。在北大西洋贫营养的马尾藻海域（年叶绿素生物量小于 0.25mg/m^3；Longhurst，2007），鼬鱼类特别是 *Bassozetus* sp. 是最主要的食腐性鱼类（Fluery 和 Drazen，2013）。而在大西洋海区（波丘潘深海平原 Porcupine Abyssal Plain，马德拉 Madeira 深海平原和佛得角 Cape Verde 周边海域），研究显示，数量庞大的鼠尾鱼类大部分为 *Coryphaenoides armatus*，它们栖息在水深 4000~4900m 的较浅海域（Nielsen，1986；Armstrong 等，1992；Thurston 等，1995；Priede 和 Merrett，1998；Henriques 等，2002）。鼠尾鱼在环太平洋的陆坡区域周围也呈主导性分布，其中 *C. armatus* 这类广深性鱼种是 2000~4800m 的主要种类（Wilson 和 Waples，1983；Jamieson 等，2012c）。随着深度的增加，*C. armatus* 逐步被另外一种鼠尾鱼 *C. yaquinae* 所取代，这种鱼主要分布在太平洋，在 3400~5800m 范围的众多海域中均有大量分布（Wilson 和 Waples，1983）。尽管这两个鱼种的分布深度上有约 900m 的重叠区，但是总体上来说，它们是深度分割的两个种（Endo 和 Okamura，1992）。也有一些研究报道称，*C. yaquinae* 可以出现在更深层水中，如日本海沟的 6380~6450m（Endo 和 Okamura，1992），6160m（Horibe，1982）和 6945m（Jamieson 等，2012c），马里亚纳海沟边缘的 5469m（Jamieson 等，2009a），秘鲁 – 智利海沟的 5329m（Jamieson 等，2012c）以及克马德克海沟 6000m（Jamieson 等，2011a）。这些数据显示，*C. yaquinae* 这个种是一个可跨越深海和深渊边界的深海种。不过，Jamieson 等（2011a）在克马德克海沟的南段近陆坡区域也观察到了鼠尾鱼，而在海沟中部较贫营养区域（6000~7000m）却没有发现任何一条鼠尾鱼。相反，在这一深度范围中的 6116m 和 6474m 发现了大量的鼬鱼类，主要为 *Bassozentus* cf. *robustus* 以及一个 *Barathrites* 属的种。

尽管在这些深渊深度发现鱼类的数据要明显少于深海区，它仍然显示了食腐性鱼类随深度的分布有一定的次序：*C. armatus*（2000~4800m），*C. yaquinae*（3400~6945m，尽管主要是小于 6000m），鼬鱼类 *Bassozetus*（5000~6500m）。

基于来自大西洋深海的数据，弗勒里和德拉赞（Fleury 和 Drazen，2013）提出鼠尾鱼和鼬鱼类在克马德克海沟的分布可能与表层生产力水平相关。他们发现鼬鱼类在相对贫营养的马德拉（Madeira）深海平原占主导地位（年叶绿素生物量小于 0.50mg/m^3；Longhurst，2007），而鼠尾鱼则在相对富营养的波丘潘深海平原（年叶绿素生物量小于 1.50mg/m^3；Longhurst，2007）分布较多（Armstrong 等，1992）。实际上在此之前，已有一些研究提出了鼠尾鱼和鼬鱼类的数量和分布规律可能与表层生产力结构体系（productivity regimes）（Armstrong 等，1992；Thurston 等，1995）和季节性变化（seasonality）（Merrett，1987）等因素有关。后续的其他研究也发现鼠尾鱼在富营养的海域更普遍，支持了上述观点。例如，在北太平洋的加利福尼亚海流中，鼠尾鱼是主要的鱼种（Priede 等，1994），而在贫营养海域如北太平洋亚热带环流区则是以鼬鱼类为主（Yeh 和 Drazen，2009）。

这些发现说明海沟附近的食腐性鱼类的种群组成不是单独受深度影响，而是由深度和营养水平共同作用决定的。在上层为富营养水体的海沟，如日本海沟，鼠尾鱼的分布会沿海沟斜坡向下，一直到海沟的上部（Horibe，1982；Endo 和 Okamura，1992；Jamieson 等，2009a，2012c）。在克马德克海沟，鼠尾鱼则主要出现在生产力水平相对较高的陆坡区及其附近的深海深度，而鼬鱼类则出现在较深及离岸更远的贫营养水体中。不过，若要证实或推翻这些假设，并且揭示深度和生产力水平对食腐性鱼类种群分布的影响，还需要进一步采集样品，收集更多的数据。

只有一种鱼能在分布上超越那些进食诱饵的种类物种（如鼠尾鱼和鼬鱼类），它就是狮子鱼。在已开展的海沟调查中发现，每一条海沟一般都只栖息一个种的狮子鱼。同时，大量数据显示，海沟中狮子鱼的栖息深度范围在 6500~7500m。虽然目前还缺乏单一海沟两侧的对比数据，但是可以推测，如果狮子鱼能栖息在海沟的一个斜坡，那么它也会栖息在附近的另一个斜坡，这就意味着狮子鱼的分布将环绕海沟形成一个特别的分布带。另外，狮子鱼不能在离海底较远的海域游动，因此它无法从海沟一侧的斜坡直接横穿海沟游动到另一侧的斜坡。在这种情况下，如果海沟两侧的种群要混合，则它们只能通过环绕海沟的方式实现。这种分布规律有些类似于海山或陆地山峰两侧斜坡的生物群，这些生物群也是在某一高度绕山峰分布，而无法从山顶或山底部越过。

10.2.2 深度限制

HADEEP 项目所有新获得的关于鱼类随深度分布的规律，结合数据库中已有数据的回归分析显示，鱼类在海洋中的分布深度限制在 8000~8500m。例如，图 10.13 展示了所有来自 www.fishbase.org 的记录，包含超过 9300 个鱼类的最深记录（来源 Priede 等，2006b，2010）以及所有的深渊着陆器调查（n=29）（无论是否发现有鱼存在）。这些数据均指向同一个深度限制，大约 8000m。

鱼类分布的极限深度在 8000~8500m 是静水压力导致的直接效应。在深渊环境中能够生存的主要前提条件之一是能够适应极端的静水压力，因为高压对生物分子有着极大的影响。生物体内的膜和蛋白质已经被发现可以通过调节其结构来抵抗一定程度的压力（Hochachka 和 Somero，1984）。近年来，提出了另外一种不同的适应机制，即通过细胞内的“耐压物质（piezolytes）”（Martin 等，2002）实现，最先发现的耐压物质是一类作为有机等渗透物的小分子有机溶质。这类有机物在大部分海洋生物中都有积累，可防止在适应周围环境过程中渗透压变化而导致的细胞脱水现象（渗透压强约为 1000mOsm）。对于海洋生物而言，最主要的渗透压调节物质之一是三甲胺氧化物（trimethylamine oxide，TMAO），发现于深海鱼体内。大多数的海洋硬骨鱼都是渗透压调节的能手，这意味着它们能维持较高的体内渗透压水平（300~400mOsm），而浅水硬骨鱼的体内渗透压仅为 40~50mOsm。

在硬骨鱼中，TMAO 含量随着深度的增加而增加，因而导致其体内渗透压水平也相应地增加。在变渗生物（渗透压自调节生物，osmoconformers）中，TMAO 随静水压力增加而增加，而其他的渗透压调节物质含量会相应减少，例如软骨鱼中的尿素和十足类动物中的甘胺酸（Kelly 和 Yancey，1999）。

分析显示，深海鱼类 TMAO 的浓度在 4900m 以上随深度呈线性关系（Gillett 等，1997；Kelly 和 Yancey，1999；Yancey 等，2004；Samerotte 等，2007）。对这些数据的进一步挖掘发现，鱼类细胞中渗透压与周围海水达到最终平衡状态的水深为 8000~8500m，这恰恰是迄今发现或捕获鱼类的最深记录（Nielsen，1977；Jaieson 等，2009a；Fujii 等，2010）。这些结果也得到了扬西等人（2014）的验证，他们利用 *Latis* 捕鱼器，在克马德克海沟 7000m 处获得的多个 *N. kermadecensis* 样品，证明了鱼类可以到达的最大深度约为 8500m。

另外，大量研究已经证实软骨鱼类（如鲨鱼、魟鱼和银鲛）的分布局限在半深海区。普列德等人（2006b）通过对全球数据库鱼类分布的线性回归分析也证实了这一点。他们提出软骨鱼无法在深海及深渊环境存在的主要原因是它们的生存需要极高的能量支持，用于维持机体所需，特别是维持其富含油脂的肝脏来提供浮力，而这些需求在极端贫营养的环境是无法达到的。拉克森等人（Laxson 等，2011）分析了来自 50~2850m 深度范围的 13 个软骨鱼种中主要的有机渗透压调

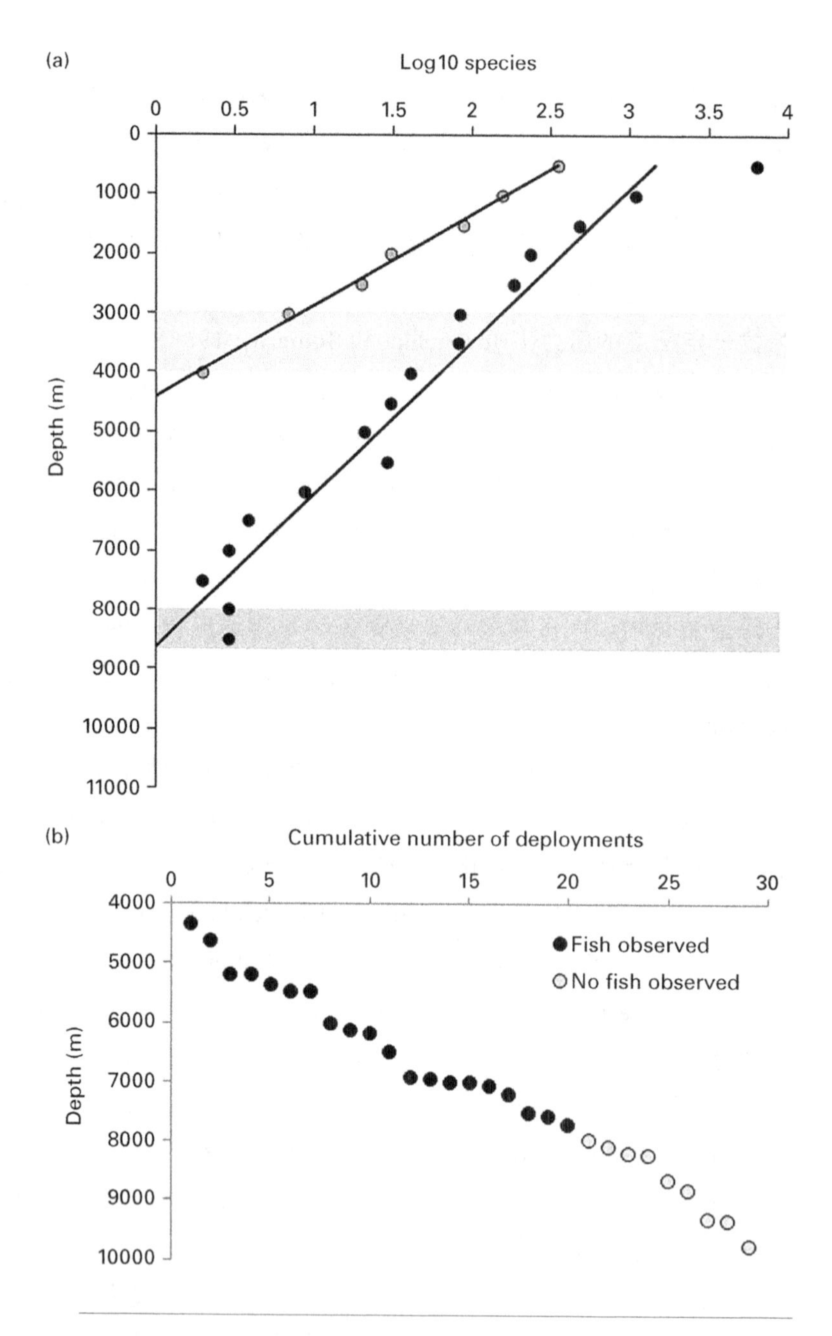

图 10.13　（a）以 500m 为单位的所有已知鱼种随深度的分布，黑色线为线性回归线，数据来自普列德等人（2006b，2010）。浅色和深色阴影区域展示了 TMAO 浓度在软骨鱼和硬骨鱼中分别到达等渗压状态的深度，数据来自杰米逊和扬西（Jamieson 和 Yancey，2012）。（b）HADEEP 项目中所有在海沟及附近进行的着陆器调查，其中黑色圆点代表有鱼类发现的调查，灰色圆点代表没有鱼类发现的调查。

节物质。他们发现这些软骨鱼中尿素浓度随着深度增加而减少，而 TMAO 含量则从浅水种的 85~168mmol/kg 增加到较深种的 250~289mmol/kg，并且在预测的最大深度达到了平台水平，说明软骨鱼的深度限制可能是由于其机体无法积累充足的 TMAO 来适应深海环境（3000~4000m）的高静水压力对它的影响（Laxson 等，2011）。尽管软骨鱼在深渊区不存在，但是这一研究从侧面支持了鱼类无法越过 8500m 深度的 TMAO 假说。

第四部分

格局和当前观点

Patterns and current perspectives

引言

Introduction

由于诸多原因，人为地将海沟和深渊群落放在某种统一的生态背景下是非常困难的。除了我们已经知道的普通深海生物学和生态学外（如 Gage 和 Tyler，1991；Herring，2002），关于深渊区以及超高压力下生物的专题，历史上一直缺乏系统和全面的采样活动。这个问题很大程度上是由于机遇与方法的不匹配造成的。20 世纪 50 年代曾有一次难得的机会，将当时最好的海洋科学家聚集在一起，从事漫长且昂贵的海洋考察，并对世界上尽可能多的海沟进行采样。如今，尽管我们拥有了更先进的技术和方法，并对统计方法和取样设计有了更好的理解，但像 20 世纪 50 年代那样巨大的远洋活动投资如今已经不那么常见了。虽然近期对深渊区的兴趣重新兴起，但缩短深渊区与其他海洋环境之间的认知差距仍然需要一个漫长的追赶过程。

从理想角度来说，这本书应以全面深入介绍深渊生态作为结束，但现实的情况是目前这方面的知识还很不完整，我们还有很长的路要走。不管怎样，科研人员可能确实对许多能够解释现有观察结果的生态学趋势有了更好的理解。例如，海沟弧前区域（the trench fore arcs）很有可能存在化能合成群落（chemosynthetic communities），但该群落的程度和重要性仍然未知（Blankenship-Williams 和 Levin，2009）。尽管基于多个有趣的但是有限的观察，仍然可以得出结论：沿着海沟轴线的区域可能对食物堆积存在重要影响，但这一结论仍然缺乏明确的证据（Danovaro 等，2003；Glud 等，2013）。深渊物种和地方特殊性可能是由诸多因素共同影响的，包括静水压力、地形、隔离和干扰程度，但这些因素还未从多个种群中分离开来（Wolff，1960，1970；Belyaev，1989）。同样的，深渊群落的差异可能是受多个因素共同作用形成的，包括靠近大陆的距离、纬度、单条海沟的地质年龄、海沟间的关联或者地震活动的频率和震级等（Belyaev，1989；Oguri 等，2013；Watling 等，2013），这些因素对海沟生物群落都可能有影响，但仍有待证明。其他更基本的生态趋势目前也亟待解决，比如，针对不同深度或不同区域物种多样性的调查，或海沟与邻近深海平原间的过渡区的影响（Jamieson 等，2011a；Fujii 等，2013；Kitahashi 等，2013），但对这些生态学趋势的确认由于缺乏一致性和定量的采样而受到很大的束缚。虽然上述所有的这些方面对未来深渊生态学的建立提供了某种程度上的历史数据，但是目前对这些生态系统还没有进行过长期监测，也没有将要开展长期监测的计划。这引起了两方面的担忧。首先，海沟是孤立的生态系统，栖息着大量的具有地方特有性的生物群落，因此，大的变化或扰动有可能对整个海沟产生显著影响（Angel，1982）。其次，我们生活的这个时代，气候变化比以往任何时候都更加显著，海洋中越来越深的地方已经受到气候变化的影响（Ruhl 和 Smith，2004；Ruhl 等，2008；Smith 等，2008）。深渊区是少数没有长期历史数据记录的海洋生态系统之一，这导致未来在制定海沟的环境政策和保护措施的过程中，无历史数据可作为依据。

第 11 章整理记录了许多类似的问题，希望随着深渊采样的增加，可提供一个深渊环境和生态的基准。从这儿往后，许多趋势和关系都只建立在单个群体、单个物种或单条海沟等基础上。因此，它们并不一定可以代表“深渊生态学”的整体趋势。此外，海深、地形、地域或深度对深渊群落结构的影响也是基于类似有限的资料推导出来的，尽管这些资料已经是目前最好的。

现如今，我们正处在深渊科学的转折点上（Jamieson 和 Fujii，2011）。第 12 章将从开采与保护、人类与海沟物理不稳定性之间的相互影响，以及公众对深渊本身以及深渊生命的看法等角度展开探讨。我们现今的这个时代是一个需要采用负责任的方式开发生物技术产业的新时代，也是一个渴望了解地球生命及其极限的新时代，深渊海沟提供给人类的远远不止简单的好奇和对未知的着迷。这些在某种程度上可以抵消一些关于海沟的负面影响，比如地震。如果我们能够克服未来科学的挑战，我们将有希望用更完善的方法管理海洋，从而弥补在理解海洋最深处生态学方面的不足，并维持它们的长期可持续性。

第 11 章

生态和进化

11.1 溯源

自从获得第一个深渊生物后，关于深渊生物群落的起源和年龄就一直是存在争议并在持续讨论的话题（Belyaev，1989）。要想搞清楚深渊海沟的出现，就必须要考虑深海和海沟的历史海洋学和地质学。深海物理环境的历史以温度、含氧量和环流三方面的剧烈变化为特征（McClain 和 Hardy，2010）。与现代深海温度相比，过去的深海更暖和些。白垩纪晚期深海温度有轻微上升，随后从古新世/始新世的交界期（55Ma）开始到现在，深海的温度下降了 14~15℃，在随后的始新世/渐新世的交界期又出现了一个类似的降温（34Ma；Waelbroeck 等，2001）。此外，深海环流在两类大洋中交替：一个是由高纬度深层水形成的（thermohaline，THC），另一个由发生在低纬度的盐度分层所驱动（halothermal，HTC）。前者形成了冰冷且富氧的深层水；后者的产物为温暖并高盐的深层水，进而减弱了全球海洋环流（Rogers，2000；McClain 和 Hardy，2010）。THC 自始新世与渐新世的过渡期以来就已经存在，而 HTC 的出现可以追溯到三叠纪。在此期间，深水缺氧事件频繁而广泛地发生（Jacobs 和 Lindberg，1998；Rogers，2000；Waelbroeck 等，2001；Takashima 等，2006），其中最严重的深水缺氧事件发生在白垩纪中期、二叠纪与三叠纪的交界期以及奥陶纪与志留纪的交界期，其间伴随着 THC-HTC 的迅速转换（Horne，1999）。

别利亚耶夫（Belyaev，1989）详述了自 19 世纪 50 年代以来在深海和深渊动物起源及出现时间上的各种争论，并强调当时的知名专家间未达成共识。这些争论可分为两类：一类是“主要的深海物种群应该被认为是年轻的”（如 Bruun，1956b）；另一类则认为生源物种应该被视为“逃难者，保持着古老的形式或者稍有改变”（如 Zenkevitch 和 Birstein，1953），这两种说法正好相反且互斥。然而，如今认为这两种说法都有部分是正确的，并认为深海动物的起源以“灭绝和替代”假说为中心。大规模大范围缺氧事件的发生导致海洋物种几乎全部灭绝，之后浅水物种扩散进入到深水区（Rogers，2000）。这意味着许多深海进化支相对年轻，起源可追溯到始新世与渐新世的交界期；而且，事实上许多进化支都是从缺氧事件中存活下来的（Raupach 等，2009；McClain 和 Hardy，2010）。脆弱的类群可能在灾难性的缺氧事件中全部灭绝，但这些缺氧事件也催生了一个更有抵抗力的深海群落（广温性和广深性；Wolff，1960），这个深海群落可能还经历了异域成种（Allopatric speciation），而非全部灭绝（Wilson，1999；Rogers，2000）。

这两组深海物种可划分为古动物群（Ancient）和次生动物群（Secondary）（Andria-shev，1953；Zenkevitch 和 Birstein，1953）。古动物群和次生动物群在垂直分布上是不同的。对于大多数次生深海动物群，物种的数目随深度的增加而迅速减少；而古动物群的物种数目在半深海区随深度的增加而增加，趋近深海和深渊边界时随着深度的增加而减少，例如，次生星虫类和古须腕动物类（先前认为是 Pogonophora）（Zenkevitch 和 Birstein，1953）、古新桡足下纲（ancient Neotanidae）和次生等足类 *Macrostylis* and *Storthyngura*（Wolff，1960），再比如鱼科的古长尾鳕类（ancient Macrouridae）和古鼬鱼类（Ophidiidae）以及次生绵鳚（secondary Zoarcidae）和次生狮子鱼类（Liparidae）（Andriashev，1953）。另外，阿德里亚谢夫（Andriashev，1953）认为次生鱼类物种是更狭水深的，而古鱼类物种是更广深的，并且有跨海洋分布的趋势。

埃米利亚尼（Emiliani，1961）发现，在上白垩纪时期高纬度表层水和深海－深渊水的温度为 14℃，并在过去的 75Ma 里下降了 12℃，温度的下降可能对深海和深渊群落产生了重大的影响，尽管这种影响可能是渐进式的。布伦（Bruun，1956b）和沃尔夫（Wolff，1960）引用埃米利亚尼（1961）的结果作为证据，提出大部分第三纪的深海动物群可能因温度变化而死亡，因此绝大多数的现代深海和深渊动物群都是相对年轻的。

别利亚耶夫（Belyaev，1989）认为，大多数已有的深渊数据表明当今的深渊群落起源于不早于中生代（251~65.5Ma）的一些类群（groups；该分类等级介于科和目之间）。通常，这些类群是在新生代（65.5Ma 至今）形成的，但该研究也强调由于普遍缺乏对应的古生物史，因此无法追踪和检查海沟动物群的进化时间线。这表明深渊群落大部分源于二次入侵，然而他也承认深海生物群落大部分是起源于古生代。别利亚耶夫（Belyaev，1989）同时也推断，栖息于每条海沟附近的深海动物群可能是栖息于深渊中的古深海类群代表的祖先，它们在深海区形成与进化，并扮演着重要的角色。通常认为，古深海动物群长期存在于深度较大且静水压力较高的环境中，因此它们提前具备了在更大深度下生存的能力。沃尔夫（Wolff，1960）重申了深渊动物群起源于深海区的这一说法，这是因为那些栖息于深海、具有地方特性的科、属和某些种可能是前冰河期遗存下来的深海（以及深渊）动物群。别利亚耶夫（Belyaev，1989）的研究进一步支撑了这一观点，在几十万年甚至几百万年的时间里，板块俯冲过程将深海平原（以及在那儿的生物群落）变为深渊海沟并形成深渊生物群落，如此漫长的转化过程与物种形成甚至进化到更高水平（属，很少在科的水平）所需的时间相匹配。伯斯坦（Birstein，1958）注意到，深海和深渊软甲纲很大程度上保持着古老原始的形态，即包括明显具有地方特有性的属和科。沃尔夫（Wolff，1960）指出这与之前的观点——当前形成的海沟较为年轻（源于新生代的现代形态）——不一致，但有可能深渊生物是由深海区生物迁移来的，而在它们形成后生活于深海区的却灭绝了。

11.2　物种形成和特有性

异域成种是种群由于地理分割的结果（Hoskin 等，2005）。在一个有限的甚至缺乏基因流的区域，由于变异、基因漂流和自然选择的间接影响导致了地区适应性，逐渐或是偶然地形成了生殖隔离（Dobzhansky，1951）。理论上，深渊区代表了一个能够促进异域成种的生态系统，因为每条海沟都是孤立的，海沟之间经常相距甚远，被完全不一样的生境（如深海平原）所分割。自从“维塔兹”号和“加拉瑟”号考察开展了早期的物种分类工作后，深渊群落作为一个整体经常被报告成高度地区特有性的，在每条海沟内部多样性是相对较低的。这与山区或者陆地生态中的岛屿生物地理或者海洋中的海山和热液系统是高度类似的，在这些区域整个生态系统不是被任何一个大的连续的生境所代表，而是由许多单独的生境组成。考虑到海沟是如此的深，并且是广袤深海平原的突然中断，海沟应该是一个驱动异域成种的理想环境。

在每一条海沟中都发现了属于 *Hirondellea* 这种短脚双眼钩虾的不同种，该事实支持异域成种。例如，*Hirondellea gigas* 是西北太平洋深渊区唯一的一个占优势的端足类物种，包括千岛 – 堪察加海沟、日本海沟、伊豆 – 小笠原海沟、马里亚纳海沟、雅浦海沟、帕劳海沟以及菲律宾海沟（Kamenskaya，1981；France，1994）；而 *H. dubia* 是西南太平洋深渊深度，包括千岛－堪察加海沟和汤加海沟（Dahl，1959；Blankenship 等，2006）中，一个占优势的端足类物种而 *Hirondellea* 的三个物种栖息在秘鲁－智利海沟（Perrone 等，2002；Fujii 等，2013；Kilgallen，2014）。另外，端足类 *Eurythenes gryllus* 是地理分布最广的深海物种之一，根据目前了解，它的体态会随着生境的变化而变化（Ingram 和 Hessler，1983；Thurston 等，2002）。HADEEP 项目在秘鲁－智利海沟的采样活动中就发现了 3 种明显不同的体态（HADEEP 项目，未发表数据）。丰度最大的两种分别分布于深海深度（4602~6173m）和深渊深度（6173~8074m），而最稀少的一种出现在 4602~5329m（图 11.1）。体态变化表现在腹节的结构，以及第二髋关节、第一和第二腮足的形状上。

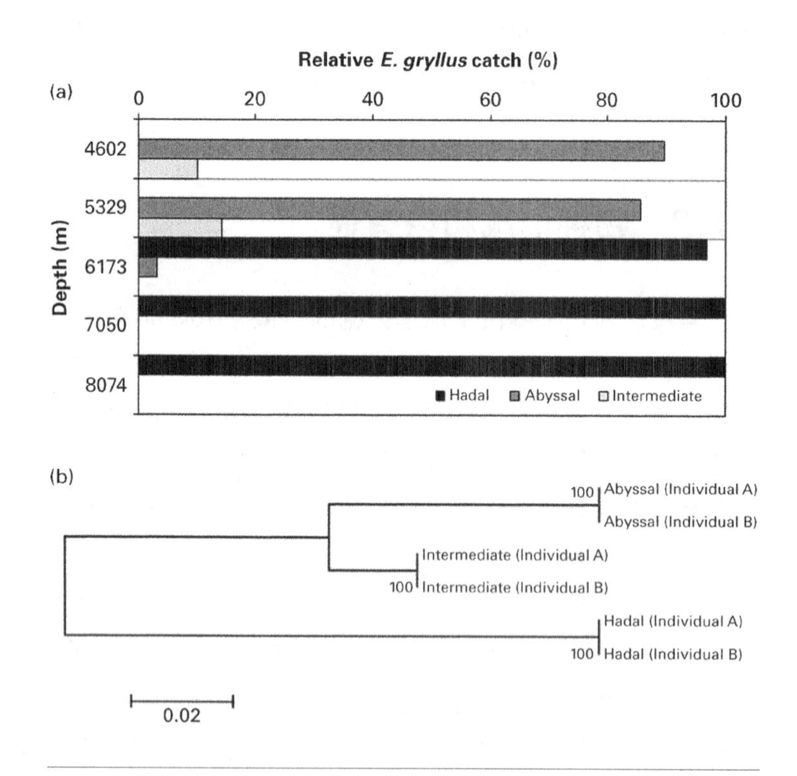

图 11.1 （a）在不同捕获深度，端足类动物 *Eurythenes gryllus* 的每一种形态所占的百分比；（b）基于 243 个碱基（b.p.）对 DNA 序列的不同，来自深渊、深海和中间深度的 6 种 *Eurythenes gryllus* 个体的最大基因发育相似度。节点值代表了引导支持指数（基于 1000 重复）。

研究人员对来自中北太平洋海盆的 *E. gryllus* 进行了种群基因研究，显示种群是随深度分层的，包括一个绕过平顶海山顶部分布的种群和另一个贯穿附近深海海盆的种群（Bucklin 等，1987）。在秘鲁 – 智利海沟，“深渊”和“深海”形式是两种明显不同的种群，它们都包含雄性、雌性和各龄幼体。秘鲁 – 智利海沟的深海种群与太平洋相似深度的其他深海种群有相似的基因（HADEEP 项目，未发表数据）。然而，深渊群落在它们之间却有巨大分歧，甚至超过了巴克林等（Bucklin 等，1987）描述的平顶海山种群和深海种群间的差异。深海样品采自秘鲁 – 智利海沟的米尔恩·爱德华兹（Milne-Edwards）段，而深渊样品采自米尔恩·爱德华兹段和阿塔卡马段，因此，这个结果显示地形不是异域成种的唯一驱动力，深度也是一个重要的驱动力。

弗朗斯和克歇尔（France 和 Kocher，1996）讨论了在深海生态中，温度作为决定性因子的重要性（参考 Wilson 和 Hessler，1987；France，1994）。特别是对于 *Eurythenes gryllus*，它们一旦被隔离，温度将决定基因差异和物种形成（Palumbi，1994）。当比较半深海与深海种群时，典型底部温度的明显差异应当足以得出上述结论，然而，实际进行比较时并不能得到这种结论。事实上，温度在深海区与海沟区是十分相似的，最低温度通常出现在约 4500m 处，在更深处温度逐渐上升，在全海深处的温度与深海区上部和半深海下部是相等的（Jamieson 等，2010），如前所述，这是由于绝热加热的结果（Bryden，1973）。因此，*E. gryllus* 在深海和深渊经历的温度是极端相似的。氧气作为一个控制地域成种的生态因子也曾被提出过（White，1987；France 和 Kocher，1996）。然而，像温度一样，氧气状况在半深海区和深海区并没有明显差异（Balyaev，1989）。此外，盐度的影响也能被排除，因为在约 3000m 深度以下，盐度并没有明显的波动。虽然 *E. gryllus* 的第三种分支还有待于进一步的研究，因为该分支在米尔恩·爱德华兹段的深海区仅有低龄幼体被发现，但重要的是，*E. gryllus* 的例子说明了地域成种是深度单独作用的结果，而与空间距离无关。

上述这个故事由于 *E. gryllus* 被认为是窄温性的喜冷物种而变得更加复杂（Thurston 等，2002）。尽管在北太平洋中部和秘鲁 – 智利海沟海盆的研究显示存在 3 种不同的垂直分布种群（平顶海山 / 海山，深海平原和深渊海沟种群），科研人员还是在温度更低的克马德克海沟和汤加海沟 6200m 以深发现了 *E. gryllus*（Blankenship 等，2006；Jamieson 等，2011a）。这也许可以用藤井等人（Fujii 等，2013）的结论来解释，仅仅压力不能解释 *E. gryllus* 的深度分布格局，食物供给也具有重要的贡献(克马德克海沟和汤加海沟与秘鲁－智利海沟相比要寡营养得多)。

海参 *Elpidia* 属(Elasipodida)是最典型而且通常是丰度最高的海沟种群代表。戈布鲁克和罗加乔夫(Gebruk 和 Rogacheva，未发表数据)检查了 *Elpidia* 属的系统发育，依据是一个包含 20 个形态特征的矩阵，这些形态特征是用于区分包括 *Elpidia* 属的 21 个种以及 1 个外群——*Psychroplanes convex* 在内的共 22 个种类。研究人员从四个相等的简约树(parsimonious tree)得到了一个严格的一致树(consensus tree)(长度 =33 steps；图 11.2)。

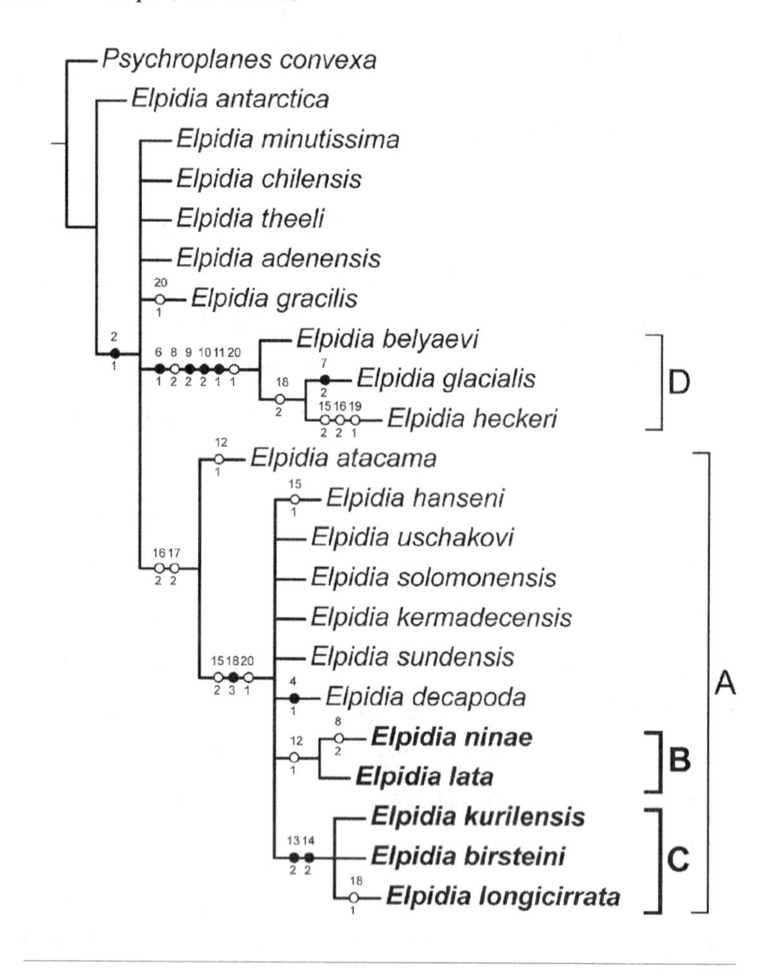

图 11.2 *Elpidia* 的系统发育树，基于 20 个形态学特征。发育枝 A- 海沟物种；B- 南桑德韦奇海沟物种；C- 西北太平洋海沟物种；D- 北极物种。数字对应了相应的节点特征。唯一的特征用黑圈表示。图由俄罗斯希尔绍夫海洋研究所的安德烈格布如克(Andrey Gebruk)提供。

他们的结果显示，所有的海沟特有种在系统发育树上都能很好地归于一个进化支。在这一进化支上，有一个清晰的近裔性状特征，物种 *E. kurilensis*，*E.bristeini* 和 *E. longicirrata* 聚成一群，这证实了别利亚耶夫（Belyaev，1975）的猜想，他根据骨针形态把好几个种指定为一个属。这一群在树形分支上有强烈的明确支持，仅次于包含 *Elpidia* 北极种的簇。同时，尽管物种 *E. hanseni* 也出现在千岛－堪察加海沟和伊豆－小笠原海沟，但它仍然位于西北太平洋海沟簇的外面。另外一个海沟进化支是由 *E. ninae* 和 *E. lata* 两个物种组成，它们都来自南桑德韦奇海沟。这些结果证明了 *Elpidia* 属的深渊物种最可能具有形态学和进化学间的联系，一些出现在同一条或者相近海沟的物种也是不一样的：一些物种是紧密相关的，而另一些则是分开进化的。

别利亚耶夫（Belyaev，1989）估计深渊特有性物种有 56.4%，而深渊－深海区动物的地域特有性略低一些，为 41%（表 11.1）。在深渊区 56% 的地域特有种中，95% 的物种仅在一条海沟中有发现，在非特有种中，22% 的物种在海沟附近的深海深度被发现，这意味着海沟动物起源于周边的深海区（参考 Wolff，1960）。在属的水平上，地域特有性大大降低，仅为 10%。正如预计的那样，所有的底栖生物的特有性程度随着深度而增加，在深海－深渊边界处（6000~7000m）最低，在那儿有更高比例的深海特征种栖息。地域特有种的最大比例出现在超过 10000m 的最深处（马里亚纳海沟、汤加海沟和菲律宾海沟）。在这些深度，地方特有种的

表 11.1　物种地方特有性在每一条海沟和海槽的百分比（基于 Belyaev，1989）

海沟名称	地方特有性（%）	海沟名称	地方特有性（%）
阿留申	42	汤加	100
千岛－堪察加	50	秘鲁－智利	59
日本	53	克马德克	23~50*
伊豆－小笠原	48	班达	43
火山	54	约尔特	20
马里亚纳	100	爪哇	71
雅浦	81	南桑德韦奇	37

续表

海沟名称	地方特有性（%）	海沟名称	地方特有性（%）
帕劳	77	罗曼什	60
菲律宾	86	波多黎各	50
琉球	72	开曼	47
布干维尔	71	太平洋海槽	28
新赫布里底	60	大西洋海槽	20
总计			56.4

* 意味着该值分别来自北部（米尔恩·爱德华兹）和南部（阿特卡马）。

比例高达 86%~100%，但是在其他两个较深的海沟（千岛－堪察加海沟和克马德克海沟）分别仅有 50% 和 59% 的地方特有性。

别利亚耶夫（Belyaev，1989）为了扩大这方面的认知，计算了超过 6000m 水深的地方特有种。根据他的计算结果，仅有 4.7% 的深渊物种是专属于一条海沟的，

表 11.2 根据“加拉瑟”号和“维塔兹”号的科学考察，深渊物种散播类型总结

散播类型	深渊物种（%）
深渊特有种	56.4
仅在一条海沟发现	4.7
在两条或多条相邻海沟发现	6.4
在两条或多条相隔很远的海沟发现	3
仅来自于海沟附近的区域	22
已知来源于一个大洋的好几个区域	4.6
已知来自两个大洋	11
已知来自三个大洋	6

注：数据来自 Belyaev，1989。

6.4% 的物种出现在多条但相邻的海沟，3% 的物种已知来自于两条或者更多条的相距甚远的海沟（表 11.2）。更高比例的物种（22%）只专属于海沟附近的一个大洋区域，这也促进了深渊区（Hadal Province）的划分（UNESCO，2009；Watling 等，2013）。随着更多样品的采集，这些值可能会发生变化，特别是对于那些很少研究的海沟。一个可能更有效的研究途径是集中精力在海沟及其附近深海平原、陆架和海隆进行采样，通过这种做法，可以及时进一步检测到物种间更大的关联。

别利亚耶夫（Belyaev，1989）指出热带海沟和温带海沟具有明显的不同（图 11.3）。来自太平洋温带区的海沟(阿留申海沟、千岛－堪察加海沟、日本海沟、伊豆－小笠原海沟、克马德克海沟和秘鲁－智利海沟）显示出远低于太平洋热带海沟（火山海沟、马里亚纳海沟、雅浦海沟、帕劳海沟、阿留申海沟、菲律宾海沟、布干维尔海沟、新赫布里底海沟和汤加海沟）的物种地方特有性，两者分别为 42%~59% 和 54%~100%。然而，这些估算包括了非太平洋的爪哇海沟，而忽略了热带的班达海沟，可能是因为后者具有明显年轻的年龄，而且具有较低的地方特有性（43%）。尽管注意到这个明显的纬度趋势，别利亚耶夫却不能解释为什么会这样。在一些更孤立的海沟如南桑德韦奇海沟，较低的地方特有性（37%）被认为是寒冷的亚南极

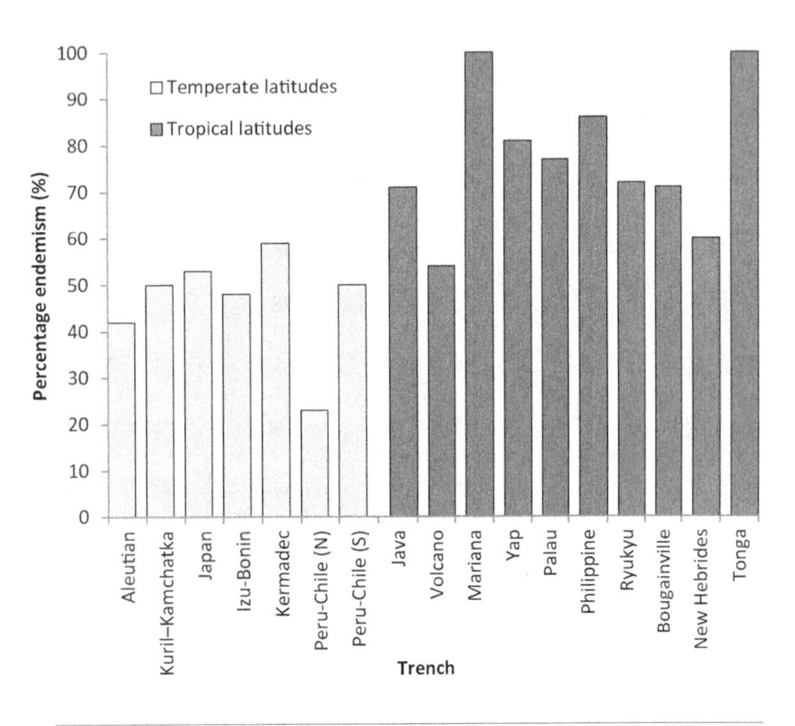

图 11.3 热带和温带海沟的物种地方特有性比例（%）。

地域所致，因为已知这个因素会导致海沟被一些无特征浅水深度的底部物种占据。

在种水平上，地方特有性的程度有时候反映了这个类群被发现的最大深度（表11.3）。例如，底栖动物中具有最高比例的地方特有性是在等足类、端足类、腹足类、双壳类和海参类中发现的，所有这些类群都是已知的分布于整个深渊深度的物种，并具有超过60%的地方特有性。其他一些类群，比如Echuiroidea和异足类(Tanaidacea)，在更深的站位是不常见的，而它们的地方特有性分别为30%和40%。多毛类的地方特有性也是比较低的(40%)，尽管它们存在于全海深。这可能是因为与其他类群相比，多毛类很少被拖网所捕获。尽管腹足类的41个属中有26%都具有地方特有性，但是在属水平上的地方特有种类是略低的，大多仅有10%~15%。

表11.3 大多数主要的深渊类群在种和属的水平上的地方特有性，基于“维塔兹”号和“加拉瑟”号的考察数据（Belyaev，1989）

类群	种		属	
	总数	地方特有性（%）	总数	地方特有性（%）
多毛类	73	40	50	14
Echuiroidea	13	30	10	0
异足类	63	40	15	7
等足类	122	63	34	9
端足类	35	78	28	11
腹足类	56	68	41	26
双壳类	47	68	33	15
海参类	56	69	20	10
其他 Echinodermata	53	49	30	7
西伯加虫类	29	76	10	10
其他类群	123	43	93	9
总计	660	56.4	364	10

11.3 群落结构

众所周知，在整个深海环境中，物种的多样性随着深度呈现降低的趋势，这种趋势也延伸至深渊区，正如最早的多样性观测的结果一样（Wolff，1960）。前人研究已经详细探讨了深度相关的生境内部和环境之间的生态过渡，例如半深海区和深海区，然而却经常忽略了深渊区，尽管深渊代表了海洋深度范围的45%（如Carney，2005；Rex等，2005；Smith等，2008；Levin和Dayton，2009）。这种忽视给了科研人员一种动力，去观测单条海沟内部以及从邻近深海平原到海沟的动物分布转化（Jamieson等，2001a）。研究人员通过研究深海－深渊的过渡区，能够确定海沟动物与邻近深海群落的关联，确定深渊区是否包含生态渐变区（Ecocline）或者生态交错区（Ecotone）（van der Maarel，1990）。一个生态交错区代表了两个确定生境之间的狭窄过渡（物种组成有一个突然或迅速的变化）；而生态渐变区指的是沿着环境梯度的一个广阔的过渡区（Jenik，1992；Attrill和Rundle，2002），在这儿的例子中，环境梯度指的是深度。

表11.4 HADEEP项目在秘鲁－智利海沟使用诱捕器采样的布放、环境和端足类多样性的数据

	深度（m）				
	4602	5239	6173	7050	8074
站位	SO209/11	SO209/3	SO209/19	SO209/35	SO209/48
日期	2010-09-03	2010-09-01	2010-09-05	2010-09-10	2010-09-13
纬度	06° 12.42′ S	04° 27.02′ S	07° 48.04′ S	17° 25.47′ S	23° 22.47′ S
经度	81° 40.13′ W	81° 54.72′ W	81° 17.01′ W	73° 37.01′ W	71° 19.97′ W
水下工作时间（hh:mm）	20:26	11:09	18:40	22:51	20:25
盐度（ppt）	34.69	34.69	34.69	34.69	34.69

续表

	深度（m）				
	4602	5239	6173	7050	8074
端足类物种					
Abyssorchomene chevreuxi	313（45.7）	24（10.5）	44（33.3）	-	-
Abyssorchomene distinctus	34（5.0）	1（0.4）	-	-	-
Eurythenes gryllus	254（37.1）	21（9.2）	32（24.2）	261（80.6）	54（32.2）
Paralicella caperesca	72（10.5）	174（76.3）	43（32.6）	-	-
Paralicella tenuipes	-	5（2.2）	7（5.3）	14（4.3）	-
Tectovalopsis sp.（nov.?）	1（0.1）	-	-	-	-
Valettietta sp.	11（1.6）	-	-	-	-
Princaxelia sp.（nov.）	-	3（1.3）	-	-	-
Hirondellea sp.1	-	-	4（3.0）	-	-
Hirondellea sp.2	-	-	2（1.5）	15（4.6）	104（62.3）
Hirondellea sp.3	-	-	-	33（10.2）	-
Tryphosella sp.	-	-	-	1（0.3）	-
aff. *Pseudorchomene* sp.nov.	-	-	-	-	9（5.4）
个体总数	685	228	132	324	167
物种总数	6	6	6	5	3

注：括号内显示的是捕获百分比。根据藤井等（Fujii 等，2013）的数据修改。

以食腐端足类动物作为目标物种，杰米逊等人（2011a）统计了物种沿着克马德克海沟深海－深渊边界的组成变化，发现了在深度6007~6890m，存在着一个生态交错区，这意味着被诱饵吸引的动物在海沟内存在着生态学的差异。目前还不清楚导致这种组成变化的具体原因，但压力是随着深度线性地增加，因此它不大可能导致这种群落结构的突然变化。对观察到的这种分布格局的一个可能的解释是与约6400m深度海底地形的明显变化有关。这个深度点标志着样品从来自一个相对较浅、平原形式的海底到海沟斜坡的分离。因此，食物的沉降在这两种生境中可能是相当不一样的或者存在着生理学上的一些问题，譬如物种栖息在平坦或有坡度环境会导致日常压力的变化。另外，如果地形上明显的变化会导致群落组成的变化，那么由于各海沟深浅不同，这种群落组成的变化也可能发生在不同的海沟间。

为了检测在那些明显孤立的海沟间群落结构的相似性，藤井等人（Fujii等，2013）又一次研究了通过诱捕器获得的食腐端足类样品，它们来自秘鲁－智利海沟（东南太平洋）深海和深渊深度的5个站位（深度范围4602~8074m）和克马德克海沟（西南太平洋）的7个站位（深度范围为4329~7966m）（表11.4和11.5）。

表11.5　HADEEP项目中诱捕器在克马德克海沟采样的布放、环境和端足类多样性数据

	深度（m）						
	4329	5173	6000	6007	6890	7561	7966
站位	K0910-8	K0910-2	K0910-6	KT1a	KT2a	K0910-7	KT3a
纬度	36° 45.31′ S	36° 31.02′ S	36° 10.07′ S	26° 48.73′ S	35° 45.10′ S	35° 45.10′ S	26° 54.96′ S
经度	179° 11.52′ W	179° 12.03′ W	179° 00.27′ W	175° 11.33′ W	175° 18.10′ W	178° 52.55′ W	175° 30.73′ W
水下工作时间（hh:mm）	12:10	09:30	12:41	17:28	12:16	13:33	46:57
温度（℃）	1.06	1.09	1.17	1.16	1.31	1.40	1.46
盐度（ppt）	34.70	34.69	34.69	-	-	34.69	-

续表

	深度（m）						
	4329	5173	6000	6007	6890	7561	7966
端足类动物							
Paralicella tenuipes	1（4.5）	18（2.6）	-	-	-	-	-
Paralicella caperesca	12（54.5）	620（88.3）	5（22.7）	78（4.9）	-	-	-
Cyclocaris tahitensis	-	-	-	2（0.1）	-	-	-
Eurythenes gryllus	3（13.6）	7（1.0）	1（4.5）	2（0.1）	-	-	-
Rhachotropics sp.	-	4（0.6）	-	-	-	-	-
Hirondelles dubia	-	-	2（9.1）	2（0.1）	127（92.7）	279（99.6）	361（100）
Paracallisoma sp.	1（4.5）	1（0.1）	-	-	-	-	-
Scopelocheirus schellenbergi	-	-	-	1（0.1）	10（7.3）	-	-
Abyssorchomene chevreuxi	-	13（1.9）	-	-	-	-	-
Abyssorchomene distinctus	2（9.1）	1（0.1）	-	-	-	-	-
Abyssorchomene musculosus	3（13.6）	1（0.1）	-	-	-	-	-
Orchomenella gerulicorbis	-	37（5.3）	14（63.6）	1471（93.3）	-	1（0.4）	-
Tryphosella sp.	-	-	-	1（0.1）	-	-	-
Valenttietta anacantha	-	-	-	20（1.3）	-	-	-
个体数目	22	702	22	1577	137	280	361
物种总数	6	9	4	8	2	2	1

注：括号里显示的是抓捕率（%）。根据藤井等（2013）的数据修改。

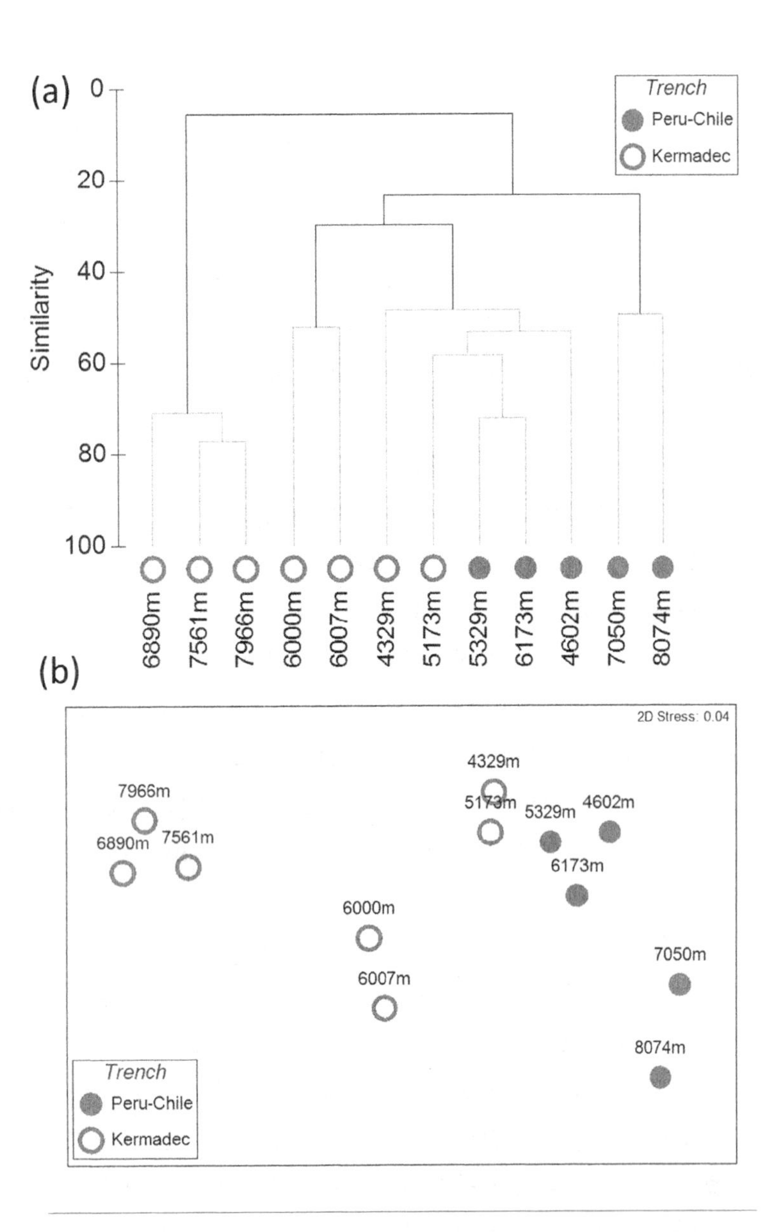

图 11.4 克马德克海沟和秘鲁 – 智利海沟中深渊端足类物种的组成分析。（a）基于四次方根转化，布雷 – 柯蒂斯（Bray-Curtis）相似百分比和组平均聚类的树状图。基于相似剖面（SIMPROF）的置换检验（$p < 0.05$）鉴定出 4 个主要的类群（黑色分支）。（b）基于四次方根转化和布雷 – 柯蒂斯相似百分比的非度量多维标度（nMDS）排序。根据藤井等（2013）的数据修改。

结合这些数据，调查这两个南太平洋海沟中端足类群落的物种组成和结构，由于深海平原的分割，这两个海沟相距 10000km。研究发现，在所有的站位随着深度的增加，端足类多样性显著下降，但两个海沟之间的结构具有显著差异（图 11.4），利用 6 个环境变量（纬度、经度、静水压力、初级生产力、温度和沉积物特征）检查两个海沟端足类群落结构的关联，其中深度（静水压力）和经度（地理分割）梯度最能解释观察到的趋势。深海群落结构中占统治地位的是典型广深种，属于 *Parlicella*，*Abyssorchomene* 和 *Eurythenes* 属（Schulenberger 和 Hessler，1974；Dahl，1979；Thurston，1990）。不考虑位置，深海组具有相对高的相似性，说明连接两条海沟广袤的太平洋深海平原内，存在一个高度的关联。秘鲁－智利海沟与克马德克海沟之间的深海区在经度梯度几乎是完全连续的，这也说明在这两个深海区之间很少有物理阻碍会影响它们之间的传播。

在更深的深渊站位，各海沟的群落之间没有相似性，说明更深部的深渊动物是被物理分割的，并且每一条海沟内经历的环境状态变化足以解释动物群落的差异。在克马德克海沟的深渊站位（6890~7966m），*Hirondellea dubia* 占据优势地位，而在秘鲁－智利海沟的深渊站位（7050~8074m），特征端足类是 *E. gryllus* 和 3 个未描述 *Hirondellea* 种。从这些深海种到深渊属 *Hirondellea* 的变化在其他海沟环境中也是典型的（Hessler 等，1978；Blankenship 等，2006；Jamieson 等，2011a）。

藤井等（2013）得出结论，在研究的海沟之间，上部水体的生产力是显著不同的，长期的平均表层初级生产力在秘鲁－智利海沟和克马德克海沟分别为 859.4~2144.5mg · cm^{-2} · d^{-1} 和 261~554.4mg · cm^{-2} · d^{-1}。因此，环境可以通过压力和经度梯度表现出对端足类生物群落的影响力，该影响力由于表层食物对海沟的供给而变得更加明显。为了真正检验隔离效应，未来需要进一步对其他相互分离并且有各种环境体系的海沟开展全面研究，并且在区域水平上对各海沟进行聚类分析。垂直和水平隔离的混合效应可能会导致异域成种（France 和 Kocher，1996；Doebeli 和 Dieckmann，2003）。

对于另一个深渊类群，猛水蚤（Harpacticoid copepods），研究人员就其在千岛－堪察加海沟从半深海到深渊深度的群落结构变化进行了研究（Kitahashi 等，2013），并对它们在千岛－堪察加海沟和琉球海沟的群落结构进行了比较（Kitahashi 等，2012）。

先前的研究集中在猛水蚤目的基因多样性和群落组成，以及它们在 4000 ~7090m

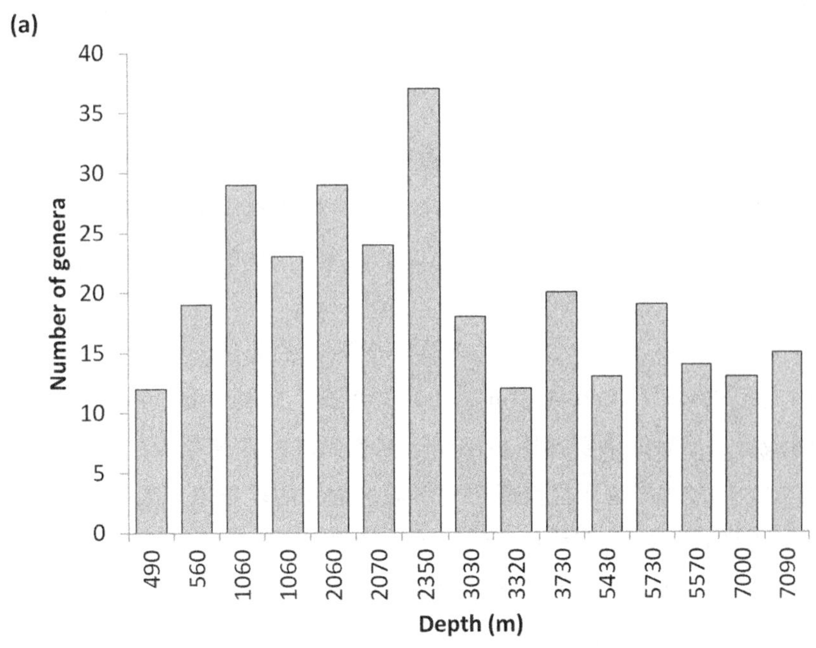

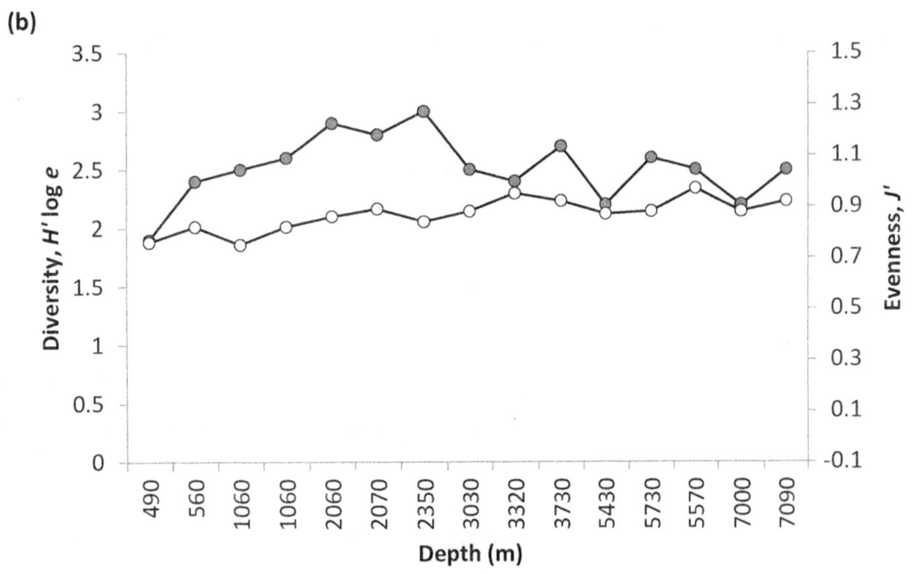

图 11.5　（a）从半深海到深渊深度范围（490~7090m）猛水蚤的种类的数量；（b）Shannon-Wiener 多样性指数（H'　loge）和平均程度（J'）（数据来自 Kitahashi 等，2013）。

的大范围深度与环境因子的关联。使用柱状沉积物取样器，科研人员在 15 个站位开展了沉积物取样，最大深度位于北海道东部和千岛 – 堪察加海沟斜坡的两个深渊站位。桡足类的丰度并未随深度而下降，其最大值出现在水深 1000m 处，而桡足类的多样性随深度显示出单峰模式（Unimodal），最大值出现在中等深度（图 11.5）。北岸等人（Kitahashi 等，2013）的结论认为，宏生物和超大生物的多样性与深度之间的一般关系在所有深度上都适用于小型生物。然而，他们没有确认到底是哪一种因素（如食物可利用性）导致了观测到的多样性格局。

从半深海到深渊深度，群落组成显示出渐变的趋势。另外，比较深海平原（5570m）、海沟斜坡（1060~5730m）和海沟海床（7000m 和 7090m）的群落组成显示，海沟海底或者深渊群落明显不同于海沟斜坡和深海平原的群落；海沟海底和其他站位之间的差异值明显大于三个斜坡区之间的差异值（图 11.6）。统计分析显示，深度或者某个与深度有关的因子，比如食物可利用性和 / 或它们的季节变化，影响了千岛 – 堪察加海沟内和周边猛水蚤目的群落组成。

在日本南部的琉球海沟，北岸等人（Kitahashi 等，2012）发现栖息在深海平原（4910~5710m）、海沟斜坡（1290~5330m）和海沟海底（6340~7150m）的猛水蚤群落

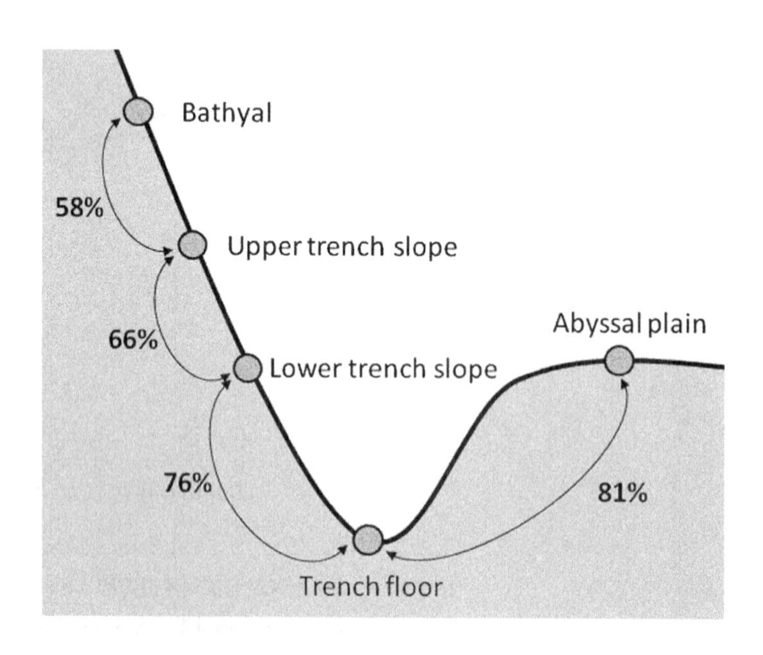

图 11.6　在千岛 – 堪察加海沟（490~7090m），不同地形状况之间猛水蚤群落组成的差异值。根据北岸等人（Kitahashi 等，2013）数据修改。

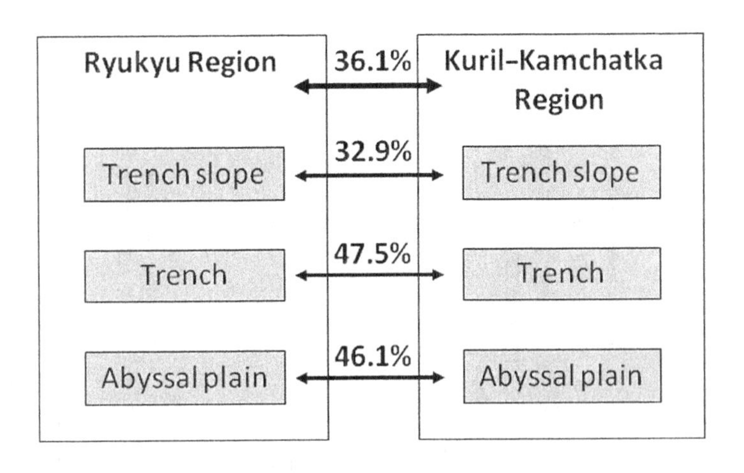

图 11.7　琉球海沟和千岛－堪察加海沟（490~7090m）内和周边区域之间猛水蚤群落组成平均差异性值数据来自北岸等人（Kitahashi 等，2013）。

具有高度的差异，意味着在科的水平上，这些不同海底地形之间具有明显不同的群落结构。通过与千岛－堪察加海沟相比，他们认为深渊猛水蚤群落在区域内存在一个深海平原与海沟斜坡之间的过渡区，在琉球海沟这是受到海沟内和周边有机质数量的影响，而在千岛－堪察加海沟则是海沟内和周边沉积物的性质扮演了一个关键角色。直接比较相对应的生物群落组成显示，两条海沟之间和两个深海平原之间的平均差异值要高于两个相近的斜坡之间的差值（图 11.7）。这个结果暗示，对于底栖生物（例如猛水蚤目）而言，不同区域间是很难相互关联的，这可能是由于海沟间存在地形障碍。

11.4　垂直分区

尽管深渊物种的总数随着深度下降，地方特有性物种的比例随着深度上升，但只有极少数物种能够分布在深渊区的整个水深范围内；它们包括 6 个种，只占个体总数的 0.5%。基于 HADEEP 项目深渊物种数据库列出的约 1200 个物种，最大百分比的深度范围小于 100m（38.8%）。因为在某些例子中，物种仅被单个拖网捕获，这些单个拖网可以涵盖数十米的深度（另外，来自单一深度的稀有物种不被包括在内，也就是深度范围为 0m 处）。在这之外，物种的百分比随着深度

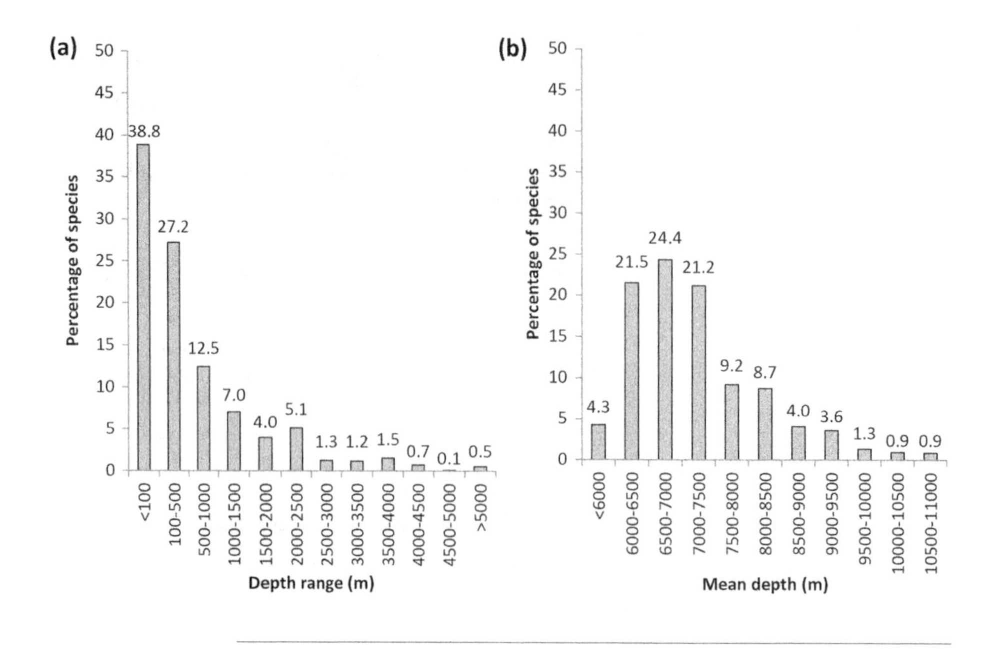

图 11.8 （a）每 500m 水深间隔范围内物种的百分比变化。深度小于 100m 类别可能是独居的或者捕捞范围数十米深度的稀缺种；（b）所有深渊物种的平均深度。数据来自 HADEEP 项目数据库的约 1200 个种。

范围增加呈现指数下降的趋势（图 11.8）。然而，平均深度在 6000~7500m 的物种比率是最高的，在那之后物种的比率随着深度增加逐渐降低。当平均深度大于 9000m 时，物种数量的比率是很低的，这可能是因为很少有海沟能够达到这个深度，而海底深度为 6000 ~7500m 的海沟明显具有更大的数目（几乎所有）。这个结果也反映了一个事实，即这些较浅深度的区域，结合深海 – 深渊过渡区，代表了海沟内最大的表面积。也有一个特例，冠水母中 10 个未鉴定出的钵水母类群，被记录到的分布深度为 6000~10000m（平均深度 8000m，深度范围 4000m）。但这些记录的范围有误导性，可能是由于使用垂直浮游拖网引起的，而这些拖网不能记录精确的抓捕深度，因此它可能指示了一个较大的水深范围。其他较确信的大深度范围（大于 4000m）分布的生物主要包含节肢动物（3 种介形类，3 种端足类）和 2 种海参类。最大的水深范围记录是两种海参，*Peniagone azorica*（Elpidiidae）已知来自 2640~8300m，其中最大深度发现于克马德克海沟，和 *Prototrochus Bruuni*（Myriotrochidae）已知的水深范围为 6487~10687m，来自 7 条海沟。但是如别利亚耶夫（Belyaev，1989）建议的那样，这些物种的水深范围需要修订。

在种的水平上，水深趋势（特别是对于最大深度）随着未来采样的进一步开展，很可能会发生显著的变化。在一些区域例如马里亚纳海沟，存在一种探寻最深点的偏爱，即挑战者深渊，因此来自最深点周边区域的数据是缺乏的。另外，别利亚耶夫（Belyaev，1989）强调指出好几个物种具有异常的深度范围，其中最大值和最小值被广阔的间断分开。在这些背后，他建议某些种可能需要一个非常精确的系统性修正，这可能帮助人们发现好些种具有比早先认为的更广的水深栖息范围。另外，有许多记录的种并没有被描述（表 11.6），这可能会（或者可能不会）改变某些未知种的水深分布范围。

物种的数量和不同生物类别的最大深度都随着海沟深度逐渐下降（表 11.6；图 11.9）。有些熟知的类群会经常被发现，它们具有相对健全的确认，并且在全海深都有发现。这些类群包括端足类、海参类、等足类、腹足类和多毛类。通过检查这些类群的水深范围，有一点是相当明显的，即端足类生物总是比其他类别生物具有更大的水深分布范围（几乎为两倍）。这可能是因为端足类属于一类底栖 – 浮游和自由游动的类别，而其他是真正地紧贴海底的底栖生物。不管怎样，这些端足类生物更大的深度范围激起了许多的问题，如为什么一些生物类群能够分布在如此大的深度范围，而其他一些却只能局限于更狭窄的水深范围或者更浅的深度。研究显示，由于静水压力引起的生物化学压力，鱼类很可能只能分布在 8000m 以浅的范围（Yancey 等，2014）。尽管这种判断解释了鱼类和十足类可能不会出现在全海深范围（Laxson 等，2011），但是它没有解释为什么许多其他的物种或类别生物能够分布于全海深，也没有解释为什么一些物种如端足类生物具有如此超常的耐压容忍度。随着进一步的样品采集，发现这些问题的答案可能有助于我们进一步解释深渊深度下广深性生物的分区和程度。

表 11.6　当前已知的栖息在深渊区的每一个门（phylum）和纲（class）中，已知种的数量（+ 表示未描述种或者物种未在 WORMS 登记）和相应目的最大已知深度

门（名称）	纲（名称）	物种数目（+ 表示未知种数目）	最大已知深度（m）
有孔虫	Polythalamea	100（+15）	10924
海绵	六放海绵纲	5（+3）	8540

续表

门（名称）	纲（名称）	物种数目（+表示未知种数目）	最大已知深度（m）
	寻常海绵纲	6（+2）	9990
刺胞动物	水螅纲	5（+8）	8700
	钵水母纲	1（+2）	10000
	珊瑚纲	13（+5）	10730
Annelidea	多毛纲	122（+42）	10730
螠虫动物	螠纲	13（+2）	10210
软体动物	腹足纲	60（+25）	10730
	双壳纲	70（+31）	19730
	掘足纲	3（+2）	7657
	多板纲	2（+1）	7657
	单板纲	3（+1）	6354
星虫动物	方格星虫纲	7（+1）	6860
苔藓动物	裸唇纲	0（+2）	8830
棘皮动物	海百合纲	0（+8）	9735
	海星纲	17（+7）	9990
	蛇尾纲	16（+8）	8662
	海参纲	51（+9）	10730
	海胆纲	8（+2）	7340
节肢动物	桡足纲	27（+5）	10000
	蔓足纲	6（+3）	7880
	介形纲	9（+5）	9500
	糠虾目	2（+10）	8720
	涟虫目	6（+10）	8042

续表

门（名称）	纲（名称）	物种数目（+表示未知种数目）	最大已知深度（m）
	异足目	63（+10）	9174
	等足目	94（+39）	10730
	端足目	63（+14）	10994
	十足目	1（+1*）	7703
	真螨目	1	6850
	皆足纲	8（+1）	7370

注：* 表示仅在现场观察到的物种。

由于很大数目的未描述种，这些物种数量仅能以象征性的方式解释。当前没有关于深渊线虫门的录入。

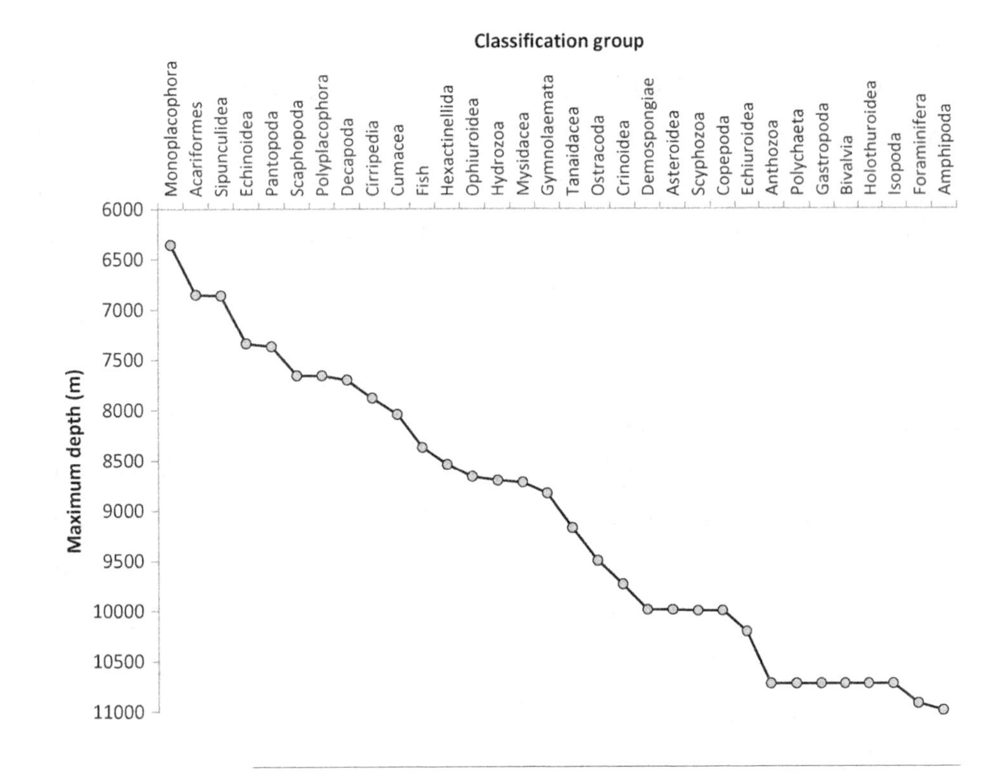

图 11.9　在深渊深度，所有分类类群（除了细菌和线虫外）最大已知深度的下降图。

11.5 与面积和深度的关系

将生态学理论用于单一类群（如容易获得端足类）以上的深渊群落，具有相当的难度，这是因为缺乏足够水深分辨率的全面采样。然而，已有的一些海沟数据足以调查一些基本的生态格局。例如，在克马德克海沟，科研人员布放了 14 个带诱饵的照相机（6000~9281m；未发表数据；HADEEP 项目；Jamieson 等，2011a；2013），18 个带诱饵的捕获器（6097~9856m；未发表数据；HADEEP 项目；Blankenship 等，2006；Jamieson 等，2011a）和 12 个拖网（5950~10015m；Balyaev，1989）。另外，诺尔斯等人（Lörz 等，2012）总结了所有先前已知的这个区域超过 4000m 深度的物种记录，共提供了 194 个种。使用地理信息系统（GIS），科研人员将克马德克海沟按照 500m 水深间隔分层，水平深海边界在该海沟西侧为 4000m 等深线，在该海沟东侧为 6000m 等深线（与斜坡的突然变化一致）。科研人员综合地形和水深的多样性数据，得出了简单的物种 – 面积关系（Species Area Relationship，简称 SAR）。

SAR 显示随着栖息面积的增加，物种多样性（或者物种丰富度）也增加（Arrhenius，1921）。这种推测暗示了最大的生境（如海沟最浅深度线）应该比那些更小面积的生境（如海沟最深点）具有更高的多样性。然而，在克马德克海沟的例子中，物种的最大数量不是来自位于深度线（6000~6500m）的最大生境，而是来自 6500~7000m 的深度（图 11.10）。

当前，生境沿着陆地海拔梯度（山区）变化的研究对 SAR 理论的支持是多样的，一些研究显示具有很强的影响，但另一些研究则是否定的（McCain，2009；2010）。这种一致性关系的缺乏可能是（或者部分）归于地形的异质性（存在高原、悬崖、海脊等），这些同样存在于海沟中，并随着海拔（深度）的变化而变化。生境的异质性影响着物种的多样性［数量越大和（或）越复杂的生境，一定区域支撑的物种越多］，并且对多样性格局的影响比海底峡谷深度的影响更大（Schlacher 等，2007）。因此，为了更好地了解克马德克海沟生物多样性与深度的关系，并阐述对这种格局可能的驱动力，可以使用一个简单的幂法则（Simple power law）来描述物种丰富度与生境面积的关系：$S_{st}=\ln(S)/\ln(A)$，S 代表物种数量，A 是一个特定深度线的栖息面积（Conor 和 McCoy，1979），从而使得多样性测量能够标准化。有趣的是，标准化后的物种丰富度并没有随着深度增加而降低，相反，除了 6500~7000m 深度线有略微的上升外，它沿着深度梯度基本是相似的（图 11.10）。

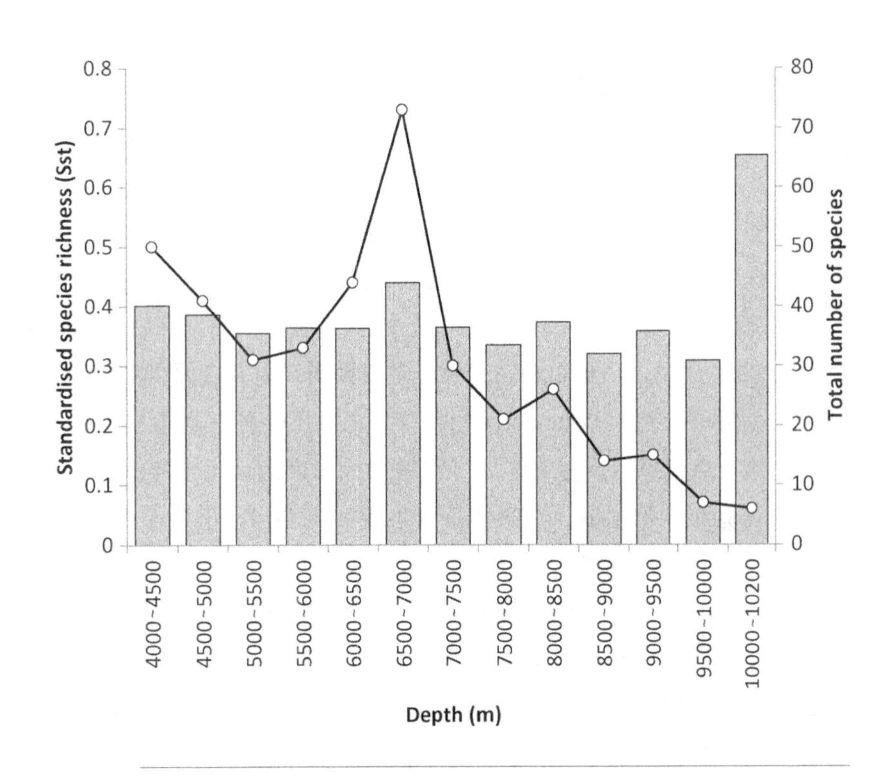

图 11.10　物种多样性作为深度（黑线）和标准化的物种－生境面积（灰色 bar）的关系值（灰色柱状图）。数据来自克马德克海沟 194 个已知物种。6500~7000m 出现的增加显示出深海和深渊群落交叠区域的潜在的中间膨胀效应（mid-domain effect）。

这种 6500~7000m 的物种丰富度上升可以解释为地形的变化（见上面的讨论），在这儿海底坡度由于海沟自身的出现或者由于不充分的重复采样而增加。另外，这种现象也可能解释为中间膨胀效应（Mid-domain effect，简称 MDE）的影响，MDE 假定空间边界导致了物种朝着中心区域有着更多的重叠，而那些大的和中等尺寸的物种必定会在中心区域重叠（详情见 Pineda，1993）。在克马德克海沟，MDE 预计最大的多样性出现在深海－深渊过渡区或者深渊区的中间深度。然而，很少有证据支持 MDE 是物种多样性沿着大洋深度梯度分布的唯一决定因素，特别是对那些大型无脊椎动物而言（McClain 和 Etter，2005；Kendall 和 Haedrich，2006）。尽管标准化物种丰富度在 6500~7000m 处的略微增加可能反映了 MDE 效应，并且进一步证实深海和深渊动物之间存在一个明显的生态边界（生态交错带）（Jamieson 等，2011a）。但是，为了确认生态交错带的存在和 MDE 对物种多样性－

深度关系的可能影响，在海沟内沿着深海 – 深渊过渡带开展精细的采样是十分必要的。进一步的采样活动对于区分物种 – 面积关系和物种 – 深度关系也是必要的，这有助于明确后者的潜在驱动力。

另外一个关于垂直分区的有意思的方面是虽然仅有很少物种能够跨越整个深渊区，但深渊区是由 47 个单个生境组成的集体（27 条俯冲带海沟，6 个海沟断层和 13 个海槽），它们的水深超过 6500m。绝大多数这些区域不是"全海深"的，只有 5 条海沟的深度超过 10000m。另外，考虑到海沟内海底面积随着深度增加而大幅度减小，生物具有在 10000m 以深的生存能力并不会使其数量在可获得的生境内显著增加。这一点也可以反过来说，即那些最大深度远远比全海深浅的目、属，甚至种仍能够占据海沟的主体，在某些情形下（如果海沟足够浅）甚至可占据整个海沟。我们又一次使用克马德克海沟作为例子，对栖息于海沟内的每一类生物的最大深度进行调查后，给人的正确印象是只有 4 个类群能够在海沟最深处生存（图 11.11）。然而，有两倍的生物类群能在 8000~8500m 的深度范围内生存，该区域大约等于该海沟可栖息面积的 90%。这突出强调了尽管有许多种或目不能出现在面积很小的海沟最深处，但它们毫无疑问在海沟生态中扮演着重要的角色。因此，人们质疑只在海沟最深处采样是否具有意义，因为最深处不仅只是一个非常小的区域，而且其生物多样性也是最低的，因此它是海沟中最不具有代表性的区域。这与山区生态研究是类似的，在那儿如果只研究山顶将不会提供关于山区生态有意义的概述。

通过研究 32 个所划分生物类群的最大生存深度与各海沟、海沟断层和海槽几种生境的最大深度，可以清楚地发现许多类群能够跨越多种深渊生境（表 11.7）。例如，所有较浅海沟断层和海槽全部分别被 22 个（69%）和 20 个（63%）生物类群占据。其中，有 22 个类群能够完全延伸至超过半数的海沟最底部。在统计的 47 个不同深渊生境中，有 24 个类群能够栖息在过半数的全海深中，20 个类群能够栖息在 75% 的全海深区域。另外，每一个类群的最大生存深度仍然是目前已知的最大深度，因此这些值可能会更高。

如果海沟能积累资源的假说是正确的话（Jamieson 等，2010），那么抵达海沟最深点将是有意义的。如果正如格鲁德等人（Glud 等，2013）所预计的那样，可用食物的量在位于轴线的海沟最深处确实是增加的，那么，与现今从最深海沟的最深处报道的生物相比，在许多海沟将有范围更广的生物受惠于海沟中的这种富集。因而这也将改变所有深渊区水深范围内群落结构的概述，并再次将焦点放到单个海沟生态。

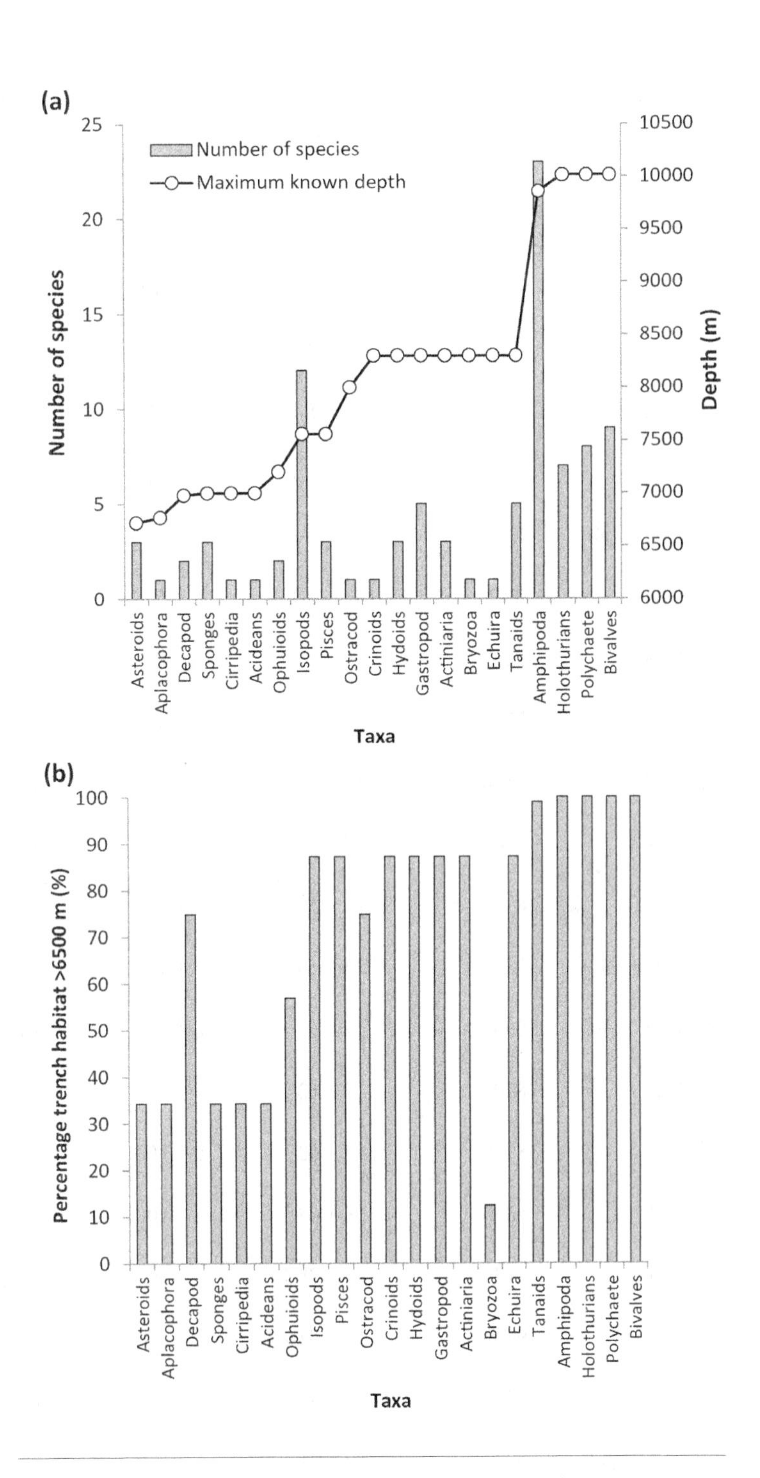

图 11.11　（a）克马德克海沟内每一类群的物种数量和最大已知深度；（b）克马德克海沟每一生物类群所占据的海沟面积。

表 11.7 每一类别的生物类群能够占据整个深渊海沟（n=27）、海沟断层（n=6）和海槽（n=13）深度的数量

类群	最大深度（m）	海沟	海沟断层	海槽	所有总和
单板纲	6354	1（4）	0（0）	0（0）	1（2）
真螨目	6850	4（15）	1（17）	1（8）	6（13）
星虫纲	6860	5（15）	2（17）	6（46）	11（23）
海胆纲	7340	8（30）	3（50）	9（69）	20（43）
皆足纲	7370	8（30）	4（50）	10（69）	21（43）
掘足纲	7657	9（33）	5（50）	11（69）	21（45）
多板纲	7657	10（33）	6（50）	12（69）	22（45）
十足目	7703	10（37）	7（50）	13（69）	22（47）
蔓足纲	7880	11（37）	4（67）	11（85）	25（53）
涟虫目	8042	12（44）	5（67）	12（85）	27（57）
鱼纲	8370	14（52）	6（100）	12（92）	32（68）
六放海绵纲	8540	16（59）	6（100）	13（92）	35（74）
蛇尾纲	8662	17（63）	6（100）	13（100）	36（77）
水螅纲	8700	17（63）	6（100）	13（100）	36（77）
糠虾目	8720	17（63）	6（100）	13（100）	36（77）
裸唇纲	8830	18（67）	6（100）	13（100）	36（79）
异足目	9174	21（78）	6（100）	13（100）	40（85）
介形纲	9500	21（78）	6（100）	13（100）	40（85）
海百合纲	9735	22（81）	6（100）	13（100）	41（87）
寻常海绵纲	9990	22（81）	6（100）	13（100）	41（87）
海星纲	9990	22（81）	6（100）	13（100）	41（87）

续表

类群	最大深度（m）	海沟	海沟断层	海槽	所有总和
钵水母纲	10000	22（81）	6（100）	13（100）	41（87）
桡足纲	10000	22（81）	6（100）	13（100）	42（89）
蛤纲	10210	23（85）	6（100）	13（100）	42（94）
珊瑚纲	10730	25（93）	6（100）	13（100）	42（94）
多毛纲	10730	25（93）	6（100）	13（100）	42（94）
腹足纲	10730	25（93）	6（100）	13（100）	42（94）
双壳纲	10730	25（93）	6（100）	13（100）	42（94）
海参纲	10730	25（93）	6（100）	13（100）	42（94）
等足目	10730	25（93）	6（100）	13（100）	42（94）
有孔虫	10924	27（100）	6（100）	13（100）	47（100）
端足目	10994	27（100）	6（100）	13（100）	47（100）

注：括号内为百分比。最大深度显示的是已知的最大深度，因此在许多情况下可能会更高。

11.6　生境异质性

1966 年，别利亚耶夫建议将深渊区分为 3 个亚区（subzones）：（1）上部区域，6000~7000m（深海和深渊过渡区）；（2）中部区域，7000~8500m；（3）下部区域，水深超过 8500m。他同时强调这些亚区之间的界限在一定程度上是依赖于海沟自身的。根据最近的研究，这些建议是非常有效的，进而引出问题即怎样更好地将海沟划分为更有意义的、更方便的生境。如杰米逊等（2011a）和藤井等（2013）所报道的，深海－深渊过渡区是真实存在的。然而，紧靠这个过渡区之上的 7000~8500m 范围可能是最具代表性的深渊群落，因为在绝大多数海沟，它代表了最大的区域并且位于深海群落影响之外。下部深渊区可能也是相关的，但许多研究显示海沟最深点的面积是很小的，并且经常是唯一的洼地区（Ponds），因此它们并不是更广泛海沟生境的代表。

上述结论的得出是在“Deeps”这个术语被正式创造出来后的 60 年（Wiseman 和 Ovey，1953），这期间围绕该术语引发了多次争议。在这个过程中，英国国家海洋底部特征委员会（British National Committee on Ocean Bottom Features）认为海沟最深点（或者一个 deep）的定义是来自形态学的观点，因此像这样的区域并不重要，因此不应该予以命名，“Deep”这个术语应该被禁止（Wiseman 和 Ovey，1953）。但是，随后在马里亚纳海沟内开展的挑战者深渊或其他 deeps 的探索很快显示“deeps”经常是高度专一的、重要的和易于确定的，至少值得将其划分为一个生态亚区以区别于更广泛的深渊环境。

当我们划分海沟时，我们需要考虑更多的因素，而不是简单地划分为海沟、海沟断层和海槽，或者仅是根据群落特征沿深度进行分层。海沟的内部异质性也是需要被考虑的。例如，海沟包含两个斜坡：大陆坡或者前弧，以及大洋斜坡。这两种斜坡很可能具有明显差异，例如前弧理论上应该有化能合成渗漏点（Blankenship-Williams 和 Levin，2009）。前弧的地质特性决定了渗漏点的存在是高度可能的，并且被许多观察所支持（Fujikura 等，1999；Fujiwara 等，2001）。另外，前弧的地质学特征导致其具有更陡的坡度，经常伴随着裸露的岩石、悬崖和陡壁。这些类型的地基和海底状况，加上明显增多的以化能合成为基础的生物群落，能够支撑的群落明显不同于同等深度大洋斜坡一侧软泥上的生物群落。

当加入食物供给的影响，整个情形将变得更加复杂。无论水深、坡度和海底环境怎样，来自表层的颗粒有机质（POM）都会沉降进入海沟。如果海沟真的是向着轴线积累食物，那么对群落的影响将随着与轴线的距离变化而变化，而与它们栖息的坡度和水深无关。食物的数量也依赖于所在的生物地理区域（Biogeographic province）（Longhurst 等，1995）、深渊区域（Hadal province）（Watling 等，2013）或者接近大陆的距离。其他额外的因素也可能是相关的，例如植物和木质碎屑输入的数量和类型（Brunn，1957），它们能够支持特定的生物类群（Wolff，1976），又或者海沟位于大型海洋哺乳动物的迁移路径之下，它们能够提供鲸鱼尸体（whale-falls）和相关动物（如 Smith 和 Baco，2003；Glover 等，2013）。然而，复杂性并未就此结束。进一步的变化可能发生在更大的尺度上，例如温带－热带区的变化（见 Belyaev，1989）、海沟被隔离的年龄以及海沟在邻近地理区域中的参与程度。

第 12 章

当前的观点

一段时间以来，科学家们已经认可了地球最深部生态系统的发现是一部有趣的历史，以及与它们相关的地质学及环境特征，生态和生物将继续对人类产生正面和负面的影响。例如，海沟由于位于海洋的极深处，曾一度被认为是一个理想的药物和放射性废物的倾倒场所（Osterberg 等，1963；Peele 等，1981；Lee 和 Arnold，1983）。幸运的是，随着现代环境保护和可持续发展的观点被应用到所有的海洋环境，这些早期的想法已经不再被提及并且被彻底抛弃了。

在更大的尺度上，近年来的一个猜想认为，俯冲过程在一定程度上能去除掉大气中的碳，而这些碳的一部分是由人类活动产生的（Nozaki 和 Ohta，1993）。尽管这种贡献对于整个地球有多大的意义仍然不清楚，但板块俯冲过程确实会对海沟附近居民的日常生活产生影响，而且这种影响大多是负面的。此外，海沟是破坏性地震和海啸的发源地，它们会毫无警告地夺走大量的生命并造成毁灭性破坏。

站在一个更正面的立场看，深渊区是我们这个星球上人类最后尚未开发的区域之一。好奇心是我们人类天性中固有的属性，它激发了我们探索未知的渴望，并追求新的知识，以了解那些与我们同在一个星球上的令人着迷的新生物。乔·麦克尼斯（Joe MacInnis）博士是 2012 年深海探险者号马里亚纳海沟考察的成员之一，在他的声明中将人类好奇心总结为“探索是一种给我们意义的力量。它由我们的好奇心驱动，并尝试了解那些隐藏在我们眼界以外的秘密”。

从更现实的角度上看，我们生活在一个未来气候不确定的时代，而海洋在调节气候方面扮演着重要的角色，这一点是毋庸置疑的。在我们面临的环境挑战还未被认识之前，美国总统约翰·肯尼迪（John F. Kennedy）就在 1961 年预言，“对海洋的认知不仅仅是为了满足好奇心，我们的生存都要由它决定”。近年来，我们已经看到了越来越多的证据证明，在海洋中（包括深渊区在内），没有一个地方不受到气候变化的影响。更令人担忧的是，深渊区代表了一个广大的，但同时又是我们仍然了解非常少的海洋生态系统，由于相关的历史信息非常少，这阻碍了我们做出正确的决策，制定未来规划。因此，尽快开展海沟探索，增加对海沟的理解，具有前所未有的必要性，虽然这个任务同时也是非常有趣的。

12.1 开发和保护

垃圾对海洋环境可能有着最明显的负面影响。塑料废物具有高度持久性和缓慢降解性，是最主要的海洋垃圾（Laist，1987；Spengler 和 Costa，2008）。据估计，全球塑料的年产量大约为 23 亿 t，其中多的 10% 最终进入了海洋（Thompson，2006）。尽管自 1988 年以来就已经禁止向海中倾倒固体废物（Annexe V，MARPOL Convention），但仍然有很多案例可以证明垃圾已经染指那些偏远的地区（如深海）（Galgani 等，2000；Barnes，2002；Bergmann 和 Klages，2012）。最深的垃圾是在水深 7216m 的琉球海沟发现的（Ramirez-LIodra 等，2011）。据非正式报道，2009 年，“海神”号下潜至挑战者深渊后，在 10900m 发现了一件雨衣（Lee，2012）。这些例子突出证明了海洋中的垃圾污染是一个全海深的问题。尽管某些形式的垃圾容易辨认（如瓶子和包），但有大量的证据显示存在更小尺寸的垃圾。这些小塑料颗粒是由更大的物体降解或者受到腐蚀而进入海水，也就是所谓的“美人鱼的眼泪”（Mermaids’ tears），它们的直径约为 5mm，甚至更小（像沙粒）。越来越多的证据显示，这两种垃圾降解物即使在深海环境中也仍然存在（Ramirez-LIodra 等，2011；Bergmann 和 KIages，2012）。

某些地形例如海底峡谷和海槽具有汇集垃圾物的趋势（“碎片捕获器”）（Galgani 等，2000）。也就是说，海沟本身就有这种天然特性，可以积累和收集沉降到它们里面的任何碎屑。此外，海沟倾向反映大陆海岸线，大陆是垃圾的发源地，与海底峡谷不同，海沟是一个封闭的系统，因此任何被它捕获的物品将不会被冲刷到附近的深海平原后进一步扩散，这些因素使得海沟的环境问题变得更加严重。截至目前，还没有关于深渊区垃圾的研究。然而，可以肯定的是，深渊区逃不出废弃塑料的魔爪，这意味着将来利用深潜器开展垃圾调查的工作是非常有可能的。

在人类不负责任地将污染物引入深渊的诸多案例中，最有代表性的是 1970 年将医学废物（主要是抗生素）倒入深渊这一事件。当时，波多黎各政府给予制药工业税收优惠，这使得位于北大西洋的波多黎各海沟成为一个主要的废物倾倒场所。废物材料被倒入离岛约 40 英里，水深 6000m 的海沟中（Simpson 等，1981）。倾倒数量是惊人的，在 1973~1978 年，有超过 387000t 的废料被倒入海沟，总重相当于 880 架波音 747 飞机（Ramirez-LIodra 等，2011）。这些医药废物对于许多海洋无脊椎动物来说都是有剧毒的（Nicol 等，1978）。

到 20 世纪 80 年代早期，这种倾倒活动终于被废止，但是随后开展的研究却发现海洋微生物已经发生了明显的变化（Peele 等，1981）。根据在倾倒现场开展的一项为期 3 年的研究，结果显示一些之前常见的细菌（如 *Pseudomonas* spp.）浓度大幅度下降，而其他细菌（如 *Staphylococcus*）的数量则有所上升（Grimes 等，1984）。此外，更大的生物如端足类（*Ampithoevalida*）由于受到废弃物影响，表现出了慢性中毒的症状（Lee 和 Arnold，1983）。

几乎在同一年代，有人严肃地提出，海沟可以当作一个合适的核废料倾倒场。这种对海沟“眼不见，心不烦（Out of sight，out of mind）”的错误观点迫使研究人员不得不写出多篇重要论文，突出强调海沟不适宜用于上述目的。安吉尔（Angel，1982）在题为“Ocean trench conservation”的论文中，指出了一个简单的事实，即海沟生物群落是孤立的，具有高度的地方特有性，即使一个快速结束的演习也能对整个海沟群落造成负面影响。此外，那个时代的科研人员对于深渊群落几乎一无所知，因此没有办法监测废物倾倒的后续影响。亚亚诺斯等提到不是每一件看不见的事情都永远不会造成影响（Yayanos 和 Nevenzel，1978）。通过分析多种深渊端足类的脂类化合物，他们发现污染颗粒物可以与甲壳类动物体内的脂类结合并致其死亡，进而上浮至海水表面。他们估计，死亡的端足类甲壳动物很可能需要一周或者确切地说不到一年的时间，就可以从 5000m 的海底上浮至表层。这种“上浮颗粒物假说”（“rising particle hypothesis”）可以解释为什么在一只夏威夷信天翁的反刍胃里居然发现了巨型深海端足类动物 *Alicellagigantean* 的残体（Harrison 等，1983；Barnard 和 Ingram，1986）。

除了直接倾倒核废料以外，通过调查放射性核素也能在深海海底发现核武器实验带来的污染（Tyler，1995）。奥斯特伯格等（Osterberg 等，1961）从来自 5000m 水深的食底泥海参体内发现了核武器来源的核素，当时推测是来自表层的浮游碎屑，但尚无法解释是通过何种途径传播的。

尽管在海沟中倾倒核废料从来没有实现规模化，但这样的事件仍然偶有发生。“阿波罗 13”号 1970 年在执行探月任务时，携带了 SNAP-27 放射性热电发电机（简称 RTG）。在这次不幸的旅程中，装有大约 3.9kg ^{238}Pu（钚）的 RTG 原本计划在完成任务后留在月球上。但当这次任务夭折后，^{238}Pu 被带回了地球，登月舱可能在大气层烧毁了，而 RTG 则被刻意抛弃在西南太平洋，据报道称它落在了汤加海沟 6000~9000m 的深度范围内。在那儿，RTG 将会在几千年内都保持放射性活性，尽管目前大气和海洋监测都没有发现核燃料泄漏的证据（Furlong 和 Wahlquist，1999）。

另一个更近的研究分析了日本海沟 7261m 和 7553m 水深的沉积物，发现在 2011 年东北大地震后 4 个月，表层沉积物内已经能够检出来自福岛第一核电站泄漏的 ^{134}Cs。放射性 ^{134}Cs 被认为是通过同期春季浮游植物的藻华而迅速沉降到海底沉积物中的，随后的沉积物扰动对这种快速下沉也有一定的贡献（Oguri 等，2013）。浮游碎屑和放射性物质的沉降速率分别为 78m/d 和 64m/d，这与切尔诺贝利核电站事故后沉降物到达黑海海底的速率相当（Buesseler 等，1990）。这些研究清晰地显示，人类活动的污染物能够非常快地到达最深部海沟群落，因此那些海沟最深部的生物群落也会受到这些灾难性事故的影响。

20 世纪 80 年代，为了抵制各种将海沟当成垃圾倾倒场的计划，人们开展了一系列保护海沟环境的努力。除了波多黎各海沟外，这些努力在主要有害行为发生之前都成功达到了目的。最初这些保护行动都只是简单的阻止，直到 2009 年 1 月，前美国总统乔治•布什正式宣布将马里亚纳海沟划为“海洋保护区”，创立了“马里亚纳海沟国家海洋保护区”（简称 MTMNM，Presidential Proclamation 8335；Tosatto，2009；图 12.1）。它是文物法（Antiqutíes Act，目的是为了保护具有历史和科学意义的区域）自 1906 年颁布以来最大的海洋保护区。MTMNM 包括大约 95216 平方英里的马里亚纳群岛的水下陆地和水域，它分成 3 个部分进行管理：岛屿单元（island unit），包括最北部三个马里亚纳群岛的水域和水下陆地；火山单元（volcano unit），包括 21 个指定的火山周边 1 海里范围内的水下陆地；海沟单元（trench unit），从北马里亚纳群岛（CNMI）的美国专属经济区（EEZ）最北部延伸至关岛领地美国专属经济区的最南部。有趣的是，美国在这一区域的专属经济区几乎囊括了整个马里亚纳海沟，但是未包括该海沟的最南端，也就是挑战者深渊所在的位置。

海沟现在被认为是独特的区域，一些负面的活动比如倾倒废物不该出现在此。另外，由于它们极大的深度，从海沟工业化地提取石油和矿产资源在商业上还不可行，因此在可以预见的将来，深渊区还不会受到人类活动的直接冲击。然而，气候变化确确实实地影响了整个海洋环境（包括深渊区）。像所有其他的深海环境一样，海沟会通过颗粒有机物的垂直输送，与上部水体相联系。气候变化和人类活动，例如海洋施肥，将会改变表层水体向深海输送食物的格局（Smith 等，2006）。这种格局的变化会显著改变深渊生态系统的结构、功能和多样性，因此尽快开展气候变暖和海洋施肥对整个海洋环境（包括最深点）影响的全球性评估刻不容缓（Smith 等，2008）。

据推测，大气 CO_2 含量的上升和气候变化将影响深海海底（Ruhl 和 Smith，2004；Smith 等，2008）。大气和上层海洋的变暖（归结于人类影响）以及海洋分

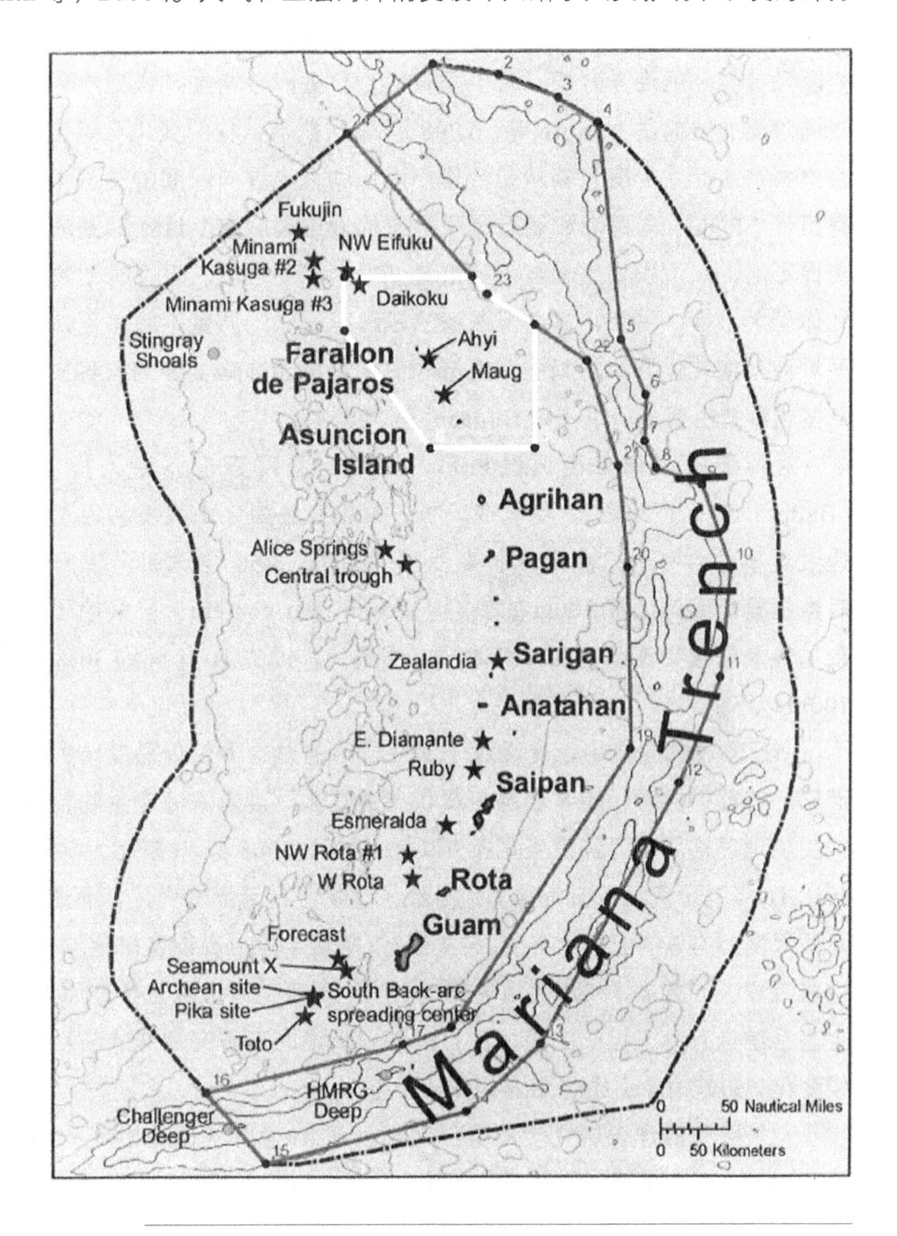

图 12.1　马里亚纳海沟国家海洋保护区地图，显示了专属经济区（EEZ；虚线），岛屿单元边界（白线），海沟单元边界（灰色实线）和活跃的热液喷口（星号）。图片由来自 NOAA 渔业海洋国家保护区项目的瓦蕾沙·布鲁克（Samantha Brooke）提供。

层，同时结合上升流减弱，可能会改变深海生态系统，从硅藻和大型浮游动物占统治的群落结构（具有较高的输出效率）到超微型和微型浮游动物占统治的群落结构（具有较低的输出效率），都可能受到影响（Smith 等，2008，2009）。全球变暖预计会加强海洋分层，减少垂直混合，进而会增加初级生产力的变化，并改变向深海的碳输送（Smith 等，2008）。表层群落结构的变化可能会削弱整个初级生产力，从而减少有机碳从光合作用活跃的真光层向深海的输送，最终降低颗粒有机碳（POC）向海沟和邻近深海平原的输送量。这个过程对深海有着一系列的负面影响，如沉积物生物群落耗氧量、生物扰动强度、无脊椎动物类群的生物量和体型大小等。另外，输送至深海的颗粒有机碳的质量下降（例如由硅藻向超微型浮游生物转化导致的脂肪酸组成的变化）将会影响食物的营养质量，进而改变一些物种的生育成功率（如 Hudson 等，2004）。

对海洋的全球分析已经显示，深海水温度正在以令人担心的速度上升（Balmaseda 等，2013）。尽管在分析过程中，诸如火山喷发和厄尔尼诺现象等快速致冷事件会不时打断海洋长期变暖的趋势，但是全球海洋依旧在变暖，且更有数据显示海洋上部 300m 的热容（Ocean heat content）已经趋于稳定，说明其余的热量是被更深部的海洋吸收了。据统计，过去 10 年间约 30% 的增温发生在 700m 以下的水体。

在已发表的论文中，变暖对于深海群落的影响不仅仅是简单的理论模型推导而已。有数据显示，随着表层海洋状态的变化，当前深海宏生物群落结构在广阔的生物地理格局上已经发生了改变（Ruhl 等，2008）。对东北太平洋 4100m 深处长达 10 年的研究显示，气候变化导致了食物可利用量的变化，而这与季节性和年际间尺度上的总的宏生物丰度、种类组成、等级丰度分布以及矿化作用都密切相关。这些气候、上层水体和深海地球化学之间的显著关联证明了整个深海（包括海沟）生态系统具有令人担心的脆弱性，更进一步说明当研究海洋的长期固碳能力和气候变化的影响时，必须将海洋视作一个整体。

大气层和海洋表层变暖趋势已经出现了 40 多年（Smith 等，2009），然而受限于对深海长期观测活动的缺乏（Ruhl 等，2009），我们当前对深海的变暖趋势的认识仍然很不完整。我们非常缺乏深海长时间尺度的数据，在全球也仅有少数几个站位。而对于深渊区，相关的数据更是一片空白。因此，我们非常有必要开展深渊群落长期稳定性的调查，这些群落是非常罕见的，而且具有潜在的高度地区特异性。

随着深渊区保护行动的持续开展，以及对深渊科学问题的更加关注，会对处于原始状态的深渊环境带来何种深入影响仍然不清楚，这有赖于科学家们的努力工作。

2012 年，备受关注的深海探险者号载人潜水器成功下潜至挑战者深渊。受其影响，各种评论和文章都报道了这个令人兴奋的技术进展，不断提升的海下作业能力以及正在拓展的科学研究能力为接触地球最深处铺平了一条前所未有的新道路（如 Burton，2012；Lutz 和 Falkowski，2012）。然而，哈特曼和拉文（Hartmann 和 Levin，2012）强调，这些都意味着海洋最深处不再是孤立于人类活动范围之外。例如，他们报道了来自汤加海沟的深渊端足类的胃含物里面含有牛的 DNA（Blankenship 和 Levin，2007），推测这可能是来自轮船厨房的丢弃物。在挑战者深渊发现的雨衣（Lee，2012）也证明了人类离海洋深处是如此的近。此外，科学家也强调指出，从现在到将来有一点十分重要，那就是在开展深渊科学探索的同时，必须保护这些目前还处于原始状态的环境。

随着科学仪器使用的持续增加，更多因事故丢失的设备、抛载物及其潜在带入的外来细菌都可能在深渊积累。像这样的积累需要更多的关注，譬如，挑战者深渊特别令人担忧的是，它可能会像海拔最高的珠穆朗玛峰一样被人类的丢弃物所覆盖（Karan 和 Cotton Mather，1985；Panzeri 等，2013）。

12.2　在海沟阴影下生活

截至目前，深渊区对人类的最大影响集中在海沟本身的地质不稳定性。这些不稳定性展现出来的是不可预计的，经常是具有破坏性的地震，而且常常紧跟着破坏力可能更大的海啸。尽管俯冲带导致的地震级别可能非常高，但通常是地震导致的海啸具有最大的破坏力和杀伤力。近年来，地震带来的巨大破坏从来没有被人类遗忘，包括 2004 年的苏门答腊 – 安达曼地震（爪哇海沟）、2010 年的智利考古内斯地震（波多黎各海沟）以及 2011 年日本东北地震（日本海沟）。

苏门答腊 – 安达曼地震发生于 2004 年 12 月 26 日，位于苏门答腊西海岸海域，震级为里氏 9.1~9.3 级（Lay 等，2005）。这次地震起源于爪哇海沟，印度洋板块从这里俯冲到缅甸板块下面。地震引起的海啸极具破坏力，它掀起了高达 30m 的海浪，横扫印度洋海岸，导致 14 个国家的 28 万人死亡。这是有记录以来的第三大地震，持续时间非常长，有 8.3~10min。

2010 年 2 月 27 日，一次震级为里氏 8.8 级的大地震发生在智利中部海域，靠近第二大城市康塞普西翁的东北部。这次地震是自 1900 年世界范围内有地震记录以来的第五大地震，包括 100 多次 5.0 级以上的余震（Beittel 和 Margesson，2010）。地震和随后的海啸（在地震 20min 后袭击了智利沿岸）给沿海地区造成了极大的破坏。官方统计的死亡数字超过了 500 人，估计有 20 万间房屋严重损毁或倒塌，另有约两百万人受到地震的影响。

2011 年日本海域东北大地震（震级里氏 9.0 级）被认为是由于一个断层断裂延伸至日本海沟俯冲带较浅区域所致，其位置接近北纬 38.322°，东经 142.236°（Fujiwara 等，2011）。这次事件共造成大约 2 万人死亡或失踪，海啸侵入面积大约 560km^2，涵盖日本东北海岸超过 35 个城市（Ando 等，2012）。日本气象机构观测到 666 次震级超过里氏 5.0 级的余震（Oguri 等，2013）。尽管这是一次超乎寻常的大地震，但是有历史可鉴，这个地区屡次遭受地震袭击，像日本这样对地震随时待命的国家仍然受到了地震和海啸的严重破坏，这告诉我们必须防备每一次地震的发生（表 12.1）。

表 12.1 过去 100 年间日本主要的大地震和死亡率小结。（平均震级为里氏 7.5 级，总的死亡人数为 180468 人）

日期（年 / 月）	震级（M_w）	地震名称	死亡人数
1923/09	8.3	关东大地震	142800
1927/03	7.6	北丹后地震	3020
1930/11	7.3	北伊豆地震	272
1933/03	8.4	三陆地震	3000*
1943/09	7.2	鸟取地震	1083
1994/12	8.1	东南海地震	1223*
1945/01	6.8	三川地震	1180
1946/12	8.1	南海道地震	1362

续表

日期（年 / 月）	震级（M_w）	地震名称	死亡人数
1948/06	7.1	福井地震	3769
1952/03	8.1	北海道地震	28
1964/06	7.6	新泻地震	26
1968/05	8.2	十胜地震	52*
1974/05	6.5	小笠原半岛地震	25
1978/06	7.7	宫城地震	28
1993/07	7.7	北海道地震	202
1994/12	7.7	三陆远海地震	3
1995/01	7.2	阪神大地震	6434
2001/03	6.7	芸予地震	2
2005/10	6.9	新泻地震	40*
2007/07	6.6	新泻远海地震	11
2008/06	6.9	岩手地震	12
2011/03	9.0	东日本大地震	15883*
2011/04	7.1	宫城县余震	4
2011/04	7.1	福岛余震	6
2012/12	7.3	釜石地震	3

注：* 表示有海啸发生。

在日本海域东北地震后的几个月，科研人员研究了为什么会有这么多人在灾难中死亡，得到如下结论：（1）日本政府预测的东北地区地震震级和危害性远小于实际发生的地震；（2）最早的海啸警报低估了实际的海啸高度；（3）先前多次预报的海啸高度偏高影响了居民的预防行为；（4）一些当地区民相信有防波堤的存在，只会发生轻微的泛滥；(5)许多人不知道海啸是怎样发生的，因而没有采取恰当的防御措施（Ando 等，2012）。由此，研究人员得出结论，其实许多死亡都可以避免，它主要是由当前的地震科学和技术低估了海啸的高度、预警系统运行失效以及防波堤的强度和高度不够造成的。考虑到日本拥有世界上最好的海啸预警系统和疏散机制，这些结果非常令人惊讶。在全球尺度上，尽管估计地震危害的方法越来越成熟，但是因地震而死亡的人数仍然在持续上升（Bilham，2013）。

在全球尺度上，地震导致的伤亡人数随着世界人口增长而上升，服从一个非平稳泊松分布，即比率与人口成比例（Holzer 和 Savage，2013）。尽管抗震工程有超过 100 年的历史（Tobriner，2006），并且地震预警也更加成熟，但如果不计 1556 年的陕西华县特大地震，过去十年是因地震死亡人数最多的十年（Bilham，2013）。霍尔泽和萨维奇（Holzer 和 Savage，2013）预计 21 世纪死亡人数过万的地震次数将继续上升，如果 2100 年世界人口能够达到 101 亿，死亡人数超过 10 万的地震次数将为 8.7±3.3 次，死亡人数超过 5 万的地震次数为 20.5±4.3 次，而这两个数据在 20 世纪分别为 4 次和 7 次。根据 1900 年后灾害性地震的平均死亡数字（193000 人），他们还估计 21 世纪全球死亡的人数将超过 250 万。自 2000 年以来，地震已经夺去了 63 万人的生命，近年来地震造成的损失总量超过了 3000 亿美元，这其中很大一部分是工业国家重建的花费（Bilham，2013）。如果地震发生在世界超大城市附近，那么一次地震的死亡人数可能达到前所未有的 100 万人（Bilham，2009）。一个最好的例子可能是东京，大东京区的人口超过了 3500 万，平均密度为 2629 人/km^2。虽然东京有着世界上最成熟的防震建筑，但由于东京位于三个板块的交叉点上（位于日本海沟、伊豆-小笠原海沟和琉球海沟之间），这种地震危害仍然显得非常严峻。

除了建筑物破坏和直接的伤亡外，地震的余波也能够影响到人类的整个日常生活，从健康下降（Daito 等，2012）到房价下跌（Naoi 等，2009），甚至导致受灾最严重区域附近男性出生数量的减少（Catalano 等，2013）。后者的研究发现震后男性出生比例降低了 2.2%，这被认为是由于在高压期内，男性的睾丸素更少，进而降低了男性精子的质量造成的。

在那些接近俯冲带的国家里，它们应对风险的能力也是不同的。发达国家（如日本）在预警系统和疏散机制上明显高度领先，而许多欠发达国家则缺少这些系统、机制和防震建筑。比尔汉姆（Bilham，2013）认为发展中国家显著的地震死亡人数可归于三个因素：贫穷、腐败和无知。造成某些国家脆弱性的另一个原因在于防震建筑仅限于富人社区和政府部门，而最脆弱的民众却没有获得同等保障。接近海沟的沿海国家(特别是太平洋边缘的)必须充分意识到地震的潜在危害和破坏，因为这些地震可能会毫无警告地迅速发生。总之，生活在深渊区阴影下是一件冒险的事情。

当然，并不是所有的地震都起源于深渊海沟，一些地震是来自于断层、较浅的俯冲带和板块内部，但是统计显示有很大比例的地震是来自深渊海沟的破坏性影响。事实上，英格兰和杰克逊（England 和 Jackson，2011）注意到最大的地震死亡数字并不是来自高震级的地震（$M_w > 8$），而是来自相对中等级别的地震（$M_w < 7.5$），特别是那些来自板块内部的。近年来，一些起源于板块边界（如深渊海沟）的大地震（$M_w > 8$）造成了巨大的破坏，但是如果它们没有引起海啸的话，并不会造成大量的人员伤亡，例如，2011 年的东北地震（爪哇海沟）和苏门答腊 – 安达曼地震或者节礼日（Boxing Day）海啸（爪哇海沟）。

为了真正理解震级较大的地震所蕴含的能量，可以参考下面的数据：苏门答腊 – 安达曼地震导致地球质量出现迁移，能量得到充分释放，甚至轻微改变了地球的自转。理论模型表明地震使得地球的扁率下降，导致一天时间缩短了 2.68 μs（Cook-Anderson 和 Beasley，2005）。类似的，同时期的大众媒体也报道了日本东北地震改变了地球的轴长（10~25cm），由于重新分配了地球的质量导致一天缩短了 1.8 μs。

12.3 公众的观点

从积极的方面看，人类总是被那些处于极端和不利条件下（如海沟）仍可以生存的动物所吸引（Larsen 和 Shimomura，2007a）。这种公众固有的好奇心可以很容易地通过在线分析工具检索网页统计了解到。例如，媒体报道的一些事件，譬如那些与海沟相关的，可以通过网页上的关键词得到确认（例如 Google Trends，www.google.uk/trends），这充分反映了它们对人类好奇心的影响。网站服务能够提供关于关键词或者词组的相对检索量信息。当检索“Mariana Trench”“Deepest Fish”和“Japan Trench”等词组的搜索量分布时，可以明显证明海沟相关事件的影响力（图 12.2）。例如 2012 年 3 月，詹姆斯 · 卡梅隆下潜（James Cameron’s dive）挑战者深渊期间和随后的几天，2008 年 10 月宣布拍摄到最深的活鱼后，以及 2011 年 3 月日本东北地震发生之后，搜索这些相关词明显

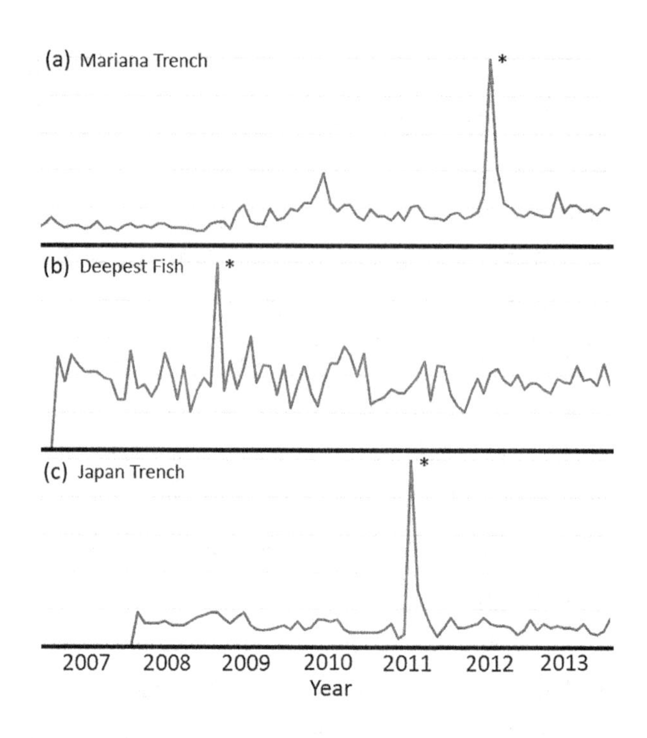

图 12.2　谷歌 Goggle Trends 显示的 2007 至 2013 年，关键词（a）“Mariana Trench”，（b）“Deepest fish”和（c）“Japan Trench”相对搜索量的变化。每张图的峰代表了一次关于深渊区的媒体事件（星号表示），其中（a）是詹姆斯·卡梅隆 2012 年 3 月下潜挑战者深渊，（b）是媒体发布 2008 年 10 月在克马德克海沟 7703m 处拍到最深的活鱼，（c）是 2011 年 3 月东北地震发生后。

出现了几个大的峰值。其他的互联网址如 www.youtube.com 也能够监测到公众对海沟话题的兴趣，通过这个网站，2008 年“拍摄到最深处活鱼”的录像在 5 年里被浏览了 5179620 次。一个新的消息（“在克马德克海沟 7000m 处发现超级大的端足类动物”）24h 内在 BBC 新闻网址上被点击了 1443057 次，在两天内点击量超过 200 万。另外，上面这两个故事以及詹姆斯·卡梅隆下潜挑战者深渊都受到了大量的国际媒体关注，这进一步说明了公众对海沟具有浓厚的兴趣。

同样有数据表明，大众对于这个话题的兴趣不是被动的浏览新闻。相反，有很大比例的互联网用户是主动搜索网络百科全书，如 Wikipedia（维基百科），来获取进一步的信息。Wikipedia 文章流量统计能通过 www.grok.se 进行评估，对于上面提到的三个事件，在新闻报道或者事件后同样显现出明显的峰值（图 12.3）。对詹姆斯·卡梅隆下潜搜索“Mariana Trench”（马里亚纳海沟）或者“Challenger Deep”（挑战者深渊）的日点击量在下潜当天从平日的 1000~3000 次猛增到 48000 次。同样的，最深鱼的故事浏览“Snailfish”（狮子鱼）页面的数量从每天

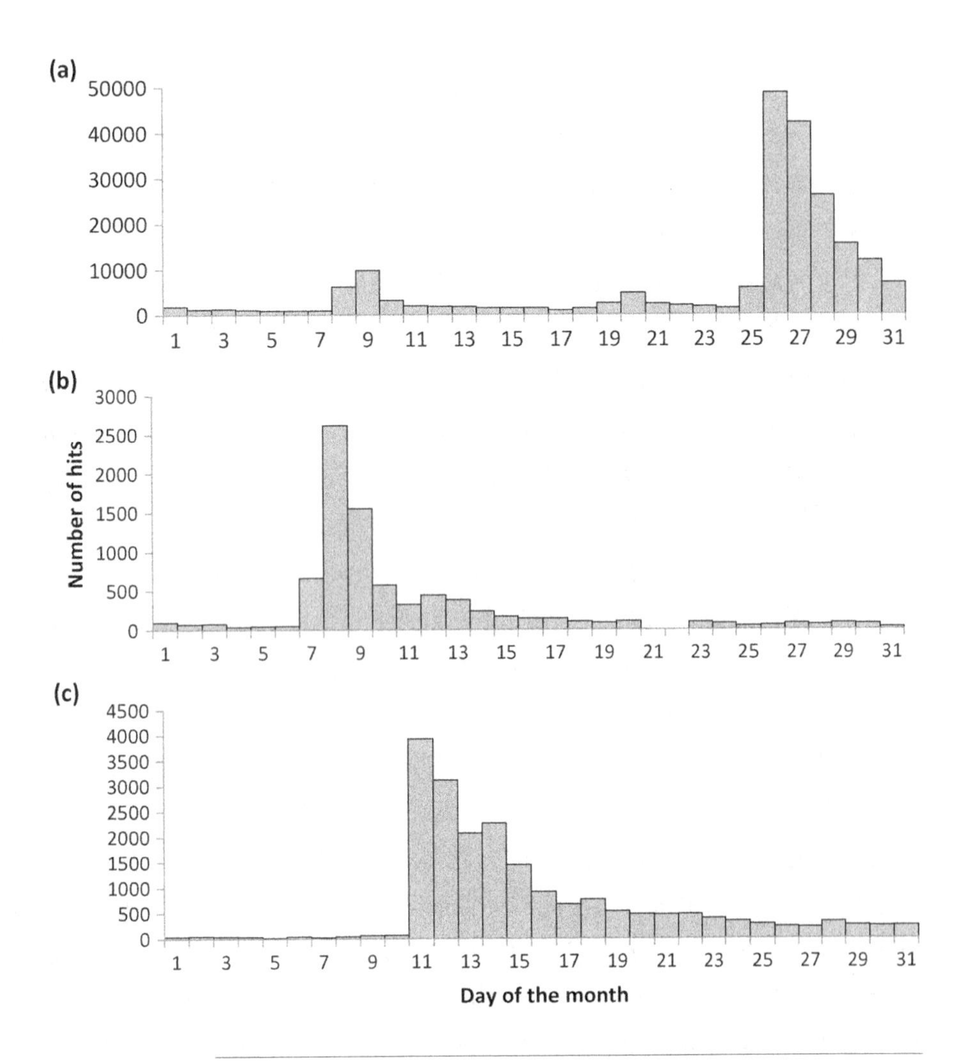

图 12.3　维基百科关于 3 个事件发生月的每日点击量统计，分别为（a）詹姆斯·卡梅隆的马里亚纳海沟下潜（2012 年 3 月 28 日；Wiki page: Mariana Trench），（b）曾经观察到最深处的鱼，HADEEP 项目媒体发表，2008 年 10 月 8 日（Wiki page: Snailfish），（c）日本东北地震，2011 年 3 月 11 日（Wiki page: Japan Trench）。

100 次增加到 2600 次，而 2011 年日本地震后，“Japan Trench”（日本海沟）网页的日点击量也从 20~50 次上升到接近 4000 次。在其他的故事中比如，“Supergiant amphipod in the Kermadec Trench”（克马德克海沟超大端足类），“Amphipod”（端足类）网页的点击量从每天 50~75 次增加到 1000 多次。在发现超大端足类和最深鱼的事件中，百科全书网页并不是特别针对新闻标题，而是分别属于一个一般性的输入词“Amphipods”和“Snailfish”。这些网页的点击量意味着用户的好奇心已经被充分地激发出来，并积极地寻找更多关于海沟或者海沟动物这样一般性话题的信息，因此，最初的故事能够促进公众对某一话题的深入教育。所以可以说，来自极端环境（如深渊海沟）的故事是与大众领域相关的，能激发公众的兴趣并激励他们更加广泛地学习。

对于深海探险的新闻故事，公众的反应总体上是正面的，但总有一些例子会导致多元化的观点。一个很好的例子是詹姆斯·卡梅隆下潜挑战者深渊。2013 年 6 月，美国国家地理杂志（*National Graphical*）发表了题为“New explorers”（新探险者）的封面故事，以卡梅隆自己为封面人物。这篇文章主要记述的是卡梅隆在马里亚纳海沟下潜挑战者深渊。之后，作为对这篇文章的反馈，该杂志在 2013 年 10 月的一期中，发表了好几封公众的来信。第一封信来自一位男士，他于 1967 年乘坐美国海军米克国号（*Meeker Country*）从关岛到越南。当得知正在穿过地球最深海域时，他决定从轮船的一侧扔下一个锤子。这封信是以诙谐的方式写的，在信中他问卡梅隆能否发现那个锤子，如果能的话，可否把它还给美国海军。有人感到疑惑，为什么在那样的情境下，第一本能反应是如此鲁莽地漠视这样一个原始环境，同样的反应是否会发生在地球其他尚未开发的环境。第二封赞扬了卡梅隆在职场取得的成绩，包括从挑战者深渊发现“先前不知道的微生物”，这可能会“给我们提供生命起源的线索”。这是非常令人担忧的，因为其他一些人也可能会根据这次深潜的报告得出同样的论断，像这样对个人高度刻画的描述可能会损害到历年开展过的各类科学研究。尽管载人潜水器第一次到达挑战者深渊并没有贡献任何科学发现（Jamieson 和 Yancey，2012），卡梅隆的单人下潜与许多其他的研究也几乎没有任何联系，但是仍然留给公众一个错觉，那就是挑战者深渊是个从未被探索和了解的区域。然而事实上，过去 30 多年间已经从这一区域发表了相当多的研究结果（例如 Yayanos 等，1981；Kato 等，1997，1998；Takami 等，1997；Nogi 和 Kato，1999；Fang 等，2000；Akimoto 等，2001；Todo 等，2005；Pathom-aree 等，2006；Gooday 等，2008；Kitazato 等，2009；Kobayashi 等，

2012)，以及“维塔兹”号考察所用的四个深度大于 10000m 的底层拖网（Belyaev，1989），无人遥控潜水器“海沟”号（Takagawa 等，1997；Mikagawa 和 Aoki，2001)，混合型潜水器“海神”号（Bowen 等，2009b)，生物地球化学着陆器（Glud 等，2013）以及海洋系统等（Taira 等，2004，2005）。另外，研究人员正在应用生物技术研究挑战者深渊沉积物中发现的天然产物（Abdel-Mageed 等，2010）。这种错误认识突出强调了一种潜在危险性，即高调的和高影响力的事件（如深海探险者号）会掩盖和低估科学作业已取得的诸多成果。追求耸人听闻的探索故事会增加公众的探索意识，但也存在一种危险性，即会阻止而不是促进科学事实向公众的传播，即使通常这些故事并不容易被公众消化。第三封信批评了潜水器不得不在深渊抛下 1072lb（486kg）的压载铁，而肯定了卡梅隆提出的“应该保持海沟的原来状态”。第四封信是极其热情的，读了这篇文章后给人留下一种想要开展更多深渊下潜的感觉。这四封信代表了对同一个故事不同的、但是最正常的观点和反应，这也是为什么美国国家地理杂志选择发表的原因，但最重要的是，看到这么多人谈论地球最深处是深受鼓舞的。

12.4　极端环境下的生命

极端环境定义为“环境参数显示出的值长期接近于已知各种形式生命生存的下限或上限”（Rothschild 和 Mancinelli，2001；Amils 等，2007）。研究极端环境下的生命是一个过去十年才开始探索的科学领域，目前已经出版了好几篇极端微生物的综述和若干书籍（Madigan 和 Marrs，1997；Horikoshi 和 Grant，1998；Horikoshi 等，2011），并发起了好几个合作基金项目，比如美国国家自然基金（NSF）、美国宇航局项目（NASA）– 极端环境生命和太空生物学（Life in Extreme Environments，Exobiology and Astrobiology）以及欧盟生物科技 – 极端微生物及其细胞工厂（Extremophiles and Extremophiles as Cell Factories）（Aguilar 等，1998）。2003 年，欧洲科学基金委（ESF）发起了一个新的研究来支持研究极端环境“Investigating in extreme environment（ELFE）”。2005 年，第一届多学科研讨会的主要结论是需要一个更协作化的途径来增加未来这个领域内研究基金的资助机会。这也直接促进了 2008~2010 CAREX 项目的诞生（Coordination Action for Research activity on life in EXtreme environments；

Ellis-Evans 和 Walter，2008）。CAREX 主要是处理欧洲范围内与“极端环境生命研究”相关的合作事务，它包括来自 24 个国家的 60 名欧洲和非欧洲合作伙伴。对于“极端环境下的生命研究”，它包括了各种海洋、极地和陆地极端环境以及太空中的微生物、植物和动物。在许多其他的海洋和非海洋生态系统中，深渊区被 CAREX 选为针对高压这一特征的模型环境（CAREX，2011）。然而，深渊区也可以放置在其他具体特征的分类下面，如寡营养（冷泉和热液）、极端变化性（像海山）和可能的新分类（地震不稳定性）。根据 CAREX 定义，深渊极端环境的分类总结在表 12.2 中。

研究极端状态下的生命，比如高压，对于理解一个新兴科学领域（深部生物圈）也是有意义的（Jørgensen 和 D’Hondt，2006；Huber 等，2007）。深部生物圈是海底以下的生境，有研究发现原核生命能够在海底以下数百米的地方存活（mbsf；meters below sea floor）。怀特曼等人（Whitman 等，1998）认为，深部生物圈可能含有地球上三分之二的原核生物总量，尽管这种估计有一定程度的争议（Jørgensen 等，2012）。鲁塞尔等人（Roussel 等，2008）提供证据表明在海底 1626m 深的沉积物中有活的原核生物细胞，年龄为 0.46 亿 ~1.11 亿年，生活在 60~100℃的温度内。该研究表明，古菌能够进行甲烷厌氧氧化（AOM），并且是一个新的高温热球菌目的新类群（*Pyrococcus* 和 *Thermococcus*），它能利用热能作为能源，在深部和高温沉积物中占优势地位。关于深部生物圈的范围仍然存在争议，譬如鲁塞尔等人（Roussel 等，2008）与海因里希和稻垣浩（Hinrichs 和 Inagaki，2012）之间的争论，但是更重要的是，即使有一天运用各种技术最终达到了想要的深度，我们会发现生命仍然能够存在于更深的深度。如果继续研究生命存活的最极端环境，那么我们会对这个星球上的生命有更多的理解。

理解极端环境参数下生命的演化和存在将有助于确定生命存在的边界。这可能会让我们可以了解在特定环境压力下生物演化的特性，进而帮助我们理解地球生命和潜在的外星生命的生态和演化（Allwood 等，2013）。极端环境及其生命的发现使得我们探索外星生命更加合理（Allwood 和 Mancinelli，2001），甚至有支持“胚胎说”（panspermia），即生命是从一个星球转移到另外一个星球的（Nicholson 等，2000；Wickramasinghe 等，2013）。

表 12.2 CAREX（2011）选择的模型海洋环境和它们的具体特征，包括深渊区和其他海洋的对照。

	酸性	碱性	盐度	无氧 / 低氧	极端温度	寡营养	高压	高辐射	有毒化合物	极端变化	无规律能量	地震不稳定性
冷泉				×	×	×	×		×	×	×	
热液	×	×		×	×	×	×		×	×	×	
高盐湖	×		×	×	×		×	×	×	×	?	
海山										×	?	
南极陆坡					×							
峡谷							×			?	×	
深渊海沟						*	×			**		***
氧气最小带				×					×			
近海盐湖			×	×				×				
内陆盐湖			×	×				×				
潮间带			×					×		×		

注：这个根据 CAREX（2011）进行了修改，增加了 * 海沟应该被考虑成寡营养的，特别是冷泉和热液已经被确认的；** 毫无疑问，极端变化性在冷泉、热液和海山是极高的，特别是在地区特有性、食物供给、尺寸和环境设置等方面；和 *** 增加了地震不稳定性作为一个具体特征（Oguri 等，2013）

12.5 生物勘探和生物技术

极端微生物的发现也激发了生物技术产业的极大兴趣。海洋环境当前成了微生物多样性研究的热土，而它们之前很少由于生物技术收益而被利用（俗称蓝色生物技术；DeSilva，2004），尽管初期的工作已经显示了巨大的潜力（Aertsen 等，2009；Blunt 等，2009；Fang 和 Kato，2010）。极端深海生境比如深渊海沟，以及极地区域、氧气最小带和高盐湖泊都被认为可能是先前未知的新型生物化合物的储库，而这些化合物可能对于医药和生物技术都非常重要（Rittman 和 McCarty，2001）。然而，深海生物资源的商业潜力很少被意识到，离真正实现商业价值也很遥远（Abe 和 Horikoshi，2001）。

海洋生物技术的潜力直到现在才被认识到，当前它的全球市场总价值约为 24 亿美元，并预计每年会有 10% 的增长（Allen 和 Jaspars，2009）。欧盟将它描述成为“最令人兴奋的科技领域之一”，英国海洋工程科学和技术研究所（IMarEST）则将海洋描述成为“等待开拓的生物技术领域”，并认为有潜力“将海洋生物技术产品用作抗癌药物”（Anon，2007）。

深渊海沟内的高压和低温环境可能会成为新型化合物的储库，而这些化合物对于当前医药界来说还是未知的。随着探索和分析技术的最新进展，研究人员发现了许多细菌群落，它们通过对环境压力的生理适应，演化出新的生物活性化合物。这些化合物的特性和应用潜力还没有被充分认识到（Allen 和 Jaspars，2009）。研究海洋天然产物（MNPs；Marine Natural Products）已经成为一个多学科的国际合作项目，相关科学家来自医药学、化学生态学和化学基因学，并形成了一个统一的术语“生物勘探（Bioprospecting）”。

尽管生物勘探可能被肤浅地理解为深海开发，因此具有消极的内涵，但它仍然处于一个婴儿期，有机会在深渊区发现新的天然产物，这预示着能发现许多对人类生活和栖息环境有积极作用的成果。目前，大约有 20 个（浅水）海洋天然产物作为抗癌药物进入了临床开发阶段，还有许多化合物正在等待治疗疼痛和各种神经紊乱，以及肺结核、艾滋病、痢疾和许多其他疾病的测试（Mayer 等，2010；Querellou 等，2010）。

所有的极端微生物譬如嗜热菌、嗜冷菌、嗜酸菌及嗜碱菌，当然还有嗜压菌，已经或者正在引起生物技术产业的巨大兴趣（Simonato 等，2006）。由于嗜压菌难于在实验室培养，发展嗜压菌的生物应用技术比较缓慢。西莫纳托等人（Simonato 等，2006）描述了一系列潜在的探索路线，譬如，深海细菌具有合成 ω-3 不饱和脂肪酸等化合物（PUFA）的能力。这些 PUFAs 被认为有益于降低心血管疾病的风险（Nichols 等，1993）。类似的，对于食品工业来说，合成这些化合物的酶可以转移到更多适合的生物体中，达到增加这些化合物产量的目的。

截至目前，已经报道的来自深渊生物的化合物不到 10 个（Arnison 等，2013），最近，又有 12 个化合物从马里亚纳海沟沉积物的耐压细菌中被分离出来（Abdel-Magreed 等，2010）。最新的证据显示，马里亚纳海沟沉积物中的耐压细菌能够合成具有生物活性的、罕见的次级代谢产物，这些化合物具有很强的抗锥虫行为（M. Jaspars，未发表数据）。海沟生物的代谢活性随着静水压力表现出明显的变化。探索高压低温极端环境有可能发现一些新的微生物，它们与目前在其他环境中发现的微生物不属于同一进化支，从而增加了发现有效和有选择活性的新化合物的可能性。

12.6 未来的挑战

理解海洋多样性的分布是我们朝着高效和可持续管理海洋生态系统迈进的关键一步（Webb 等，2010）。海洋保护目前存在着一个悖论：我们需要以最大的紧迫感来评估和保护海洋环境，但同时我们对海洋的了解又非常少（Holt，2010）。这个问题在深渊区显得特别突出，我们对深渊区生态的基本理解远远落后于近海和浅海这些容易接触的区域。毋庸置疑，“全球海洋保护”要从海气界面直到最深的海沟。在过去，由于普遍认为浅水环境对人类日常生活有更大的影响，海洋研究主要聚焦于这些区域。令人遗憾的是，直到现在仍然有一种观点认为深海是遥远而神秘的环境，与人类每天的生活关系不大。

为了解决这个问题，近年来通过国际合作，譬如海洋生物普查（Census of Marine Life；www.coml.org），大大提升了我们对特定区域和生境海洋环境多样性的理解（Snelgrove，2010）。然而，尽管这个为期 10 年的项目包括了深海平原、北冰洋、南极海域、陆架边缘和大陆架、珊瑚礁、大洋中脊、海山、热液和冷泉，但它并没有包括深渊海沟，因此海沟与其他海洋环境的认知差距反而变得更大了。

不管怎样，近十年对深渊区的研究已经有了明显的增加。在汤森路透（Thomson Reuters）公司开发的搜索平台“Web of Knowledge”（Http://wok.mimas.ac.uk），使用“hadal”（深渊）这个术语在线搜索同行评议的学术论文，从 1956 年至 2013 年共列出了 143 篇论文（图 12.4）。在最初的 40 年（1956~1996 年）里，发表了 61 篇关于深渊生物的文章（占总数的 43%）。而在过去 10 年里（2002~2012 年），出现了 58 篇关于“hadal”的论文，占所有发表的深渊论文的 41%。关于深渊的论文在 2009~2010 年发表最多（每年 9 篇）。尽管这类研究的增加令人鼓舞，但仍然远远落后于浅水区类似的工作，譬如，使用“abyssal”（深海）进行同样的搜索可以得到 1359 篇论文，使用“hydrothermal vent”（热液喷口）可得到 1605 篇论文，使用“seamounts”（海山）可以得到1275篇论文，而使用“continental slope”（大陆坡）和“continental shelf”（大陆架）可以分别得到2528篇和5026篇论文。上述这些数字截至2013年9月。

韦伯等人（Webb等，2010）编撰了包括约700万海洋生物地质参考记录的词条，这些都记录在海洋生物地理信息系统（Ocean Biogeographic Information System；OBIS）中，用于提供一个全球海洋多样性的三维地理分布概况。这个工作清晰显示了深海采样工作的不足，特别是下部深海区。这个工作强调了由于深海区的体积超大，造成该区域采样严重不足。这个担忧也成为他们结论的焦点。然而，作者在某种程度上完全忽略了深渊区，这可能是由于深渊区较小的覆盖面积，但是它们却有极大的深度范围。

在不远的将来，挑战主要来自于两个方面。首先是技术的挑战：怎样才能开发一个低成本、紧凑且创新性的方法，并通过这个方法到达最大的深度，开展多

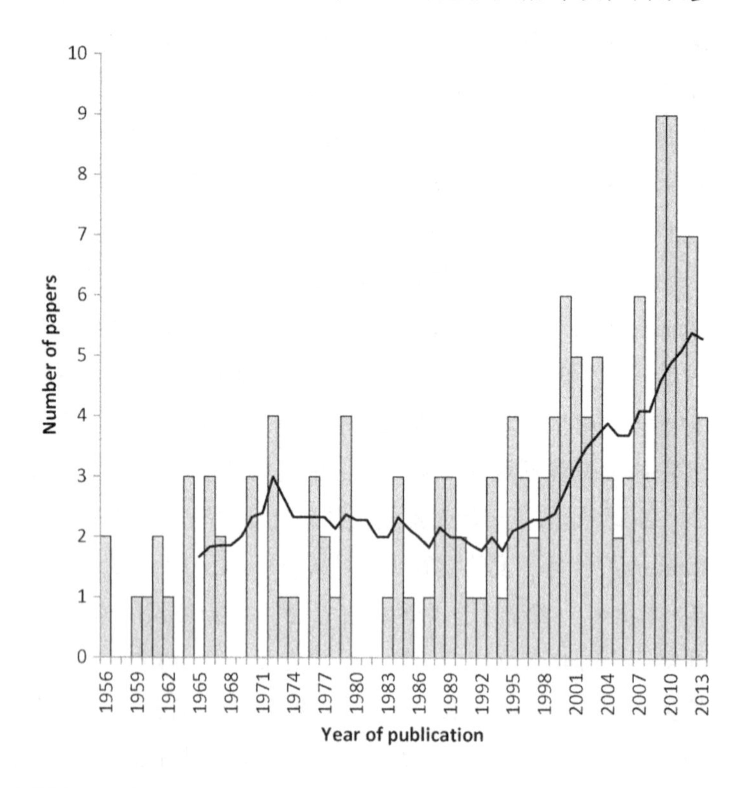

图12.4 在汤森路透（Thomson Reuters）公司“Web of Knowledge”（2013年9月）上使用搜索单词“Hadal”查询1956~2013年经同行评议发表的学术论文。黑线代表了10年的滑动平均。

学科观测和实验任务，包括长期监测（Jamieson 和 Fujii，2011）。这可能会在某个时间实现，正如在浅海区域出现过的一样，工程师和设计者在研发全海深作业工具时，由于经济紧张的压力，对大型深海潜水器平台（譬如无人遥控潜水器，载人潜水器和自助式水下机器人）的依赖性降低（Monastersky，2012），这个时候就有可能实现。

第二个挑战是科学界观念的转变，也就是要确保将地球最深部与其他海洋环境平等对待，将其涵盖在未来的研究项目中。这是非常有必要的，不仅仅是为了缩小我们对深渊区和其他区域的认知差距，也是为了鼓励海洋科学建立整体性研究，特别是当前与气候相关的变化已经出现在大气和表层水中，它们的连锁效应可能也与下部生境密切相关。另外，与深度相关的各种趋势，包括多样性、生物学、生理学和生态学等，都可能会受到世界海洋环境最深部 45% 的水体的严重影响。

我们需要尽快完成上面所提及的这些技术和心理上的挑战，以能够在多条海沟开展全面的采样，保证采样的分辨率、水深范围和重复性，并进行全球范围的归纳总结。这不仅仅关系到海洋生物，更是关系到地球上所有的生命，包括从上层大气和高海拔区域到最深的海沟和深部生物圈的极限。在我们现在生活的时代里，科技的水平使得几乎不存在一个完全没有探索过的前沿领域。随着科技的持续发展，探索、教育和基本的驱动力推动人类努力的极限，我们对这些深部环境的理解和认可会在不远的将来变为现实。

海洋探索给人类带来了进步和财富。它提供了逐步开发海洋和海洋资源所必需的经验和知识，并给后人设定了方向。前面是什么仍然不清楚，但不管怎样，我们将会被明天探索发现的成果所影响，并且极可能会与今天所预计的不一样（Anon，1998）。

参考文献

Abe, F. and Horikoshi, K. (2001). The biotechnological potential of piezophiles. *Trends in Biotechnology*, 19(3), 102–108.

Abdel-Mageed, W.M,. Milne, B.F., Wagner, M. et al. (2010). Dermacozines, a new phenazine family from deep-sea dermacocci isolated from Mariana Trench sediment. *Organic and Biomolecular Chemistry*, 8(10), 2352–2362.

Aertsen, A., Meersman, F., Hendrickx, M.E., Vogel, R.F. and Michiels, C.W. (2009). Biotechnology under high pressure: applications and implications. *Trends in Biotechnology*, 27(7), 434–441.

Agassiz, A. and Mayer, A.G. (1902). Reports on the scientific results of the expedition to the tropical Pacific in charge of Alexander Agassiz by the US Fish Commission steamer Albatross from August 1899 to March 1900. III. *The Medusae, Memoirs of the Museum of Comparative Zoology at Harvard College*, 26, 139–176.

Aguilar, A., Ingemansson, T. and Magnien, E. (1998). Extremophile microorganisms as cell factories: support from the European Union. *Extremophiles*, 2, 367–373.

Aguzzi, J., Jamieson, A.J., Fujii, T. et al. (2012). Shifting feeding behaviour of deep-sea buccinid gastropods at natural and simulated food falls. *Marine Ecology Progress Series*, 458, 247–253.

Akimoto, K., Hattori, M., Uematsu, K. and Kato, C. (2001). The deepest living Foraminifera, Challenger Deep, Mariana Trench. *Marine Micropaleontology*, 42, 95–97.

Albertelli, G., Amaud, P.M., Della Croce, N., Drago, N. and Elefteriou, A. (1992). The deep Mediterranean macrofauna caught by traps and its trophic significance. *Comptes Rendus de l'Academie des Sciences*, 315(111), 139–144.

Alexander, D.E. (1988). Kinematics of swimming in two species of *Idotea* (Isopoda: Valvifera). *Journal of Experimental Biology*, 138, 37–49.

Allen, M.J. and Jaspars, M. (2009). Realizing the potential of marine biotechnology: challenges and opportunities. *Industrial Biotechnology*, 5(2), 77–83.

Allwood, A., Beaty, D., Bass, D. *et al.* (2013). Conference summary: life detection in extraterrestrial samples. Astrobiology, 13(2), 203–216.

Amils, R., Blix, A., Danson, M. *et al.* (2007). Investigating life in extreme environments: a European perspective. European Science Foundation Position Paper.

Amstutz, A. (1951). Sur l'e´volution des structures alpines. *Archive Des Sciences*, 4, 323–329.

Anderson, M.E., Crabtree, R.E., Carter, H.J., Sulak, K.J. and Richardson, M.D. (1985). Distribution of demersal fishes of the Caribbean Sea found below 2000 meters. *Bulletin of Marine Science*, 37, 794–807.

Ando, M., Ishida, M., Nishikawa, Y., Mizuki, C. and Hayashi, Y. (2012). What caused a large number of fatalities in the Tohoko earthquake? *Geophysical Research Abstracts*, 14, EGU2012–5501–1.

Andriashev, A.P. (1953). Archaic deep-sea and secondary deep sea-fishes and their role in zoogeographical analysis. *Essays on the General Problems of Ichthyology*, 58–64. (In Russian; translation on-line.)

Andriashev, A.P. (1955). A new fish of the snailfish family (Pisces, Liparidae) found at a depth of more than 7 kilometers. *Trudy Instituta Okeanologii im. P.P. Shirshova*, 12, 340–344.

Andriashev, A.P. and Pitruk, D.L. (1998). A review of the ultra-abyssal (hadal) genus *Pseudoliparis* (Scorpaeniformes, Liparidae) with a description of a new species from the Japan Trench. *Voprosy Ikhtiologii*, 33, 325–330.

Andriashev, A.P. and Stein, D.L. (1998). Review of the snailfish genus *Careproctus* (Liparidae, Scorpaeniformes) in Antarctic and adjacent waters. *Natural History Museum of Los Angeles County Contributions in Science*, 470, 1–63.

Angel, M.V. (1982). Ocean trench conservation. International Union for Conservation of Nature and Natural Resources. *The Environmentalist*, 2, 1–17.

Anon. (1998). Executive summary. The legendary ocean: the unexplored frontier. Year of the Ocean Discussion Papers (March 1998). Silver Spring, MD: Office of the Chief Scientist, NOAA, US Department of Commerce. p. L-12.

Anon. (2007) *Investigating* the Oceans. London: House of Commons Science and Technology Select Committee.

Aono, E., Baba, T., Ara, T. *et al.* (2010). Complete genome sequence and comparative analysis of *Shewanella violacea*, a psychrophilic and piezophilic bacterium from deep sea floor sediments. *Molecular BioSystems*, 6, 1216–1226.

Archer, D.E. (1996). An atlas of the distribution of calcium carbonate in sediments of the deep sea. *Global Biogeochemical Cycles*, 10, 159–174.

Armstrong, J.D., Bagley, P.M. and Priede, I.G. (1992). Photographic and acoustic tracking observations of the behaviour of the grenadier *Coryphaenoides (Nemotonurus) armatus*, the eel *Synaphobranchus bathybius*, and other abyssal demersal fish in the North Atlantic Ocean. *Marine Biology*, 112, 535–544.

Arnison, P.G., Bibb, M.J., Bierbaum, G. *et a*l. (2013). Ribosomally synthesized and posttranslationally modified peptide natural products: overview and recommendations for a universal nomenclature. *Natural Products Report*, 30(1), 108–160.

Arrhenius, O. (1921). Species and area. *Journal of Ecology*, 9(1), 95–99.

Arzola, R.G., Wynn, R.B., Lastras, G., Masson, D.G. and Weaver, P.P.E. (2008). Sedimentary features and processes in the Nazaré and Setúbal submarine canyons, west Iberian margin. *Marine Geology*, 250, 64–88.

Attrill, M.J. and Rundle, S.D. (2002). Ecotone or ecocline: ecological boundaries in estuaries. *Estuarine, Coastal and Shelf Science*, 55(6), 929–936.

Bacescu, M. (1971). *Mysimenzies hadalis* g. n. sp. n., a benthic mysid of the Peru Trench, found during cruise XI/1965 of R/V *Anton Bruun* (USA). *Revue Roumaine de Biologie (Zoologie)*, 16(1), 3–8.

Bagley P.M., Priede, I.G., Jamieson, A.J. *et al.* (2005). Lander techniques for deep ocean biological research. *Underwater Technology*, 26(1), 3–11.

Bailey, D.M. and Priede, I.G. (2002). Predicting fish behaviour in response to abyssal food-falls. Marine Biology, 141(5), 831–840.

Bailey, D.M., King, N.J. and Priede, I.G. (2007). Camera and carcasses: historical and current methods for using artificial food falls to study deep-water animals. *Marine Ecology Progress Series*, 350, 179–191.

Balmaseda, M.A., Trenberth, K.E. and Källen, E. (2013). Distinctive climate signals in reanalysis of global ocean heat content. Geophysical Research Letters, 40, 1–6.

Barker, B.A.J., Helmond, I., Bax, N.J. et al. (1999). A vessel-towed camera platform for surveying seafloor habitats of the continental shelf. *Continental Shelf Research*, 19, 1161–1170.

Barnard, J.L. (1961). Gammaridean Amphipoda from depths of 400 to 6000 meters. *Galathea Report*, 5, 23–128.

Barnard, J.L. and Ingram, C.L. (1986). The supergiant amphipod, *Alicella gigantea* Chevreux from the North Pacific Gyre. *Journal of Crustacean Bioogy*, 6, 825–839.

Barnes, D.K.A. (2002). Biodiversity: invasions by marine life on plastic debris. *Nature*, 416, 808–809.

Barnett, P.R.O., Watson, J. and Connelly, D. (1984). The multiple corer for taking virtually undisturbed samples from shelf, bathyal and abyssal sediment. *Oceanologica Acta*, 7, 399–408.

Barradas-Ortiz, C., Briones-Fourzán, P. and Lozano-Álvarez, E. (2003). Seasonal reproduction and feeding ecology of giant isopods *Bathynomus giganteus* from the continental slope of the Yucatán peninsula. *Deep-Sea Research I*, 50, 495–513.

Barry, J.P. and Hashimoto, J. (2009). Revisiting the Challenger Deep using the ROV *Kaikō*. *Marine Technology Society Journal*, 43(5), 77–78.

Barry, J.P., Kochevar, R.E. and Baxter, C.H. (1997). The influence of pore-water chemistry and physiology in the distribution of vesicomyid clam at cold seeps in Monterey Bay: implications for patterns of chemosynthetic community organization. *Limnology and Oceanography*, 42, 318–328.

Bartlett, D.H. (2002). Pressure effects on *in vivo* microbial processes. *Biochimica et Biophysica Acta*, 1595, 367–381.

Bartlett, D.H. (2009). Microbial life in the trenches. *Marine Technology Society Journal*, 43(5), 129–131.

Beaulieu, S.E. (2002). Accumulation and fate of phytodetritus on the sea floor. *Oceanography and Marine Biology Annual Review*, 40, 171–232.

Beittel, J.S. and Margesson, R. (2010). Chile earthquake: US and international response. *Congressional Research Service Report for Congress*, 7–5700.

Belman, B.W. and Gordon, M.S. (1979). Comparative studies on the metabolism of shallowwater and deep-sea marine fishes. 5. Effects of temperature and hydrostatic pressure on oxygen consumption in the mesopelagic *Melanostigma pammelas*. *Marine Biology*, 50, 275–281.

Belyaev, G.M. (1966). Bottom fauna of the ultra-abyssal depths of the world ocean. *Akademia*

Nauka SSSR, Trudy Instituta Okeanologii, 591, 1–248.

Belyaev, G.M. (1975). New species of holothurians of the genus *Elpidia* from the southern part of Atlantic Ocean. *Trudy Instituta Okeanologii*, 103, 259–280. (In Russian.)

Belyaev, G.M. (1989). *Deep-sea Ocean Trenches and Their Fauna*. Moscow: Nauka.

Berger, W.H. (1974). Deep-sea sedimentation. In *The Geology of Continental Margins*, ed. C.A. Burke and C.D. Drake. New York: Springer, pp. 213–241.

Berger, W.H. and Wefer, G. (1996). *Late Quaternary Movement of the Angola–Benguela Front: SE Atlantic, and Implications for Advection in the Equatorial Ocean*. Berlin: Springer.

Bergmann, M. and Klages, M. (2012). Increase of litter at the Arctic deep-sea observatory HAUSGARTEN. *Marine Pollution Bulletin*, 64, 2734–2741.

Bett, B.J., Vanreusal, A., Vincx, M. *et al.* (1994). Sampler bias in the qualitative study of deep-sea meiobenthos. *Marine Ecology Progress Series*, 104, 197–203.

Bett, B.J., Malzone, M.G., Narayanaswamy, B.E. and Wigham, B.D. (2001). Temporal variability in phytodetritus and megabenthic activity at the seabed in the deep Northeast Atlantic. *Progress in Oceanography*, 50, 349–368.

Bilham, R. (2009). The seismic future of cities. *Bulletin of Earthquake Engineering*, 7, 839–887.

Bilham, R. (2013). Societal and observational problems in earthquake risk assessments and their delivery to those most at risk. *Tectonophysics*, 584, 166–173.

Billett, D.S.M. and Hansen, B. (1982). Abyssal aggregations of *Kolga hyalina* Danielssen and Koren (Echinodermata: Holothurioidea) in the northeast Atlantic Ocean: a preliminary report. *Deep-Sea Research A*, 29(7), 799–818.

Billett, D.S.M., Lampitt, R.S., Rice, A.L. and Mantoura, R.F.C. (1983). Seasonal sedimentation of phytoplankton to the deep-sea benthos. *Nature*, 302, 520–522.

Billett, D.S.M., Bett, B.J., Rice, A.L. *et al.* (2001). Long-term change in the megabenthos of the Porcupine Abyssal Plain (NE Atlantic). *Progress in Oceanography*, 50, 325–348.

Billett, D.S.M., Bett, B.J., Jacobs, C.L., Rouse, I.P. and Wigham, B.D. (2006). Mass deposition of jellyfish in the deep Arabian Sea. *Limnology and Oceanography*, 51, 2077–2083.

Billett, D.S.M., Bett, B., Reid, W.D.K., Boorman, B. and Priede, I.G. (2010). Long-term change in the abyssal NE Atlantic: the 'Amperima Event' revisited. *Deep-Sea Research II*, 57(15), 1406–1417.

Birstein, J.A. (1957). Certain peculiarities of the ultra-abyssal fauna as exemplified by the genus *Storthyngura* (Crustacea Isopoda Asellota). *Zoologichesky Zhurnal*, 36, 961–985. (In Russian with English summary.)

Birstein, J.A. (1958). Deep-sea Malacostraca of the north-western part of the Pacific Ocean, their distribution and relations. *15th International Congress of Zoology (London)*, 5.

Birstein, J.A. (1963). *Deep-sea Isopod Crustaceans of the Northwestern Pacific Ocean*. Moscow: Institute of Oceanology of the USSR, Nauka. (In Russian with English summary.)

Birstein, J.A. and Tchindonova, J.G. (1958). Glubocovodniie Mysidii severo zapadnoi ciasti

Tihogo Okeana (The deep sea Mysidacea from the north-western Pacific Ocean). *Trudy Instituta Okeanologii*, 27, 258–355. (In Russian.)

Birstein, Y.A. and Vinogradov, M.E. (1955). *Pelagicheskle gammaridy* (Amphipoda: Gammaridea) Kurilo-Kamchatskoi padiny. *Trudy Instituta Okeanologii*, 12, 210–287. (In Russian.)

Biscaye, P.E. and Anderson, R.F. (1994). Fluxes of particulate matter on the slope of the southern Middle Atlantic Bight: SEEP-II. *Deep-Sea Research II*, 41, 459–510.

Blankenship, L.E. and Levin, L.A. (2007). Extreme food webs: foraging strategies and diets of scavenging amphipods from the ocean's deepest five kilometres. *Limnology and Oceanography*, 52(4), 1685–1697.

Blankenship, L.E., Yayanos, A.A., Cadien, D.B. and Levin, L.A. (2006). Vertical zonation patterns of scavenging amphipods from the hadal zone of the Tonga and Kermadec Trenches. *Deep-Sea Research I*, 53, 48–61.

Blankenship-Williams, L.E. and Levin, L.A. (2009). Living deep: a synopsis of hadal trench ecology. *Marine Technology Society Journal*, 43(5), 137–143.

Blaxter, J.H.S. (1978). Baroreception. In *Sensory Ecology*, ed. M.A. Ali. New York: Plenum Publishing Corporation, pp. 375–409.

Blaxter, J.H.S. (1980). The effect of hydrostatic pressure on fishes. In *Environmental Physiology of Fishes*, ed. M.A. Ali. New York: Plenum Publishing Corporation, pp. 369–386.

Blunt, J.W., Copp, B.R., Hu, W.P. *et al.* (2009). Marine natural products. *Natural Product Reports*, 26(2), 170–244.

Bostock, H.C., Hayward, B.W., Neil, H.L., Currie, K.I. and Dunbar, G.B. (2011). Deep-water carbonate concentrations in the southwest Pacific. *Deep-Sea Research I*, 58, 72–85.

Boulègue, J., Benedetti, E.L., Dron, D., Mariotti, A. and Létolle, R. (1987). Geochemical and biogeochemical observations on the biological communities associated with fluid venting in Nankai Trough and Japan Trench subduction zones. *Earth and Planetary Science Letters*, 83, 343–355.

Boutan, L. (1900). *La Photographie Sous-marine et les Progrés de la Photographie*. Paris: Schleicher Frères.

Bouvier, E.L. (1908). Crustaces decapodes (peneides) provenant des campagnes de 'Hirondelle' et de la '*Princess Alice*' (1886–1907). *Resultants des Campagnes Scientifiques Acomplies sur son Yacht Prince Albert I*, 33, 1–122.

Bowen, A.D., Yoerger, D.R., Taylor, C. *et al.* (2008). The Nereus hybrid underwater robotic vehicle for global ocean science operations to 11,000 m depth. OCEANS '08, IEEE/MTS Conference Proceedings, Quebec.

Bowen, A.D., Yoerger, D.R., Taylor, C. et al. (2009a). The Nereus hybrid underwater robotic vehicle. *Underwater Technology*, 28(3), 79–89.

Bowen, A.D., Yoerger, D.R., Taylor, C. *et al.* (2009b). Field trials of the Nereus hybrid underwater robotic vehicle in the Challenger Deep of the Mariana Trench. OCEANS '09, IEEE/MTS Conference Proceedings, Biloxi, MS.

Bowman, J.P., Gosink, J.J., McCammon, S.A. *et al.* (1998). *Colwellia demingiae* sp. nov., *Colwellia hornerae* sp. nov., *Colwellia rossensis* sp. nov. and *Colwellia psychrotropica* sp. nov.: psychrophilic Antarctic species with the ability to synthesize docosahexaenoic acid (22:6o3). *International Journal of Systematic Bacteriology*, 48, 1171–1180.

Brady, H.B. (1884). Report on the Foraminifera dredged by H.M.S. Challenger during the years 1873–1876. *Reports on the Scientific Results of the Voyage of the H.M.S. Challenger During the Years 1873–1876, Zoology*, 9, 1–814.

Brandt, A., Malyutina, M., Borowski, C., Schriever, G. and Thiel, H. (2004). Munnopsidid isopod attracted to bait in the DISCOL area, Pacific Ocean. *Mitteilungen Hamburgisches Zoologisches Museum Institut*, 101, 275–279.

Brehan, M.K., MacDonald, A.G., Jones, G.R. and Cossins, A.R. (1992). Homeoviscous adaptation under pressure: the pressure dependence of membrane order in brain myelin membranes of deep-sea fish. *Biochimica et Biophysica Acta*, 1103, 317–323.

Britton, J.C. and Morton, B. (1994). Marine carrion and scavengers, *Oceanography and Marine Biology Annual Review*, 32, 369–434.

Broecker, W.S. (1991). The Great Ocean Conveyer. *Oceanography*, 4(2), 79–89.

Broecker, W.S. and Peng, T.-H. (1982). *Tracers in the Sea*. Palisades, New York: Eldigio Press.

Broecker, W.S., Takahashi, T. and Stuiver, M. (1980). Hydrography of the central Atlantic, II: waters beneath the two degree discontinuity. *Deep-Sea Research*, 27(6A), 397–420.

Brown, A. and Thatje, S. (2011). Respiratory response of the deep-sea amphipod *Stephonyx biscayensis* indicates bathymetric range limitation by temperature and hydrostatic pressure. *PLoS ONE*, 6(12), e28562–[6pp].

Brown, A.D. and Simpson, J. (1972). Water relations of sugar-tolerant yeasts: the role of intracellular polyols. *Journal of General Microbiology*, 72, 589–591.

Bruun, A.F. (1956a). Animal life of the deep-sea bottom. In *The Galathea Deep Sea Expedition 1950–1952*, ed. A.F. Bruun, S. Greve, H. Mielche and R. Spärk. London: George, Allen and Unwin, pp.149–195.

Bruun, A.F. (1956b). The abyssal fauna: its ecology distribution and origin. *Nature*, 177, 1105–1108.

Bruun, A.F. (1957). General introduction to the reports and list of deep-sea station. *Galathea Report*, 1, 7–48.

Bryden, H.L. (1973). New polynomials for thermal expansion, adiabatic temperature gradient and potential temperature of sea water. *Deep-Sea Research*, 20, 410–408.

Bucklin, A., Wilson, R.R. and Smith, K.L. (1987). Genetic differentiation of seamount and basin populations of the deep-sea amphipod *Eurythenes gryllus*. *Deep-Sea Research*, 34, 1795–1810.

Buesseler, K.O. and Boyd, P.W. (2009). Shedding light on processes that control particle export and flux attenuation in the twilight zone of the open ocean. *Limnology and Oceanography*, 54, 1210–1232.

Buesseler, K.O., Livingston, H.D., Honjo, S. et al. (1990). Scavenging and particle deposition in the southwestern Black Sea – evidence from Chernobyl radiotracers. *Deep–Sea Research*, 7, 413–430.

Bühring, S.I. and Christiansen, B. (2001). Lipids in selected abyssal benthopelagic animals: links to the epipelagic zone? *Progress in Oceanography*, 50, 369–382.

Burton, A. (2012). Way down deep. *Frontiers in Ecology and the Environment*, 10, 112.

Cairns, S.D., Bayer, F.M. and Fautin, D.G. (2007). *Galatheanthemum profundale* (Anthozoa: Actinaria) in the Western Atlantic. *Bulletin of Marine Science*, 80(1), 191–200.

Caldeira, K. and Wickett, M.E. (2003). Anthropogenic carbon and ocean pH. *Nature*, 425, 365.

Campenot, R.B. (1975). The effects of high hydrostatic pressure on transmission at the crustacean neuromuscular junction. *Comparative Biochemistry and Physiology B*, 52, 133–140.

Canals, M., Puig, P., Durrieu de Madron, X. *et al.* (2006). Flushing submarine canyons. *Nature*, 444, 354–357.

CAREX (2011). CAREX roadmap for research on life in extreme environment. *CAREX Publication*, 9, 1–48.

Carey, S.W. (1958). The tectonic approach to continental drift. In *Continental Drift: A Symposium*, ed. S.W. Carey. Hobart: University of Tasmania, pp. 177–363.

Carney, R.S. (2005). Zonation of deep biota on continental margins. *Oceanography and Marine Biology Annual Review*, 43, 211–278.

Carruthers, J.N. and Lawford, A.L. (1952). The deepest oceanic sounding. *Nature*, 169, 601–603.

Carter, H.J. (1983). *Apagesoma edentatum*, a new genus and species of Ophidiid fish from the western north Atlantic. *Bulletin of Marine Science*, 33, 94–101.

Castellini, M.A., Castellini, J.M. and Rivera, P.M. (2001). Adaptations to pressure in the RBC metabolism of diving animals. *Comparative Biochemistry and Physiology A*, 129, 751–757.

Catalano, R., Yorifuji, T. and Kawachi, I. (2013). Natural selection *in utero*: evidence from the Great East Japan Earthquake. *American Journal of Human Biology*, 25, 555–559.

Chapelle, G. and Peck, L.S. (1999). Polar gigantism dictated by oxygen availability. *Nature*, 399, 114–115.

Chapelle, G. and Peck, L.S. (2004). Amphipod crustacean size spectra: new insights in the relationship between size and oxygen. *Oikos*, 106, 167–175.

Charmasson, S.S. and Calmet, D.P. (1987). Distribution of scavenging Lysianassidae amphipods *Eurythenes gryllus* in the northeast Atlantic: comparison with studies held in the Pacific. *Deep-Sea Research*, 34(9), 1509–1523.

Chastain, R.A. and Yayanos, A.A. (1991). Ultrastructural changes in an obligatory barophilic marine bacterium after decompression. *Applied and Environmental Microbiology*, 57(5), 1489–1497.

Chernova, N.V., Stein, D.L. and Andriashev, A.P. (2004). Family Liparidae Scopoli 1777, annotated checklists of fishes. *California Academy of Science*, 31, 1–82.

Chevreux, E. (1899). Sur deux espèces géantes d'amphipodes provenant des campagnes du yacht Princesse Alice. *Bulletin de la Société of Zoologique de France*, 24, 152–158.

Childress, J.J. (1971). Respiratory rate and depth of occurrence of midwater animals. *Limnology and Oceanogaphy*, 16, 104–106.

Childress, J.J. (1977). Effects of pressure, temperature and oxygen on the oxygen-consumption rate of the midwater copepod *Gausia princeps*. *Marine Biology*, 39, 19–24.

Childress, J.J. (1995). Are there physiological and biochemical adaptations of metabolism in deep-sea animals? *Trends in Ecology and Evolution*, 10, 30–36.

Childress, J.J. and Fisher, C. (1992). The biology of hydrothermal vent animals; physiology, biochemistry and autotrophic symbioses. *Oceanography and Marine Biology Annual Review*, 30, 337–442.

Childress, J.J. and Somero, G.N. (1979). Depth-related enzymatic activities in muscle, brain, and heart of deep-living pelagic teleosts. *Marine Biology*, 52, 273–283.

Childress, J.J. and Thuesen, E.V. (1995). Metabolic potentials of deep-sea fishes: a comparative approach. In *Biochemistry and Molecular Biology of Fishes*, ed. P.W. Hochachka and T.P. Mommsen. Berlin: Elsevier Science, pp. 175–195.

Chiswell, S.M. and Moore, M.I. (1999). Internal tides near the Kermadec Ridge. *Journal of Physical Oceanography*, 29, 1019–1035.

Christiansen, B. and Diel-Christiansen, D. (1993). Respiration of lysianassoid amphipods in a subarctic fjord and some implications on their feeding ecology. *Sarsia*, 78, 9–15.

Christiansen, B., Pfannkuche, O. and Thiel, H. (1990). Vertical distribution and population structure of the necrophagous amphipod *Eurythenes gryllus* in the West European basin. *Marine Ecology Progress Series*, 66, 35–45.

Christiansen, B., Beckmann, W. and Weikert, H. (2001). The structure and carbon demand of the bathyal benthic boundary layer community: a comparison of two oceanic locations in the NE-Atlantic. *Deep-Sea Research II*, 48, 2409–2424.

Cohen, D.M., Inada, T., Iwamoto, T. and Scialabba, N. (1990). Gadiform fishes of the world (Order Gadiformes). An annotated and illustrated catalogue of cods, hakes, grenadiers and other gadiform fishes known to date. *FAO Fisheries Synopsis*, 10(125), 442.

Collins, M.A., Priede, I.G. and Bagley, P.M. (1999). *In situ* comparison of activity in two deepsea scavenging fishes occupying different depth zones. *Proceedings of the Royal Society London B*, 266, 2011–2016.

Conan, G., Roux, M. and Sibuet, M. (1980). A photographic survey of a population of the stalked crinoid *Diplocrinus (Annacrinus) wyvillethomsoni* (Echinodermata) from the bathyal slope of the Bay of Biscay. *Deep-Sea Research*, 28, 441–453.

Connerney, J.E.P., Acuna, M.H., Wasilewski, P.J. *et al.* (1999). Magnetic lineations in the ancient crust of Mars. *Science*, 284, 794–798.

Connor, E.F. and McCoy, E.D. (1979). The statistics and biology of the species area relationship. *American Naturalist*, 113(6) 791–833.

Cook-Anderson, G. and Beasley, D. (2005). NASA details earthquake effects on the Earth. *NASA Press Release*, 10 January 2005.

Cossins, A.R., and MacDonald, A.G. (1984). Homeoviscous theory under pressure: II. The molecular order of membranes from deep-sea fish. *Biochimica et Biophysica Acta (BBA)-Biomembranes*, 776(1), 144–150.

Cossins, A.R. and MacDonald, A.G. (1989). The adaptation of biological membranes to temperature and pressure: fish from the deep and cold. *Journal of Bioenergetics and Biomembranes*, 21(1), 15–35.

Cousteau, J.-Y. (1958). *Calypso* explores an undersea canyon. *National Geographic Magazine*, 113, 373–396.

Craig, J., Jamieson, A.J, Heger, A. and Priede, I.G. (2009). Distribution of bioluminescent organisms in the Mediterranean Sea and predicted effects on a deep-sea neutrino telescope. *Nuclear Instruments and Methods in Physics Research A*, 602, 224–226.

Craig, J., Jamieson, A.J., Bagley, P.M. and Priede, I.G. (2011a). Seasonal variation of deep-sea bioluminescence in the Ionian Sea. *Nuclear Instruments and Methods in Physics Research A*, 626, S115–S117.

Craig, J, Jamieson, A.J., Bagley, P.M. and Priede, I.G. (2011b). Naturally occurring bioluminescence on the deep-sea floor. *Journal of Marine Systems*, 88, 563–567.

Cui, W. C. (2013). Development of the Jiaolong deep manned submersible. *Marine Technology Society Journal*, 47(3), 37-54.

Cui, W.,Hu, Y., Guo, W., Pan, B.& Wang, F. (2014). A preliminary design of a movable laboratory for hadal trenches. *Methods in Oceanography*, 9, 1-16.

Dahl, E. (1959). Amphipoda from depths exceeding 6000 meters. *Galathea Report*, 1, 211–241.

Dahl, E. (1977). The amphipod functional model and its bearing upon systematics and phylogeny. *Zoologica Scripta*, 6, 221–228.

Dahl, E. (1979). Deep-sea carrion feeding amphipods: evolutionary patterns in niche adaptation. *Oikos*, 33, 167–175.

Dahlgren, T., Glover, A.G., Smith, C.R. and Baco, A. (2004). Fauna of whale falls: systematics and ecology of a new polychaete (Annelida: Chrysopetalidae) from the deep Pacific Ocean. *Deep-Sea Research I*, 51, 1873–1887.

Daito, H., Suzuki, M., Shiihara, J. et al. (2012). Impact of the Tohoku earthquake and tsunami on pneumonia hospitalisations and mortality among adults in northern Miyagi, Japan: a multicentre observational study. *Thorax*, 68, 544–550.

Dalsgaard, J., St, John, M., Kattner, G., Müller-Navarra, D. and Hagen, W. (2003). Fatty acid trophic markers in the pelagic marine environment. *Advances in Marine Biology*, 46, 225–340.

Danovaro, R., Gambi, C. and Della Croce, N. (2002). Meiofauna hotspot in the Atacama Trench (Southern Pacific Ocean). *Deep-Sea Research I*, 49, 843–857.

Danovaro, R., Della Croce, N., Dell'Anno, A. and Pusceddu, A. (2003). A depocenter of organic matter at 7800m depth in SE Pacific Ocean. *Deep-Sea Research I*, 50, 1411–1420.

Danovaro, R., Dell'Anno, A. and Pusceddu, A. (2004). Biodiversity response to climate change in a warm deep sea. *Ecology Letters*, 7, 821–828.

DaSilva, E.J. (2004). The colours of biotechnology: science, development and humankind. *Electronic Journal of Biotechnology*, 7(3), 01–02.

De Broyer, C. and Thurston, M.H. (1987). New Atlantic material and redescription of the type specimens of the giant abyssal amphipod *Alicella gigantea* Chevreux (Crustacea). *Zoologica Scripta*, 16(4), 335–350.

De Broyer, C., Nyssen, F. and Dauby, P. (2004). The crustacean scavenger guild in Antarctic shelf, bathyal and abyssal communities. *Deep-Sea Research II*, 51(14–16), 1733–1752.

De La Rocha, C.L. and Passow, U. (2007). Factors influencing the sinking of POC and the efficiency of the biological carbon pump. *Deep-Sea Research I*, 54, 639–658.

De Leo, F.C., Smith, C.R., Rowden, A.A., Bowden, D.A. and Clarke, M.R. (2010). Submarine canyons: hotspots of benthic biomass and productivity in the deep sea. *Proceedings of the Royal Society London B*, 277, 2783–2792.

DeLong, E.F. (1986). Adaptations of deep-sea bacteria to the abyssal environment. PhD thesis, University of California, San Diego.

DeLong, E.F. and Yayanos, A.A. (1985). Adaptation of the membrane lipids of a deep-sea bacterium to changes in hydrostatic pressure. *Science*, 228, 1101–1103.

DeLong, E.F. and Yayanos, A.A. (1986). Biochemical function and ecological significance of novel bacterial lipids in deep-sea procaryotes. *Applied Environmental Microbiology*, 51, 730–737.

Demhardt, I.J. (2005). Alfred Wegener's hypothesis on continental drift and its discussion in *Petermanns Geographishe Mitteilungen* (1912–1942). *Polarforschung*, 75, 29–35.

Deming, J.W., Somers, L.K., Straube, W.L., Swartz, D.G. and MacDonell, M.T. (1988). Isolation of an obligately barophilic bacterium and description of a new genus, *Colwellia* gen. nov. *Systematic and Applied Microbiology*, 10, 152–160.

Denton, E.J. (1990). Light and vision at depths greater than 200 metres. In *Light and Life in the Sea*, ed. P.J. Herring, A.K. Campbell, M. Whitfield and L. Maddock. Cambridge: Cambridge University Press, pp. 127–148.

Deuser, W.G. and Ross, E.H. (1980). Seasonal change in the flux of organic carbon to the deep Sargasso Sea. *Nature*, 283, 364365.

Dietz, R.S. (1961). Continent and ocean basin evolution by spreading of the sea floor. *Nature*, 190, 854–857.

Dobzhansky, T. (1951). *Genetics and the Origin of Species*, 3rd edn. New York: Columbia University Press.

Doebeli, M. and Dieckmann, U. (2003). Speciation along environmental gradients. *Nature*, 421, 259–264.

Domanski, P. (1986). The near-bottom shrimp faunas (Decapoda: Natantia) at two abyssal sites in the Northeast Atlantic Ocean. Marine Biology, 93, 171–180.

Drazen, J.C. and Seibel, B.A. (2007). Depth-related trends in metabolism of benthic and benthopelagic deep-sea fishes. *Limnology and Oceanography*, 52, 2306–2316.

Drazen, J.C., Yeh, J., Friedman, J. and Condon, N. (2011). Metabolism and enzyme activities of hagfish from shallow and deep water of the Pacific Ocean. *Comparative Biochemistry and Physiology A*, 159(2), 182–187.

Duarte, C.M., Middelburg, J.J. and Caraco, N. (2005). Major role of marine vegetation on the oceanic carbon cycle, *Biogeosciences*, 2(1), 1–8.

Duineveld, G, Lavaleye, M., Berghuis, E. and de Wilde, P. (2001). Activity and composition of the benthic fauna in the Whittard Canyon and the adjacent continental slope (NE Atlantic). *Oceanologica Acta*, 24, 69–83.

Dunn, D.F. (1983). Some Antarctic and Sub-Antarctic sea anemones (Coelenterata: Ptychodactiaria and Actiniaria). *Antarctic Research Series*, 39, 1–67.

Eckman, J.E. and Thistle, D. (1991). Effects of flow about a biologically produced structure on harpacticoid copepods in San Diego Trough. *Deep-Sea Research A*, 38(11), 1397–1416.

Eleftheriou, A. and McIntyre, A.D. (2005). *Methods for the Study of the Marine Benthos*. 3rd edn. Oxford: Blackwell Scientific Publications.

Eliason, A. (1951). Polychaeta. *Reports of the Swedish Deep-Sea Expedition, 2, Zoology*, 11, 131–148.

Elliott, A.J. and Thorpe, S.A. (1983). Benthic observations on the Madeira Abyssal Plain. *Oceanologica Acta*, 6, 463–466.

Ellis-Evans, C. andWalter, N. (2008). Coordination Action for Research activities on life in Extreme environments: the CAREX project. *Journal of Biological Research-Thessaloniki*, 9, 11–15.

Eloe, E.A., Shulse, C.N., Fadrosh, D.W. et al. (2010). Compositional differences in particleassociated and free-living microbial assemblages from an extreme deep-ocean environment. *Environmental Microbiology Reports*, 3(4), 449–458.

Eloe, E.A., Malfatti, F., Gutierrez, J. et al. (2011). Isolation and characterization of a psychropiezophilic alphaproteobacterium. *Applied and Environmental Microbiology*, 77(22), 8145–8153.

Emery, K.O. (1952). Submarine photography with the benthograph. *Science Monthly*, 75, 3–11.

Emery, K.O., Merrill, A.S. and Trumbull, J.V.A. (1965). Geology and biology of the sea floor as deduced from simultaneous photographs and samples. *Limnology and Oceanography*, 10(1), 1–21.

Emiliani, C. (1961). The temperature decrease of surface sea-water in high latitudes and of abyssal-hadal water in open oceanic basins during the past 75 million years. *Deep-Sea Research*, 8(2), 144–147.

Endo, H. and Okamura, O. (1992). New records of the abyssal grenadiers *Coryphaenoides armatus*. *Japanese Journal of Ichthyology*, 38, 433–437.

England, P. and Jackson, J. (2011). Uncharted seismic risk. *Nature Geoscience*, 4, 348–349.

Eustace, R.M., Kilgallen, N.M., Lacey, N.C. and Jamieson, A.J. (2013). Population structure of the hadal amphipod *Hirondellea gigas* from the Izu-Bonin Trench (NW Pacific; 8173–9316 m). *Journal of Crustacean Biology*, 33(6), 793–801.

Ewing, M. and Heezen, B.C. (1955). Puerto-Rico Trench topographic and geophysical data. *Special Paper: Geological Society of America*, 62, 255–267.

Ewing, M., Vine, A. and Worzel, J.L. (1946). Photography of the ocean bottom. *Journal Optical Society of America*, 36, 307–321.

Fabiano, M., Pusceddu, A., Dell'Anno, A. *et al.* (2001). Fluxes of phytopigments and labile organic matter to the deep ocean in the NE Atlantic Ocean. *Progress in Oceanography*, 50, 89–104.

Faccenna, C., Becker, T.W., Pio Lucente, F., Jolivet, L. and Rossetti, F. (2001). History of subduction and back-arc extension in the central Mediterranean. *Geophysical Journal International*, 145, 809–820.

Fang, J. and Kato, C. (2010). Deep-sea piezophilic bacteria: geomicrobiology and biotechnology. In *Geomicrobiology: Biodiversity and Biotechnology*, ed. S.K. Jain, A.A. Khan and M.K. Rai. Boca Raton, FL: CRC Press, pp. 47–77.

Fang, J., Barcelona, M.J., Nogi, Y. and Kato, C. (2000). Biochemical implications and geochemical significance of novel phospholipids of the extremely barophilic bacteria from the Marianas Trench at 11 000 m. *Deep-Sea Research I*, 47, 1173–1182.

Feely, R.A., Sabine, C.L., Lee, K. *et al.* (2004). Impact of anthropogenic CO2 on the CaCO3 system in the oceans. *Science*, 305, 362–366.

Fisher, C.R. (1990). Chemoautotrophic and methanotrophic symbioses in marine invertebrates. *Review of Aquatic Science*, 2, 399–436.

Fisher, R.L. (1954). On the sounding of trenches. *Deep-Sea Research*, 2, 48–58.

Fisher, R.L. (2009). Meanwhile, back on the surface: further notes on the sounding of trenches. *Marine Technology Society Journal*, 43(5), 16–19.

Fisher, R.L. and Hess, H.H. (1963). Trenches. In *The Sea*, ed. M.N. Hill. New York: Wiley, pp. 411–436.

Fletcher, B., Bowen, A., Yoerger, D.R. and Whitcomb, L.L. (2009). Journey to the Challenger Deep: 50 years later with the Nereus Hybrid remotely operated vehicle. *Marine Technology Society Journal*, 43(5), 65–76.

Fluery, A.G. and Drazen, J.C. (2013). Abyssal scavenging communities attracted to Sargassum and fish in the Sargasso Sea. *Deep-Sea Research I*, 72, 141–147.

Fofonoff, N.P. (1977). Computation of potential temperature of seawater for an arbitrary reference pressure. *Deep-Sea Research*, 24, 489–491.

Fofanoff, N.P. and Millard, R.C. (1983). Algorithms for computation of fundamental properties of seawater. *UNESCO Technical Papers in Marine Science*, 44, 53.

Forbes, E. (1844). Report on the Mollusca and Radiata of the Aegean Sea, and their distribution, considered as bearing on geology. *Report (1843) to the 13th Meeting of the British Association for the Advancement of Science*, pp. 30–193.

France, S.C. (1993). Geographic variation among three isolated populations of the hadal amphipod *Hirondellea gigas* (Crustacea: Amphipoda: Lysianassoidea). *Marine Ecology Progress Series*, 92, 277–287.

France, S.C. (1994). Genetic population structure and gene flow among deep-sea amphipods, *Abyssorchomene* spp., from six California continental Borderland basins. *Marine Biology*, 118, 67–77.

France, S.C. and Kocher, T.D. (1996). Geographic and bathymetric patterns of mitochondrial 16S rRNA sequence divergence among deep-sea amphipods, *Eurythenes gryllus*. *Marine Biology*, 126, 633–643.

Frankenberg, D. and Menzies, R.J. (1968). Some quantitative analyses of deep-sea benthos off Peru. *Deep-Sea Research*, 15(5), 623–626.

Fraser, P.J. (2001). Statocysts in crabs: short-term control of locomotion and long-term monitoring of hydrostatic pressure. *Biological Bulletin*, 200, 155–159.

Fraser, P.J. (2006). Review. Depth, navigation and orientation in crabs: angular acceleration, gravity and hydrostatic pressure sensing during path integration. *Marine and Freshwater Behaviour and Physiology*, 39(2), 87–97.

Fraser, P.J. and MacDonald, A.G. (1994). Crab hydrostatic pressure sensors. *Nature*, 371, 383–384.

Fraser, P.J. and Shelmerdine, R.L. (2002). Fish physiology: dogfish hair cells sense hydrostatic pressure. *Nature*, 415, 495–496.

Fraser, P.J., MacDonald, A.G., Cruickshank, S.F. and Schraner, M.P. (2001). Integration of hydrostatic pressure information by identified interneurones in the crab *Carcinus maenas* (L.); long-term recordings. *Journal of Navigation*, 54, 71–79.

Fraser, P.J., Cruickshank, S.F. and Shelmerdine, R.L. (2003). Hydrostatic pressure effects on vestibular hair cell afferents in fish and crustacea. *Journal of Vestibular Research*, 13, 235–242.

Froese, R. and Pauly, D. (2009). *FishBase*. Available at: www.fishbase.org. Accessed 28 August 2009.

Fryer, P., Becker, N., Applegate, B. *et al.* (2002). Why is Challenger Deep so deep? *Earth and Planetary Science Letters*, 211, 259–269.

Forman, W. (2009). From Beebe and Barton to Piccard and Trieste. *Marine Technology Society Journal*, 43(5), 27–36.

Fujii, T., Jamieson, A.J., Solan, M., Bagley, P.M. and Priede, I.G. (2010). A large aggregation of liparids at 7703 m depth and a reappraisal of the abundance and diversity of hadal fish. *BioScience*, 60(7), 506–515.

Fujii, T., Kilgallen, N.M., Rowden, A.A. and Jamieson, A.J. (2013). Amphipod community structure across abyssal to hadal depths in the Peru–Chile and the Kermadec Trenches. *Marine Ecology Progress Series*, 492, 125–138.

Fujikura, K., Kojima, S., Tamaki, K. *et al.* (1999). The deepest chemosynthesis-based community yet discovered from the hadal zone, 7326 m deep, in the Japan Trench. *Marine Ecology Progess Series*, 190, 17–26.

Fujimoto, H., Fujiwara, T., Kong, L. and Igarashi, C. (1993). Sea-beam survey over the Challenger Deep, revisited. In *Preliminary Report of the Hakuho-Maru Cruise (KH-92–1)*. Tokyo: Ocean Research Institute, University of Tokyo, pp. 26–27.

Fujio, S. and Yanagimoto, D. (2005). Deep current measurements at 38°N east of Japan. *Journal of Geophysical Research C*, 110(C2), C02010.

Fujio, S., Yanagimoto, D. and Taira, K. (2000). Deep current structure above the Izu-Ogasawara Trench. *Journal of Geophysical Research*, 105(C3), 6377–6386.

Fujioka, K., Takeuchi, A., Horiuchi, K. *et al.* (1993). Constrated nature between landward and seaward slopes of the Japan Trench off Miyako, Northern Japan. *Proceedings of JAMSTEC Symposium of Deep-Sea Research*, 9, 1–26.

Fujioka, K., Okino, K., Kanamatsu, T. and Ohara, Y. (2002). Morphology and origin of the Challenger Deep in the southern Mariana Trench. *Geophysical Research Letters*, 19, 1–4.

Fujiwara, T., Kodaira, S., No, T. et al. (2011). The 2011 Tohoku-Oki earthquake: displacement reaching the trench axis. Science, 334, 1240.

Fujiwara, Y., Dato, C., Masui, N., Fujikura, K. and Kojima, S. (2001). Dual symbiosis in the coldseep thyasirid clam *Maorithyas hadalis* from the hadal zone in the Japan Trench, western Pacific. *Marine Ecology Progress Series*, 214, 151–159.

Fulton, J. (1973). Some aspects of the life history of *Calanus plumchrus* in the Strait of Georgia. *Journal of the Fisheries Research Board of Canada*, 30, 811–815.

Furlong, R.R. and Wahlquist, E.J. (1999). US space missions using radioisotope power systems. *Nuclear News*, April, 26–34.

Gage, J.D. (2003). Food inputs, utilization, carbon flow and energetics. In *Ecosystems of the World 28, Ecosystems of the Deep Sea*, ed. P.A. Tyler. Amsterdam: Elsevier, pp. 315–382.

Gage, J.D. and Bett, B.J. (2005). Deep-sea benthic sampling. In *Methods for the Study of the Marine Benthos*, 3rd edn, ed. A. Eleftheriou and A.D. McIntyre. Oxford: Blackwell Scientific Publications, pp. 273–325.

Gage, J.D. and Tyler, P.A. (1991). *Deep-sea Biology: A Natural History of Organisms at the Deep-sea Floor*. Cambridge: Cambridge University Press.

Galgani, F., Leaute, J.P., Moguedet, P. et al. (2000). Litter on the sea floor along European coasts. *Marine Pollution Bulletin*, 40, 516.

Gambi, C., Vanreusal, A. and Danovaro, R. (2003). Biodiversity of nematode assemblages from deep-sea sediments of the Atacama Slope and Trench (South Pacific Ocean). *Deep-Sea Research I*, 50, 103–117.

Gamô, S. (1984). A new remarkably giant tanaid, *Gigapseudes maximus* sp.nov. (Crustacea) from abyssal depths far off southeast of Mindanao, the Philippines. *Scientific Reports of Yokahoma Natural University Series*, 11, 1–12.

Garfield, N., Rago, T.A., Schnebele, K.J. and Collins, C.A. (1994). Evidence of a turbidity current in Monterey submarine canyon associated with the 1989 Loma Prieta earthquake. *Continental Shelf Research*, 14, 673–686.

Gartner, J.V. Jr (1983). Sexual dimorphismin the bathypelagic gulper eel *Eurypharynx pelecanoides* (Lyomeri: Eurypharyngidae), with comments on reproductive strategy. *Copia*, 2, 560–563.

Gaskell, T.F., Swallow, J.C. and Ritchie, G.S. (1953). Further notes on the greatest oceanic sounding and the topography of the Marianas Trench. *Deep-Sea Research*, 1, 60–63.

Gebruk, A.V. (1993). New records of elasipodid holothurians in the Atlantic sector of Antarctic and Subantarctic. *Transactions of the P.P. Shirshov Institute of Oceanology*, 127, 228–244.

Genin, A., Dayton, P.K., Lonsdale, P.F. and Speiss, F.N. (1986). Corals on seamount peaks provide evidence of current acceleration over deep-sea topography. *Nature*, 323, 59–61.

George, R.Y. (1979). What adaptive strategies promote immigration and speciation in deep-sea environments. *Sarsia*, 64(1–2), 61–65.

George, R.Y. and Higgins, R.P. (1979). Eutrophic hadal benthic community in the Puerto-Rico Trench. *Ambio Special Report*, 6, 51–58.

Gerdes, D. (1990). Antarctic trials of the multi-box corer, a new device for benthos sampling. *Polar Record*, 26(156), 35–38.

Giere, O. (2009). *Meiobenthology*, 2nd edn. Berlin: Springer.

Gislén, T. (1956). Crinoids from depths exceeding 6000 meters. *Galathea Report*, 2, 61–62.

Gilchrist, I. and MacDonald, A.G. (1980). Techniques for experiments with deep-sea organisms at high pressure. In *Experimental Biology at Sea*, ed. A.G. MacDonald and I.G. Priede. London: Academic Press, pp. 234–276.

Gillett, M.B., Suko, J.R. Santoso, F.O. and Yancey, P.H. (1997). Elevated levels of trimethylamine oxide in muscles of deep-sea gadiform teleosts: a high-pressure adaptation? *Journal of Experimental Zoology*, 279, 386–391.

Gillibrand, E.J.V., Jamieson, A.J., Bagley, P.M., Zuur, A.F. and Priede, I.G. (2007a). Seasonal development of a deep pelagic bioluminescent layer in the temperate northeast Atlantic Ocean. *Marine Ecology Progress Series*, 341, 37–44.

Gillibrand, E.J.V., Bagley P.M., Jamieson, A.J. et al. (2007b). Deep sea benthic bioluminescence at artificial food falls, 1000 to 4800m depth, in the Porcupine Seabight and Abyssal Plain, North East Atlantic Ocean. *Marine Biology*, 150, 1053–1060.

Glover, A.G., Wiklund, H., Taboada, S. *et al.* (2013). Bone-eating worms from the Antarctic: the contrasting fate of whale and wood remains on the Southern Ocean seafloor. *Proceedings of the Royal Society London B*, 280, 20131390.

Glud, R.N., Ståhl, H., Berg, P., Wenzhöfer, F., Oguri, K. and Kitazato, H. (2009). *In situ* microscale variation in distribution and consumption of O_2: a case study from a deep ocean margin sediment (Sagami Bay, Japan). *Limnology and Oceanography*, 54(1), 1–12.

Glud, R.N., Wenzhöfer, F., Middelboe, M. *et al.* (2013). High rates of microbial carbon turnover in sediments in the deepest oceanic trench on Earth. *Nature Geoscience*, 6, 284–288.

Godbold, J.A., Rosenberg, R. and Solan, M. (2009). Species-specific traits rather than resource partitioning mediate diversity effects on resource use. *PLoS ONE*, 4, e7423.

Godbold, J.A., Bulling, M.T. and Solan, M. (2011). Habitat structure mediates biodiversity effects on ecosystem properties. *Proceedings of the Royal Society London B*, 278, 1717–2510.

Gooday, A.J., Holzmann, M., Cornelius, N. and Pawlowski, J. (2004). A new monothalamous foraminiferan from 1000–6300 m water depth in the Weddell Sea: morphological and molecular characterisation. *Deep-Sea Research II*, 51, 1603–1616.

Gooday, A.J., Cedhagen, T., Kamenskaya, O.E. and Cornelius, N. (2007). The biodiversity and biogeography of komokiaceans and other enigmatic foraminiferan-like protists in the deep Southern Ocean. *Deep-Sea Research II: Topical Studies in Oceanography*, 54(16), 1691–1719.

Gooday, A.J., Todo, Y., Uematsu, K. and Kitazato, H. (2008). New organic-walled Foraminifera (Protista) from the ocean's deepest point, the Challenger Deep (western Pacific Ocean). *Zoological Journal of the Linnean Society*, 153, 399–423.

Gooday, A.J., Uematsu, K., Kitazato, H., Toyofuku, T. and Young, J.R. (2010). Traces of dissolved particles, including coccoliths, in the tests of agglutinated Foraminifera from the Challenger Deep (10 897 m water depth, western equatorial Pacific). *Deep-Sea Research I*, 57(2), 239–247.

Gonzalez-Leon, J.A., Acar, M.H., Ryu, S.-W., Ruzette, A.-V.J. and Mayes, A.M. (2003). Lowtemperature processing of 'baroplastics' by pressure-induced flow. *Nature*, 426, 424–428.

Gore, R.H. (1985a). Abyssobenthic and abyssopelagic penaeoidean shimp (families Aristaeidae and Penaeidae) from the Venezuela Basin, Carribean Sea. *Crustaceana*, 49, 119–138.

Gore, R.H. (1985b). Bright colours in the realm of eternal light. *Sea Frontiers*, 31, 264–271.

Gould, W.J. and McKee, W.D. (1973). Vertical structure of semi-diurnal currents in the Bay of Biscay. *Nature*, 244, 88–91.

Gracia, A., Ardila, N.E., Rachello, P. and Diaz, J.M. (2005). Additions to the scaphopod fauna (Mollusca: Scaphopoda) of the Colombian Caribbean. *Caribbean Journal of Science*, 41(2), 328–334.

Graeve, M., Hagen, W. and Kattner, G. (1994). Herbivorous or omnivorous? On the significance of lipid compositions as trophic markers in Antarctic copepods. *Deep-Sea Research*, 41, 915–924.

Graeve, M., Kattner, G. and Piependurgo, D. (1997). Lipids in Arctic benthos: does the fatty acid and alcohol composition reflect feeding and trophic interactions? *Polar Biology*, 18, 53–61.

Grimes, D.J., Singleton, F.L., Stemmler, J. *et al.* (1984). Microbiological effects of wastewater effluent discharge into coastal waters of Puerto Rico. *Water Research*, 18, 613–619.

Guennegan, Y. and Rannou, M. (1979). Semi-diurnal rhythmic activity in deep sea benthic fishes in the Bay of Biscay. *Sarsia*, 64, 113–116.

Gupta, N., Woldesenbet, E. and Sankaran, S. (2001). Studies on compression failure features in syntactic foam material. *Journal of Materials Science*, 36, 4485–4491.

Haddock, S.H.D., Moline, M.A. and Case, J.F. (2010). Bioluminescence in the sea. *Annual Review of Marine Science*, 2, 443–493.

Haedrich, R.L., Rowe, G.T. and Polloni, P.T. (1980). The megabenthic fauna in the deep sea south of New England, USA. *Marine Biology*, 57, 165–179.

Haefner, B. (2003). Drugs from the deep: marine natural products as drug candidates. *Drug*

Discovery Today, 8(2), 536–544.

Hahn, J. (1950). Some aspects of deep sea underwater photography. *Photographic Society of America Journal, Section B*, 16(6), 27–29.

Hallock, Z.R. and Teague. W.J. (1996). Evidence for a North Pacific deep western boundary current. *Journal of Geophysical Research*, 101, 6617–6624.

Hansen, B. (1957). Holothurioidea from depths exceeding 6000 metres. *Galathea Report*, 2, 33–54.

Hansen, B. (1972). Photographic evidence of a unique type of walking in deep-sea holothurians. *Deep-Sea Research*, 19, 461–462.

Hanson, P.P., Zenkevich, N.L., Sergeev, U.V. and Udintsev, G.B. (1959). Maximum depths of the Pacific Ocean. *Priroda*, 6, 84–88. (In Russian.)

Hardy, K., Olsson, M., Yayanos, A.A., Prsha, J. and Hagey, W. (2002). Deep ocean visualisation experimenter (DOVE): low cost 10 km camera and instrument platform. *OCEANS'02 MTS/ IEEE*, 4, 2390–2394.

Hargrave, B.T., Phillips, G.A., Prouse, N.J. and Cranford, P.J. (1995). Rapid digestion and assimilation of bait by the deep-sea amphipod *Eurythenes gryllus. Deep-Sea Research I*, 42(11/12), 1905–1921.

Harper, A.A., MacDonald, A.G., Wardle, C.S. and Pennec, J.-P. (1987). The pressure tolerance of deep-sea fish axons: results of Challenger cruise 6B/85. *Comparative Biochemistry and Physiology Part A*, 88A, 647–653.

Harrison, C.S., Hida, T.S. and Seki, M.P. (1983). Hawaiian seabird feeding ecology. *Wildlife Monographs*, 85, 1–71.

Hartmann, A.C. and Levin, L.A. (2012). Conservation concerns in the deep. Science, 336, 667–668.

Hasegawa, M., Kurohiji, Y., Takayanagi, S., Sawadaishi, S. and Yao, M. (1986). Collection of fish and amphipoda from abyssal sea-floor at 30°N-147°E using traps tied to 10000m wire of research vessel. *Bulletin of the Tokai Regional Fishery Research Laboratory/ TOKAISUIKENHO*, 119, 65–75. (In Japanese.)

Hashimoto, J. (1998). *Onboard Report of KR98–05 Cruise in the Challenger Deep.* RV KAIREI/ ROV KAIKO. Yokosuka, Japan: JAMSTEC.

Havermans, C., Nagy, Z.T., Sonet, G., De Broyer, C. and Martin, P. (2010). Incongruence between molecular phylogeny and morphological classificationin amphipod crustaceans: a case study of Antarctic lysianassoids. *Molecular Phylogenetics and Evolution*, 55, 202–209.

Hawkes, G. S., & Ballou, P. J. (1990). The Ocean Everest concept: a versatile manned submersible for full ocean depth. *Marine Technology Society Journal*, 24(2), 79-86.

Hawkes,G. (2009). The old arguments of manned versus unmanned systems are about to become irrelevant: New technologies are game changers. *Marine Technology Society Journal*, 43(5), 164-168.

Hay, W.W., Sloan, J.L. and Wold, C.N. (1988). Mass/age distribution and composition of sediments on the ocean floor and the global rate of sediment subduction. *Journal of Geophysical*

Research: Solid Earth (1978–2012), 93(B12), 14933–14940.

Hazel, J.R. and Williams, E.E. (1990). The role of alterations in membrane lipid composition in enabling physiological adaptation of organisms to their physical environment. *Progress in Lipid Research*, 29, 167–227.

Heezen, B.C. (1960). The rift in the ocean floor. *Scientific American*, 203(4), 98–110.

Heezen, B.C. and Ewing, M. (1952). Turbidity currents and submarine slumps and the 1929 Grand Banks earthquake. *American Journal of Science*, 250, 849–878.

Heezen, B.C. and Hollister, C.D. (1971). *The Face of the Deep*. Oxford: Oxford University Press.

Heezen, B.C. and Johnson, G.L. (1965). The South Sandwich Trench. *Deep-Sea Research*, 12, 185–197.

Heezen, B.C. and McGregor, I.D. (1973). The evolution f the Pacific. *Scientific American*, 229, 102–112.

Heezen, B.C., Bunce, E.T., Hersey, J.B. and Tharp, M. (1964). Chain and Romanche fracture zones. *Deep-Sea Research*, 11, 11–33.

Henriques, C., Priede, I.G. and Bagley, P.M. (2002). Baited camera observations of deep-sea demersal fishes of the northeast Atlantic Ocean at 15–28°N off West Africa. *Marine Biology*, 141, 307–314.

Herdman, H.F.P., Wiseman, J.D.H. and Ovey, C.D. (1956). Proposed names of features on the deep-sea floor, 3. Southern or Antarctic Ocean. *Deep-Sea Research*, 3, 258–261.

Herring, P.J. (2002). *The Biology of the Deep Ocean*. Oxford: Oxford University Press.

Hess, H.H. and Buell, H.W. (1950). The greatest depth in the oceans. *Transactions of the American Geophysics Union*, 31, 401–405.

Hessler, R.R. and Jumars, P.A. (1974). Abyssal community analysis from replicate box cores in the central North Pacific. *Deep-Sea Research*, 21, 185–209.

Hessler, R.R. and Sanders, H.L. (1967). Faunal diversity in the deep-sea. *Deep-Sea Research*, 14, 65–78.

Hessler, R.R. and Strömberg, J.-O. (1989). Behavior of Janiroidean isopods (Asellota), with special reference to deep-sea genre. *Sarsia*, 74, 145–159.

Hessler, R.R., Isaacs, J.D. and Mills, E.L. (1972). Giant amphipod from the abyssal Pacific Ocean. *Science*, 175(4022), 636–637.

Hessler, R.R., Ingram, C.L., Yayanos, A.A. and Burnett, B.R. (1978). Scavenging amphipods from the floor of the Philippine Trench. *Deep-Sea Research*, 25, 1029–1047.

Hessler, R.R., Wilson, G.D.F. and Thistle, D. (1979). The deep-sea isopods: a biogeographic and phylogenetic overview. *Sarsia*, 64, 67–75.

Hinrichs, K.U. and Inagaki, F. (2012). Downsizing the deep biosphere. *Science*, 338(6104), 204–205.

Hochachka, P.W. and Somero, G.N. (1984). Temperature adaptation. In *Biochemical Adaptation:*

Mechanism and Process in Physiological Evolution. ed. P.W. Hochachka and G.N. Somero. Oxford: Oxford University Press, pp. 355–449.

Hochachka, P.W. and Somero, G.N. (2002). *Biochemical Adaptation: Mechanism and Process in Physiological Evolution*. Oxford: Oxford University Press.

Hollister, C.D. and McCave, I.N. (1984). Sedimentation under deep sea storms. *Nature*, 309, 220–225.

Holt, R.D. (2010). 2020 visions: ecology. Nature, 463, 32.

Holzer, T.L. and Savage, J.C. (2013). Global earthquake fatalities and population. *Earthquake Spectra*, 29(1), 155–175.

Honda, C.M., Kusakabe, M., Nakabayashi, S., Manganini, S.J. and Honjo, S. (1997). Change in pCO2 through biological activity in the marginal seas of the western North Pacific: the efficiency of the biological pump estimated by a sediment trap experiment. *Journal of Oceanography*, 53, 645–662.

Horibe, S. (1982). Technique and studies of marine environmental assessment. Results of tests of automatic floating deep-sea sampling device in deep water (6000 m). Biological and collecting experiments. *Special Report of the Ocean Research Institute*, Tokyo University, March, p. 23.

Horikoshi, K. and Bull, A.T. (2011). Prologue: definition, categories, distribution, origin and evolution, pioneering studies, and emerging fields of extremophiles. In *Extremophiles Handbook*, ed. K. Horikoshi, G. Antranikian, A.T. Bull, F.T. Robb and K.O. Stetter. London: Springer, pp. 4–14.

Horikoshi, K. and Grant, W.D. (1998). *Extremophiles. Microbial Life in Extreme Environments*. New York: Wiley-Liss.

Horikoshi, K., Antranikian, G., Bull, A.T., Robb, F.T. and Stetter, K.O. (2011). *Extremophiles Handbook*. London: Springer.

Horikoshi, M., Fujita, T. and Ohta, S. (1990). Benthic associations in bathyal and hadal depths off the Pacific coast of north eastern Japan: physiognomies and site factors. *Progress in Oceanography*, 24, 331–339.

Horne, D.J. (1999). Ocean circulation modes of the Phanaerozoic: implications for the antiquity of deep-sea benthonic invertebrates. *Crustaceana*, 72, 999–1018.

Hoskin, C.J., Higgie, M., McDonald, K.R. and Moritz, C. (2005). Reinforcement drives rapid allopatric speciation. *Nature*, 437(27), 1353–1356.

Howell, D.G. (1989). *Tectonics of Suspect Terranes: Mountain Building and Continental Growth*. London: Chapman and Hall.

Howell, D.G. and Murray, R.W. (1986). A budget for continental growth and denudation. *Science*, 233(4762), 446–449.

Hsu, K.J. (1992). *Challenger at Sea: A Ship that Revolutionized Earth Science*. Princeton, NJ: Princeton University Press.

Huber, J.A., Mark Welch, D.B., Morrison, H.G. et al. (2007). Microbial population structures in the deep marine biosphere. *Science*, 318, 97–100.

Hudson, I.R., Pond, D.W., Billett, D.S.M. et al. (2004). Temporal variations in fatty acid composition of deep-sea holothurians: evidence of bentho-pelagic coupling. *Marine Ecology Progress Series*, 281, 109–120.

Humphris, S.E. (2010). Vehicles for deep sea exploration. In *Marine Ecological Processes: A Derivative of the Encyclopedia of Ocean Sciences*, ed. J.H. Steele, S.A. Thorpe and K.K. Turekian. London: Academic Press, pp. 197–209.

Hydrographic Department, Japan Marine Safety Agency (1984). Mariana Trench survey by the 'Takuyo'. *International Hydrographic Bulletin*, 351–352.

Imai, E., Honda, H., Hatori, K., Brack, A. and Matsuno, K. (1999). Elongation of oligopeptides in a simulated submarine hydrothermal system. *Science*, 283, 831–833.

Ingram, C.L. and Hessler, R.R. (1983). Distribution and behavior of scavenging amphipods from the central North Pacific. *Deep-Sea Research*, 30(7A), 683–706.

Ingram, C.L. and Hessler, R.R. (1987). Population biology of the deep-sea amphipod *Eurythenes gryllus* inferences from instar analyses. *Deep-Sea Research A*, 34(12) 1889–1910.

Isaacs, J.D. and Schick, G.B. (1960). Deep-sea free instrument vehicle. *Deep-Sea Research*, 7(1), 61–67.

Isaacs, J.D. and Schwartzlose, R.A. (1975). Active animals of the deep sea floor. *Scientific American*, 233(4), 84–91.

Itoh, K., Inoue, T., Tahara, J. *et al.* (2008). Sea trials of the new ROV ABISMO to explore the deepest parts of oceans. *Proceedings of the Eighth ISOPE Pacific/Asia Offshore Mechanics Symposium*.

Itou, M., Matsumura, I. and Noriki, S. (2000). A large flux of particulate matter in the deep Japan Trench observed just after the 1994 Sanriku-Oki earthquake. *Deep-Sea Research I*, 47, 1987–1998.

Itoh, M., Kawamura, K., Kitahashi, T. *et al.* (2011). Bathymetric patterns of meiofaunal abundance and biomass associated with the Kuril and Ryukyu trenches, western North Pacific Ocean. *Deep-Sea Research*, 58, 86–97.

Ivanov, A.V. (1963). Vertical and geographical dissemination of Pogonophora. *Proceedings of the XVI International Congress on Zoology*, Washington, DC, 1, 97.

Iwamoto, T. and Stein, D.L. (1974). A systematic review of the rattail fishes (Macrouridae: Gadiformes) from Oregon and adjacent waters. *Occasional Papers of the California Academy of Sciences*, 111, 1–79.

Jacobs, D.K. and Lindberg, D.R. (1998). Oxygen and evolutionary patterns in the sea: onshore/offshore trends and recent recruitment of deep-sea faunas. *Proceedings of the National Academy of Sciences, USA*, 95, 9396–9401.

Jamieson, A.J. and Fujii, T. (2011). Trench connection. *Biology Letters*, 7, 641–643.

Jamieson, A.J. and Yancey, P.H. (2012). On the validity of the *Trieste* flatfish; dispelling the myth. *Biological Bulletin*, 222, 171–175.

Jamieson, A.J., Fujii, T., Solan, M. *et al.* (2009a). Liparid and Macrourid fishes of the hadal zone: *in situ* observations of activity and feeding behaviour. *Proceedings of the Royal Society of London B*,

276, 1037–1045.

Jamieson, A.J., Fujii, T., Solan, M. *et al.* (2009b). First findings of decapod crustacea in the hadalzone. *Deep-Sea Research I*, 56, 641–647.

Jamieson, A.J., Fujii, T., Solan, M. and Priede, I.G. (2009c). HADEEP: free-falling landers to the deepest places on Earth. Marine *Technology Society Journal*, 43(5), 151–159.

Jamieson, A.J., Solan, M. and Fujii, T. (2009d). Imaging deep-sea life beyond the abyssal zone. *Sea Technology*, 50(3), 41–46.

Jamieson, A.J., Fujii, T., Mayor, D.J., Solan, M. and Priede, I.G. (2010). Hadal trenches: the ecology of the deepest places on Earth. *Trends in Ecology and Evolution*, 25(3), 190–197.

Jamieson, A.J., Kilgallen, N.M., Rowden, A.A. *et al.* (2011a). Bait-attending fauna of the Kermadec Trench, SW Pacific Ocean: evidence for an ecotone across the abyssal-hadal transition zone. *Deep-Sea Research I*, 58, 49–62.

Jamieson, A.J., Gebruk, A., Fujii, T. and Solan, M. (2011b). Functional effects of the hadal sea cucumber *Elpidia atakama* (Holothuroidea, Elasipodida) reflect small-scale patterns of resource availability. *Marine Biology*, 158(12), 2695–2703.

Jamieson, A.J., Fujii, T., Bagley, P.M. and Priede, I.G. (2011c). The scavenging dependency of the deepwater eel *Synaphobranchus kaupii* on the Portuguese dogfish *Centroscymnus coelolepis. Journal of Fish Biology*, 79, 205–216.

Jamieson, A.J., Lörz, A.-N., Fujii, T. and Priede, I.G. (2012a). *In situ* observations of trophic behaviour and locomotion of *Princaxelia* amphipods (Crustacea, Pardaliscidae) at hadal depths in four West Pacific trenches. *Journal of the Marine Biology Association of the United Kingdom*, 91(1), 143–150.

Jamieson, A.J., Fujii, T. and Priede, I.G. (2012b). Locomotory activity and feeding strategy of the hadal munnopsid isopod *Rectisura* cf. *herculea* (Crustacea: Asellota) in the Japan Trench. *Journal of Experimental Biology*, 215, 3010–3017.

Jamieson, A.J., Priede, I.G. and Craig, J. (2012c). Distinguishing between the abyssal macrourids *Coryphaenoides yaquinae* and *C. armatus from in situ* photography. *Deep-Sea Research I*, 64, 78–85.

Jamieson, A.J., Lacey, N.C., Lörz, A.-N., Rowden, A.A. and Piertney, S.B. (2013). The supergiant amphipod *Alicella gigantea* (Crustacea: Alicellidae) from hadal depths in the Kermadec Trench, SW Pacific Ocean. *Deep-Sea Research II*. 92, 107–113.

Jannasch, H.W. and Taylor, C.D. (1984). Deep-sea microbiology. *Annual Review of Microbiology*, 38, 487–514.

Janβen, F., Treude, T. and Witte, U. (2000). Scavenger assembleges under differing trophic conditions: a case study in the deep Arabian Sea. *Deep-Sea Research II*, 47, 2999–3026.

Jenik, J. (1992). Ecotone and ecocline: two questionable concepts in ecology. *Ekologia*, 11(3), 243–250.

Jones, D.O.B., Bett, B.J., Wynn, R.B. and Masson, D.G. (2009). The use of towed camera platforms in deep-water science. *Underwater Technology*, 28(2), 41–50.

Johnson, G.C. (1998). Deep water properties, velocities, and dynamics over ocean trenches. *Journal of Marine Research*, 56(2), 239–347.

Jørgensen, B.B. (2012). Shrinking majority of the deep biosphere. *Proceedings of the National Academy of Sciences, USA*, 109(40), 15976–15977.

Jørgensen, B.B. and D'Hondt, S. (2006). A starving majority deep beneath the seafloor. *Science*, 314, 932–934.

Jumars, P.A. (1975). Environmental grain and polychaete species' diversity in a bathyal benthic community. *Marine Biology*, 30(3), 253–266.

Jumars, P.A. and Hessler, R.R. (1976). Hadal community structure: implications from the Aleutian Trench. *Journal of Marine Research*, 34, 547–560.

Kaartvedt, S., Van Dover, C.L., Mullineaux, L.S. Wiebe, P.H. and Bollens, S.M. (1994). Amphipods on a deep-sea hydrothermal treadmill. *Deep-Sea Research I*, 41(1), 179–195.

Kaiser, M.J. and Moore, P.G. (1999). Obligate marine scavengers: do they exist? *Journal of Natural History*, 33, 475–481.

Kamenskaya, O.E. (1981). The amphipods (Crustacea) from deep-sea trenches in the western part of the Pacific Ocean. *Transactions of the P.P. Shirshov Institute of Oceanology*, 115, 94–107. (In Russian.)

Kamenskaya, O.E. (1989). Peculiarities of the vertical distribution of komokiaceans in the Pacific Ocean. *Transactions of the P.P. Shirshov Institute of Oceanology*, 123, 55–58.

Karan, P.P. and Cotton Mather (1985). Tourism and environment in the Mount Everest region. *Geographical Review*, 75(1), 93–95.

Karig, D.E. and Sharman, G.F. (1975). Subduction and accretion in trenches. *Earth Planetary Science Letters*, 86, 377–389.

Kato, C. (2011). Distribution of piezophiles. In *Extremophiles Handbook*, ed. K. Horikoshi, G. Antranikian, A.T. Bull, F.T. Robb and K.O. Stetter. London: Springer, pp. 644–653.

Kato, C. and Bartlett, D.H. (1997). The molecular biology of barophilic bacteria. *Extremophiles*, 1, 111–116.

Kato, C. and Horikoshi, K. (1996). Gene expression under high pressure. In *Progress in Biotechnology 13, High Pressure Bioscience and Biotechnology*, ed. R. Hayashi and C. Balny. Amsterdam: Elsevier Science, pp. 59–66.

Kato, C. and Nogi, Y. (2001). Correlation between phylogenetic structure and function: examples from deep-sea *Shewanella*. *FEMS Microbiology Ecology*, 35(3), 223–230.

Kato, C. and Qureshi, M.H. (1999). Pressure response in deep-sea piezophilic bacteria. *Journal of Molecular Microbiology and Biotechnology*, 1(1), 87–92.

Kato, C., Sato, T. and Horikoshi, K. (1995a). Isolation and properties of barophilic and barotolerant bacteria from deep-sea mud samples. *Biodiversity and Conservation*, 4, 1–9.

Kato, C., Smorawinska, M., Sato, T. and Horikoshi, K. (1995b). Cloning and expression in *Escherichia coli* of a pressure-regulated promoter region from a barophilic bacterium, stain DB6705. *Journal of Marine Biotechnology*, 2, 125–129.

Kato, C., Suzuki, S., Hata, S., Ito, T. and Horikoshi, K. (1995c). The properties of a protease activated by high pressure from *Sprosarcina* sp. strain DSK25 isolated from deep-sea sediment. *JAMSTEC Research*, 32, 7–13.

Kato, C., Masui, N. and Horikoshi, K. (1996). Properties of obligately barophilic bacteria isolated from a sample of deep-sea sediment from the Izu-Bonin Trench. *Journal of Marine Biotechnology*, 4, 96–99.

Kato, C., Li, L., Tamaoka, J. and Horikoshi, K. (1997). Molecular analyses of the sediment of the 11000-m deep Mariana Trench. *Extremophiles*, 1, 117–123.

Kato, C., Li, L., Nogi, Y. *et al.* (1998). Extremely barophilic bacteria isolated from the Mariana Trench, Challenger Deep, at a depth of 11,000 meters. *Applied Environmental Microbiology*, 64, 1510–1513.

Kaufmann, R.S. (1994). Structure and function of chemoreceptors in scavenging lysianassoid amphipods. *Journal of Crustacean Biology*, 14(1), 54–71.

Kaufmann, R.S. and Smith, K.L. (1997). Activity patterns of mobile epibenthic megafauna at an abyssal site in the eastern North Pacific: results from a 17-month time-lapse photographic study. *Deep-Sea Research*, 44, 559–579.

Kawabe, M. (1993). Deep water properties and circulation in the western North Pacific. In *Deep Ocean Circulation: Physical and Chemical Aspects*, ed. T. Teramoto. Amsterdam: Elsevier, pp. 17–37.

Kawabe, M. and Fujio, S. (2010). Pacific Ocean circulation based on observation. *Journal of Oceanography*, 66, 389–403.

Kawabe, M., Fujio, S. and Yanagimoto, D. (2003). Deep-water circulation at low latitudes in the western North Pacific. *Deep-Sea Research I*, 50(5), 631–656.

Kearey, P. and Vine, F.J. (1990). *Global Tectonics*. Oxford: Blackwell Science.

Keller, N., Naumov, D. and Pasternak, F. (1975). Bottom deep-sea Coelenterata from the Gulf and Caribbean. *Trudy Instituta Okeanologii*, 100, 147–159.

Kelly, R.H. andYancey, P.H. (1999).High contents of trimethylamine oxide correlatingwith depth in deep-sea teleost fishes, skates, and decapod crustaceans. *Biological Bulletin*, 196, 18–25.

Kemp, K.M., Jamieson, A.J., Bagley, P.M. *et al.* (2006). Consumption of a large bathyal food fall, a six month study in the north-east Atlantic. *Marine Ecology Progress Series*, 310, 65–76.

Kendall, V.J. and Haedrich, R.L. (2006). Species richness in Atlantic deep-sea fishes assessed in terms of themed-domain effect and Rapoport's rule. *Deep-Sea Research I*, 53(3), 506–515.

Kennedy, H., Beggins, J., Duarte, C.M. *et al.* (2010). Seagrass sediments as a global carbon sink: isotopic constraints. *Global Biogeochemical Cycles*, 24, GB4026.

Kiilerich, A. (1955). Bathymetric features of the Philippine Trench. *Galathea Report*, 1, 155–172.

Kikuchi, T. and Nemoto, T. (1991). Deep-sea shrimps of the genus *Benthesicymus* (Decapoda: Dendrobranchiata) from the western North Pacific. *Journal of Crustacean Biology*, 11(1), 64–89.

Kilgallen, N.M. (in press). Three new species of *Hirondellea* (Crustacea, Amphipoda, Hirondelleidae) from hadal depths of the Peru–Chile Trench. *Marine Biology Research*.

Kiraly, S., Moore, J.A. and Jasinski, P.H. (2003). Deepwater and other sharks of the US Atlantic Ocean Exclusive Economic Zone. *Marine Fisheries Review*, 62, 1483–1491.

Kirkgaard, J.B. (1956). Benthic polychaeta from depths exceeding 6000 meters. *Galathea Report*, 2, 63–78.

Kirsch, P.E., Iverson, S.J. and Bowen, W.D. (2000). Effect of a low-fat diet on body composition and blubber fatty acids of captive juvenile harp seals (*Phoca groenlandica*). *Physiological and Biochemical Zoology*, 73, 45–59.

Kitahashi, T., Kawamura, K., Veit-Köhler, G. *et al.* (2012). Assemblages of Harpacticoida (Crustacea: Copepoda) from the Ryukyu and Kuril Trenches, north-west Pacific Ocean. *Journal of the Marine Biological Association of the United Kingdom*, 92, 275–286.

Kitahashi, T., Kawamura, K., Kojima, S. and Shimanaga, M. (2013). Assemblages gradually change from bathyal to hadal depth: a case study on harpacticoid copepods around the Kuril Trench (north-west Pacific Ocean). *Deep-Sea Research I*, 74, 39–47.

Kitazato, H., Uematsui, K., Todo, Y. and Gooday, A.J. (2009). New species of *Leptohalysis* (Rhizaria, Foraminifera) from an extreme hadal site in the western Pacific Ocean. *Zootaxa*, 2059, 23–32.

Klages, M., Vopel, K., Bluhm, H. et al. (2001). Deep-sea food falls: first observation of a natural event in the Arctic Ocean. *Polar Biology*, 24, 292–295.

Knauss, J.A. (1997). *Introduction to Physical Oceanography*, 2nd edn. Upper Saddle River, NJ: Prentice Hall.

Knudsen, J. (1964). Scaphopoda and Gastropoda from depths exceeding 6000 m. *Galathea Report*, 7, 1–12.

Knudsen, J. (1970). The systematics and biology of abyssal and hadal Bivalvia. *Galathea Report*, 11, 1–241.

Kobayashi, H., Hatada, Y., Tsubouchi, T., Nagahama, T. and Takami, H. (2012). The hadal amphipod *Hirondellea gigas* possessing a unique cellulase for digesting wooden debris buried in the deepest seafloor. *PLoS ONE*, 7(8), e42727.

Koltun, V.M. (1970). Sponges of the Arctic and Antarctic: a faunistic review. *Symposia of the Zoological Society of London*, 25, 285–297.

Koehler, R. (1909). Echinodermes provenant des campagnes du yacht 'Princesse Alice'. *Résultats des Campagnes Scientifiques du Prince Albert ler, Monaco*, 34, 1–317.

Kohnen, W. (2009). Human exploration of the deep seas: fifty years and the inspiration continues. *Marine Technology Society Journal*, 43(5), 42–62.

Kramp, P.L. (1956). Hydroids from depths exceeding 6000 meters. *Galathea Report*, 2, 17–20.

Kramp, P.L. (1959). *Stephanoscyphus* (Scyphozoa). *Galathea Report*, 1, 173–188.

Krylova, E.M. and Sahling, H. (2010). Vesicomyidae (Bivalvia): current taxonomy and distribution. *PLoS ONE*, 5(4), e9957.

Kudiniva-Pasternak, R.K. (1978). Tanaidacea (Crustacea, Malacostraca) from the deep-sea trenches of the western part of the Pacific. *Trudy Instituta Okeanologii*, 108, 115–135.

Kullenberg, B. (1956). The technique of trawling. In *The Galathea Deep Sea Expedition*, ed. A.F. Bruun, S. Greve, H. Mielche and R. Spärk. London: George Allen and Unwin, pp. 112–118.

Kyo, M., Miyazaki, E., Tsukioka, S. *et al.* (1995). The sea trial of 'KAIKO', the full ocean depth research ROV. *OCEANS '95*, 3, 1991–1996.

Lacey, N.C., Jamieson, A.J. and Søreide, F. (2013). Successful capture of ultradeep sea animals from the Puerto Rico Trench. *Sea Technology*, 54(3), 19–21.

Laist, D.W. (1987). Overview of the biological effects of lost and discarded plastic debris in the marine environment. *Marine Pollution Bulletin*, 18, 319.

Lallemand, S. (1999). La subduction océanique. *Pour la Science*, 259, 108.

Lambshead, P.J.D. (2003). Marine nematode deep-sea biodiversity – hyperdiverse or hype? *Journal of Biogeography*, 30(4), 475–485.

Lampitt, R.S. (1985). Evidence for the seasonal deposition of detritus to the deep-sea floor and its subsequent resuspension. *Deep-Sea Research*, 32, 885–897.

Larsen, K. and Simomura, M. (2007a). Tanaidacea (Crustacea: Peracarida) from Japan III. The deep trenches; the Kuril–Kamchatka Trench and Japan Trench (Foreword). *Zootaxa*, 1599, 5–12.

Larsen, K. and Simomura, M. (2007b). Tanaidacea (Crustacea: Peracarida) from Japan II. Tanaidomorpha from the East China Sea, the West Pacific, and the Nansei Islands. *Zootaxa*, 1341, 29–48.

Laubier, L. (1985). Une contribution française aux recherches écologiques en mer profonde: bilan des plongées en bathyscaphes. *Tethys*, 11(3–4), 255–263.

Lauro, F.M., Chastain, R.A., Blankenship, L.E., Yayanos, A.A. and Bartlett, D.H. (2007). The unique 16S rRNA genes of piezophiles reflect both phylogeny and adaptation. *Applied Environmental Microbiology*, 73, 838–845.

Laxson, C.J., Condon, N.E., Drazen, J.C. and Yancey, P.H. (2011). Decreasing urea:trimethylamine n-oxide ratios with depth in Chondrichthyes: a physiological depth limit? *Physiological and Biochemical Zoology*, 84(5), 494–505.

Lay, T., Kanamori, H., Ammon, C.J. *et al.* (2005). The Great Sumatra-Andaman earthquake of 26 December 2004. *Science*, 308(5725), 1127–1133.

Le Pichon, X. (1968). Sea-floor spreading and continental drift. *Journal of Geophysical Research*, 73(12), 3661–3697.

Leal, J.H. and Harasewych, M.G. (1999). Deepest Atlantic molluscs: hadal limpets (Mollusca, Gastropoda, Cocculiniformia) from the northern boundary of the Caribbean Plate. *Invertebrate Biology*, 118(2), 116–136.

Lebrato, M. and Jones, D.O.B. (2009). Mass deposition event of Pyrosoma atlanticum carcasses off Ivory Coast (West Africa). *Limnology and Oceanography*, 54, 1197–1209.

Lebrato, M., Pitt, K.A., Sweetman, A.K. *et al.* (2012). Jelly-falls historic and recent observations: a review to drive future research directions. *Hydrobiologica*, 690(1), 227–245.

Lecroq, B., Gooday, A.J., Cedhagen, T., Sabbatini, A. and Pawlowski, J. (2009a). Molecular analyses reveal high levels of eukaryote richness associated with enigmatic deep-sea protists

(Komokiacea). *Marine Biodiversity*, 39, 45–55.

Lecroq, B., Gooday, A.J., Tsuchiya, M. and Pawlowski, J. (2009b). A new genus of xenophyophores (Foraminifera) from Japan Trench: morphological description, molecular phylogeny and elemental analysis. *Zoological Journal of the Linnean Society*, 156(3), 455–464.

Lee, J.E. (2012). Ocean's deep, dark trenches to get their moment in the spotlight. *Science*, 336, 141–142.

Lee, R.F., Hagen, W. and Kattner, G. (2006). Lipid storage in marine zooplankton. *Marine Ecology Progress Series*, 307, 273–306.

Lee, W.Y. and Arnold, C.R. (1983). Chronic toxicity of ocean-dumped pharmaceutical wastes to the marine amphipod Amphithoe valida. *Marine Pollution Bulletin*, 14, 150–153.

Lehtonen, K.K. (1996). Ecophysiology of the benthic amphipod *Monoporeia affinis* in an opensea of the northern Baltic Sea: seasonal variations in body composition, with bioenergetic considerations. *Marine Ecology Progress Series*, 143, 87–98.

Lemche, H. (1957). A new living deep-sea mollusc of the Cambro-Devonian class Monoplacophora. *Nature*, 179, 413–416.

Lemche, H., Hansen, B., Madsen, F.J. Tendal, O.S. and Wolff, T. (1976). Hadal life as analysed from photographs. *Videnskabelige Meddelelser Fra Dansk Naturhistorik Forening*, 139, 263–336.

Lerche, D. and Nozaki, Y. (1998). Rare earth elements of sinking particulate matter in the Japan Trench. *Earth and Planetary Science Letters*, 159, 71–86.

Levin. L.A. (1991). Interactions between metazoans and large, agglutinated protozoans: implications for the community structure of deep-sea benthos. *American Zoologist*, 31, 886–900.

Levin, L.A. (2005). Ecology of cold seep sediments: interactions of fauna with flow, chemistry, and microbes. *Oceanography and Marine Biology*, 43, 1–46.

Levin, L.A. and Dayton, P.K. (2009). Ecological theory and continental margins: where shallow meets deep. *Trends in Ecology and Evolution*, 24(11), 606–617.

Li, Z.H., Xu, Z.Q. and Gerya, T.V. (2001). Flat versus steep subduction: contrasting modes for the formation and exhumation of high- to ultrahigh-pressure rocks in continental collision zones. *Earth and Planetary Science Letters*, 301, 65–77.

Litzov, M.A., Bailey, M.A., Prahl, F.G. and Heintz, R. (2006). Climate regime shifts and reorganization of fish communities: the essential fatty acid limitation hypothesis. *Marine Ecology Progress Series*, 315, 1–11.

Liu, F., Cui, W.C. and Li, X.Y. (2010). China's first deep manned submersible, JIAOLONG. *Science China Earth Science*, 53, 1407–1410.

Longhurst, A. (2007). *Ecological Geography of the Sea*, 2nd edn. London: Academic Press.

Longhurst, A., Sathyendranath, S., Platt, T. and Caverhill, C. (1995). An estimate of global primary production in the ocean from satellite radiometer data. *Journal of Plankton Research*, 17(6), 1245–1271.

Lörz, A.-N. (2010). Trench treasures: the genus Princaxelia (Pardaliscidae, Amphipoda). *Zoologica baetica*, 21, 65–84.

Lörz, A.-N., Berkenbusch, K., Nodder, S. et al. (2012). A review of deep-sea benthic biodiversity associated with trench, canyon and abyssal habitats below 1500 m depth in New Zealand waters. *New Zealand Aquatic Environment and Biodiversity Report*, 92, 133p.

Lutz, M.J., Caldeira, K., Dunbar, R.B. and Behrenfeld, M.J. (2007). Seasonal rhythms of net primary production and particulate organic carbon flux to depth describe the efficiency of biological pump in the global ocean. *Journal of Geophysical Research: Oceans*, 112, C10.

Lutz, R.A. and Falkowski, P.G. (2012). A dive to Challenger Deep. *Science*, 336, 301–302.

MacDonald, A.G. (1978). Further studies on the pressure tolerance of deep-sea crustacean, with observations using a new high pressure trap. *Marine Biology*, 45, 9–21.

MacDonald, A.G. (1984a). The effect of pressure on the molecular structure and physiological functions of cell membranes. *Philosophical Transactions of the Royal Society London B*, 304, 47–68.

MacDonald, A.G. (1984b). Homeoviscous theory under pressure. I. The fatty acid composition of *Tetrahymena pyriformis* NT-l grown at high pressure. *Biochimica Biophysica Acta*, 775, 141–149.

MacDonald, A.G. (1997). Hydrostatic pressure as an environmental factor in life processes. *Comparative Biochemistry and Physiology*, 116A, 291–297.

MacDonald, A.G. and Cossins, A.R. (1985). The theory of homeoviscous adaptation of membranes applied to deep-sea animals. *Society of Experimental Biology Symposium*, 39, 301–322.

MacDonald, A.G. and Fraser, P.J. (1999). The transduction of very small hydrostatic pressures. *Comparative Biochemistry and Physiology*, 122, 13–36.

MacDonald, A.G. and Gilchrist, I. (1980). Effects of hydraulic decompression and compression on deep sea amphipods. *Comparative Biochemistry and Physiology*, 67A, 149–153.

MacDonald, A.G. and Gilchrist, I. (1982). Pressure tolerance of deep-sea amphipods collected at their ambient pressure. *Comparative Biochemistry and Physiology*, 71A, 349–352.

Macdonald, K.S.I.I.I., Yampolsky, L. and Duffy, J.E. (2005). Molecular and morphological evolution of the amphipod radiation in Lake Baikal. *Molecular and Phylogenetic Evolution*, 35, 323–343.

MacDonell, M.T. and Colwell, R.R. (1985). Phylogeny of the Vibrionaceae, and recommendation for two new genera, *Listonella and Shewanella. Systematic and Applied Microbiology*, 6(2), 171–182.

MacElroy, R.D. (1974). Some comments on the evolution of extremophiles. *Biosystems*, 6, 74–75.

Machida, Y. (1989). Record of *Abyssobrotula galathea* (Ophidiidae: Ophidiiformes) from the Izu-Bonin Trench, Japan. *Bulletin of Marine Science and Fisheries, Kochi University, Japan*, 11, 23–25.

Machida, Y. and Tachibana, Y. (1986). A new record of *Bassozetus zenkevitchi* (Ophidiidae, Ophidiiformes) from Japan. *Japanese Journal of Ichthyology*, 32, 437–439.

Madigan, M.T. and Marrs, B.L. (1997). Extremophiles. *Scientific American*, 276, 82–87.

Madsen, F.J. (1955). Holothurioidea. *Reports on the Swedish Deep-Sea Expedition, 2, Zoology*, 12, 151–173.

Madsen, F.J. (1956). The Echinoidea, Asteroidea, and Ophiuroidea at depths exceeding 6000 metres. *Galathea Report*, 2, 23–32.

Madsen, F.J. (1961). On the zoogeography and origin of the abyssal fauna in view of the knowledge of the Porcellanasteridae. *Galathea Report*, 4, 177–218.

Magaard, L. and McKee, W.D. (1973). Semi-diurnal tidal currents at 'site D'. *Deep-Sea Research*, 30, 805–833.

Mahaut, M.L., Sibuet, M. and Shirayama, Y. (1995). Weight-dependent respiration rates in deepsea organisms. *Deep-Sea Research I*, 42, 1575–1582.

Malyutina, M.V. (2003). Revision of *Storthyngura* Vanhöffen, 1914 (Crustacea: Isopods: Munnopsidae) with descriptions of three new genera and four new species from the deep South Atlantic. *Organisms, Diversity and Evolution*, 13, 1–101.

Mantovani, R. (1909). L'Antarctide, *Je m'instruis. La science pour tous*, 38, 595–597.

Mantyla, A.W. and Reid, J.L. (1978). Measurements of water characteristics at depths greater than 10 km in the Marianas Trench. *Deep-Sea Research*, 25, 169–173.

Mantyla, A.W. and Reid, J.L. (1983). Abyssal characteristics of the world ocean waters. *Deep-Sea Research*, 30, 805–833.

Markle, D.F. and Olney, J.E. (1990). Systematics of the pearlfishes (Pisces: Carapidae). *Bulletin of Marine Science*, 47, 269–410.

Marshall, N.B. (1954). *Aspects of Deep Sea Biology*. New York: Philosophical Library.

Marteinsson, V.T., Reysenbach, A.-L., Birrien, J.-L. and Prieur, D. (1999). A stress protein is induced in the deep-sea barophilic hyperthermophile *Thermococcus barophilus* when grown under atmospheric pressure. *Extremophiles*, 3, 277–282.

Martin, D.D., Bartlett, D.H. and Roberts, M.F. (2002). Solute accumulation in the deep-sea bacterium *Photobacterium profundum*. *Extremophiles*, 6, 507–514.

Martin, J. and Miquel, J.-C. (2010). High downward flux of mucilaginous aggregates in the Ligurian Sea during summer 2002. Similarities with the mucilage phenomenon in the Adriatic Sea. *Marine Ecology*, 31, 393–406.

Maruyama, A., Honda, D., Yamamoto, H., Kitamura, K. and Higashihara, T. (2000). Phylogenetic analysis of psychrophilic bacteria isolated from the Japan Trench, including a description of the deep-sea species *Psychrobacter pacificensis* sp. nov. *International Journal of Systematic and Evolutionary Microbiology*, 50, 835–846.

Masson, D.G. (2001). Sedimentary processes shaping the eastern slope of the Faeroe-Shetland Channel. *Continental Shelf Research*, 21, 825–857.

Masuda, H., Amaoka, K., Araga, C., Uyeno, T. and Yoshino, T. (1984). *The Fishes of the Japanese Archipelago*, Vol. 1. Tokyo: Tokai University Press.

Mayer, A.M., Glaser, K.B., Cuevas, C. et al. (2010). The odyssey of marine pharmaceuticals: a current pipeline perspective. *Trends in Pharmacological Sciences*, 31(6), 255–265.

McCain, C.M. (2009). Global analysis of bird elevational diversity. *Global Ecology and Biogeography*, 18, 346–360.

McCain, C.M. (2010). Global analysis of reptile elevational diversity. *Global Ecology and*

Biogeography, 19, 541–553.

McClain, C.R. and Etter, R.J. (2005). Mid-domain models as predictors of species diversity patterns: bathymetric diversity gradients in the deep sea. *Oikos*, 109, 555–566.

McClain, C.R. and Hardy, S.M. (2010). The dynamics of biogeographic ranges in the deep sea. *Proceedings of the Royal Society of London B*, 277, 3533–3546.

McClain, C.R., Johnson, N.A. and Rex, M.A. (2004). Morphological disparity as a biodiversity metric in lower bathyal and abyssal gastropod assemblages. *Evolution*, 58, 338–348.

Meek, R.P. and Childress, J.J. (1973). Respiration and the effect of pressure in the mesopelagic fish *Anoplogaster cornuta* (Beryciformes). *Deep-Sea Research*, 20, 1111–1118.

Menard, H.W. (1958). Development of median elevations in ocean basins. *Bulletin of the Geological Society of America*, 69, 1179–1186.

Menard, H.W. (1966). Fracture zones and offsets of the East Pacific Rise. *Journal of Geophysics Research*, 71, 682–685.

Menard, H.W. and Smith, S.M. (1966). Hypsometry of ocean basins. *Journal of Geophysical Research*, 71, 4305–4325.

Menzies, R.J. (1965). Conditions for the existence of life at the abyssal sea floor. *Oceanography and Marine Biology Annual Review*, 3, 195–210.

Menzies, R.J. and George, R.Y. (1967). A re-evaluation of the concept of hadal or ultra-abyssal fauna. *Deep-Sea Research*, 14, 703–723.

Menzies, R.J., Ewing, M., Worzel, J.L. and Clarke, A.H. (1959). Ecology of the Recent Monoplacophora. *Internationale Revue der gesamten Hydrobiologie und Hydrographie*, 48(4), 529–545.

Menzies, R.J., Smith, L. and Emery, K.O. (1963). A combined underwater camera and bottom grab: a new tool for investigation of deep-sea benthos. *Oikos*, 10(2), 168–182.

Menzies, R.J., George, R.Y. and Rowe, G.T. (1973). *Abyssal Environment and Ecology of the World's Oceans*. New York: John Wiley and Sons.

Merrett, N.R. (1987). A zone of faunal change in assemblages of abyssal demersal fish in the eastern North Atlantic: a response to seasonality in production? *Biological Oceanography*, 5, 137–151.

Merrett, N.R. and Haedrich, R.L. (1997). *Deep-sea Demersal Fish and Fisheries*. London: Chapman and Hall.

Mironov, A.N. (2000). New taxa of stalked crinoids from the suborder Bourgueticrinina (Echinodermata, Crinoidea). *Zoologichesky Zhurnal*, 79, 712–728. (In Russian.)

Messing, C.G., Neumann, A.C. and Lang, J.C. (1990). Biozonation of deepwater lithoherms and associated hardgrounds in the northeastern Straits of Florida. *Palaios*, 5, 15–33.

Mikagawa, T. and Aoki, M. (2001). An outline of R/V Kairei and recent activity of the multichannel seismic reflection survey system (MCS) and ROV *Kaikō*. *Journal of Marine Science and Technology*, 6, 42–49.

Momma, H., Watanbe, M., Hashimoto, K. and Tashiro, S. (2004). Loss of the full ocean depth

ROV *Kaikō*, Part 1: ROV *Kaikō*, a review. *Proceedings of the 14th International Offshore and Polar Engineering Conference Volume II*, 191–193.

Monaco, A., Biscaye, P., Soyer, J., Pocklington, R. and Heussner, S. (1990). Particle fluxes and ecosystem response on a continental margin: the 1985}1988 Mediterranean ECOMARGE experiment. *Continental Shelf Research*, 10, 809–839.

Monastersky, R. (2012). Dive master. *Nature*, 486, 194–196.

Moore, D.R. (1963). Turtle grass in the deep sea. *Science*, 139, 1234–1235.

Morgan, J.W. (1968). Rises, trenches, great faults, and crustal blocks. *Journal of Geophysical Research*, 73(6), 1959–1982.

Morton, J.E. (1959). The habits and feeding organs of *Dentalium entalis*. *Journal of the Marine Biological Association of the United Kingdom*, 38, 225–238.

Mountfort, D.O., Rainey, F.A., Burghardt, J., Kaspar, H.F. and Stackebrandt, E. (1998). *Psychromonas antarctica* gen. nov., sp. nov., a new aerotolerant anaerobic, halophilic psychrophile isolated from pond sediment of the McMurdo ice shelf, *Antarctica. Archives of Microbiology*, 169, 231–238.

Murashima, T., Nakajoh, H., Yoshida, H., Yamauchi, N. and Sezoko, H. (2004). 7000 m class ROV KAIKŌ7000. *Proceedings of the OCEANS '04MTS/IEEE*, 2, 812–817.

Murashima, T., Kakajoh, H. and Takami, H. (2009). 11,000m class free fall mooring system. Oceans 2009: *Europe*, 1–5.

Murray, J. (1888). On the height of the land and the depth of the ocean. *Scottish Geographic Magazine*, 4, S.1.

Murray, J. and Hjort, J. (1912). *The Depths of the Oceans*. London: Macmillan and Company.

Murray, J.W. (2007). Biodiversity of living benthic Foraminifera: how many species are there? *Marine Micropaleontology*, 64(3–4), 163–176.

Nakajoh, H., Murashima, T. and Yoshida, H. (2005). 7000 m operable deep-sea ROV system KAIKO7000. *Proceedings of the OMAE 2005*, Halkidiki, Greece.

Nakanishi, M. and Hashimoto, J. (2011). A precise bathymetric map of the world's deepest seafloor, Challenger Deep in the Mariana Trench. *Marine Geophysics Research*, 32, 455–463.

Nakasone, K., Ikegami, A., Kato, C., Usami, R. and Horikoshi, K. (1998). Mechanisms of gene expression controlled by pressure in deep-sea microorganisms. *Extremophiles*, 2, 149–154.

Nakasone, K., Ikegami, A., Kawano, H. *et al.* (2002). Transcriptional regulation under pressure conditions by the RNA polymerase s54 factor with a two component regulatory system in *Shewanella violacea. Extremophiles*, 6, 89–95.

Nanba, N., Morihana, H., Nakamura, E. and Watanabe, N. (1990). Development of deep submergence research vehicle 'SHINKAI 6500'. *Technology Review Mitsubishi Heavy Industry Ltd*, 27, 157–168.

Naoi, M., Seko, M. and Sumita, K. (2009). Earthquake risk and housing prices in Japan: evidence before and after massive earthquakes. *Regional Science and Urban Economics*, 39, 658–669.

Naylor, E. (1985). Tidally rhythmic behaviour of marine animals. *Symposium of the Society of*

Experimental Biology, 39, 63–93.

Newman, K.R., Cormier, M.-H., Weissel, J.K. et al. (2008). Active methane venting observed at giant pockmarks along the US mid-Atlantic shelf break. *Earth and Planetary Science Letters*, 267(1–2), 341–352.

Nichols, D.S., Nichols, P.D. and McMeekin, T.A. (1993). Polyunsaturated fatty acids in Antarctic bacteria. *Antarctic Science*, 5, 149–160.

Nicholson, W.L., Munakata, N., Horneck, G., Melosh, H.J. and Setlow, P. (2000). Resistance of *Bacillus* endospores to extreme terrestrial and extraterrestrial environments. *Microbiolology and Molecular Biology Reviews*, 64, 548–572.

Nicol, J.A.C., Lee, W.Y. and Hannebaum, N. (1978). Toxicity of Puerto Rican organic waste materials on marine invertebrates. Final Report to National Oceanic and Atmospheric Administration/ Ocean Dumping and Monitoring Program, Marine Science Institute, University of Texas, Port Aransas. 37 pp.

Nielsen, J.G. (1964). Fishes from depths exceeding 6000 meters. *Galathea Report*, 7, 113–124.

Nielsen, J.G. (1975). A review of the oviparous ophidioid fishes of the genus Leucicorus, with description of a new Atlantic species. *Trudy Instituta Oceanologii*, 100, 106–123.

Nielsen, J.G. (1977). The deepest living fish *Abyssobrotula galathea*: a new genus and species of oviparous ophidiids (Pisces, Brotulidae). *Galathea Report*, 14, 41–48.

Nielsen, J.G. (1986). Ophidiidae. In *Fishes of the North-eastern Mediterranean*, ed. P.J.P. Whitehead, M.L. Bauchot, J.C. Hureau, J. Nielsen and E. Tortonese. Paris: UNESCO, Chaucer, pp. 1158–1166.

Nielsen, J.G. and Merrett, N.R. (2000). Revision of the cosmopolitan deep-sea genus *Bassozetus* (Pisces: Ophidiidae) with two new species. *Galathea Report*, 18, 7–56.

Nielson, J.G. and Munk, C. (1964). A hadal fish (*Bassogigas profundissimus*) with a functional swimbladder. *Nature*, 204, 594–595.

Nielsen, J.G., Cohen, D.M., Markle, D.F. and Robins, C.R. (1999). Ophidiiform fishes of the world (Order Ophidiiformes): an annotated and illustrated catalogue of pearlfishes, cusk-eels, brotulas and other ophidiiform fishes known to date. *FAO Fisheries Synopsis*, 125, 18.

Newell, I.M. (1967). Abyssal Halacaridae (Acari) from the southeast Pacific. *Pacific Insects*, 9(4), 693–708.

Nogi, Y. and Kato, C. (1999). Taxonomic studies of extremely barophilic bacteria isolated from the Mariana Trench and description of *Moritella yayanosii* sp. nov., a new barophilic bacterial isolate. *Extremophiles*, 3, 71–77.

Nogi, Y., Kato, C. and Horikoshi, K. (1998a). *Moritella japonica* sp. nov., a novel barophilic bacterium isolated from a Japan Trench sediment. *Journal of General and Applied Microbiology*, 44, 289–295.

Nogi, Y., Kato, C. and Horikoshi, K. (1998b). Taxonomic studies of deep-sea barophilic *Shewanella* species, and *Shewanella violacea* sp. nov., a new barophilic bacterial species. *Archives of Microbiology*, 170, 331–338.

Nogi, Y., Kato, C. and Horikoshi, K. (2002). *Psychromonas kaikoae* sp. nov., a novel piezophilic bacterium from the deepest cold-seep sediments in the Japan Trench. *International Journal of Systematic and Evolutionary Microbiology*, 52, 1527–1532.

Nogi, Y., Hosoya, S., Kato, C. and Horikoshi, K. (2004). *Colwellia piezophila* sp. nov., a novel piezophilic species from deep-sea sediments of the Japan Trench. *International Journal of Systematic and Evolutionary Microbiology*, 54, 1627–1631.

Nogi, Y., Hosoya, S., Kato, C. and Horikoshi, K. (2007). *Psychromonas hadalis* sp. nov., a novel piezophilic bacterium isolated from the bottom of the Japan Trench. *International Journal of Systematic and Evolutionary Microbiology*, 57, 1360–1364.

Nozaki, Y. and Ohta, Y. (1993). Rapid and frequent trubidite accumulation in the bottom of Izu-Ogasawara Trench: chemical and radiochemical evidence. *Earth and Planetary Science Letters*, 120, 345–360.

Nozaki, Y., Yamada, M., Nakanishi, T. *et al.* (1998). The distribution of radionuclides and some trace metals in the water columns of the Japan and Bonin trenches. *Oceanologica acta*, 21(3), 469–484.

Nybelin, O. (1951). Introduction and station list. *Reports of the Swedish Deep-Sea Expedition, 2, Zoology*, 1, 1–28.

Nyssen, F., Brey, T., Lepoint, G. *et al.* (2002). A stable isotope approach to the eastern Weddell Sea trophic web: focus on benthic amphipods. *Polar Biology*, 25, 280–287.

Oguri, K., Kawamura, K., Sakaguchi, A. *et al.* (2013). Hadal disturbance in the Japan Trench induced by the 2011 Tohoku-Oki Earthquake. *Scientific Reports*, 3, 1915.

Oji, T., Ogawa, Y., Hunter, A.W. and Kitazawa, K. (2009). Discovery of dense aggregations of stalked crinoids in Izu-Ogasawara Trench, Japan. *Zoological Science*, 26, 406–408.

Oliphant, A., Thatje, S., Brown, A. *et al.* (2011). Pressure tolerance of the shallow-water caridean shrimp *Palaemonetes varians* across its thermal tolerance window. *Journal of Experimental Biology*, 214, 1109–1117.

Orr, J.W., Sinclair, E.H. and Walker, W.W. (2005). *Bassozetus zenkevitchi* (Ophidiidae: teleostei) and *Paraliparis paucidens* (Liparidae: teleostei): new records for Alaska from the Bering Sea. *Northwestern Naturalist*, 86, 65–71.

Ortelius, A. (1596). *Thesaurus Geographicus*. Antwerp: Plantin.

Osborn, K.J., Kuhnz, L.A., Priede, I.G. *et al.* (2012). Diversification of acron worms (Hemichordata, Enteropneusta) revealed in the deep sea. *Proceedings of the Royal Society London B*, 279(1733), 1646–1654.

Osterberg, C., Carey, A.G. and Curl, H. (1963). Acceleration of sinking rates of radionucleides in the ocean. *Nature*, 200, 1276–1277.

Otosaka, S. and Noriki, S. (2000). REEs and Mn/Al ratio of settling particles: horizontal transport or particulate material in the northern Japan Trench. *Marine Chemistry*, 72, 329–342.

Owens, W.B. and Warren, B.A. (2001). Deep circulation in the Pacific Ocean. *Deep-Sea Research I*, 48(4), 959–993.

Owre, H.B. and Bayer, F.M. (1970). The deep-sea gulper *Eurypharynx pelecanoides* Vaillant 1882 (order Lyomeri) from the Hispaniola basin. *Bulletin of Marine Science*, 20, 186–192.

Palmer, J.D. and Williams, B.G. (1986). Comparative studies of tidal rhythms: II. The duel clock control of the locomotor rhythms of two decapod crustaceans. *Marine Behaviour and Physiology*, 12, 269–278.

Palumbi, S.R. (1994). Genetic divergence, reproductive isolation, and marine speciation. *Annual Review of Ecology and Systematics*, 25, 547–572.

Panzeri, D., Caroli, P. and Haack, B. (2013). Sagarmatha Park (Mt Everest) porter survey and analysis. *Tourism Management*, 36, 26–34.

Paterson, G.L.J., Doner, S., Budaeva, N. *et al.* (2009). A census of abyssal polychaetes. *Deep-Sea Research II*, 56, 1739–1746.

Pathom-aree, W., Nogi, Y., Sutcliffe, I.C. et al. (2006). *Dermacoccus abyssi* sp. nov., a piezotolerant actinomycete isolated from the Mariana Trench. *International Journal of Systematic and Evolutionary Microbiology*, 56, 1233–1237.

Paul, A.Z. (1973). Trapping and recovery of living deep-sea amphipods from the Arctic Ocean floor. *Deep-Sea Research*, 20, 289–290.

Pausch, S., Below, D. and Hardy, K. (2009). Under high pressure: spherical glass flotation and instrument housings in deep ocean research. *Marine Technology Society Journal*, 43(5), 105–109.

Pavlov, D.S., Sadkovskii, R.V., Kostin, V.V. and Lupandin, A.I. (2000). Experimental study of young fish distribution and behaviour under combined influence of baro-, photo- and thermogradients. *Journal of Fish Biology*, 57, 69–81.

Peck, L. and Chapelle, G. (1999). Amphipod gigantism dictated by oxygen availability? A reply to John I. Spicer and Kevin J. Gaston. *Ecology Letters*, 2, 401–403.

Peck, L.S., Webb, K.E. and Bailey, D.M. (2004). Extreme sensitivity of biological function to temperature in Antarctic marine species. *Functional Ecology*, 18, 625–630.

Peele, E.R., Singleton, F.L., Deming, J.W., Cavari, B. and Colwell, R.R. (1981). Effects of pharmaceutical wastes on microbial populations in surface waters at the Puerto Rico dump site in the Atlantic Ocean. *Applied Environmental Microbiology*, 41, 873–879.

Pennec, J.-P., Wardle, C.S., Harper, A.A. and MacDonald, A.G. (1988). Effects of high hydrostatic pressure on the isolated hearts of shallow water and deep-sea fish: results of Challenger cruise 6BI 85. *Comparative Biochemistry and Physiology*, 89A, 215–218.

Pérès, J.M. (1965). Apercu sur les resultats de deux plongees effectuees dans le ravin de Puerto-Rico par le bathyscaphe *Archimède*. *Deep-Sea Research*, 12, 883–891.

Perrone, F.M., Dell'Anno, A., Danovaro, R., Della Croce, N. and Thurston, M.H. (2002). Population biology of *Hirondellea* sp nov (Amphipoda: Gammaridea: Lysianassoidea) from the Atacama Trench (south-east Pacific Ocean). *Journal of the Marine Biology Association of the United Kingdom*, 82(3), 419–425.

Perrone, F.M., Della Croce, N. and Dell'Anno, A. (2003). Biochemical composition and trophic strategies of the amphipod *Eurythenes gryllus* at hadal depths (Atacama Trench, South Pacific).

Chemistry and Ecology, 19(6), 441–449.

Pettersson, H. (1948). The Swedish Deep-Sea expedition. *Nature*, 162, 324–325.

Phillips, R.J. and Hansen, V.L. (1998). Geological evolution of Venus: rises, plains, plumes, and plateaus, *Science*, 279, 1492–1497.

Phleger, C.F. and Soutar, A. (1971). Free vehicles and deep-sea biology. *American Zoologist*, 11, 409–418.

Piccard, J. and Dietz, R.S. (1961). *Seven Miles Down*. London: Longman.

Pineda, J. (1993). Boundary effects on the vertical ranges of deepsea benthic species. *Deep-Sea Research I*, 40, 2179–2192.

Porebski, S.J., Meischner, D. and Görlich, K. (1991). Quaternary mud turbidites from the South Shetland Trench (West Antarctica): recognition and implications for turbidite facies modelling. *Sedimentology*, 38, 691–715.

Pörtner, H.O. (2002). Climate variations and the physiological basis of temperature dependent biogeography: systemic to molecular hierarchy of thermal tolerance in animals. *Comparative Biochemistry and Physiology A*, 132, 739–761.

Pradillon, F. and Gaill, F. (2007). Pressure and life: some biological strategies. *Review of Environmental Science and Biotechnology*, 6, 181–195.

Pratt, R.M. (1962). The ocean bottom. *Science*, 138, 492–495.

Priede, I.G. and Merrett, N.R. (1998). The relationship between numbers of fish attracted to baited cameras and population density: studies on demersal grenadiers *Coryphaenoides* (*Nematonurus*) *armatus* in the abyssal NE Atlantic Ocean. *Fisheries Research*, 36(2–3), 133–137.

Priede, I.G. and Smith, K.L. (1986). Behaviour of the abyssal grenadier, *Coryphaenoides yaquinae*, monitored using ingestible acoustic transmitters in the Pacific Ocean. *Journal of Fish Biology*, 29, 199–206.

Priede, I.G., Bagley, P.M., Armstrong, J.D., Smith, K.L. and Merrett, N.R. (1991). Direct measurement of active dispersal of food-falls by abyssal demersal fishes. *Nature*, 351, 647–649.

Priede, I.G., Bagley, P.M. and Smith, K.L. (1994). Seasonal change in activity of abyssal demersal scavenging grenadiers *Coryphaenoides* (*Nematonurus*) *armatus* in the eastern North Pacific Ocean. *Limnology and Oceanography*, 39, 279–285.

Priede, I.G., Deary, A.R., Bailey, D.M. and Smith, K.L. (2003). Low activity and seasonal change in population size structure of grenadiers in oligotrophic abyssal North Pacific Ocean. *Journal of Fish Biology*, 63, 187–196.

Priede, I.G., Bagley, P.M., Way, S., Herring, P.J. and Partridge, J.C. (2006a). Bioluminescence in the deep sea: free-fall lander observations in the Atlantic Ocean off Cape Verde. *Deep-Sea Research I*, 53, 1272–1283.

Priede, I.G., Froese, R., Bailey, D.M. *et al.* (2006b). The absence of sharks from abyssal regions of the world's oceans. *Proceedings of the Royal Society London B*, 273, 1435–1441.

Priede, I.G., Gobold, J.A., King, N.J. *et al.* (2010). Deep-sea demersal fish species richness in the

Porcupine Seabight, NE Atlantic Ocean: global and regional patterns. *Marine Ecology*, 31(1), 247–260.

Prior, D.B., Bornhold, B.D., Wiseman, W.J. and Lowe, D.R. (1987). Turbidity current activity in a British Columbia fjord. *Science*, 237, 1330–1333.

Pytkowicz, R.M. (1970). On the carbonate compensation depth in the Pacific Ocean. *Geochimica et Cosmochimica Acta*, 34, 836–839.

Querellou, J., Borresen, T., Boyen, C. *et al.* (2010). Marine biotechnology: a new vision and strategy for Europe. Marine Board-ESF Position Paper 15, 1–96.

Radchenkco, V.I. (2007). Mesopelagic fish community supplies 'biological pump'. *Raffles Bulletin of Zoology*, 14, 265–271.

Rahmstorf, S. (2006). Thermohaline ocean circulation. In *Encyclopaedia of Quaternary Sciences*, ed. S.A. Elias. Amsterdam: Elsevier, pp. 739–750.

Ramaswany, V., Kumar, B.V., Parthiban, G., Ittekkot, V. and Nair, R.R. (1997). Lithogenic fluxes in the Bay of Bengal measured by sediment traps. *Deep-Sea Research*, 44, 793–810.

Ramirez-Llodra, E., Tyler, P.A., Baker, M.A. et al. (2011). Man and the last great wilderness: human impact on the deep sea. *PLoS ONE*, 6(7), e22588.

Rass, T.S., Grigorash, V.A., Spanovskaya, V.D. and Shcherbachev, Y.N. (1955). Deep-sea bottom fishes caught on the 14th cruise of NLS Akademik Kurchatov. *Trudy Instituta Okeanologii*, 100, 337–347.

Rathburn, A.E., Levin, L.A., Tryon, M. et al. (2009). Geological and biological heterogeneity of the Aleutian margin (1965–4822m). *Progress in Oceanography*, 80, 22–50.

Raupach, M. J., Mayer, C., Malyutina, M. and Wägele, J.-W. (2009). Multiple origins of deep-sea Asellota (Crustacea: Isopoda) from shallow waters revealed by molecular data. *Proceedings of the Royal Society of London B*, 276, 799–808.

Reid, D.G. and Naylor, E. (1990). Entrainment of biomodal circatidal rhythms in the shore crab *Carcinus maenus*. *Journal of Biological Rhythms*, 5, 333–347.

Reinhardt, S.B. and Van-Vleet, E.S. (1985). Lipid composition of Antarctic midwater invertebrates. *Antarctic Journal of the United States*, 19(5), 139–141.

Rex, M.A., McClain, C.R., Johnston, N.A. *et al.* (2005). A source–sink hypothesis for abyssal biodiversity. *American Naturalist*, 165, 163–178.

Reymer, A. and Schubert, G. (1984). Phanerozoic addition rates to the continental crust and crustal growth, *Tectonics*, 3, 63–77.

Rice, A.L., Aldred, R.G., Billett, D.S.M. and Thurston, M.H. (1979). The combined use of an epibenthic sledge and a deep-sea camera to give quantitative relevance to macro-benthos samples. *Ambio Special Report*, 6, 59–72.

Rice, A.L., Billett, D.S.M., Fry, J. *et al.* (1986). Seasonal deposition of phytodetritus to the deepsea floor. *Proceedings of the Royal Society of London B*, 88, 265–279.

Richardson, M.D., Briggs, K.B., Bowlcs, F.A. and Tietjen, J.H. (1995). A depauperate benthic assemblage from the nutrient poor sediments of the Puerto-Rico Trench. *Deep-Sea Research I*, 42(3), 351–364.

Ridgwell, A. and Zeebe, R. (2005). The role of the global carbonate cycle in the regulation and evolution of the Earth system. *Earth and Planetary Science Letters*, 234, 299–315.

Rittmann, B.E. and McCarty, P.L. (2001). *Environmental Biotechnology*. New York: McGraw- Hill.

Robison, B.H., Reisenbichler, K.R. and Sherlock, R.E. (2005). Giant larvacean houses, rapid carbon transport to the deep seafloor. *Science*, 308, 1609–1611.

Rocha-Olivares, A., Fleeger, J.W. and Foltz, D.W. (2001). Decoupling of molecular and morphological evolution in deep lineages of a meiobenthic harpacticoid copepod. *Molecular Biology and Evolution*, 18, 1088–1102.

Rogers, A.D. (2000). The role of the oceanic oxygen minima in generating biodiversity in the deep sea. *Deep-Sea Research II*, 47, 119–148.

Romankevich, E.A., Vetrov, A.A. and Peresypkin, V.I. (2009). Organic matter of the world ocean. *Russian Geology and Geophysics*, 50, 299–307.

Romm, J. (1994). A new forerunner for continental drift. *Nature*, 367, 407–408.

Rosen, B.R. (1988). Biogeographical patterns: a perceptual overview. In *Analytical Biogeography; An Integrated Approach to the Study of Animal and Plant Distributions*, ed. A.A. Myers and P.S. Giller. London: Chapman and Hall, pp. 23–55.

Rothschild, L.I. and Mancinelli, R.L. (2001). Life in extreme environments. *Nature*, 409, 1092–1101.

Roule, L. (1913). N otice préliminaire sur *Grimaldichthys profundissimus* nov. gen., nov. sp. Poisson abyssal recueilli `a 6.035 m`etres de profondeur dans l'Océan Atlantique par S.A.S. le Prince de Monaco. *Bulletin de l'Institut Oceanographique (Monaco)*, 261, 1–8.

Rouse, G.W. (2001). A cladistic analysis of Siboglinidae Caullery, 1914 (Polychaeta, Annelida): formerly the phyla Pogonophora and Vestimentifera. *Zoological Journal of the Linnean Society*, 132(1), 55–80.

Roussel, E.G., Bonavita, M.A.C., Querellou, J. *et al*. (2008). Extending the sub-sea-floor biosphere. *Science*, 320(5879), 1046.

Rowe, G.T. and Clifford, C.H. (1973). Modifications of the Birge–Ekman box corer for use with SCUBA or deep submergence research vessels. *Limnology and Oceanography*, 18, 172–175.

Ruhl, H.A. (2007). Abundance and size distribution dynamics of abyssal epibenthic megafauna in the northeast Pacific. *Ecology*, 88(5), 1250–1262.

Ruhl, H.A. and Smith Jr, K.L. (2004). Shifts in deep-sea community structure linked to climate and food supply. *Science*, 305, 513–515.

Ruhl, H.A., Ellena, J.A. and Smith, K.L. (2008). Connections between climate, food limitation, and carbon cycling in abyssal sediment communities. *Proceedings of the National Academy of Sciences*, USA, 105(44), 17006–17011.

Ruhl, H.A., André, M., Beranzoli, L. *et al*. (2011). Societal need for improved understanding of climate change, anthropogenic impacts, and geo-hazard warning drive development of ocean observatories in European seas. *Progress in Oceanography*, 91(1), 1–33.

Sabbatini, A., Morigi, C., Negri, A. and Gooday, A.J. (2002). Soft-shelled benthic Foraminifera from a hadal site (7800m water depth) in the Atacama Trench (SE Pacific): preliminary observations. *Journal of Micropalaeontology*, 21, 131–135.

Saidova, Kh.M. (1970). Benthic foraminifers of the Kuril–Kamchatka Trench area. In *Fauna of the Kuril–Kamchatka Trench and its Environment. Academy of Sciences of the USSR. Proceedings of the Shirshov Institute of Oceanology*, Bogorov, V.G. ed. 86, 144–173.

Saidova, Kh.M. (1975). *Benthic Foraminifera of the Pacific Ocean*, Vol. 3. Moscow: Institut Okeanologii P.P. Shirshova.

Sainte-Marie, B. (1992). Foraging of scavenging deep-sea lysianassoid amphipods. In *Deep-sea Food Chains in the Global Carbon Cycle*, ed. G.T. Rowe and V. Pariente. Dordrecht, the Netherlands: Kluwer Academic Publishers, pp. 105–124.

Sainte-Marie, B. and Hargrave, B.T. (1987). Estimation of scavenger abundance and distance of attraction to bait. *Marine Biology*, 94, 431–443.

Samerotte, A.L., Drazen, J.C., Brand, G.L., Seibel, B.A. and Yancey, P.H. (2007). Correlation of trimethylamine oxide and habitat depth within and among species of teleost fish: an analysis of causation. *Physiological and Biochemical Zoology*, 80, 197–208.

Sanders, H.L. (1968). Marine benthic diversity: a comparative study. *American Naturalist*, 102, 243282.

Scarratt, D.J. (1965). Oredation on lobsters (*Homarus americanus*) by Anonyx sp. (Crustacea, Amphipoda). *Journal of the Fisheries Research Board of Canada*, 22, 1103–1104.

Scheidegger, A.E. (1953). Examination of the physics of theories of orogenesis. *GSA Bulletin*, 64, 127–150.

Schizas, N.V., Street, G.T., Coull, B.C., Chandler, G.T. and Quattro, J.M. (1999). Molecular population structure of the marine benthic copepod *Microarthridion littorale* along the southeastern and Gulf coasts of the USA. *Marine Biology*, 135, 399–405.

Schlacher, T.A., Schlacher-Hoenlinger, M.A, Williams, A. et al. (2007). Richness and distribution of sponge megabenthos in continental margin canyons off southeastern Australia. *Marine Ecology Progress Series*, 340, 73–88.

Schmidt, W.E. and Siegel, E. (2011). Free descent and on bottom ADCM measurements in the Puerto-Rico Trench, 19.77ºN, 67.40ºW. *Deep-Sea Research I*, 58(9), 970–977.

Schmitz, W.J. (1995). On the interbasin-scale thermohaline circulation. *Reviews of Geophysics*, 33(2), 151–173.

Scholl, D.W., Christensen, M.N., yon Huene, R. and Marlow, M.S. (1970). Peru–Chile trench sediments and sea-floor spreading. *Geology Society of America Bulletin*, 81, 1339–1360.

Schotte, M., Kensley, B.F. and Shilling, S. (1995 onwards). *World List of Marine, Freshwater and Terrestrial Crustacea Isopoda*. Washington DC: National Museum of Natural History Smithsonian Institution. Available at: http://invertebrates.si.edu/isopod.

Schwabe, E. (2008). A summary of abyssal and hadal Monoplacophora and Polyplacophora (Mollusca). *Zootaxa*, 1866, 205–222.

Seibel, B.A. and Drazen, J.C. (2007). The rate of metabolism in marine animals: environmental constraints, ecological demands and energetic opportunities. *Philosophical Transactions of the Royal Society London B*, 362, 2061–2078.

Sexton, E.W. (1924). The moulting and growth-stages of *Gammarus*, with descriptions of the normals and intersexes of G. *cheureuxi*. *Journal of the Marine Biological Association of the United Kingdom*, 13, 340–401.

Shcherbachev, Y.N. and Tsinovsky, V.D. (1980). New finds of deep-sea brotulids *Abyssobrotula galathea* Nielsen, *Acanthonus armatus* Günther, and *Typhlonus nasus* Günther (Pisces, Ophidiiformes) in the Pacific and Indian Oceans. *Bulletin of the Moscow Society Natural Experiments, Biology Department*, 85, 53–57.

Shirayama, Y. (1984). The abundance of deep-sea meiobenthos in the western Pacific in relation to environmental factors. *Oceanologica Acta*, 7(1), 113–121.

Shirayama, Y. and Fukushima, T. (1995). Comparisons of deep-sea sediments and overlying water collected using multiple corer and box corer. *Journal of Oceanography*, 51, 75–82.

Shulenberger, E. and Hessler, R.R. (1974). Scavenging abyssal benthic amphipods trapped under oligotrophic Central North Pacific Gyre waters. *Marine Biology*, 28, 185–187.

Siebenaller, J.F., Somero, G.N. and Haedrich, R.L. (1982). Biochemical characteristics of macrourid fishes differing in their depths of distribution. *Biological Bulletin*, 163, 240–249.

Siedler, G., Holfort, J., Zenk, W., Muller, T.J. and Csernok, T. (2004). Deep-water flow in the Mariana and Caroline Basins. *Journal of Physical Oceanography*, 34(3), 566–581.

Simonato, F., Campanaro, S., Lauro, F.M. *et al.* (2006). Piezophilic adaptation: a genomic point of view. *Journal of Biotechnology*, 126, 11–25.

Simpson, D.C., O'Connor, T.P. and Park, P.K. (1981). Deep-ocean dumping of industrial wastes. In *Marine Environmental Pollution, Vol. 2, Dumping and Mining*, ed. R.A. Geyer. New York: Elsevier Scientific, pp. 379–400.

Sirenko, B.I. (1977). Vertical distribution of chitons of the genus Lepidopleurus (Lepidopleuridae) and its new ultraabyssal species. *Zoologiceskij Zurnal*, 56(7), 1107–1110.

Sirenko, B.I. (1988). A new genus of deep sea chitons Ferreiraella gen. n. (Lepidopleurida, Leptochitonidae) with a description of a new ultra-abyssal species. *Zoologiceskij Zurnal*, 67(12), 1776–1786.

Sluiter, C.-P. (1912). Gephyriens (Sipunculides et Echiurides) provenant des campagnes de la Princess-Alice (1989–1910). *Résultats des campagnes scientifiques accompliés par le Prince Albert I*, 36, 1–27.

Smith, C.R. and Baco, A.M. (2003). Ecology of whale falls at the deep-sea floor. *Oceanography and Marine Biology Annual Review*, 41, 311–354.

Smith, C.R. and Demopoulos, A.W.J. (2003). The deep Pacific Ocean floor. In *Ecosystems of the World 28, Ecosystems of the Deep Sea*, ed. P.A. Tyler. Amsterdam: Elsevier, pp. 179–218.

Smith, C.R., Kukert, H., Wheatcroft, R.A., Jumars, P.A. and Deming, J.W. (1989). Vent fauna on whale remains. *Nature*, 341, 27–28.

Smith, C.R., De Leo, F.C., Bernardino, A.F., Sweetman, A.K. and Arbizu, P.M. (2008). Abyssal food limitation, ecosystem structure and climate change. *Trends in Ecology and Evolution*, 23, 518–528.

Smith, K.L. (1992). Benthic boundary layer communities and carbon cycling at abyssal depths in the central North Pacific. *Limnology and Oceanography*, 37, 1034–1056.

Smith, K.L. and Hessler, R.R. (1974). Respiration of benthopelagic fishes: *in-situ* measurements at 1230 meters. *Science*, 184, 72–73.

Smith, K.L. and Howard, J.D. (1972). Comparison of a grab sampler and large volume corer. *Limnology and Oceanography*, 28, 882–898.

Smith, K.L. and Baldwin, R.J. (1984). Vertical distribution of the necrophagous amphipods, *Eurythenes gryllus*, in the North Pacific: spatial and temporal variation. *Deep-Sea Research*, 31(10), 1179–1196.

Smith, K.L., White, G.A., Laver, M.B., McConnaughey, R.R. and Meador, J.P. (1979). Free vehicle capture of abyssopelagic animals. *Deep-Sea Research*, 26A, 57–64.

Smith, K.L., Kaufmann, R.S. and Wakefield, W.W. (1993). Mobile megafaunal activity monitored with a time-lapse camera in the abyssal North Pacific. *Deep-Sea Research,* 40, 2307–2324.

Smith, K.L., Kaufmann, R.S., Baldwin, R.J. and Carlucci, A.F. (2001). Pelagic-benthic coupling in the abyssal eastern North Pacific: an 8-year time-series study of food supply and demand. *Limnology and Oceanography*, 46, 543–556.

Smith, K.L., Holland, N.D. and Ruhl, H.A. (2005). Enteropneust production of spiral fecal trails on the deep-sea floor observed with time-lapse photography. *Deep-Sea Research I*, 52(7), 1228–1240.

Smith, K.L., Baldwin, R.J., Ruhl, H.A. *et al.* (2006). Climate effect on food supply to depths greater than 4000 meters in the northeast Pacific. *Limnology and Oceanography*, 51(1), 166–176.

Smith, K.L., Ruhl, H.A., Bett, B.J. *et al.* (2009). Climate, carbon cycling and deepocean ecosystems. *Proceedings of the National Academy of Sciences, USA*, 106, 19211– 19218.

Snelgrove, P.V.R. (2010). *Discoveries of the Census of Marine Life, Making Ocean Life Count.* Cambridge: Cambridge University Press.

Soltwedel, T., von Juterzenka, K., Premke, K. and Klages, M. (2003). What a lucky shot! Photographic evidence for a medium-sized natural food-fall at the deep-seafloor. *Oceanologica Acta,* 26, 623–628.

Somero, G.N. (1992). Adaptations to high hydrostatic pressure. *Annual Review of Physiology*, 54, 557–577.

Somero, G.N. and Siebenaller, J.F. (1979). Inefficient lactate dehydrogenases of deep-sea fishes. *Nature*, 282, 100–102.

Soong, K. and Mok, H.K. (1994). Size and maturity stage observations of the deep-sea isopod *Bathynomus doederleini* Ortmann, 1894 (Flabellifera: Cirolanidae), in Eastern Taiwan. *Journal of Crustacean Biology*, 14, 72–79.

Søreide, F. (2012). Ultradeep-sea exploration in the Puerto-Rico Trench. *Sea Technology*, 53(12), 54–57.

Søreide, F. and Jamieson, A.J. (2013). Ultradeep-sea exploration in the Puerto Rico Trench. *Proceedings of the Oceans '13*, MTS/IEEE, San Diego.

Spengler, A. and Costa, M.F. (2008). Methods applied in studies of benthic marine debris. *Marine Pollution Bulletin*, 56(2), 226–230.

Spicer, J.I. and Gaston. K.J. (1999). Amphipod gigantism dictated by oxygen availability? *Ecology Letters*, 2, 397–403.

Staiger, J.C. (1972). *Bassogigas profundissimus* (Pisces; Brotulidae) from the Puerto Rico Trench. *Bulletin of Marine Science*, 22, 26–33.

Starr, M., Therriault, J.-C., Conan, G.Y., Comeau, M. and Robichaud, G. (1994). Larval release in the sub-euphotic zone invertebrate triggered by sinking phytoplankton particles. *Journal of Plankton Research*, 16, 1137–1147.

Steele, D.H. and Steele, V.J. (1991). The structure and organization of the gills of gammaridean Amphipoda. *Journal of Natural History*, 25(4), 1247–1258.

Steele, V.J. and Steele, D.H. (1970). The biology of Gammarus (Crustacea, Amphipoda) in the northwestern Atlantic II. *Gammarus setosus* Dementieva. *Canadian Journal of Zoology*, 38, 659–671.

Stein, D.L. (1985). Towing large nets by single warp at abyssal depths: methods and biological results. *Deep-Sea Research*, 32, 183–200.

Stein, D.L. (2005). Descriptions of four new species, redescription of *Paraliparis membranaceus*, and additional data on species of the fish family Liparidae (Pisces, Scorpaeniformes) from the west coast of South America and the Indian Ocean. *Zootaxa*, 1019, 1–25.

Stern, R.J. (2002). Subduction zones, *Reviews of Geophysics*, 40(4), 1012.

Stockton, W.L. (1982). Scavenging amphipods from under the Ross Ice Shelf, Antarctica. *Deep-Sea Research*, 29, 819–835.

Stockton, W.L. and DeLaca, T.E. (1982). Food falls in the deep sea: occurrence, quality, and significance. *Deep-Sea Research*, 29, 157–169.

Stoddart, H.E. and Lowry, J.K. (2004). The deep-sea lysianassoid genus Eurythenes (Crustacea, amphipoda, Eurytheneidae n. fam.). *Zoosystema*, 26(3), 425–468.

Stommel, H. (1958). The abyssal circulation. *Deep-Sea Research*, 5, 80–82.

Stowasser, G., McAllen, R., Pierce, G.J. et al. (2009). Trophic position of deep-sea fish – assessment through fatty acid and stable isotope analysis. *Deep-Sea Research I*, 56, 812–826.

Strong, E.E. and Harasewych, M.G. (1999). Anatomy of the hadal limpet *Macleaniella moskalevi* (Gastropoda, Cocculinoidea). *Invertebrate Biology*, 118(2), 137–148.

Suess, E., Bohrmann, G., von Huene, R. *et al.* (1998). Fluid venting in the eastern Aleutian subduction zone. *Journal of Geophysical Research*, 103, 2597–2614.

Sullivan, K.M. and Smith, K.L. (1982). Energetics of sablefish, *Anoplopoma fimbria*, under laboratory conditions. *Canadaian Journal of Fisheries and Aquatics Sciences*, 39, 1012–1020.

Sullivan, K.M. and Somero, G.N. (1980). Enzyme activities of fish skeletal muscle and brain as influenced by depth of occurrence and habits of feeding and locomotion. *Marine Biology*, 60, 91–99.

Svavarsson, J., Strömberg, J.-O. and Brattegard, T. (1993). The deep-sea asellote (Isopoda, Crustacea) fauna of the Northern Seas: species composition, distributional patterns and origin. *Journal of Biogeography*, 20, 537–555.

Sweetman, A.K. and Chapman, A. (2011). First observations of jelly-falls at the seafloor in a deep-sea fjord. Deep-Sea Research I, 58, 1206–1211.

Taft, B.A., Hayes, S.P., Friedrich, G.E. and Codispoti, L.A. (1991). Flow of abyssal water into the Samoa Passage. *Deep-Sea Research*, 38, 128–130.

Taira, K. (2006). Super-deep CTD measurements in the Izu-Ogasawara Trench and a comparison of geostrophic shears with direct measurements. *Journal of Oceanography*, 62, 753–758.

Taira, K., Kitagawa, S., Yamashiro, T. and Yanagimoto, D. (2004). Deep and bottom currents in the Challenger Deep, Mariana Trench, measured with super-deep current meters. *Journal of Oceanography*, 60, 919–926.

Taira, K., Yanagimoto, D. and Kitagawa, S. (2005). Deep CTD casts in the Challenger Deep, Mariana Trench. *Journal of Oceanography*, 61(3), 446–454.

Takagawa. S. (1995). Advanced technology used in Shinkai 6500 and full ocean depth ROV Kaikō. *Marine Technology Society Journal*, 29(3), 15–25.

Takagawa, S., Aoki, T. and Kawana, I. (1997). Diving to Mariana Trench by *Kaikō*. *Recent Advances in Marine Science and Technology*, 96, 89–96.

Takahashi, T. and Broecker, W.S. (1977). Mechanisms for calcite dissolution on the sea floor. In *The Fate of Fossil Fuel CO2 in the Oceans. Marine Science*, Vol. 6, ed. N.R. Anderson and A. Malahoff. New York: Plenum, pp. 455–477.

Takami, H., Inoue, A., Fuji, F. and Horikoshi, K. (1997). Microbial flora in the deepest sea mud of the Mariana Trench. *FEMS Microbiology Letters*, 152(2), 279–285.

Takashima, R., Nishi, H., Huber, B.T. and Leckie, R.M. (2006). Greenhouse world and the mesozoic ocean. *Oceanography*, 19(4) 82–92.

Tamburri, M.N. and Barry, J.P. (1999). Adaptations for scavenging by three diverse bathyal species, *Eptatretus stouti, Neptunea amianta and Orchomebe obtusus. Deep-Sea Research I* 46, 2079–2093.

Tashiro, S., Watanbe, M. and Momma, H. (2004). Loss of the full ocean depth ROV *Kaikō*, Part 2: search for the ROV *Kaikō* vehicle. *Proceedings of the 14th International Offshore and Polar Engineering Conference*, 2, 194–198.

Taylor, L.& Lawson, T. (2009). Project deepsearch: An innovative solution for accessing the oceans. *Marine Technology Society Journal*, 43(5), 169-177.

Teitjen, J.H., Deming, J.W., Rowe, G.T., Macko, S. and Wilke, R.J. (1989). Meiobenthos of the Hatteras Abyssal Plain and Puerto-Rico Trench: abundance, biomass and associations with bacteria and particulate fluxes. *Deep-Sea Research*, 36(10) 1567–1577.

Tendal, O.S. (1972). A monograph of the Xenophyoporia. Galathea Report, 12, 7–100.

Tendal, O.S. and Gooday, A.J. (1981). Xenophyophoria (Rhizopoda, Protozoa) in bottom photographs from the bathyal and abyssal NE Atlantic. *Oceanologica Acta*, 4, 415–422.

Tendal, O.S. and Hessler, R.R. (1977). An introduction to the biology and systematics of Komokiacea (Textulariina, Foraminiferida). *Galathea Report*, 14, 165–194.

Tengberg, A., De Bovee, F., Hall, P. *et al.* (1995) Benthic chamber and profiling landers in oceanography: a review of design, technical solutions and functioning, *Progress in Oceanography*, 35, 253–294.

Tengberg, A., Andersson, U., Hall, P. *et al.* (2005). Intercalibration of benthic flux chambers II: hydrodynamic characterization and flux comparisons of 14 different designs. *Marine Chemistry*, 94, 147–173.

Thiel, H. (1966). Quantitative Untersuchungen über die Meiofauna des Tiefseebodens. *Veröffentlichungen des Instituts für Meeresforschung Bremerhaven, Sonderband*, 2, 131–148.

Thiel, H. (1972). Meiofauna und struktur der benthischen Lebens gemeinschaft des Iberischen Tiefseebeckens. *'Meteor' Forschungsergebnisse*, 12, 36–51.

Thistle, D. (2003). The deep-sea floor: an overview. In *Ecosystems of the World 28, Ecosystems of the Deep Sea*, ed. P.A. Tyler. Amsterdam: Elsevier, pp. 5–37.

Thompson, R.C. (2006). Plastic debris in the marine environment: consequences and solutions. In *Marine Nature Conservation in Europe*, ed. J.C. Krause, H. Nordheim and S. Brager. Stralsund, Germany: Bundesamt fur Naturschutz, pp.107–115.

Thomson, C.W. (1873). *The Depths of the Sea*. London: MacMillan.

Thomson, C.W. and Murray, J. (1895). Report on the *Results of the Voyage of H.M.S. Challenger during the Years 1873–76, Narrative*, Vol. A(1). London: HM Stationery Office.

Thornburg, T.M. and Kulm, L.D. (1987). Sedimentation in the Chile Trench: depositional morphologies, lithofacies, and stratigraphy. *Geological Society of America Bulletin*, 98, 33–52.

Thorson, G. (1957). Sampling the benthos. In *Treatise on Marine Ecology and Paleoecology*, ed. J. Hedgepeth. New York: Geological Society of America, pp. 61–86.

Thunell, R., Tappa, E., Varela, R. *et al.* (1999). Increased marine sediment suspension and fluxes following an earthquake. *Nature*, 398, 233–236.

Thurston, M.H. (1979). Scavenging abyssal amphipods from the north-east Atlantic Ocean. *Marine Biology*, 51, 55–68.

Thurston, M.H. (1990). Abyssal necrophagous amphipods (Crustacea: Amphipoda) in the northeast and tropical Atlantic Ocean. *Progress in Oceanography*, 24, 257–274.

Thurston, M.H., Bett, B.J. and Rice, A.L. (1995). Abyssal megafaunal necrofages: latitudinal differences in the eastern North Atlantic Ocean. *Internationale Revue der gesamten Hydrobiologie*, 80(2), 267–286.

Thurston, M.H., Petrillo, M. and Della Croce, N. (2002). Population structure of the necrophagous amphipod *Eurtythenes gryllus* (Amphipods: Gammaridea) from the Atacama Trench (south-east Pacific Ocean). *Journal of the Marine Biological Association of the United Kingdom*, 82, 205–211.

Tiefenbacher, L. (2001). Recent samples of mainly rare decapod crustacean taken from the deepsea floor of the southern West Europe Basin. *Hydrobiologia*, 449, 59–70.

Tietjen, J.H. (1989). Ecology of deep-sea nematodes from the Puerto Rico Trench area and Hatteras Abyssal Plain. *Deep-Sea Research A*, 36(10), 1579–1594.

Tietjen, J.H., Deming, J.W., Rowe, G.T., Mackie, S. and Wilke, R.J. (1989). Meiobenthos of the Hatteras Abyssal Plain and Puerto Rico Trench: abundance, biomass and associations with bacteria and particulate fluxes. *Deep-Sea Research I*, 36, 1567–1577.

Tilston, H. (2011). Biogeography of deep-sea trenches. MSc thesis, University of Southampton, UK.

Tobriner, S. (2006). *Bracing for Disaster: Earthquake-resistant Architecture and Engineering in San Francisco, 1838–1933*. Berkeley, CA: Heyday Books.

Todo, Y., Kitazato, H., Hashimoto, J. and Gooday, A.J. (2005). Simple Foraminifera flourish at the ocean's deepest point. *Science*, 307, 689.

Toggweiler, J.R., Russell, J.L. and Carson, S.R. (2006). Midlatitude westerlies, atmospheric CO2, and climate change. *Paleoceanography*, 21(2), PA2005.

Tomczak, M. and Godfrey, J.S. (1994). *Regional Oceanography: An Introduction*. London: Pergamon.

Tosatto, M. (2009). Charting a course from the Marianas Trench Marine National Monument. *Marine Technology Society Journal*, 43(5), 161–163.

Truede, T., Janssen, F., Queisser, W. and Witte, U. (2002). Metabolism and decompression tolerance of scavenging lysianassoid deep-sea amphipods. *Deep-Sea Research I*, 49, 1281– 1289.

Tselepides, A. and Lampadariou, N. (2004). Deep-sea meiofaunal community structure in the Eastern Mediterranean: are trenches benthic hotspots? *Deep-Sea Research I*, 51, 833–847.

Turner, J.T. (2002). Zooplankton faecal pellets, marine snow and sinking phytoplankton blooms. *Aquatic Microbiology and Ecology*, 27, 57–102.

Turner, R.D. (1973). Wood-boring bivalves, opportunistic species in the deep sea. *Science*, 180, 1377–1379.

Turnewitsch, R., Falahat, S., Stehlikova, J. *et al.* (in prep). Recent sediment dynamics in hadal trenches: evidence for the influence of higher-frequency (tidal, near-inertial) fluid dynamics. *Deep-Sea Research I.*

Tyler, P.A. (1995). Conditions for the existence of life at the deep-sea floor: an update. *Oceanography and Marine Biology: Annual Review*, 33, 221–244.

Tyler, P.A. (2003). Epilogue: exploration, observation and experimentation. In *Ecosystems of the World 28, Ecosystems of the Deep Sea*, ed. P.A. Tyler. Amsterdam: Elsevier, pp. 473–476.

Tyler, P.A. and Young, C.M. (1998). Temperature and pressure tolerances in dispersal stages of the genus Echinus (Echinodermata: Echonoidea): prerequisties for deep-sea invasion and speciation. *Deep-Sea Research II*, 45, 253–277.

Tyler, P., Amaro, T., Arzola, R. *et al.* (2009). Europe's Grand Canyon: Nazaré Submarine Canyon. *Oceanography*, 22, 46–57.

UNESCO (2009). *Global Open Oceans and Deep Seabed (GOODS) – Biogeographic Classification*. IOC Technical Series, 84. Paris: UNESCO-IOC.

Ushakov, P.V. (1952). Study of deep-sea fauna. *Priroda*, 6, 100–102.

Van der Maarel, E. (1990). Ecotones and ecoclines are different. *Journal of Vegetation Science*, 1(1), 135–138.

Van Dover, C.L. and Fry, B. (1994). Microorganisms as food resources at deep-sea hydrothermal vents. *Limnology and Oceanography*, 39(1), 51–57.

Vardaro, M.F., Ruhl, H.A. and Smith, K.L. (2009). Climate variation, carbon flux, and bioturbation in the abyssal North Pacific. *Limnology and Oceanography*, 54(6), 2081–2088.

Vetter, E.W. and Dayton, P.K. (1998). Macrofaunal communities within and adjacent to a detritus-rich submarine canyon system. *Deep-Sea Research II*, 45, 25–54.

Villalobos, F.B., Tyler, P.A. and Young, C.M. (2006). Temperature and pressure tolerance of embryos and larvae of the Atlantic seastars *Asterias rubens and Marthasterias glacialis* (Echinodermata: Asteroidea): potential for deep-sea invasion. *Marine Ecology Progress Series*, 314, 109–117.

Vine, F.J. and Matthews, D.H. (1963). Magnetic anomalies over oceanic ridges. *Nature* 199(4897), 947–949.

Vinogradov, M.E. (1962). Quantitative distribution of deep-sea plankton in the western Pacific and its relation to deep-water circulation. *Deep-Sea Research*, 8, 251–258.

Vinogradova, N.G. (1979). The geographical distribution of the abyssal and hadal (ultra-abyssal) fauna in relation to the vertical zonation of the ocean. *Sarsia*, 64(1–2), 41–49.

Vinogradova, N.G. (1997). Zoogeography of the abyssal and hadal zones. *Advances in Marine Biology*, 32, 325–387.

Vinogradova, N.G., Gebruk, A.V. and Romanov, V.N. (1993a). Some new data on the Orkney Trench ultra abyssal fauna. *The Second Polish Soviet Antarctic Symposium*, 213–221.

Vinogradova, N.G., Belyaev, G.M., Gebruk, A.V. *et al.* (1993b). Investigations of Orkney Trench in the 43rd cruise of R/V *Dmitriy Mendeleev*. Geomorphology and bottom sediments, benthos. In *The Deep-sea Bottom Fauna in the Southern Part of the Atlantic Ocean*, ed. N.G. Vinogradova. Moscow: Nauka, pp. 127–253.

Vogel, S. (1981). *Life in Moving Fluids*. Boston, MA: Willard Grant Press.

Von Huene, R. and Scholl, D.W. (1991). Observations at convergent margins concerning sediment subduction, subduction erosion, and the growth of continental crust. *Reviews of Geophysics*, 29, 279–316.

Von Huene, R. and Shor, G.G. (1969). The structure and tectonic history of the eastern Aleutian Trench. *Geology Society of America Bulletin*, 80, 1889–1902.

Waelbroeck, C., Labeyrie, L., Michel, E. *et al.* (2001). Sea-level and deep water temperature changes derived from benthic Foraminifera isotopic records. *Quarterly Scientific Review*, 21, 295–305.

Wagner, H.-J., Kemp, K., Mattheus, U. and Priede, I.G. (2007). Rhythms at the bottom of the deep sea: cyclic current flow changes and melatonin patterns in two species of demersal fish. *Deep-Sea*

Research I, 54, 1944–1956.

Wakeham, S.G., Lee, C., Farrington, J.W. and Gagosian, R.B. (1984). Biogeochemistry of particulate organic matter in the oceans: results from sediment trap experiments. *Deep-Sea Research A*, 31, 509–528.

Wakeham, S.G., Hedges, J.I., Lee, C., Peterson, M.L. and Hernes, P.J. (1997). Compositions and transport of lipid biomarkers through the water column and surficial sediments of the equatorial Pacific Ocean. *Deep-Sea Research II*, 44, 2131–2162.

Walsh, D. (2009). In the beginning. . . A personal view. *Marine Technology Society Journal*, 43, 9–14.

Wann, K.T. and MacDonald, A.G. (1980). The effects of pressure on excitable cells. *Comparative Biochemistry and Physiology*, 66, 1–12.

Warrant, E.J. and Locket, N.A. (2004). Vision in the deep-sea. *Biological Reviews*, 79, 671–712.

Warren, B.A. (1981). Deep circulation of the world ocean. In *Evolution of Physical Oceanography*, ed. B. Warren and C. Wunsch. Boston, MA: Massachusetts Institute of Technology, pp. 6–40.

Warren, B.A., and Owens, W.B. (1985). Some preliminary results concerning deep northernboundary currents in the North Pacific. *Progress in Oceanography*, 14, 537–551.

Warren, B.A. and Owens, W.B. (1988). Deep currents in the central subarctic Pacific Ocean. *Journal of Physical Oceanography*, 18(4), 529–551.

Watanbe, M., Tashiro, S. and Momma, H. (2004). Loss of the full ocean depth ROV *Kaikō*. Part 3: the cause of secondary cable fracture. *Proceedings of the 14th International Offshore and Polar Engineering Conference*, 2, 199–202.

Watling, L., Guinotte, J., Clarke, M.R. and Smith, C.R. (2013). A proposed biogeography of the deep ocean floor. *Progress in Oceanography*, 111, 91–112.

Webb, T.J., Berghe, E.V. and O'Dor, R. (2010). Biodiversity's big wet secret: the global distribution of marine biological records reveals chronic under-exploration of the deep pelagic ocean. *PLoS ONE*, 5(8), e10223.

Weber, G. and Drickamer, H.G. (1999). The effect of high pressure upon proteins and other biomolecules. *Quarterly Review of Biophysics*, 16, 89–112.

Wegener, A. (1912). Die Entstehung der Kontinente: Dr. A. Petermanns Mitteilungen aus Justus Perthes. *Geographischer Anstalt*, 63, 185–195, 253–256, 305–309.

Weiser, W. (1956). Free-living marine nematodes III. Axonolaimoidea and Monhysteroidea. *Acta Universitatis Lund*, 52(13), 1–115.

Welch, T.J., Farewell, A., Neidhardt, F.C. and Bartlett, D.H. (1993). Stress response in *Escherichia coli* induced by elevated hydrostatic pressure, *Journal of Bacteriology*, 175, 7170–7177.

White, B.N. (1987). Oceanic anoxic events and allopatric speciation in the deep sea. *Biological Oceanography*, 5, 243–259.

White, D.A., Roeder, D.H., Nelson, T.H. and Crowell, J.C. (1970). Subduction. *Geological Society of America Bulletin*, 81, 3431–3432.

Whitman, W.B., Coleman, D.C. and Wiebe, W.J. (1998). Prokaryotes: the unseen majority. *Proceedings of the National Academy of Sciences, USA*, 95, 6578–6583.

Whitworth, T., Warren, B.A., Nowlin, W.D., Rutz, S.B., Pillsbury, R.D. and Moore, M.I. (1999). On the deep western-boundary current in the Southwest Pacific Ocean. *Progress in Oceanography*, 43(1), 1–54.

Wickramasinghe, N., Wallis, J. and Wallis, D. (2013). Panspermia: evidence from astronomy to meteorites. *Modern Physics Letters A*, 28(14), 1330009.

Wigham, B.D., Hudson, I.R., Billett, D.S.M. and Wolff, G.A. (2003). Is long-term change in the abyssal Northeast Atlantic driven by qualitative changes in export flux? Evidence from selective feeding in deep-sea holothurians. *Progress in Oceanography*, 59, 409–441.

Wigley, R.L. (1967). Comparative efficiencies of Van Veen and Smith–McIntyre grab samplers as revealed by motion pictures. *Ecology*, 48, 168–169.

Williams, J.T. and Machida, Y. (1992). *Echiodon anchipterus*: a valid western Pacific species of the pearlfish family Carapidae with comments on *Eurypleuron*. *Japanese Journal of Ichthyology*, 38, 367–373.

Wilson, G.D.F. (1999). Some of the deep-sea fauna is ancient. *Crustaceana*, 72, 1019–1030.

Wilson, G.D.F. and Hessler, R.R. (1987). Speciation in the deep sea. *Annual Review of Ecology and Systematics*, 18, 185–207.

Wilson, G.D.F. and Thistle, D. (1985). *Amuletta*, a new genus for llyarachna abyssorum Richardson, 1911 (Isopoda: Asellota: Eurycopidae). *Journal of Crustacean Biology*, 5, 350–360.

Wilson, R.R. and Smith, K.L. (1984). Effect of near-bottom currents on detection of bait by the abyssal grenadier fishes, *Coryphaenoides* spp. recorded in situ with a video camera on a free vehicle. *Marine Biology*, 84, 83–91.

Wilson. R.R. and Waples, R.S. (1983). Distribution, morphology, and biochemical genetics of *Coryphaenoides armatus* and *C. yaquinae* (Pisces: Macrouridae) in the central and eastern North Pacific. *Deep-Sea Research*, 30, 1127–1145.

Wilson, T.J. (1965). A new class of faults and their bearing on continental drift. *Nature*, 207(4995), 343–347.

Wingstrand, K.G. (1985). On the anatomy and relationships of recent Monoplacophora. *Galathea Report,* 16, 7–94.

Wiseman, J.D.H. and Ovey, C.D. (1953). Definitions of features on the deep-sea floor. *Deep-Sea Research*, 1, 11–16.

Wiseman, J.D.H. and Ovey, C.D. (1954). Proposed names of features on the deep-sea floor, 1. The Pacific Ocean. Deep-Sea Research, 2, 93–106.

Wishner, K., Levin, L., Gowing, M. and Mullineaux, L. (1990). Involvement of the oxygen minimum in benthic zonation on a deep seamount. *Nature*, 346, 57–59.

Wolff, T. (1956). Crustacea Tanaidacea from depths exceeding 6000 meters. *Galathea Report*, 2, 187–241.

Wolff, T. (1960). The hadal community, an introduction. *Deep-Sea Research*, 6, 95–124.

Wolff, T. (1961). The deepest recorded fishes. *Nature*, 190, 283–284.

Wolff, T. (1962). The systematics and biology of bathyal and abyssal Isopoda Asellota. *Galathea Report*, 6, 1–320.

Wolff, T. (1970). The concept of the hadal or ultra-abyssal fauna. *Deep Sea Research*, 17, 983–1003.

Wolff, T. (1976). Utilization of seagrass in the deep sea. *Aquatic Botany*, 2, 161–174.

Wong, Y.M. and Moore, P.G. (1995). Biology of feeding in the scavenging isopod *Natatolana borealis* (Isopoda: Cirolanidae). *Ophelia*, 43(3), 181–196.

Worthington, L.V. (1976). *On the North Atlantic Circulation. Johns Hopkins Oceanographic Studies Vol.* VI. Baltimore, MD and London: The Johns Hopkins University Press.

Worzel, J.L. and Ewing, M. (1954). Gravity anomalies and structure of the West Indies – 2. *Bulletin of the Geological Society of America*, 65, 195–200.

Yamamoto, J., Nobetsu, T., Iwamori, T. and Sakurai, Y. (2009). Observations of food falls off the Shiretoko Peninsula, Japan, using a remotely operated vehicle. *Fisheries Science*, 75, 513–515.

Yancey, P.H. (2005). Organic osmolytes as compatible, metabolic, and counteracting cytoprotectants in high osmolarity and other stresses. *Journal of Experimental Biology*, 208, 2819– 2830.

Yancey, P.H. and Siebenaller, J.F. (1999). Trimethylamine oxide stabilizes teleost and mammalian lactate dehydrogenases against inactivation by hydrostatic pressure and trypsinolysis. *Journal of Experimental Biology*, 202, 3597–3360.

Yancey, P.H., Fyfe-Johnson, A.L., Kelly, R.H., Walker, V.P. and Aunon, M.T. (2001). Trimethylamine oxide counteracts effects of hydrostatic pressure on proteins of deep-sea teleosts. *Journal of Experimental Zoology*, 289, 172–176.

Yancey, P.H., Rhea, M.D., Kemp, K.M. and Bailey, D.M. (2004). Trimethylamine oxide, betaine and other osmolytes in deep-sea animals: depth trends and effects on enzymes under hydrostatic pressure. *Cellular and Molecular Biology*, 50, 371–376.

Yancey, P.H., Gerringer, M.E., Drazen, J.C., Rowden, A.A. and Jamieson, A.J. (in press). Marine fish are biochemically constrained from inhabiting deepest ocean depths. *Proceedings of the National Academy of Sciences, USA*.

Yang, T.-H. and Somero, G.N. (1993). The effects of feeding and food deprivation on oxygen consumption, muscle protein concentration and activities of energy metabolism enzymes in muscle and brain of shallow-living (*Scorpaena guttata*) and deep-living (*Sebastolobus alascanus*) scorpaenid fishes. *Journal of Experimental Biology*, 181, 213–232.

Yano, Y., Nakayama, A., Ishihara, K. and Saito, H. (1998). Adapative changes in membrane lipids of barophilic bacteria in repsonse to changes in growth pressure. *Applied and Environmental Microbiology*, 64(2), 479–485.

Yayanos, A.A. (1976). Determination of the pressure-volume-temperature (PVT) surface of Isopar-M: a quantitative evaluation of its use to float deep-sea instruments. *Deep-Sea Research*,

23, 989–993.

Yayanos, A.A. (1977). Simply actuated closure for a pressure vessel: design for use to trap deepsea animals. *Review of Scientific Instruments*, 48, 786–789.

Yayanos, A.A. (1978). Recovery and maintence of live amphipods at a pressure of 508 bars from an ocean depth of 5700 metres. *Science*, 200, 1056–1059.

Yayanos, A.A. (1981). Reversible inactivation of deep-sea amphipods (*Paralicella caperesa*) by a decompression from 601 bars to atmospheric pressure. *Comparative Biochemistry and Physiology*, 69A, 563–565.

Yayanos, A.A. (1986). Evolutional and ecological implications of the properties of deep-sea barophilic bacteria. *Proceedings of the National Academy of Sciences, USA*, 83, 9542–9546.

Yayanos, A.A. (1995). Microbiology to 10 500 meters in the deep sea. *Annual Review of Microbiology*, 49, 777–805.

Yayanos, A.A. (2009). Recovery of live amphipods at over 102 MPa from the Challenger Deep. *Marine Technology Society Journal*, 43(5), 132–136.

Yayanos, A.A. and Dietz, A.S. (1983). Death of a hadal deep-sea bacterium after decompression. *Science*, 220, 497–498.

Yayanos, A.A. and Nevenzel, J.C. (1978). Rising-particle hypothesis: rapid ascent of matter from the deep ocean. *Naturwissenschaften*, 65, 255–256.

Yayanos, A.A., Dietz, A.S. and Van Boxtel, R. (1979). Isolation of a deep-sea barophilic bacterium and some of its growth characteristics. *Science*, 205(4408), 808–810.

Yayanos, A.A., Dietz, A.S. and Van Boxtel, R. (1981). Depemdamce of reproduction rate on pressure as a hallmark of deep-sea bacteria. *Applied Environmental Microbiology*, 78, 5212–5215.

Yayanos, A.A., Dietz, A.S. and Van Boxtel, R. (1982). Obligately barophilic bacterium from the Mariana trench. *Proceedings of the National Academy of Sciences, USA*, 44(6), 1356.

Yeh, J. and Drazen, J.C. (2009). Depth zonation and bathymetric trends of deep-sea megafaunal scavengers of the Hawaiian Islands. *Deep-Sea Research I*, 56, 251–266.

Yoshida, H., Ishibashi, S., Watanabe, Y. et al. (2009). The ABISMO mud and water sampling ROV for surveys at 10,000 m depth. *Marine Technology Society Journal*, 43(5), 87–96.

Young, C.M., Tyler, P.A. and Fenaux, L. (1997). Potential for deep-sea invasion by Mediterranean shallow water echinoids: pressure and temperature as stage-specific dispersal barriers. *Marine Ecology Progress Series*, 154, 197–209.

Zeigler, J.M., Athearn, W.D. and Small, H. (1957). Profiles across the Peru–Chile Trench. *Deep-Sea Research*, 4, 238–249.

Zenkevich, L.A. (1954). Erforschungen der Tiefseefauna im nordwestlichen Teil des Stillen Ozeans. *Union of Antarctic Science and Biology, Series B*, 16, 72–85.

Zenkevich, L.A. (1967). *Study of the Fauna of the Seas and Oceans. Development of Biology in the USSR*. Moscow: Nauka.

Zenkevitch, L.A. and Birstein, J.A. (1953). On the problem of the antiquity of the deep-sea fauna. *Deep-Sea Research*, 7, 10–23.

Zenkevitch, L.A. and Birstein, J.A. (1956). Studies of the deep water fauna and related problems. *Deep-Sea Research*, 4(1), 54–65.

Zenkevitch, L.A., Birstein, Y.A. and Beliaev, G.M. (1955). Studies of Kuril–Kamchatka Basin benthic fauna. *Trudy Instituta Okeanologii*, 12, 345–381.

Zezina, O.N. (1997). Biogeography of the bathyal zone. *Advances in Marine Biology*, 32, 389–426.

ZoBell, C.E. (1952). Bacterial life at the bottom of the Philippine Trench. *Science*, 115(2993), 507–508.

ZoBell, C.E. and Johnson, F.H. (1949). The influence of hydrostatic pressure on the growth and viability of terrestrial and marine bacteria. *Journal of Bacteriology*, 57, 179–189.

附录：本书涉及的中英文单位对照

（a）时间单位

中文	百万年	年	天	小时	分钟	秒	微秒
英文	Ma	y	d	h	min	s	μs

（b）质量单位

中文	吨	千克	克
英文	t	kg	g

（c）长度单位

中文	千米	米	厘米	毫米	微米
英文	km	m	cm	mm	μm

（d）压力单位

中文	兆帕	帕斯卡	巴	分巴
英文	MPa	Pa	bar	dbar